◆ 高等卫生职业教育"十四五"规划创新教材
◆ 供临床医学、护理、助产、医学检验技术、药学等医学相关专业使用

生物化学与分子生物学

Biochemistry and Molecular Biology

主　编　**刘家秀**

副主编　**吕荣光　杜　江　徐　燕　胡鹤娟　许国莹**

编　者（以姓氏笔画为序）

吕荣光（甘肃卫生职业学院）

刘　超（江苏护理职业学院）

刘高丽（漯河医学高等专科学校）

刘家秀（江苏护理职业学院）

闫梦丹（江苏护理职业学院）

许国莹（江苏护理职业学院）

杜　江（合肥职业技术学院）

李红丽（重庆医药高等专科学校）

杨曹骅（江苏天瑞精准医疗科技有限公司）

肖顺华（江苏卫生健康职业学院）

林燕燕（漳州卫生职业学院）

赵玉强（雅安职业技术学院）

赵传祥（江苏护理职业学院）

胡鹤娟（苏州卫生职业技术学院）

姜玉章（南京医科大学附属淮安一院）

徐　燕（山东医学高等专科学校）

黄爱丽（江苏省南通卫生高等职业技术学校）

人民卫生出版社
·北京·

图书在版编目（CIP）数据

生物化学与分子生物学 / 刘家秀主编. —北京：
人民卫生出版社，2021.7（2023.9 重印）
ISBN 978-7-117-31744-3

Ⅰ．①生…　Ⅱ．①刘…　Ⅲ．①生物化学－医学院校－
教材②分子生物学－医学院校－教材　Ⅳ．①Q5②Q7

中国版本图书馆 CIP 数据核字（2021）第 116685 号

人卫智网　www.ipmph.com	医学教育、学术、考试、健康， 购书智慧智能综合服务平台	
人卫官网　www.pmph.com	人卫官方资讯发布平台	

生物化学与分子生物学
Shengwuhuaxue yu Fenzi Shengwuxue

主　　编：刘家秀
出版发行：人民卫生出版社（中继线 010-59780011）
地　　址：北京市朝阳区潘家园南里 19 号
邮　　编：100021
E - mail：pmph @ pmph.com
购书热线：010-59787592　010-59787584　010-65264830
印　　刷：三河市潮河印业有限公司
经　　销：新华书店
开　　本：787×1092　1/16　　印张：24
字　　数：599 千字
版　　次：2021 年 7 月第 1 版
印　　次：2023 年 9 月第 3 次印刷
标准书号：ISBN 978-7-117-31744-3
定　　价：69.00 元

打击盗版举报电话：010-59787491　E-mail：WQ @ pmph.com
质量问题联系电话：010-59787234　E-mail：zhiliang @ pmph.com

数字内容编者名单

主　编　**刘家秀**

副主编　**吕荣光　杜　江　徐　燕　胡鹤娟　许国莹**

编　者（以姓氏笔画为序）

　　　　吕荣光（甘肃卫生职业学院）

　　　　刘　超（江苏护理职业学院）

　　　　刘高丽（漯河医学高等专科学校）

　　　　刘家秀（江苏护理职业学院）

　　　　闫梦丹（江苏护理职业学院）

　　　　许国莹（江苏护理职业学院）

　　　　杜　江（合肥职业技术学院）

　　　　李红丽（重庆医药高等专科学校）

　　　　杨曹骅（江苏天瑞精准医疗科技有限公司）

　　　　肖顺华（江苏卫生健康职业学院）

　　　　林燕燕（漳州卫生职业学院）

　　　　赵玉强（雅安职业技术学院）

　　　　赵传祥（江苏护理职业学院）

　　　　胡鹤娟（苏州卫生职业技术学院）

　　　　姜玉章（南京医科大学附属淮安一院）

　　　　徐　燕（山东医学高等专科学校）

　　　　黄爱丽（江苏省南通卫生高等职业技术学校）

前　言

为了更好地贯彻落实《国家职业教育改革实施方案》(国发〔2019〕4号)文件精神,推进"十四五"规划教材建设,构建符合高职医学的相关专业课程,人民卫生出版社组织全国13个院校及行业单位共17位教师参与编写《生物化学与分子生物学》教材。

本教材在编写理念上,坚持以习近平新时代中国特色社会主义思想为指引,贯彻落实"立德树人"的根本任务,努力将课程思政落到实处。章前设置"科学发现",用相关研究领域科学探索、杰出成就或科学家的科学精神感染学生;"知识窗"将生物化学与分子生物学相关知识、最新研究进展、临床应用案例、医德教育等贯穿于本课程教学全过程。同时,教材强调"多临床、早临床、反复临床"的理念,强化理论与实践教学融合,着力培养医德高尚、医技精湛的高素质技能型专业人才。

本教材在编写内容方面,按照国家高等职业教育发展规划和新时期高职医学相关专业人才培养目标要求,以"三基(基础理论、基本知识、基本技能)、五性(思想性、科学性、先进性、启发性、适用性)"为基本原则,努力实现课程内容与职业标准相对接,与国家医学相关卫生专业技术资格考试相对接,紧密结合各专业工作实际,增加了组学与系统生物医学部分,补充了基因组学、转录物组学、蛋白质组学、代谢组学、系统生物医学、精准医学、转化医学等一些新概念。

本教材在呈现形式方面,对传统教材编写结构模式进行了有益创新。每章按照"科学发现""学前导语""学习目标"、正文、"理一理""练一练"的顺序加以呈现。在正文中,除必需的知识外,还插入"知识窗""临床应用""案例分析""积少成多"等板块。为了体现"理论与实践"相结合,在相关内容中设置"做一做"板块,让学生快速熟悉操作流程,实现"教、学、做、评"一体化。此外,本教材充分体现成果导向,章前设立"学习目标",章后通过"理一理""测一测",让学生构建知识整体框架,考查学习目标的达成情况。本教材还聚力"互联网+"数字化资源,充分应用新技术,开发立体的图片或生动的视频等,使学生可以通过手机扫描书中二维码获得学习资料,从而推动线下课堂向线上学习的转变,提高学习效率和学习成效。

本教材在编写过程中,得到了各参编院校的大力支持,在此深表谢意。由于我们水平和能力有限,本教材虽经数次修改,仍存在诸多不足甚至错漏之处,敬请同行专家、广大师生和读者提出宝贵意见。

刘家秀

2021年5月

目　录

绪 论

　　生物化学（biochemistry）简称生化，是采用化学、物理学、生理学、细胞生物学、遗传学、免疫学、生物信息学等理论和技术，从分子水平研究生命现象本质的一门科学，又称生命的化学。20世纪50年代后，生物化学的发展进入了研究生物大分子结构与功能，进而阐明生物现象本质的分子生物学时期。分子生物学的发展无疑为生物化学的发展注入了生机和活力。

　　生物化学根据研究对象的不同，可分为微生物生化、植物生化、动物生化和人体生化（医学生化）等。本教材阐述医学生化，这既是重要的生物学学科，也是重要的基础医学学科，并与其他众多学科有着广泛的联系和交叉，是当今生命科学领域的重要前沿学科之一。

一、生物化学与分子生物学发展简史

　　生物化学有着悠久的发展历史。在古代，我国人民已将生物化学的知识应用于生产生活实践。早在公元前21世纪，我国古代人民已用"曲"作"媒"（即酶），催化谷物淀粉发酵酿酒。公元前12世纪前，我们的祖先已经利用豆、谷、麦等为原料，制成酱、饴和醋。这时期，酶学进入了萌芽发展时期。公元前2世纪，汉代淮南王刘安从豆类中提取蛋白质，制作豆腐。公元7世纪，孙思邈用猪肝（富含维生素A）治疗雀目（夜盲症），北宋沈括采用皂角汁沉淀等方法从尿中提取性激素制剂，明末宋应星发明了用"石灰澄清法"将甘蔗制糖的工艺。这些成就凝聚着我国古代人民的勤劳与智慧，对生物化学的发展做出了重要贡献。18世纪，人们开始研究生物化学，但直至20世纪初期，生物化学才作为一门独立的学科得到蓬勃发展。近50年来，生物化学有了许多重大进展和突破。生物化学与分子生物学的发展大致可分为以下3个阶段：

（一）叙述生物化学阶段

　　18世纪中叶至19世纪末，生物化学研究进入了叙述生物化学阶段，主要研究生物体的化学组成。此期间的重要贡献有：对脂类、糖类及氨基酸的性质进行了较为系统的研究；发现了核酸；从血液中分离了血红蛋白；证实了相邻氨基酸通过肽键进行连接；化学合成了简单的多肽；发现酵母发酵可产生醇和二氧化碳（carbon dioxide，CO_2），酵母发酵过程中存在"可溶性催化剂"，这奠定了酶学的基础等。

（二）动态生物化学阶段

　　20世纪初期以来，生物化学研究进入了动态生物化学阶段，开始认识体内各种分子的代谢变化。例如：在营养方面，发现了人类必需氨基酸、必需脂肪酸及多种维生素；在内分泌方面，发现了多种激素，并将其分离、合成；在酶学方面，认识到酶的化学本质是蛋白质，酶晶体制备获得成功；在物质代谢方面，由于化学分析及核素示踪技术的发展与应用，生物体内主要物质的代谢途径已基本确定，包括糖代谢途径的酶促反应过程、脂肪酸-β氧化、三羧酸循环和鸟氨酸循环学说等；在生物能研究方面，提出了生物能产生过程中的腺苷三磷酸（adenosine triphosphate，ATP）循环学说。

（三）分子生物学阶段

20世纪50年代，生物化学研究进入分子生物学阶段，同时，物质代谢途径研究继续发展，并开始了合成代谢与代谢调节的研究。

1. 蛋白质结构与生物合成　在分子生物学阶段，细胞内两大重要生物大分子（biomacro-molecules）——蛋白质与核酸成为研究的热点。核酸、蛋白质等生物大分子的结构、功能及基因表达调控的研究通常称为分子生物学（molecular biology）。

2. DNA双螺旋结构和中心法则　1953年，James Dewey Wstson和Francis Harry Compton Crick提出的脱氧核糖核酸（deoxyribonucleic acid，DNA）双螺旋结构模型，为揭示遗传信息传递规律奠定了基础，是生物化学研究进入分子生物学阶段的显著标志，具有重要的里程碑意义。此后，科学家们对DNA复制机制、核糖核酸（ribonucleic acid，RNA）转录过程及RNA在蛋白质生物合成中的作用进行深入研究并取得了丰硕成果，如提出了遗传信息传递的中心法则，破译了RNA分子的遗传密码等。

3. 重组DNA技术的广泛应用　20世纪70年代，科学家们建立了重组DNA技术，并相继获得了多种基因工程新产品、转基因动植物和基因敲除动物模型，这些极大地推动了医药工业和农业的发展。20世纪80年代，聚合酶链反应（polymerase chain reaction，PCR）技术的发明为基因诊断和基因治疗提供了重要技术支持；核酶（ribozyme）的发现拓展了人们对生物催化剂本质的认识。此外，在酶学、蛋白质结构、生物膜结构与功能方面的研究都取得了举世瞩目的成就。近年来，我国的基因工程、蛋白质工程、新基因的克隆与功能、疾病相关基因的定位克隆及其功能研究均取得了重要的成果。

4. 基因组学及其他组学研究　20世纪90年代开始实施的人类基因组计划（human genome project，HGP）是人类生命科学领域中的全球性研究计划，旨在描述人类基因组和其他基因组特征。2001年2月，人类基因组草图公布，揭示了人类遗传学图谱的基本特点，为人类健康和疾病的研究带来了根本性的变革。发现和鉴定人类基因中蕴含的所有基因仅是第一步，而对基因的结构、功能及其调控进行研究显得尤为重要。目前，蛋白质组学（proteomics）、转录物组学（transcriptomics）、代谢组学（metabonomics）、糖组学（glycomics）等研究迅速兴起，这些研究结果必将进一步加深人们对生命本质的认识，尽管生物化学与分子生物学的发展异常迅速，但阐明人类生命本质的任务任重而道远。

二、生物化学与分子生物学研究的内容

人体生物化学与分子生物学研究的内容主要有以下方面：

（一）人体物质的化学组成

人体中主要物质包括水（占体重的55%～67%）、蛋白质（占体重的15%～18%）、脂类（占体重的10%～15%）、无机盐（占体重的3%～4%）、糖类（占体重的1%～2%）以及维生素、激素等。其中，蛋白质、核酸、多糖及脂类等生物大分子种类繁多，且均具有信息功能，故又称为生物信息分子。

（二）生物分子结构与功能

组成生物个体的化学成分包括无机物、有机小分子和生物大分子。人体生物大分子的结构具有一定规律性，都是由基本结构单位按一定顺序和方式连接而形成的多聚体。对生物大分子的研究，除了确定其一级结构外，更重要的是研究其空间结构及其与功能的关系。结构是功能的基础，而功能则是结构的体现。生物大分子的功能还可通过分子之间的相互识别和相互作用来实现。例如：蛋白质与蛋白质的相互作用在细胞信号转导中起重要作用；蛋白质与蛋白质、蛋白质与核酸、核酸与核酸之间的相互作用在基因表达的调节中起着决定性作用。由此可见，分子结构、分子识别和分子间的相互作用是执行生物信息分子功能的基本要素。

（三）物质代谢及其调节

新陈代谢是生物体的基本特征。人体时刻与外环境进行物质交换，以维持其内环境的相对稳定。以 60 岁年龄计算，一个人在一生中与环境进行着大量的物质交换，约相当于 60 000kg 水、10 000kg 糖类、600kg 蛋白质以及 1 000kg 脂类。体内各种物质代谢途径是在神经、激素等整体性精确调节下，按一定规律有条不紊地进行的，若物质代谢紊乱，则可引起疾病。绝大部分物质代谢的化学反应是由酶催化的。酶的结构和含量的变化对物质代谢的调节起着重要作用。此外，细胞信息传递也参与多种物质代谢及与其相关生长、增殖、分化等生命过程的调节。

（四）基因信息传递及调控

DNA 是遗传的主要物质基础，基因（gene）即 DNA 分子的功能片段。基因信息传递涉及遗传、变异、生长、分化等生命过程，也与遗传性疾病、恶性肿瘤、代谢异常性疾病、免疫缺陷性疾病、心血管病等多种疾病的发病机制有关。目前，关于基因的研究内容除 DNA 的结构与功能外，更重要的是 DNA 复制、基因转录、蛋白质生物合成等基因信息传递过程的机制及基因表达的调控规律。基因信息传递的研究在生命科学中的作用越来越重要。

（五）重要器官的生化

生物体是由器官、组织、细胞构成的一个有机整体。细胞是构成人体的基本单位，器官和组织都是由相应细胞构成的，每种细胞内的生化反应不同，使得各器官组织都有其各自的代谢特点，行使不同的生理功能。例如，肝脏不仅在蛋白质、糖类、氨基酸、脂类、维生素、激素等的代谢中起着重要作用，同时还参与体内的分泌、排泄、生物转化等重要过程，被誉为人体的"化工厂"，肝功能障碍可导致多种物质代谢紊乱，进而引起一系列临床症状；血液是体液的重要组成成分，在维持机体的新陈代谢、血浆晶体渗透压、酸碱平衡及神经兴奋性等方面发挥着重要的作用。这些器官所具有的功能主要是由其所含化学物质发生的一系列反应所决定的。因此，从整体代谢的角度来讲，肝脏、血液等重要器官组织的代谢过程也是生物化学研究的主要内容。

三、生物化学与分子生物学研究的任务

生物化学与分子生物学研究的主要任务包括两个方面：一方面是从分子水平阐述细胞内及细胞间全部的化学反应及其代谢转变的规律，进而揭示生命现象的本质；另一方面是将生物化学的研究成果应用于生产生活实践、医学研究、疾病的防护与治疗等过程中，从而实现维持人体健康的目的。

四、生物化学及分子生物学与医学的联系

生物化学已成为医学各学科之间相互联系的共同语言。它的理论和技术已渗透到生物学各学科乃至基础医学和临床医学的各个领域，产生了许多新兴的交叉学科，如分子遗传学、分子免疫学、分子微生物学、分子病理学和分子药理学等。近年来，各种疾病（如心脑血管疾病、恶性肿瘤、代谢性疾病、免疫性疾病、神经系统疾病等）分子水平发病机制的阐明以及诊断手段、治疗方案、预防措施等方面都取得了长足的进步。在临床疾病实验诊疗上，除了体液中各种无机盐类、有机化合物和酶类等常规检测指标外，疾病相关基因克隆、基因芯片与蛋白质芯片的应用，基因治疗以及应用重组 DNA 技术生产蛋白质、多肽类药物等方面的深入研究，给临床医学进展带来了全新的理念。因此，只有扎实地掌握生物化学的基本理论和基本技能，才有望成为合格的医务工作者。

（刘家秀）

第一章　蛋白质的结构与功能

课件

科学发现

制作豆腐——我国古代劳动人民的智慧结晶

豆腐是中国的传统美食。据《淮南子》《本草纲目》等文献记载，我国古代劳动人民很早就已经会利用大豆制作豆腐，其发明可追溯到西汉时期淮南王刘安（2 000多年前）。豆腐的制作过程是将大豆研磨成豆浆，加热后加入盐卤，因盐卤中含有氯化镁、硫酸钙、氯化钙及氯化钠等电解质，能中和大豆蛋白质胶体微粒表面的离子电荷，使蛋白质分子凝聚，即成为豆腐。在当时技术极其落后的情况下，我国古代劳动人民通过经验积累，凝练了豆腐的制作工艺，一直沿用至今，为人民的健康提供了充足的营养，这充分体现了我国劳动人民的勤劳和聪明才智。

学前导语

蛋白质是生物体内最重要的生物大分子之一，是生命活动的最主要载体，更是功能执行者。蛋白质的种类与数量繁多，结构与功能复杂多样，相互作用与动态变化。蛋白质的结构与功能的研究达到了新的高峰。

学习目标

辨析：肽和肽键的区别；蛋白质变性和复性的区别，蛋白质变性、沉淀、凝固的关系；蛋白质的一级结构、二级结构、三级结构及四级结构的概念。

概述：肽键、蛋白质变性、蛋白质等电点的概念；蛋白质二级结构的主要形式；蛋白质变性的因素及变性后理化性质的改变。

说出：氨基酸的连接方式；氨基酸的结构特点；氨基酸的分类；蛋白质结构与功能的关系；蛋白质的功能；蛋白质的分类。

学会：血清蛋白电泳技术；运用蛋白质的理化性质解释生活中豆浆、豆腐、豆腐脑的制作原理，酶制剂、疫苗等的保存条件，消毒灭菌的原理；解释镰刀形红细胞贫血、疯牛病的致病机制。

培养：掌握电泳分离血清蛋白实验，养成细致、严谨、求实的工作态度。

第一节　蛋白质的分子组成

生物体结构复杂，其蛋白质种类和功能也繁多。蛋白质不仅是生物体的重要结构物质之一，而且承担着各种生物学功能，如化学催化反应、免疫反应、血液凝固、物质代谢调控、基因表达调控和肌肉收缩等。可见，普遍存在于生物界的蛋白质是生物体的重要组成成分和生命活动的基本物质基础，也是生物体中含量最丰富的生物大分子，约占人体固体成分的 45%。蛋白质分布广泛，几乎所有器官组织都含有蛋白质。一个真核细胞可有数万种蛋白质，并且各自有特殊的结构和功能。

一、蛋白质的元素组成

尽管蛋白质的种类繁多，结构各异，但元素组成相似，主要有碳（C，50%～55%）、氢（H，6%～7%）、氧（O，19%～24%）、氮（N，13%～19%）和硫（S，0～4%）。有些蛋白质还含有少量磷或金属元素（铁、铜、锌、锰、钴、钼等），个别蛋白质还含有碘。

各种蛋白质的含氮量很接近，平均为 16%。蛋白质是体内的主要含氮物质，因此测定生物样品的含氮量，就可根据下式推算出蛋白质的大致含量：

$$每克样品含氮克数 \times 6.25 \times 100 = 100g 样品中蛋白质含量（g\%）$$

知识窗

凯氏定氮法

检测食品中蛋白质含量常用"凯氏定氮法"，即通过测定混合物中含氮量来推算蛋白质含量。样品中含氮量越高，蛋白质含量就越高。

但是，并非仅蛋白质中含有氮元素，若混合物中掺杂其他非蛋白质含氮化合物，也会使含氮量提高。2008 年，很多食用某品牌奶粉的婴儿被发现患了肾结石、肾衰竭等疾病，还有"大头"宝宝出现，让无数家庭陷入痛苦的深渊，随后在其奶粉中发现化工原料三聚氰胺。三聚氰胺是一种白色结晶粉末，无色无味，用于生产密胺塑料，不能作为食品添加剂。而三聚氰胺含氮量高达 66%，远远高于蛋白质含氮量，且成本低。"毒奶粉"事件的发生，正是由于造假者为了提高食品检测中"蛋白质"含量，将三聚氰胺添加到食品中而引起的。

二、蛋白质的基本组成单位——氨基酸

（一）氨基酸的结构特点

人体内的蛋白质是以 20 种氨基酸为原料合成的多聚体。氨基酸是组成蛋白质的基本单位，不同蛋白质的各种氨基酸的含量与排列顺序不同。存在于自然界中的氨基酸有 300 余种，参与人体蛋白质合成的氨基酸一般有 20 种，通常是 L-α- 氨基酸（除甘氨酸外）。

连接在 —COOH 基上的碳称为 α- 碳原子（图 1-1），为不对称碳原子（甘氨酸除外）。不同氨基酸的侧链（R）结构各异。

除了 20 种基本氨基酸外，近年发现硒代半胱氨酸在某些

动画：L- 型氨基酸 3D 结构展示

图 1-1　氨基酸结构通式

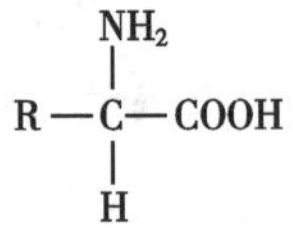

情况下也可用于合成蛋白质。硒代半胱氨酸从结构上来看，硒原子替代了半胱氨酸分子中的硫原子。硒代半胱氨酸存在于少数天然蛋白质中，包括过氧化物酶和电子传递链中的还原酶等。硒代半胱氨酸参与蛋白质合成时，并不是由目前已知的密码子编码，具体机制尚不完全清楚。

人体内也存在若干不参与蛋白质合成但具有重要生理作用的 L-α- 氨基酸，如参与合成尿素的鸟氨酸、瓜氨酸和精氨酸代琥珀酸。

（二）氨基酸的分类

根据侧链的结构和理化性质不同，20 种氨基酸可分成 5 类（表 1-1）：①非极性脂肪族氨基酸；②极性中性氨基酸；③芳香族氨基酸；④酸性氨基酸；⑤碱性氨基酸。

表 1-1　氨基酸分类

结构式	中文名	英文名	缩写	符号	等电点
1. 非极性脂肪族氨基酸					
甘氨酸	glycine	Gly	G	5.97	
丙氨酸	alanine	Ala	A	6.00	
缬氨酸	valine	Val	V	5.96	
亮氨酸	leucine	Leu	L	5.98	
异亮氨酸	isoleucine	Iso	I	6.02	
脯氨酸	proline	Pro	P	6.30	
甲硫氨酸	methionine	Met	M	5.74	
2. 极性中性氨基酸					
丝氨酸	serine	Ser	S	5.68	
半胱氨酸	cysteine	Cys	C	5.07	
天冬酰胺	asparagine	Asn	N	5.41	

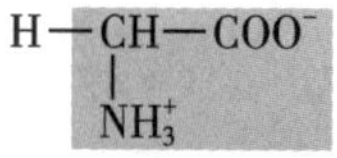

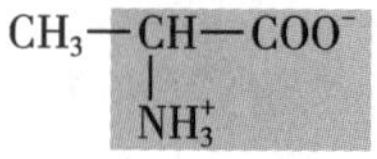

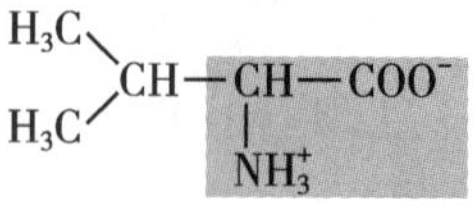

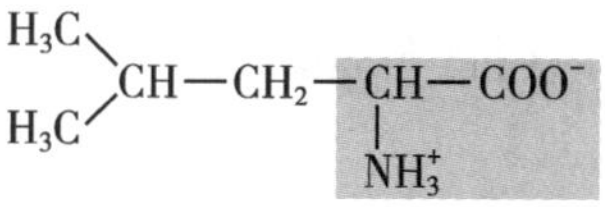

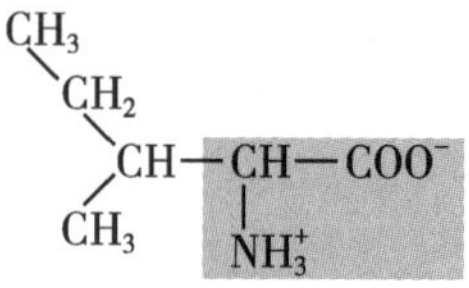

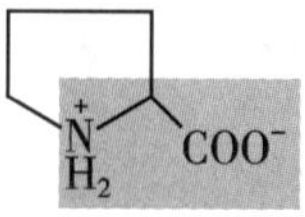

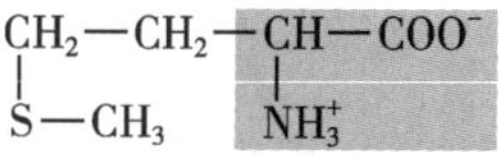

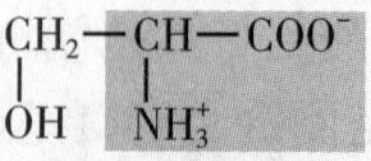

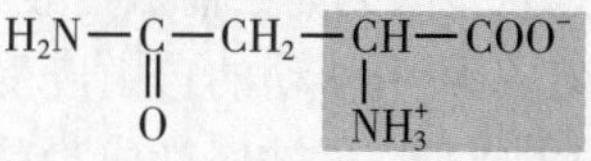

续表

结构式	中文名	英文名	缩写	符号	等电点
$H_2N-C-CH_2-CH_2-CH-COO^-$ （O，NH_3^+）	谷氨酰胺	glutamine	Gln	Q	5.65
$CH_3-CH-CH-COO^-$（OH，NH_3^+）	苏氨酸	threonine	Thr	T	5.60

3. 芳香族氨基酸

	苯丙氨酸	phenylalanine	Phe	F	5.48
	酪氨酸	tyrosine	Tyr	Y	5.66
	色氨酸	tryptophan	Trp	W	5.89

4. 酸性氨基酸

	天冬氨酸	aspartic acid	Asp	D	2.97
	谷氨酸	glutamic acid	Glu	E	3.22

5. 碱性氨基酸

	精氨酸	arginine	Arg	R	10.76
	赖氨酸	lysine	Lys	K	9.74
	组氨酸	histidine	His	H	7.59

　　一般而言，非极性脂肪族氨基酸在水溶液中的溶解度小于极性中性氨基酸；芳香族氨基酸中苯基的疏水性较强，酚基和吲哚基在一定条件下可解离；酸性氨基酸的特点是侧链上都含有羧基，在水溶液中能释放出 H^+ 而带负电荷；碱性氨基酸的特点是侧链上有氨基、胍基或咪唑基，在水溶液中能接受 H^+ 而带正电荷。

　　从营养学角度，苏氨酸、缬氨酸、亮氨酸、异亮氨酸、苯丙氨酸、色氨酸、赖氨酸及蛋氨酸为8种必需氨基酸，人体自身不能合成，必须从外界食物中摄取，其余氨基酸为非必需氨基酸。

　　脯氨酸和半胱氨酸结构较为特殊。脯氨酸应属亚氨基酸，N 在杂环中移动的自由度受限制，但其亚氨基仍能与另一羧基形成肽键。脯氨酸在蛋白质合成加工时可被修饰成羟脯氨酸;半胱氨酸巯基失去质子的倾向较其他氨基酸大,其极性最强;2 个半胱氨酸脱氢后以二硫键相连接,形成胱氨酸(图 1-2)。

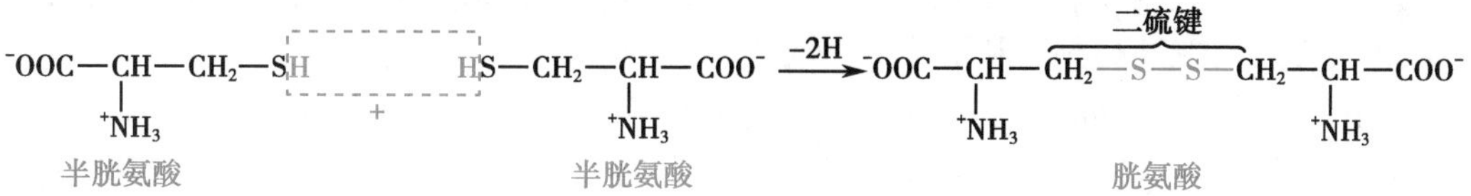

$$^-OOC-CH-CH_2-SH \quad HS-CH_2-CH-COO^- \xrightarrow{-2H} {}^-OOC-CH-CH_2-S-S-CH_2-CH-COO^-$$

二硫键

半胱氨酸 　　　　　 半胱氨酸 　　　　　 胱氨酸

图 1-2　胱氨酸和二硫键

蛋白质分子中 20 种氨基酸残基的某些基团可被甲基化、甲酰化、乙酰化、异戊二烯化和磷酸化等。这些翻译后修饰可改变蛋白质的溶解度、稳定性、亚细胞定位、与其他细胞蛋白质相互作用的性质等,体现了蛋白质生物多样性的一个方面。

（三）氨基酸的连接方式

德国化学家 Hermann Emil Fischer 已充分证明,蛋白质中的氨基酸相互结合而生成肽(peptide)。例如,1 分子甘氨酸的 α- 羧基和 1 分子甘氨酸的 α- 氨基脱去 1 分子水缩合成为甘氨酰甘氨酸,这是最简单的肽,即二肽。连接两个氨基酸的酰胺键称为肽键(peptide bond)(图 1-3)。3 分子氨基酸缩合生成三肽……由 2～20 个氨基酸相连而成的肽称为寡肽(oligopeptide),20 个以上氨基酸相连而成的肽称为多肽(polypeptide)。多肽链有两端,其游离 α- 氨基的一端称氨基末端(amino terminal)或 N- 端,游离 α- 羧基的一端称为羧基末端(carboxyl terminal)或 C- 端。肽链中的氨基酸分子因脱水缩合而基团不全,被称为氨基酸残基(amino acid residue)。蛋白质通常是由 50 个以上氨基酸残基所构成的多肽。

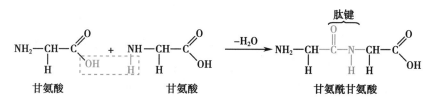

图 1-3　肽与肽键

> ### 知识窗
>
> #### 多肽和蛋白质的区别
>
> 蛋白质的结构层次可简写为:C、H、O、N 等元素→氨基酸→多肽(肽链)→蛋白质。多肽与蛋白质是不同的两个层次,区别如下:①多肽和蛋白质的结构有差异。多肽仅是蛋白质的初级结构形式,而蛋白质具有一定的空间结构。一个蛋白质分子可由一条肽链组成(如高等动物的细胞色素 c 由 104 个氨基酸残基连接而成的一条肽链组成),也可由多条肽链通过一定的化学键(如二硫键、氢键等)连接而成(如胰岛素由 2 条肽链组成,胰凝乳蛋白酶由 3 条肽链组成,血红蛋白分子由 4 条肽链组成,免疫球蛋白分子由 4 条肽链组成等)。②多肽与蛋白质的功能有差异。多肽一般无活性(如蛋白质在胃、小肠中经消化产生的多肽),少数有活性(如抗利尿激素就是多肽类激素)。
>
> 总地来说,多肽的分子量较小,没有空间结构,一般无活性;蛋白质的分子量较大,有空间结构,有活性。

人体内存在许多具有生物活性的低分子量肽,有的属寡肽或多肽,在代谢调节、神经传导等方面起着重要作用。生物活性肽的来源主要有:生物体内的天然活性肽;消化过程中产生或体外蛋白酶水解产生;通过化学合成或重组 DNA 技术制备。随着肽类药物的发展,肽类药物、疫苗已在疾病预防和治疗方面取得成效。

1. 谷胱甘肽(glutathione,GSH) 是由谷氨酸、半胱氨酸和甘氨酸组成的三肽(图 1-4)。谷氨酸 γ- 羧基与半胱氨酸的氨基组成一个非 α 肽键,分子中半胱氨酸的巯基是该化合物的主要功能基团。GSH 的巯基具有还原性,是体内重要的还原剂,保护体内蛋白质或酶分子中巯基免遭氧化,使蛋白质或酶处于活性状态。在谷胱甘肽过氧化物酶的催化下,GSH 可还原细胞内产生的 H_2O_2,使其变成 H_2O,同时 GSH 被氧化成氧化型谷胱甘肽(oxidized glutathione,GSSG),后者在谷胱甘肽还原酶催化下,再生成 GSH(图 1-5)。

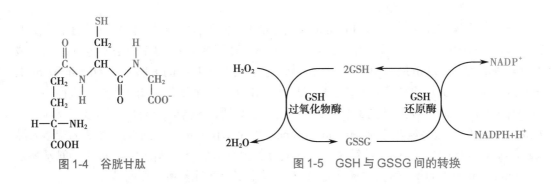

图 1-4 谷胱甘肽   图 1-5 GSH 与 GSSG 间的转换

知识窗

谷胱甘肽的作用

GSH 的巯基具有嗜核特性,能与外源嗜电子毒物(如致癌剂或药物等)结合,从而阻断这些化合物与 DNA、RNA 或蛋白质结合,以保护机体免遭毒物损害。

GSH 具有抗氧化性,作为抗氧化剂,能防止由活性氧物质(如自由基、过氧化物、脂质过氧化物及重金属等)引起的重要细胞组分的损害。

GSH 作为药物广泛应用于临床,除利用其巯基螯合重金属、氟化物、芥子气等毒素起到整合解毒作用外,还用于肝炎、溶血性疾病、角膜炎、白内障及视网膜疾病等的辅助治疗。

GSH 也作为食品添加剂,加入小麦制品中,使制做面包的时间缩短,并能强化食品营养作用;加入酸奶和婴幼儿食品中,相当于维生素 C,起到稳定剂作用等。

2. 多肽类激素及神经肽 人体内有许多激素属寡肽或多肽,如属于下丘脑 - 垂体 - 肾上腺皮质轴的催产素(9 肽)、升压素(9 肽)、促肾上腺皮质激素(39 肽)、促甲状腺素释放激素(3 肽)等。

在神经传导过程中起信号转导作用的肽类被称为神经肽(neuropeptide)。如脑啡肽(5 肽)、β- 内啡肽(31 肽)和强啡肽(17 肽)等。此外,神经肽还包括 P 物质(10 肽)、神经肽 Y 等。

临床应用

孤啡肽的镇痛作用

孤啡肽又称痛敏素，其一级结构与已知的内阿片肽，尤其是强啡肽 A 类似，但具有明显不同的药理学特性，与经典的阿片受体结合能力很弱，而与阿片受体家族中的一个新成员——"孤儿受体"结合能力很强，因而被认为是该受体的天然配基。它们与中枢神经系统痛觉抑制有密切关系，被用于临床镇痛治疗。

（四）氨基酸的理化性质

1. 两性解离与等电点　所有氨基酸都既含有碱性的 α- 氨基，又含有酸性的 α- 羧基。α- 氨基可在酸性溶液中与质子（H^+）结合，呈带正电荷的阳离子（$-NH_3^+$）；α- 羧基可在碱性溶液中与 OH^- 结合，失去质子变成带负电荷的阴离子（$-COO^-$）。所以，氨基酸是一种两性电解质，具有两性解离的特性。氨基酸的解离方式取决于其所处溶液的酸碱度。在某一 pH 溶液中，氨基酸解离成阳离子和阴离子的趋势及程度相等，成为兼性离子，呈电中性，此时溶液的 pH 称为该氨基酸的等电点（amino acid isoelectric point，pI）。

2. 氨基酸的紫外吸收性质　含有共轭双键的色氨酸、酪氨酸在 280nm 波长附近具有最大吸收峰。由于大多数蛋白质含有酪氨酸、色氨酸残基，所以测定蛋白质溶液 280nm 的光吸收值，是分析溶液中蛋白质含量的一种快速简便的方法。

3. 茚三酮反应（ninhydrin reaction）　指茚三酮水合物在弱酸性溶液中与氨基酸共加热时，生成一种蓝紫色化合物，最大吸收峰在 570nm 波长处。因此，茚三酮反应可用于氨基酸定量测定。

积少成多

1. 蛋白质主要由 C、H、O 和 N 4 种元素组成。
2. 组成蛋白质的 20 种氨基酸为 L-α- 氨基酸（除甘氨酸外）。氨基酸根据侧链结构和理化性质不同，分为 5 类；根据营养学价值不同，分为必需氨基酸和非必需氨基酸。
3. 氨基酸的 α- 羧基和另一氨基酸的 α- 氨基脱水缩合形成肽键，氨基酸之间以肽键相连形成肽。

第二节　蛋白质的分子结构

蛋白质分子是由许多氨基酸通过肽键相连形成的生物大分子。人体内具有生理功能的蛋白质大都是有序结构，每种蛋白质都有一定的氨基酸种类、组成百分比、排列顺序以及肽链空间的特定排布位置。由氨基酸排列顺序及肽链空间排布等构成的蛋白质分子结构，体现各种蛋白质的个性，是每种蛋白质具有独特生理功能的结构基础。参与蛋白质生物合成的氨基酸有 20 种，且蛋白质的分子量均较大，因此蛋白质的氨基酸排列顺序和空间位置几乎是无穷尽的，足够为人体数以万计的蛋白质提供各异的氨基酸序列和特定的空间结构，使蛋白质完成生命所赋予的数以千万计的生理功能。

蛋白质复杂的分子结构分成 4 个层次，即一、二、三和四级结构。一级结构称为基本结构，二级结构、三级结构、四级结构统称为高级结构或空间构象。蛋白质的空间构象涵盖蛋白质分子中的每一个原子在三维空间的相对位置，它们是蛋白质特有性质和功能的结构基础。但并不是所有蛋白质都有四级结构，由 1 条肽链形成的蛋白质只有一、二和三级结构，由 2 条或 2 条以上肽链形成的蛋白质才有四级结构。

一、蛋白质的一级结构

蛋白质分子中，从 N- 端至 C- 端的氨基酸排列顺序称为蛋白质一级结构（protein primary structure）。一级结构是蛋白质分子的基本结构，是理解蛋白质结构、作用机制以及生理功能的必要基础，主要化学键是肽键。蛋白质分子中所有二硫键的位置也属于一级结构范畴。牛胰岛素是第一个被测定出一级结构的蛋白质分子。图 1-6 是牛胰岛素的一级结构，有 A 和 B 两条多肽链，A 链有 21 个氨基酸残基，B 链有 30 个氨基酸残基，分子中有 3 个二硫键，1 个位于 A 链内，另 2 个位于 A 和 B 两链之间。

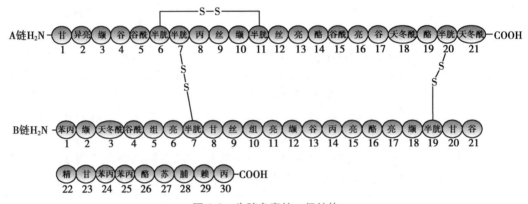

图 1-6　牛胰岛素的一级结构

蛋白质种类繁多，一级结构各不相同。一级结构是蛋白质空间构象和特异生物学功能的基础，但并不是决定蛋白质空间构象的唯一因素。

目前已知一级结构的蛋白质数量非常可观，并且仍然以更快速度在增加。国际上有若干重要的蛋白质数据库（updated protein database），如 EMBL（European Molecular Biology Laboratory Data Library）、Genbank（Genetic Sequence Databank）和 PIR（Protein Identification Resource Sequence Database）等，收集了大量最新的蛋白质一级结构及其他资料，为蛋白质结构与功能的深入研究提供了便利。

知识窗

蛋白质结构和功能的关系

19 世纪末，蛋白质被证明由氨基酸组成。但蛋白质的空间构象如何却一直悬而未决。1954 年，美国科学家 Christian Boehmer Anfinsen 提出蛋白质的高级结构由其一级结构决定。Christian Boehmer Anfinsen 一直从事蛋白质结构方面的研究，他很想知道：蛋白质是如何折叠成独特的三维构象的，需不需要其他物质的参与？经过锲而不舍的蛋白折叠实验，Christian Boehmer Anfinsen 发现蛋白质正确折叠所需要的信息全部存在于它的一级结构之中，并在 *Biochemical Journal* 上发表了研究成果，也因此获得 1972 年的诺贝尔化学奖。在科学研究、探寻真理的道路上，Christian Boehmer Anfinsen 这种坚定信念、不懈追求的精神，值得我们去学习。

二、蛋白质的空间结构

蛋白质分子中原子和基团在空间位置上的排列、分布及肽链的走向构成蛋白质的空间结构。

（一）蛋白质的二级结构

蛋白质的二级结构（secondary structure）是指蛋白质分子中某一段肽链的局部空间结构，也就是该段肽链主链骨架原子的相对空间位置，并不涉及氨基酸残基侧链的构象。肽链主链骨架原子包括 N（氨基氮原子）、C_α（α- 碳原子）、C（羰基碳原子），3 个原子依次重复排列。氢键是形成蛋白质二级结构的主要化学键。

20 世纪 30 年代末，L. Pauling 和 R. B. Corey 应用 X 射线衍射技术研究氨基酸和寡肽的晶体结构，提出了肽单元（peptide unit）概念。参与肽键的 6 个原子 $C_{\alpha 1}$、C、O、N、H、$C_{\alpha 2}$ 位于同一平面，构成所谓的肽单元（图 1-7）。肽键（—CO—NH—）有一定的双键功能，不能自由旋转。而 C_α 分别与 N 和 C（羰基碳）相连的键都是典型的单键，可以自由旋转。肽单元上 C_α 原子所连的两个单键的自由旋转角度，决定了两个相邻的肽单元平面的相对空间位置。

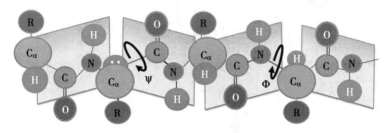

图 1-7　肽键与肽单元

蛋白质二级结构主要包括 α- 螺旋（α-helix）、β- 折叠（β-pleated sheet）、β- 转角（β-turn）和 Ω 环（Ω loop）。蛋白质分子量大，因此一个蛋白质分子可含有多种二级结构或多个同种二级结构，而且在分子内空间上相邻的 2 个以上的二级结构还可协同完成特定功能。

1. **α- 螺旋**　α- 螺旋和 β- 折叠是蛋白质二级结构的主要形式。在 α- 螺旋结构（图 1-8）中，多肽链的主链围绕中心轴做有规律的螺旋式上升，螺旋走向为顺时针方向，以 α 碳原子为转折点，形成右手螺旋。这是多肽链最简单的排列形式。每 3.6 个氨基酸残基螺旋上升一圈，螺距为 0.54nm；螺旋以氢键保持稳固；氨基酸侧链伸向螺旋外侧。

动画：α- 螺旋 3D 结构展示

20 种氨基酸均可参与组成 α- 螺旋结构，但是 Ala、Glu、Leu 和 Met 比 Gly、Pro、Ser 及 Tyr 更常见。在蛋白质表面存在的 α- 螺旋，其亲水性和疏水性氨基酸残基有规律地集中排列在与对称轴平行的两个侧面，使之能在极性或非极性环境中存在。这种 α- 螺旋可见于血浆脂蛋白、多肽激素和钙调蛋白激酶等。肌红蛋白、血红蛋白分子中也有许多 α- 螺旋结构。角蛋白、肌球蛋白及纤维蛋白，多肽链几乎全长都呈 α- 螺旋。多条 α- 螺旋的多肽链可缠绕起来，形成缆索，从而增强其机械强度，并具有弹性。

2. **β- 折叠**　呈折纸状，是蛋白多肽链主链的另一种有规律的构象。多肽链充分伸展，每个肽单元以 C_α 为旋转点，依次折叠成锯齿状结构，氨基酸残基侧链交替位于锯齿状结构的上下方（图 1-9）。形成的锯齿状结构一般比较短，只含 5～8 个氨基酸残基。一条肽链内的若干肽段的锯齿状结构可平行排列，相距较远的两个肽段可通过折叠而形成相同走向，也可通过回折而形成相反走向。很多蛋白质既有 α- 螺旋又有 β- 折叠结构。

动画：β- 折叠 3D 结构展示

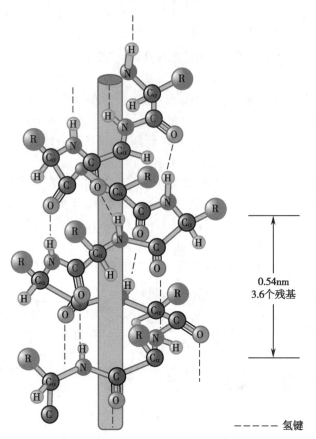

图 1-8　α-螺旋

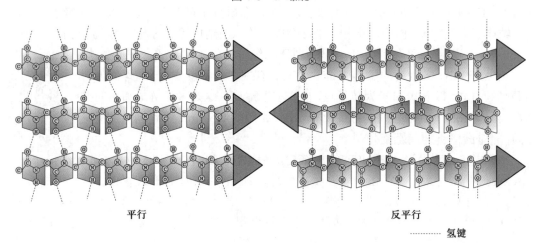

图 1-9　β-折叠

3. β-转角和Ω环　存在于球状蛋白质。β-转角常发生于肽链进行180°回折时的转角上。β-转角常由4个氨基酸残基组成,第一个残基的羰基氧(O)与第四个残基的氨基氢(H)可形成氢键。β-转角的结构中第二个残基常为脯氨酸,其他常见残基有甘氨酸、天冬氨酸、天冬酰胺和色氨酸。Ω环,因肽段形状像希腊字母Ω,所以称Ω环。Ω环这种结构总是出现在蛋白质分子的表面,而且以亲水残基为主,在分子识别中可能有重要作用。

蛋白质二级结构是以一级结构为基础的。一段肽链的氨基酸残基侧链适合形成α-螺旋或

β-折叠，就会出现相应的二级结构。例如，一段肽链有多个谷氨酸或天冬氨酸残基相邻，则在 pH 7.0 时这些残基的游离羧基都带负电荷，彼此相斥，妨碍 α-螺旋的形成。同样，多个碱性氨基酸残基在一肽段内，由于正电荷相斥，也妨碍 α-螺旋的形成。天冬酰胺、苏氨酸、半胱氨酸的侧链较大，如果这些氨基酸在一级结构中非常接近，也会影响 α-螺旋形成。脯氨酸的 N 原子在刚性的五元环中，其形成的肽键 N 原子上没有 H，所以不能形成氢键，结果肽链走向转折，不形成 α-螺旋。形成 β-折叠的肽段，氨基酸残基的侧链要比较小，能容许两条肽段彼此靠近。

（二）蛋白质的三级结构

蛋白质的三级结构（tertiary structure）是指整条肽链中全部氨基酸残基的相对空间位置，即整条肽链所有原子在三维空间的排布位置。球状蛋白质的三级结构有某些共同特征，如折叠成紧密的球状或椭球状；含有多种二级结构并具有明显的折叠层次，即一级结构上相邻的二级结构常在三级结构中彼此靠近并形成超二级结构，进一步折叠成相对独立的三维空间结构；以及疏水侧链分布在分子内部等。

知识窗

肌红蛋白

肌红蛋白（myoglobin, Mb）是由 153 个氨基酸残基构成的单一肽链蛋白质，含有 1 个血红素辅基。肌红蛋白的三级结构（图 1-10）中，α-螺旋占 75%，构成 A 至 H 8 个螺旋区，两个螺旋区之间有一段柔性连接肽，脯氨酸位于转角处。由于侧链 R 基团的相互作用，多肽链缠绕，形成一个球状分子，球表面主要有亲水侧链，疏水侧链位于分子内部。

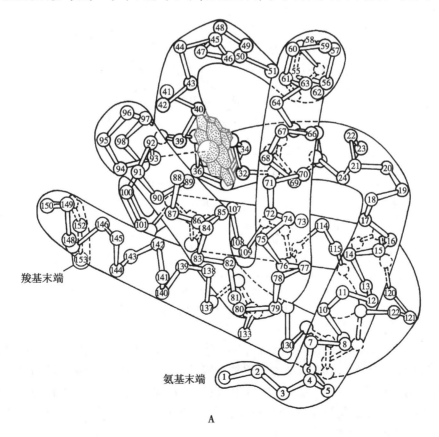

A

羧基末端

氨基末端

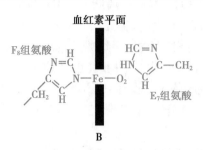

图 1-10 肌红蛋白中血红素与肽链的关系

A. 肌红蛋白；B. 血红素结合氧示意图。

肌红蛋白广泛分布于心肌和骨骼肌中，正常人的血液中含量很低，当心肌和骨骼肌损伤时，血液中 Mb 明显增高。临床上 Mb 测定可用于急性心肌梗死的早期诊断。心肌梗死发病后 4~12h 内，血清中 Mb 含量可达高峰，48h 后恢复正常，是诊断心肌梗死的早期指标。但有骨骼肌疾病、休克、手术创伤、肾衰竭患者血清 Mb 也可升高，需要注意鉴别。假性肥大型肌病、急性皮肌炎、多发性肌炎等患者血液中 Mb 与肌酸激酶呈平行性升高。

蛋白质三级结构的形成和稳定主要靠次级键，如疏水键、盐键和范德华力（van der Waals force）等（图 1-11）。

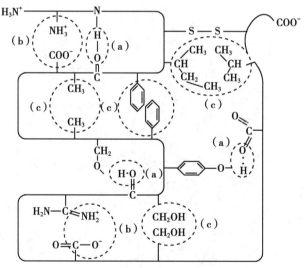

图 1-11 维持蛋白质分子构象的各种化学键

（a）：氢键；（b）：离子键；（c）：疏水键。

结构模体（structural motif）是蛋白质多肽链中具有特定空间构象和特定功能的结构成分，可由 2 个或 2 个以上二级结构肽段组成。模体有特征性的氨基酸序列，并发挥特殊的功能。常见的结构模体有：α- 螺旋 -β- 转角（或环）-α- 螺旋模体（可见于 DNA 结合蛋白）、链 -β- 转角 - 链（可见于反平行 β- 折叠的蛋白质）、链 -β- 转角 -α- 螺旋 -β- 转角 - 链（可见于 α- 螺旋 /β- 折叠蛋白质）。

许多蛋白质分子中具有超二级结构,是由 2 个或 2 个以上具有二级结构的肽段在空间上相互接近,形成一个有规则的二级结构组合。目前已知的超二级结构有 αα、βαβ、ββ 等形式(图 1-12)。亮氨酸拉链(leucine zipper)(图 1-12C)是出现在 DNA 结合蛋白和其他蛋白质中的一种结构模体。来自同一个或不同多肽链的两个 α- 螺旋的疏水面(常含亮氨酸残基)相互作用形成一个圈对圈的二聚体结构,亮氨酸有规律地每隔 6 个氨基酸出现一次。亮氨酸拉链常与癌基因表达调控功能有关。螺旋 - 环 - 螺旋(helix-loop-helix)(图 1-12D)常出现在许多钙结合蛋白分子中,环中有恒定的亲水侧链,通过氢键结合钙离子。锌指结构(zinc finger)(图 1-12E)也是常见的模体,由 1 个 α- 螺旋和 2 个反平行的 β-折叠三个肽段组成,具有结合锌离子功能。N- 端有 1 对半胱氨酸残基,C- 端有 1 对组氨酸残基。这 4 个残基在空间上形成一个洞穴,恰好容纳 1 个 Zn^{2+}。Zn^{2+} 能稳固模体中的 α- 螺旋结构,让 α- 螺旋能嵌于 DNA 的大沟中,因而含有锌指结构的蛋白质都能与 DNA 或 RNA 结合。

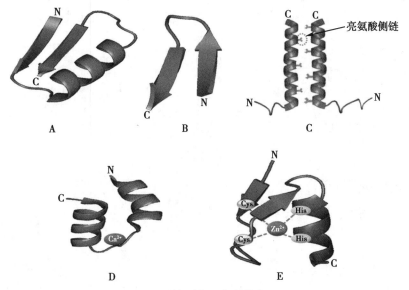

图 1-12　蛋白质超二级结构与 motif
A. βαβ;B. ββ;C. 亮氨酸拉链;D. 螺旋 - 环 - 螺旋;E. 锌指结构。

结构域(domain)是三级结构中具有独立结构与功能的区域,往往分子量较大的蛋白质可折叠成多个结构较为紧密且稳定的区域并各行其功能,可看作球状蛋白质的独立折叠单位,有独立的三维空间结构。

蛋白质合成后,在折叠成正确的空间构象过程中,除了一级结构是决定因素外,还需要分子伴侣(molecular chaperone)的辅助,通常只形成一种正确的空间构象。

(三)蛋白质的四级结构

有些蛋白质分子含有两条或两条以上多肽链。每一条多肽链都有其完整的三级结构,称为亚基(subunit)。亚基与亚基之间呈特定的三维空间排布,以非共价键相连接。蛋白质分子中各个亚基的空间排布及亚基接触部位的布局和相互作用称为蛋白质的四级结构(quaternary structure)。

四级结构中,各亚基间的结合力主要是氢键和离子键。在 2 个亚基组成的四级结构蛋白质中,亚基结构相同者称为同二聚体(homodimer),亚基分子不同者则称为异二聚体(heterodimer)。多个亚基则依此类推。多个亚基构成的蛋白质,其中单一亚基一般没有生物学功能,完整的四级结构是其发挥生物学功能的保证。

知识窗

血红蛋白

血红蛋白(hemoglobin, Hb)为$\alpha_2\beta_2$构成的四聚体(图1-13),含2个α亚基和2个β亚基。两种亚基分别含有141个和146个氨基酸。每个亚基都可结合1个血红素(heme)辅基。亚基之间通过离子键相连,形成血红蛋白四聚体,可在肺和组织间运输氧(oxygen, O_2)和CO_2的功能。而当其中任何一个亚基单独存在时,虽然可以结合氧且与氧亲和力增强,但在组织中难以释放氧,失去了血红蛋白运输O_2和CO_2的作用。

动画:血红蛋白3D结构展示

Hb增高、降低的临床意义基本和红细胞计数的临床意义相似,但Hb能更好地反映贫血的程度。临床上,同时测定红细胞和Hb对鉴别贫血类型有重要意义。

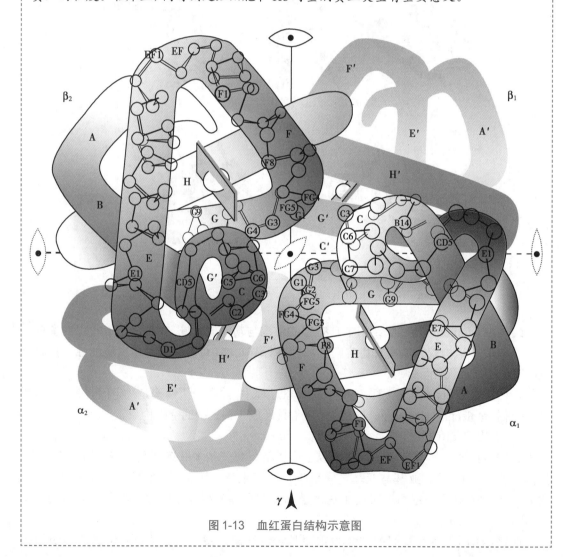

图1-13 血红蛋白结构示意图

蛋白质结构与功能研究发现，一些蛋白质氨基酸序列相似且空间结构与功能也相近，因而有了"蛋白质家族"（protein family）的概念。同属于同一蛋白质家族的成员，称为同源蛋白质（homologous protein）。有些蛋白质家族之间，氨基酸序列相似性不高，但含有发挥相似作用的相同模体结构，则将这些蛋白质家族归为蛋白质超家族（superfamily）。这些超家族成员往往是由共同祖先进化而来的。

积少成多

1. 蛋白质的一级结构指多肽链中从 N- 端至 C- 端的氨基酸排列顺序，由肽键维持。

2. 蛋白质二级结构指蛋白质分子中某一段肽链的局部空间结构，是该段肽链主链骨架原子的相对空间位置，主要形式包括 α- 螺旋、β- 折叠、β- 转角和 Ω 环。维持蛋白质二级结构稳定的化学键是氢键。

3. 蛋白质三级结构指整条肽链中全部氨基酸残基的相对空间位置，是整条肽链所有原子在三维空间的排布位置，主要靠次级键（包括疏水作用、离子键、氢键等）维持。

4. 蛋白质四级结构指蛋白质分子中各个亚基的空间排布及亚基接触部位的布局和相互作用，主要维持键是氢键和离子键。亚基指有些蛋白质分子含有两条或两条以上多肽链，每一条多肽链都有其完整的三级结构。

第三节　蛋白质结构与功能的关系

一、一级结构与功能的关系

1. **一级结构是空间构象的基础**　科学家在研究核糖核酸酶 A 时发现，蛋白质的功能与其三级结构密切相关，而三级结构是以氨基酸顺序为基础的。核糖核酸酶 A 由 124 个氨基酸残基组成，有 4 对二硫键（Cys26 和 Cys84，Cys40 和 Cys95，Cys58 和 Cys110，Cys65 和 Cys72）（图 1-14A）。用尿素（或盐酸胍）和 β- 巯基乙醇处理该酶溶液，分别破坏次级键和二硫键，使其二、三级结构遭到破坏，但肽键不受影响，故一级结构仍存在，此时该酶活性丧失。核糖核酸酶 A 中的 4 对二硫键被 β- 巯基乙醇还原成—SH 后，若要再形成 4 对二硫键，从理论上推算有 105 种不同配对方式，但只有与天然核糖核酸酶 A 完全相同的配对方式才能呈现酶活性。当用透析方法去除尿素和 β- 巯基乙醇后，松散的多肽链按其特定的氨基酸序列卷曲折叠成天然酶的空间构象，4 对二硫键也正确配对，这时酶活性又逐渐恢复至原来水平（图 1-14B）。这充分证明空间构象遭破坏的核糖核酸酶 A 只要一级结构未被破坏，就有可能恢复原来的三级结构，依然可保持活性。

2. **一级结构相似的蛋白质具有相似的高级结构与功能**　比较蛋白质一级结构，可用来预测蛋白质之间结构与功能的相似性。同源性较高的蛋白质可能具有相类似的功能。大量实验结果证明，一级结构相似的蛋白质，空间结构以及功能也相似。例如，不同哺乳类动物的胰岛素分子都由 A 和 B 两条肽链组成，且二硫键的配对位置和空间结构也很相似，一级结构中仅是个别氨基酸有差异，因此它们都执行着相同的调节糖代谢等生理功能（表 1-2）。

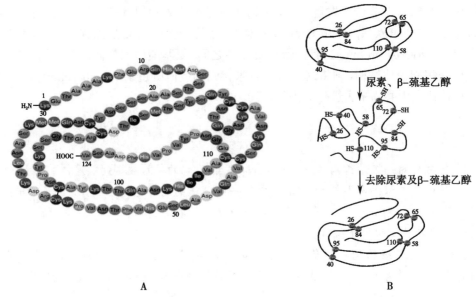

图 1-14 牛核糖核酸酶 A 一级结构与空间结构的关系
A. 牛核糖核酸酶 A 的氨基酸序列；B. β- 巯基乙醇及尿素对核糖核酸酶 A 的作用。

表 1-2 哺乳类动物胰岛素氨基酸序列的差异

胰岛素	氨基酸残基序号[*]			
	A8	A9	A10	B30
人	Thr	Ser	Ile	Thr
猪	Thr	Ser	Ile	Ala
狗	Thr	Ser	Ile	Ala
兔	Thr	Ser	Ile	Ser
牛	Ala	Ser	Val	Ala
羊	Ala	Gly	Val	Ala
马	Ala	Gly	Ile	Ala

注：[*]A 为 A 链，B 为 B 链；A8 表示 A 链第 8 位氨基酸，其余类推。

在对不同物种具有相同功能的蛋白质进行结构分析时发现，它们具有相似的氨基酸序列。例如，泛素是一个含 76 个氨基酸残基的调节其他蛋白质降解的多肽，物种相差甚远的果蝇与人类的泛素分子却含有完全相同的一级结构。但在相隔很远的两种物种中，执行相似功能的蛋白质，其氨基酸序列、分子量大小等也可有很大的差异。

但有些蛋白质的氨基酸序列也不是绝对固定不变的，而是有一定可塑性的。据估算，人类有 20%～30% 的蛋白质具有多态性（polymorphism），也就是说在人类群体的不同个体间，这些蛋白质存在着氨基酸序列的多样性，但几乎不影响蛋白质的功能。

3. 重要蛋白质的氨基酸序列改变可引起疾病 蛋白质分子中起关键作用的氨基酸残基缺失或被替代，会严重影响空间构象甚至生理功能，导致疾病产生。对蛋白质结构与功能相关性研究发现，具有不同生物学功能的蛋白质含有不同的氨基酸序列，即不同的一级结构。而从大量人类遗传性疾病的基因与相关蛋白质分析结果得知：这些疾病的病因可以是基因点突变引起 1 个氨基酸的改变，如镰状细胞贫血；也可以是基因片段碱基缺失导致大片段肽链缺失，如肌营养不良症。这表明，蛋白质一级结构的变化可导致其功能的改变。

以镰状细胞贫血为例，正常人血红蛋白 β 亚基第 6 位氨基酸是谷氨酸，而镰状细胞贫血患者的血红蛋白中，谷氨酸变成了缬氨酸，由酸性氨基酸被替代成中性氨基酸，造成原先水溶性的血红蛋白聚集，相互粘连，导致红细胞变形成为镰刀状而极易破碎，产生贫血。这类由蛋白质分子发生变异所导致的疾病，称为"分子病"（molecular disease）。

二、空间结构与功能的关系

蛋白质的功能取决于以一级结构为基础的蛋白质空间结构，蛋白质所具有的特定空间构象都与其发挥特殊的生理功能有密切关系。

Mb、Hb 有很多相同之处：都是含有血红素辅基的蛋白质，结构相似，功能相似。血红素是铁卟啉化合物，由 4 个吡咯环通过 4 个次甲基相连成为一个环形，Fe^{2+} 居于环中（图 1-15）。Fe^{2+} 有 6 个配位键，其中 4 个与吡咯环的 N 配位结合，1 个配位键和肌红蛋白的第 93 位（F8）组氨酸残基结合，氧则与 Fe^{2+} 形成第 6 个配位键，接近第 64 位（E7）组氨酸。

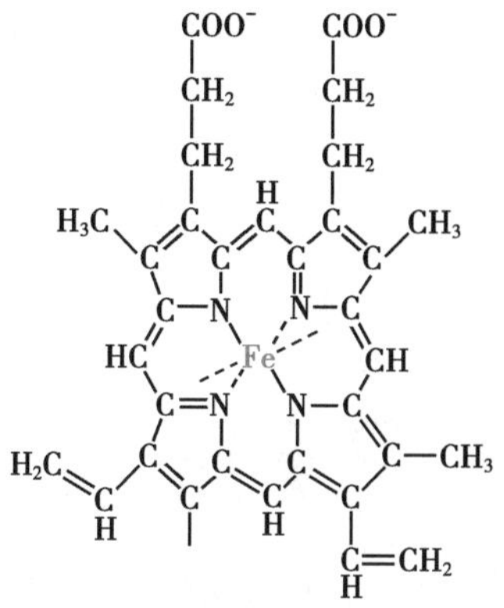

图 1-15　血红素结构

Hb 是含 4 个亚基的四级结构蛋白质（见图 1-13），每个亚基中有一个疏水局部，可结合 1 个血红素并携带 1 分子氧，因此 1 分子 Hb 共结合 4 分子氧。成年人红细胞中的 Hb 主要由 2 条 α 肽链和 2 条 β 肽链（$\alpha_2\beta_2$）组成。胎儿期的 Hb 主要为 $\alpha_2\gamma_2$，胚胎期为 $\alpha_2\varepsilon_2$。此外，健康成人 Hb 中存在较少的 $\alpha_2\delta_2$ 型，而镰状细胞贫血患者红细胞中的 Hb 为 α_2S_2。Hb 的 β、γ 和 δ 亚基的一级结构高度保守。Hb 各亚基的三级结构与 Mb 极为相似。Hb 亚基之间通过 8 对盐键，使 4 个亚基紧密结合而形成亲水的球状蛋白质。

Mb、Hb 都是可逆地与氧结合，血氧饱和度（氧合血红蛋白占总血红蛋白的百分比）随氧浓度变化而变化。Hb 和 Mb 氧解离曲线（图 1-16），分别为"S"形曲线和直角双曲线，表明 Mb 易与 O_2 结合，Hb 与 O_2 的结合在 O_2 分压较低时较难。Hb 与 O_2 结合的"S"形曲线提示，Hb 的 4 个亚基与 4 个 O_2 结合时有 4 个不同的平衡常数，Hb 最后一个亚基与 O_2 结合时常数最大。根据"S"形曲线的特征可知，Hb 中第一个亚基与 O_2 结合以后，促进第二及第三个亚基与 O_2 的结合，当前 3 个亚基与 O_2 结合后，又极大促进第四个亚基与 O_2 结合，这种效应称为正协同效应。协同效应是一个亚基与其配体结合后，能影响此寡聚体中另一亚基与配体的结合能力，如果是促进作用则称为正协同效应，反之则为负协同效应。研究发现，一个氧分子与 Hb 亚基结合后会引起其他亚基构象变化，称为别构效应（allosteric effect）。小分子 O_2 称为别构剂或效应剂，Hb 则被称为别构蛋白。

高海拔、高空氧气稀薄的状态下，人体内可通过多种调控，如增加红细胞数量、Hb 浓度和 2，3- 二磷酸甘油酸（2，3-BPG）浓度等，提供充足的氧，从而保障正常新陈代谢。升高的 2，3-BPG 可降低 Hb 与 O_2 的亲和力，使组织中氧的释放量增加。

蛋白质空间构象改变可引起疾病。蛋白质的生物合成、加工和成熟过程中，多肽链的正确折叠对其正确构象的形成和功能的发挥极其重要。蛋白质若折叠发生错误，虽然一级结构未变，但空间构象发生了改变仍然会影响功能，严重时甚至可导致疾病发生，称为蛋白质构象疾病。由于蛋白质错误折叠后相互聚集，形成抗蛋白水解酶的淀粉样纤维沉淀，产生毒性而致病，如人纹状体脊髓变性病、阿尔茨海默病（Alzheimer disease）、亨廷顿病（Huntington disease）、疯牛病等。

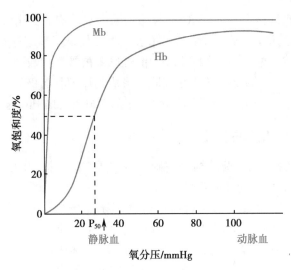

图 1-16　Hb 和 Mb 的氧解离曲线

知识窗

疯牛病

牛海绵状脑病（bovine spongiform encephalopathy，BSE）俗称疯牛病（mad cow disease），是一种人和动物的神经退行性病变，由朊病毒蛋白（prion protein，PrP）引起，具有传染性、遗传性或散在发病等特点。PrP 是染色体基因编码的蛋白质，由 PrP 组成传染性蛋白质颗粒（不含核酸）在动物间传播。PrP 水溶性强，对蛋白酶敏感，分子量为 33～35kDa。二级结构为多个 α- 螺旋称为 PrP^C。富含 α- 螺旋的 PrP^C 在某种未知蛋白质的作用下可转变成分子中大多数为 β- 折叠的 PrP，称为 PrP^{Sc}。PrP^C 和 PrP^{Sc} 的一级结构完全相同。PrP^C 转变成 PrP^{Sc} 涉及蛋白质分子 α- 螺旋重新折叠成 β- 折叠的过程。PrP^{Sc} 对蛋白酶不敏感，水溶性差，对热稳定，可相互聚集，最终形成淀粉样纤维沉淀而致病（图 1-17）。

文档：疯牛病

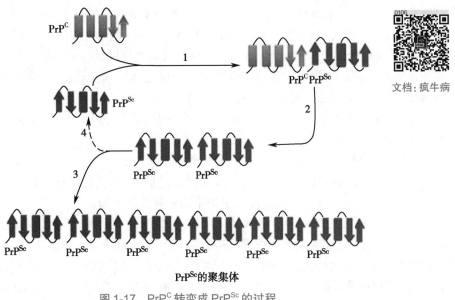

图 1-17　PrP^C 转变成 PrP^{Sc} 的过程

22

1. 蛋白质的一级结构是空间结构的基础。由蛋白质分子发生变异所导致的疾病称为"分子病"。

2. 蛋白质特定的空间结构是其生物学功能的基础。

第四节 蛋白质的理化性质

蛋白质是由氨基酸组成的生物大分子,其理化性质部分与氨基酸相似,如两性电离及等电点、紫外吸收、呈色反应等。作为生物大分子,蛋白质还具有氨基酸没有的理化性质,如胶体性质、沉淀、变性等。利用蛋白质特殊的理化性质,采用盐析、透析、电泳、层析及离心等物理方法分离纯化蛋白质,可以了解和分析蛋白质结构与功能的关系。

一、蛋白质的两性电离和等电点

蛋白质分子中氨基、羧基以及侧链中的某些基团,在一定的溶液 pH 条件下都可解离成带负电荷或正电荷的基团。当蛋白质溶液处于某一 pH 时,蛋白质解离成正、负离子的趋势相等,即成为兼性离子,净电荷为零,此时溶液的 pH 称为蛋白质的等电点(protein isoelectric point,pI)。溶液的 pH 大于某一蛋白质的等电点时,该蛋白质颗粒带负电荷,反之则带正电荷。

微课:蛋白质等电点

体内大多数蛋白质的 pI 为 4.0～7.3,所以在人体体液 pH 7.4 的环境下,大多数蛋白质解离成阴离子。少数蛋白质含碱性氨基酸较多,pH 偏碱性,被称为碱性蛋白质,如鱼精蛋白、组蛋白等。少量蛋白质含酸性氨基酸较多,其 pH 偏酸性,被称为酸性蛋白质,如胃蛋白酶和丝蛋白等。

电泳是指带电粒子在电场中向与所带电荷相反的电极方向移动的现象。蛋白质的 pI 不同,在同一 pH 环境下,所带净电荷的性质及电荷量也不同。利用这个特性,可将混合蛋白质通过电泳法进行分离、纯化。蛋白质分子在电场中移动的速度和方向,取决于它所带电荷的性质、数目及蛋白质分子的大小和形状。带电少、分子大的蛋白质泳动速度慢,反之,则泳动速度快。

做一做:血清醋酸纤维素薄膜蛋白电泳(自动化仪器)

电泳技术广泛应用于临床检测,如血清蛋白电泳、尿蛋白电泳、脑脊液蛋白电泳、同工酶电泳及脂蛋白电泳等。

视频:血清蛋白电泳

血清蛋白电泳对临床疾病的诊断、辅助诊断具有重要作用。临床常用醋酸纤维素薄膜电泳将正常人血浆蛋白质分为白蛋白(又称清蛋白)、α_1- 球蛋白、α_2- 球蛋白、β- 球蛋白和 γ- 球蛋白等。血浆中蛋白质种类丰富,有数百种之多,每一条区带中包括许多种蛋白质组分。血清蛋白电泳分析通过粗略估计各种区带之间蛋白质的比例以及分析是否有特殊蛋白成分可做定性分析,以判断病情。

目前,蛋白质电泳技术发展很快,种类也很多,如醋酸纤维素薄膜电泳、琼脂糖凝胶电泳、聚丙烯酰胺凝胶电泳等,但临床实验室常用的主要是醋酸纤维素薄膜电泳和琼脂糖凝胶电泳。

【目的】

1. 说出醋酸纤维素薄膜电泳分离蛋白质的基本原理。

2. 能正确完成醋酸纤维素薄膜电泳分离蛋白质的实验操作。

【原理】

血清中各种蛋白质的等电点大多在 pH 4.0～7.3，在 pH 8.6 的缓冲液中均带负电荷，在电场中都向正极移动。血清中各种蛋白质的等电点不同，因此在同一 pH 环境中所带负电荷多少不同，又由于其分子大小不同，所以在电场中泳动速度也不同。分子小而带电荷多者，泳动速度较快；反之，泳动速度较慢。因此，通过醋酸纤维素薄膜电泳可将血清蛋白质分为 5 条区带，从正极端依次分为白蛋白、α_1 球蛋白、α_2 球蛋白、β- 球蛋白和 γ- 球蛋白，经染色可计算出各蛋白质含量的百分数。

全自动蛋白电泳仪，以琼脂糖凝胶为电泳介质，采用国际专利的一次性加样梳，自动完成点样、孵育、电泳、染脱色等程序，电泳胶片可以长期保存。全自动蛋白电泳仪主要部分包括电泳模块、染脱色模块及试剂模块。

【试剂与器材】

全自动蛋白电泳仪和血清蛋白电泳试剂盒（氨基黑染液、染色稀释液、点样梳、海绵缓冲条及琼脂糖凝胶片等）。

【操作】

1. 加样　取出试剂盒中点样梳，正面朝上放置在桌面上。用微量加样器取 10μL 血清加在点样梳小孔内。加样结束，将点样梳倒置于保湿盒中，加盖保湿 5min。

2. 电泳　打开电泳舱，翻起电极架。取出试剂盒中的海绵缓冲条，轻轻拧旋，直至表面有少量缓冲液渗出，然后回旋缓冲条，将平面一侧挂靠在挂钉上，构成电场阴极端。电场阳极端同样操作。

取出琼脂糖凝胶片，放置在电泳底板上（注意：胶片覆有凝胶的那面朝上放置，防止气泡产生）。放下电极架，形成电场回路。将保湿的点样梳弃去护框，放置在样品架"6"号位置，样品自动渗透到凝胶上（注意：点样梳正面朝外）。在仪器操作界面，点击按钮，选择相应电泳程序，点击开始键，启动电泳。电泳后，自动烘干。

3. 染脱色　电泳程序结束后，取出凝胶胶片，置于染脱色架上，放入染脱色舱中，在仪器操作界面选择染脱色程序，开始染色、脱色。

4. 扫描　染脱色结束后，凝胶片正面朝下放置入扫描仪固定框中，开始扫描。得到扫描结果。

【参考值范围】

正常人血清醋酸纤维素薄膜蛋白电泳图谱见图 1-18，血清醋酸纤维膜蛋白电泳各区带参考值范围见表 1-3。

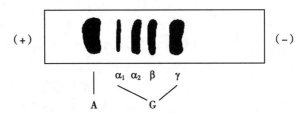

图 1-18　正常人血清醋酸纤维素薄膜蛋白电泳图谱

表 1-3　血清醋酸纤维膜蛋白电泳参考值范围

蛋白质	白蛋白	α₁- 球蛋白	α₂- 球蛋白	β- 球蛋白	γ- 球蛋白
参考值范围	57%～72%	2%～5%	4%～9%	7%～12%	12%～20%

【操作流程及考核评价】

血清醋酸纤维素薄膜蛋白电泳操作流程及考核评价见表 1-4。

表 1-4　血清醋酸纤维素薄膜蛋白电泳（自动化仪器）操作流程及考核评价

项目		评价内容	分值	扣分	得分
职业素养（20分）	1. GMP 意识	着装整洁，洗手，戴口罩，佩戴一次性乳胶手套	5		
		实验过程台面整洁	5		
		实验完成后仪器、器材等按要求归位，医疗废物等按要求放入医疗利器盒、垃圾桶等	5		
	2. 实验器材选择正确	准备实验器材、试剂等	5		
操作流程（60分）	1. 加样	准确加样，正确操作并加盖保湿	20		
	2. 电泳	正确装置海绵缓冲条，放置琼脂糖凝胶片，形成电场回路；正确操作仪器，进行电泳	20		
	3. 染脱色	取出凝胶胶片，正确进行染脱色	10		
	4. 扫描	准确放置胶片，完成扫描，得到检测报告	10		
结果记录及分析（20分）	1. 记录结果	准确填报实验结果，注明日期、时间、蛋白区带名称及各区带百分含量等	10		
	2. 结果分析	对结果进行初步分析，判断是否正常	10		
总分					

GMP：优质生产规范（Good Manufacturing Practice）。

二、蛋白质的胶体性质

蛋白质是生物大分子，分子量可为 1 万～100 万，分子直径可达 1～100nm，在胶粒范围之内。蛋白质分子表面大多为亲水基团，如 $-NH_2$、$-COOH$、$-OH$、$-SH$、$-CONH_2$ 等，可吸引水分子，使颗粒表面形成一层水化膜，阻断蛋白质颗粒之间的相互聚集可能，从而防止溶液中蛋白质沉淀析出。维持蛋白质胶体稳定的另一个重要因素是蛋白质颗粒表面的同种电荷。蛋白质在非等电点的溶液中，表面带有相同电荷，同性电荷互相排斥，也可防止蛋白质颗粒的聚集沉淀。由于水化膜和表面同种电荷的存在，使蛋白质颗粒之间相互隔开，不会因碰撞而聚集成大颗粒。这样蛋白质溶液稳定，不会沉淀。如果去除蛋白质胶体颗粒表面电荷和水化膜两个稳定因素，蛋白质容易从溶液中析出。

> **知识窗**
>
> ### 透析法纯化蛋白质
>
> 蛋白质胶体溶液，由于颗粒大，不能通过半透膜，可用羊皮纸、玻璃纸等作为半透膜来分离纯化蛋白质，将非蛋白的小分子杂质除去，这个方法称透析法。具体操作为：将含有小分子杂质的蛋白质放入透析袋中，将此袋放入清水中进行透析，小分子化合

物不断从透析袋中渗出，而大分子蛋白质留在袋内，一段时间后，可达到纯化蛋白质目的。

临床上，可利用半透膜原理，通过透析来治疗急、慢性肾衰竭和某些急性药物、毒物中毒等。血液透析是将患者血液与透析液同时引进透析器（也称人工肾）内，透析液与血液在透析器内半透膜两侧呈反方向流动，借助半透膜两侧的溶质梯度、渗透梯度、跨膜水压力梯度，进行扩散、对流、吸附而清除溶质性毒素，通过超滤、渗透而清除体内过多的水分，同时补充需要的营养物质，纠正酸碱与电解质平衡紊乱。腹膜透析是利用腹膜作为透析膜，把灌入腹腔的透析液与血液分开，浸泡在透析液中的腹膜毛细血管腔内的血液与透析液进行广泛的物质交换，以达到清除体内代谢产物和毒物，纠正水电解质、酸碱平衡失调的目的。

三、蛋白质的变性与复性

蛋白质空间结构的维持主要依靠氢键及氨基酸残基侧链之间的相互作用，从而保持蛋白质的天然构象。然而，在某些物理和化学因素作用下，天然蛋白质分子特定的空间结构被破坏，即有序的空间结构变成无序的空间结构，从而致使其理化性质改变和生物学活性丧失，这种现象称为蛋白质变性（denaturation）。一般认为，蛋白质的变性主要是二硫键和非共价键的破坏，并不涉及蛋白质一级结构的改变。

微课：蛋白质的变性

蛋白质变性后，理化性质及生物学性质发生改变，如溶解度降低、黏度增加、结晶能力消失、易被蛋白酶水解、生物学活性丧失等。其中，生物活性丧失是蛋白质变性的最重要的明显标志之一，如酶变性失去催化作用、血红蛋白失去运输氧的功能、胰岛素失去调节血糖的生理功能、抗体失去免疫功能等。造成蛋白质变性的因素有很多，常见的有加热、乙醇等有机溶剂、强酸、强碱、重金属离子及生物碱试剂等。

临床应用

蛋白质变性的应用

在临床医学领域，消毒及灭菌就是在理化因素的作用下使细菌的蛋白质发生变性，如皮肤表面用酒精消毒、手术室等用紫外线照射杀菌、高温高压消毒灭菌等。

临床检验中定性测定尿蛋白质的方法之一是磺基水杨酸法。其测定原理为：磺基水杨酸为生物碱制剂，在酸性环境下，其阴离子与带正电荷的蛋白质结合成不溶性蛋白盐而沉淀。

为了保存蛋白质制剂（如疫苗、抗体）的活性，必须考虑使蛋白质变性的因素，如采用低温贮存等。

误服重金属中毒情况下，可服用蛋清、牛奶等来解毒。其原理是重金属离子与蛋白质结合后就不能再与其他蛋白质结合，因为该反应是不可逆的。因此，重金属中毒时摄入生蛋清或牛奶这些含大量蛋白质的物质来结合重金属离子，可使重金属离子尽量少地与人体的功能蛋白结合。

蛋白质变性依据其性质和程度的不同，分为可逆变性和不可逆变性。若蛋白质变性程度较轻，去除变性因素后，有些蛋白质仍可恢复或部分恢复原有构象和功能，称为复性（renaturation）。核糖核酸酶 A 溶液中加入尿素和 β- 巯基乙醇，可解除其分子中的 4 对二硫键和氢键，空间结构被破坏，丧失生物学活性（图 1-14）。变性后经透析方法去除尿素和 β- 巯基乙醇，核糖核酸酶 A 又恢复其原有构象，生物学活性重现。但很多蛋白质变性后，空间结构被严重破坏，不能复原，称为不可逆性变性。

蛋白质经强酸、强碱作用发生变性后，仍能溶解于强酸强碱溶液中，若将 pH 调至等电点，则变性蛋白质立刻结成絮状不溶解物，此絮状物仍可溶解于强酸强碱中。如再加热，则絮状物可转变成比较坚固的凝块，此凝块不易再溶于强酸强碱中，这种现象称为蛋白质的凝固（protein coagulation）。凝固是蛋白质变性后进一步发展的不可逆的结果。

在豆腐的制作过程中，稳定存在于生豆浆溶液中的大豆蛋白质在进行加热蒸煮时，通过控制温度，既达到大豆蛋白质变性的目的，又不让蛋白质过于变性，再借助凝固剂作用，使变性的蛋白质分子相互凝聚、相互穿插凝结成网状凝集体，将煮熟的豆浆凝成豆腐。

知识窗

我国生物化学奠基人——吴宪

利用卤水将豆浆点成豆腐，这个化学反应过程可能和蛋白质变性作用有关。但长期以来，蛋白质变性的本质并未得到科学解释。首次提出蛋白质变性学说的是我国著名生物化学家、营养学家、医学教育家——吴宪教授。吴宪教授在临床生物化学方面有重要贡献，他与 Otto Folin 一同提出了血液分析系统方法，首创用钨酸除去血液样品中所有的蛋白质，最先提出蛋白质变性理论，提出符合中国实际的国民营养膳食方案，使用标记的抗原研究免疫化学。他一生发表研究论文 160 多篇，出版专著 3 部。研究领域主要包括临床生物化学、气体与电解质的平衡、蛋白质化学、免疫化学、营养学以及氨基酸代谢等方面。他对于国际生物化学和中国科学事业的贡献是卓著的。

在一些理化因素作用下，蛋白质表面水化膜、同种电荷被破坏，稳定因素消除，因而从溶液中析出，这一现象称为蛋白质沉淀。变性后的蛋白质通常是固体状态，不溶于水和其他溶剂，易沉淀。有时蛋白质发生沉淀，但并不变性。例如盐析法沉淀蛋白：在蛋白质溶液中加入高浓度中性盐（如硫酸铵、硫酸钠、氯化钠等），破坏蛋白质的胶体稳定性，使蛋白质从水溶液中沉淀。盐析法获得的蛋白质未变性，经过透析除去盐分，还可得到较纯的保持活性的蛋白质。

四、蛋白质的紫外吸收

蛋白质分子中含有苯丙氨酸、酪氨酸和色氨酸残基，这些氨基酸侧链中有共轭结构，在 280nm 波长处有特征性吸收峰。在此波长处，蛋白质的吸光值与其浓度成正比关系，因此可进行蛋白质定量测定。

五、蛋白质的呈色反应

蛋白质分子中肽键及氨基酸侧链上的一些特殊基团可以与有关试剂反应并呈现一定的

颜色。这些反应常被用于蛋白质的定性或定量分析。

1.双缩脲反应（biuret reaction）　蛋白质多肽中含有多个肽键，在稀碱溶液中与硫酸铜共热，可生成紫红色产物，称为双缩脲反应。可用此反应定性鉴定蛋白质，也可根据反应产生的紫红色产物在 540nm 处有特征性吸收，进行比色分析，定量测定蛋白质含量。氨基酸不呈现此反应，因此双缩脲反应可用于检查蛋白质的水解程度。

2.茚三酮反应（ninhydrin reaction）　蛋白质分子中游离 α- 氨基在弱酸性溶液中与茚三酮水合物反应生成蓝紫色化合物，最大吸收峰在 570nm 波长处。此反应可用于蛋白质的定性、定量分析。

临床应用

双缩脲法检测血清总蛋白

利用双缩脲反应设计的双缩脲法试剂盒检测蛋白，是目前临床实验室测定血清总蛋白的首选常规方法。540nm 波长处检测吸收值，吸光度在一定范围内与血清蛋白质的含量成正比，由此计算总蛋白的含量。此法操作简单、结果准确、重复性好，干扰物质少，线性范围较宽，在临床上广泛使用。

积少成多

1.蛋白质的理化性质包括两性电离、胶体性质、变性、沉淀、紫外吸收性质、呈色反应等。

2.利用电泳，可以将血清蛋白进行分离。

第五节　蛋白质的分类及功能

一、蛋白质的分类

蛋白质种类繁多，结构及功能复杂，故有多种分类方法。

蛋白质根据组成成分不同，可分成单纯蛋白质和结合蛋白质（也称缀合蛋白质）。仅含有氨基酸，不含其他成分的蛋白质，称为单纯蛋白质，如胰岛素、组蛋白、肌动蛋白等。除氨基酸外，还含有非蛋白质部分，是蛋白质的生物学活性或代谢所依赖，则称为结合蛋白质。其中，非蛋白质部分被称为辅基，主要通过共价键与蛋白质部分相连，常见辅基有色素化合物、寡糖、脂质、磷酸、金属离子，甚至核酸。例如，血红蛋白含有血红素，免疫球蛋白是一类糖蛋白，都属于结合蛋白质。

根据形状不同，蛋白质可分为纤维状蛋白质和球状蛋白质。纤维状蛋白质，形状似纤维，分子长轴与短轴之比大于 10，多为结构蛋白质，较难溶于水，如肌腱、软骨和骨组织中的胶原蛋白，结缔组织中的弹性蛋白，毛发和指甲中的角蛋白等都属于纤维状蛋白质，主要功能是作为细胞支架或连接各细胞、组织和器官的细胞外成分。球状蛋白质的形状近似于球形，分子长轴和短轴之比小于 10，多数为功能性蛋白，大多可溶于水，如酶、转运蛋白、蛋白质类激素、免疫球蛋白、代谢调节蛋白、基因表达蛋白等。

二、蛋白质的功能

蛋白质是生命活动的执行者，参与完成生物体内各种生理生化反应。其功能概括如下：

1. 构成细胞和生物体结构　蛋白质是人体细胞、组织、器官的重要组成成分，如膜蛋白、细胞器的组成蛋白、染色体蛋白质等。人体肌肉、内脏、神经、血液、骨骼等都含有丰富的蛋白质。

2. 物质运输　人体内各种物质的运输主要通过血液进行，将营养物质和 O_2 运输到组织细胞，同时将代谢废物排出体外。血红蛋白携带和运输 O_2 至组织细胞代谢使用。许多营养物质、代谢物质等与某些特异蛋白质结合后运输、代谢，如载脂蛋白运输脂类物质并调节脂类物质的代谢，白蛋白可与脂肪酸、磺胺、胆红素等多种物质结合并运转这些物质，还有运铁蛋白、铜蓝蛋白等。

3. 催化功能　人体时刻进行着新陈代谢反应，需要大量的酶蛋白作为催化剂参与，催化反应的进行。可以说，没有酶蛋白就没有生命。

4. 信息交流　蛋白质作为受体，存在于细胞膜上，保证细胞对外界刺激产生相应的效应。在信号转导通路中，衔接蛋白含有各种结构域，能与其他蛋白相互作用结合，形成蛋白质复合体，作为刺激信号激活下游信号通路。

5. 免疫功能　机体中存在许多免疫蛋白质，如抗体、淋巴因子等，保护机体抵抗相应病原体感染。

6. 氧化供能　机体内蛋白质可以彻底氧化分解释放能量。正常情况下，人体首先利用葡萄糖的氧化功能；饥饿时，组织蛋白质分解增强，供应能量。

7. 维持酸碱平衡　人体内环境保持稳定，酸碱度必须维持在合适范围，才能维持正常生理活动。机体通过肺、肾及血液缓冲系统等调节机制来维持酸碱平衡，在血液缓冲系统中，蛋白质缓冲体系是重要的组成部分，蛋白质在维持机体酸碱平衡方面有着十分重要的作用。

8. 维持血浆渗透压　血浆胶体渗透压能使血浆和组织之间的物质交换保持平衡。而蛋白质分子对维持机体血浆胶体渗透压起着极其重要的作用，尤其是血浆白蛋白，分子量小，数量多，决定血浆胶体渗透压的大小。如果血浆蛋白质，特别是白蛋白含量下降，血液内水分便会过多渗入周围组织，造成营养不良性水肿。

积少成多

1. 蛋白质根据组成成分不同，可分成单纯蛋白质和结合蛋白质；根据形状不同，可分为纤维状蛋白质和球状蛋白质。

2. 蛋白质功能复杂多样，参与完成生物体内各种生理生化反应。

第六节　蛋白质的分离与纯化

人体的细胞和体液中存在上万种蛋白质，要分析其中某种蛋白质的结构和功能，需要从混合物分离纯化出单一蛋白质。蛋白质分离通常是利用其理化性质，采取盐析、透析、电泳、层析及超速离心等物理方法分离出单一蛋白质，可以不损伤蛋白质空间构象，满足研究蛋白质结构与功能的需要。

一、蛋白质沉淀用于蛋白质浓缩及分离

1. 有机溶剂沉淀蛋白质　利用有机溶剂（如丙酮、乙醇等）可以沉淀蛋白质，分离出沉淀物后再用小体积溶剂溶解沉淀物就可获得浓缩的蛋白质溶液。为了保持蛋白质的结构和生物活性，需要在 0～4℃低温下进行沉淀，并且沉淀后应立即分离，否则蛋白质会发生变性。

2. 盐析法分离蛋白质　盐析（salt precipitation）是将硫酸铵、硫酸钠或氯化钠等中性盐加入蛋白质溶液，蛋白质颗粒表面电荷被中和，水化膜被破坏，致使蛋白质颗粒在水溶液中稳定性因素被去除，蛋白质颗粒聚集而沉淀。由于各种蛋白质颗粒表面电荷不同，盐析时所需的盐浓度及 pH 均不同，故通过盐析可将不同的蛋白质进行分离。例如，临床上早期应用盐析法分离血液中的白蛋白和球蛋白，白蛋白可溶于 pH 7.0 左右的半饱和硫酸铵溶液，而球蛋白在此溶液中发生沉淀。当硫酸铵溶液达到饱和时，白蛋白沉淀。因而可利用盐析法将蛋白质初步分离，再结合其他纯化方法，得到蛋白质纯品。

3. 免疫沉淀法分离蛋白质　利用蛋白质的抗原性，用某种纯化蛋白质免疫动物后可制得抗该蛋白质的特异抗体。利用抗原抗体特异性识别形成抗原抗体复合物的性质，可以从蛋白质混合液中分离获得目的抗原蛋白，可用于对目的蛋白定性定量分析。

二、透析和超滤法去除蛋白质溶液中的小分子化合物

透析袋具有超小微孔，一般只允许分子量为 10kDa 以下的化合物通过，可用硝酸纤维素膜等制成。蛋白质溶液装在透析袋中，置于纯水中，蛋白质溶液中硫酸铵、氯化钠等小分子物质可透过透析袋进入水溶液，据此可对盐析后的蛋白质溶液进行除盐。透析袋外放置吸水剂如聚乙二醇，袋内水分子则伴同小分子物质透出袋外，大分子的蛋白质留在袋内，达到浓缩蛋白溶液的目的。超滤法则是通过运用正压或离心力使蛋白质溶液透过超滤膜，达到浓缩蛋白质溶液的目的，方法简便而且回收率高，是常用的浓缩蛋白质溶液方法。

三、电泳分离蛋白质

利用电泳，对混合物组分进行分离、纯化和测定的技术，就是电泳技术。蛋白质具有两性电离的特性，在同一缓冲溶液中，不同蛋白质所带电荷性质及荷电量不同，分子大小及形状也不同。通过电泳技术，可以分离和测定各种蛋白质。电泳根据支持物不同，可分薄膜电泳、凝胶电泳等。常见薄膜电泳有醋酸纤维素薄膜电泳等。凝胶电泳支持物常见有琼脂糖、聚丙烯酰胺凝胶等。

案例分析

患者，男性，55 岁。因"乏力、腹胀 9 年，加重 1 个月"入院。意识清醒，发育良好，营养中等。有乙型肝炎病毒携带病史 32 年，少量饮酒。无食物与药物过敏史。1 个月前无明显诱因出现乏力、食欲缺乏、腹胀，进行性加重，伴尿少，食欲下降，大便基本

2 天 1 次,未见明显黑便。为进一步治疗入院。查体:患者神志清,精神欠佳,肝病面容,自主体位,检查合作。胸壁见蜘蛛痣,可见肝掌。腹略膨隆,肝肾区无叩击痛,移动性浊音阳性,肠鸣音正常。双下肢轻度水肿。

实验室检查:白细胞 $3.46×10^9/L$,血红蛋白 81g/L,血小板 $67 × 10^9/L$;乙型肝盐表面抗原阳性;谷丙转氨酶 131U/L,谷草转氨酶 217U/L,总蛋白 21.3g/L,直接胆红素 24.4μmol/L;糖类抗原 199 69.5kU/L。血清醋酸纤维素薄膜蛋白电泳结果如图 1-19 所示。

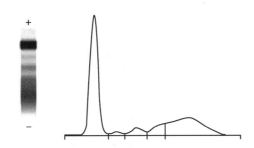

图 1-19 血清醋酸纤维素薄膜蛋白电泳图谱及扫描结果

初步诊断:肝硬化。

问题:

肝硬化患者血清醋酸纤维素薄膜蛋白电泳图谱的特征是什么?

案例解析

四、层析分离蛋白质

层析(chromatography)是分离、纯化蛋白质的重要手段之一。待分离蛋白质溶液(流动相)经过一个固态物质(固定相)时,根据溶液中待分离的蛋白质颗粒大小、电荷多少及亲和力等,使待分离的蛋白质组分在流动相、固定相中反复分配,并以不同速度流经固定相而达到分离蛋白质的目的。层析种类很多,有离子交换层析、凝胶过滤和亲和层析等,其中离子交换层析和凝胶过滤应用最广。

例如阴离子交换层析法:将阴离子交换树脂颗粒填充在层析管内,阴离子交换树脂颗粒上带正电荷,能吸引溶液中的阴离子(图 1-20A),然后用含阴离子(如 Cl^-)的溶液洗柱。含负电量小的蛋白质首先被洗脱下来(图 1-20B),增加 Cl^- 浓度后,含负电量多的蛋白质也被洗脱下来(图 1-20C),于是两种蛋白质被分开。

凝胶过滤(gel filtration)又称分子筛层析,层析柱内填满带有小孔的颗粒,一般由葡聚糖制成。蛋白质溶液由层析柱的顶部加入,并向下渗漏,小分子蛋白质进入孔内,在层析柱中滞留时间较长,大分子蛋白质不能进入孔内而直接流出,因此不同大小的蛋白质得以分离(图1-21)。

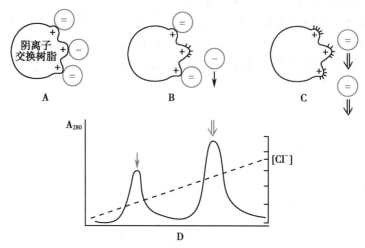

图1-20 离子交换层析分离蛋白质

A. 样品交换并吸附到树脂上;B. 负电荷少的蛋白分子用较稀的Cl⁻或其他负离子溶液洗脱;
C. 电荷多的蛋白分子随Cl⁻浓度增加依次洗脱;D. 洗脱。A₂₈₀为280nm的吸光度。

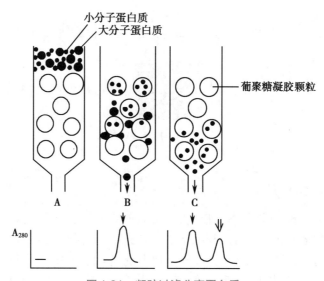

图1-21 凝胶过滤分离蛋白质

A. 蛋白质样品加入葡萄糖凝胶层析柱顶部;B. 样品上柱后,小分子进入凝胶微孔,大分子不能进入,故洗脱时大分子先洗脱下来;C. 小分子后洗脱出来。

积少成多

蛋白质分离纯化的方法主要有沉淀法、透析、超滤法、电泳法、层析法等。

理一理

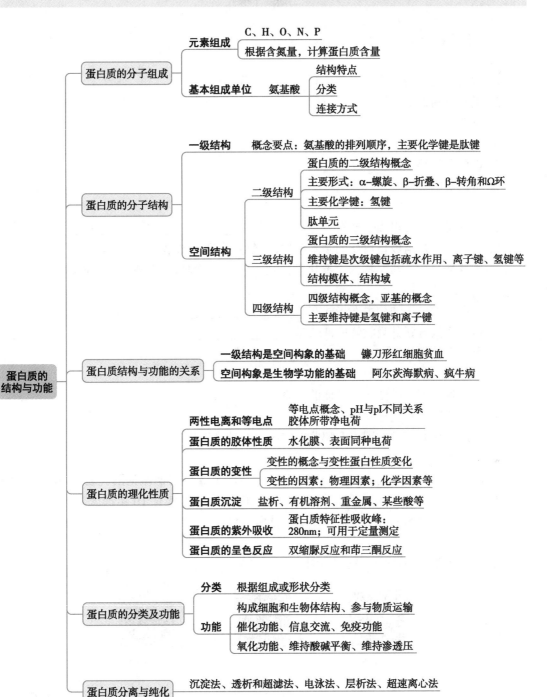

蛋白质的结构与功能
- 蛋白质的分子组成
  - 元素组成
    - C、H、O、N、P
    - 根据含氮量，计算蛋白质含量
  - 基本组成单位　氨基酸
    - 结构特点
    - 分类
    - 连接方式
- 蛋白质的分子结构
  - 一级结构　概念要点：氨基酸的排列顺序，主要化学键是肽键
  - 空间结构
    - 二级结构
      - 蛋白质的二级结构概念
      - 主要形式：α-螺旋、β-折叠、β-转角和Ω环
      - 主要化学键：氢键
      - 肽单元
    - 三级结构
      - 蛋白质的三级结构概念
      - 维持键是次级键包括疏水作用、离子键、氢键等
      - 结构模体、结构域
    - 四级结构
      - 四级结构概念，亚基的概念
      - 主要维持键是氢键和离子键
- 蛋白质结构与功能的关系
  - 一级结构是空间构象的基础　镰刀形红细胞贫血
  - 空间构象是生物学功能的基础　阿尔茨海默病、疯牛病
- 蛋白质的理化性质
  - 两性电离和等电点　等电点概念、pH与pI不同关系　胶体所带净电荷
  - 蛋白质的胶体性质　水化膜、表面同种电荷
  - 蛋白质的变性
    - 变性的概念与变性蛋白质性质变化
    - 变性的因素：物理因素；化学因素等
  - 蛋白质沉淀　盐析、有机溶剂、重金属、某些酸等
  - 蛋白质的紫外吸收　蛋白质特征性吸收峰：280nm；可用于定量测定
  - 蛋白质的呈色反应　双缩脲反应和茚三酮反应
- 蛋白质的分类及功能
  - 分类　根据组成或形状分类
  - 功能
    - 构成细胞和生物体结构、参与物质运输
    - 催化功能、信息交流、免疫功能
    - 氧化功能、维持酸碱平衡、维持渗透压
- 蛋白质分离与纯化　沉淀法、透析和超滤法、电泳法、层析法、超速离心法

0111

理一理

练一练

一、名词解释

1. 肽键
2. 蛋白质的一级结构
3. 蛋白质的二级结构
4. 亚基
5. 分子病
6. 蛋白质的等电点
7. 蛋白质的变性

二、填空

1. 蛋白质的元素组成主要有_____、_____、_____、_____和_____。

2. _____是组成蛋白质的基本单位，自然界中通常都是_____。

3. 维持蛋白质一级结构的主要化学键是_____；维持蛋白质二级结构的主要化学键是_____。

4. 蛋白质的二级结构主要形式有_____、_____、_____和_____。

5. 蛋白质具有紫外吸收峰的波长是_____。

6. 蛋白质的呈色反应有_____、_____等。

三、简答

1. 举例说明蛋白质结构与功能的关系。
2. 蛋白质有哪些生理功能？
3. 引起蛋白质变性的因素有哪些？临床上有什么应用？

四、案例分析

患者一年前开始出现活动后心悸、气促、乏力，上 3 层楼梯即觉四肢乏力，6 个月前出现心悸、乏力症状加重，并出现下肢水肿，遂住院治疗。患者有 10 年糖尿病病史，查尿蛋白 ++，总胆固醇 8.95mmol/L。初步诊断为肾病综合征。

问题：

确诊需要进一步检查哪些生化指标？

思路解析

测一测

拓展阅读

（胡鹤娟）

第二章　酶

0201

课件

科学发现

制曲酿酒

——我国宝贵的科学文化遗产

中国的酿酒工艺历史久远。早在 6 000 年前，我国人民经过长期探索，制作出了可使谷物糖化、酒化的霉菌类培养物——曲蘖。曲蘖中含有大量根霉、曲霉、酵母菌等微生物及其代谢产物。这些产物具有催化作用，在古代被称为"媒"，在现代生物领域被称为"酶"。其中，淀粉酶、糖化酶和蛋白酶等可将谷物中的淀粉、蛋白质等分解生成乙醇（酒）。我国北魏时期"农圣"贾思勰所著的《齐民要术》全面总结了我国北方黄河中下游地区的酿造黄酒的技术经验和研究成果，是我国最早、最详细的酿酒技术资料。酿酒工艺是中华民族的优秀传统文化，也是极其宝贵的科学文化遗产，它蕴含着中华民族特有的思维方式、想象力和文化意识，体现了中华民族的创造力。

学前导语

生命活动离不开酶，生物体内的化学反应在极为温和的条件下也能高效、特异地进行，这依赖体内酶的作用。随着对酶的分子结构与功能、酶促反应动力学的深入研究，人们发现酶与医学关系密切。

学习目标

辨析：酶与酶原、结合酶与全酶、辅酶与辅基、激活剂与抑制剂的概念；酶蛋白与辅因子的作用；酶的绝对特异性与相对特异性的差异；竞争性抑制、非竞争性抑制、反竞争性抑制的作用机制。

概述：酶促反应的特点；底物浓度、酶浓度、温度、pH、激活剂和抑制剂对酶促反应速度的影响；酶的分子组成；酶的活性中心的概念。

说出：米氏常数的定义及意义；酶的变构调节与化学修饰调节；酶的作用机制；酶在医学中的应用。

学会：LDH 与 CK-MB 在疾病诊断中的应用；应用酶学知识解释有机磷农药中毒、磺胺类药物抑菌的生化机制；应用酶学知识正确处理和保存酶制剂。

培养：运用酶学知识指导临床工作的职业能力；通过实验操作，培养科学的思维方法和严谨的工作作风。

　　生命的基本特征是新陈代谢。新陈代谢由一系列化学反应组成。在生物体内,这些化学反应的进行依赖高效、特异的生物催化剂(biocatalyst)作用。迄今为止,人们已经发现蛋白酶(enzyme,E)与核酶(ribozyme)两类生物催化剂。酶学研究不仅与医学领域关系密切,对科学实践、工农业生产亦有深远影响。本章所讲的酶主要是蛋白酶。

知识窗

核酶

　　20世纪80年代,美国科学家 Sidecy Altman 和 Thomas Robert Cech 分别从四膜虫核糖体 RNA(ribosomal RNA,rRNA)前体的加工、细菌核糖核酸酶 P 复合物的研究中发现部分 RNA 也具有催化作用,从此酶的化学本质扩大到 RNA,两人也因此获得1989年的诺贝尔化学奖。核酶是具有高效、特异催化作用的核酸,主要作用于核酸,数量较少。核酶的功能很多,能够切割 RNA 和 DNA,有些还具有 RNA 连接酶、磷酸酶活性。核酶与蛋白质酶比较,其催化效率较低,是一种较为原始的催化酶。核酶的发现不但修正了酶都是蛋白质的传统理念,而且开启了对生命起源认识的新视角。人们对于科学的认识总是在不断进展,不断接近事物的客观实在,同学们在学习中也要树立正确的科学观,做到既不怀疑一切,也不盲目崇拜。

第一节　概　　述

一、酶的概念

　　酶是由活细胞合成的对其特异底物具有高效催化作用的活性生物大分子,绝大多数酶的化学本质是蛋白质,少数是核酸。酶所催化的化学反应称为酶促反应,被酶催化的物质称为底物(substrate,S),反应生成的物质称为产物(product,P),酶所具有的催化能力称为酶活性,酶丧失催化能力称为酶失活。

二、酶的分类

　　目前已经发现4 000多种酶,国际生物化学学会酶学委员会(Committee on Enzymology of the International Society for Biochemistry,IEC)根据酶催化反应的类型,将酶分为六大类:

　　1. 氧化还原酶类(oxidoreductases)　是指催化底物进行氧化还原反应的酶,包括催化传递电子、氢以及需氧参加反应的酶,如乳酸脱氢酶、琥珀酸脱氢酶、细胞色素氧化酶、过氧化氢酶、过氧化物酶等。

　　2. 转移酶类(transferases)　是指催化底物之间基团转移或交换的酶,如甲基转移酶、氨基转移酶、乙酰转移酶、转硫酶、激酶和多聚酶等。

　　3. 水解酶类(hydrolases)　是指催化底物发生水解反应的酶类。按其水解的底物不同可分为蛋白酶、核酸酶、脂肪酶和脲酶等。根据蛋白酶对底物蛋白的作用部位,可进一步分为内肽酶和外肽酶。同样,核酸酶也可分为核酸内切酶和核酸外切酶。

　　4. 裂合酶类(lyases)　是指催化从底物移去一个基团并形成双键的反应或其逆反应的酶,如脱水酶、脱羧酶、醛缩酶、水化酶等。

5. 异构酶类（isomerases） 是指催化分子内部基团的位置互变的酶，包括几何或光学异构体互变，以及醛酮互变的酶，如变位酶、表异构酶、异构酶、消旋酶等。

6. 连接酶类（ligases） 是指催化两种底物生成一种产物，同时偶联有高能键水解和能量释放的酶。此类酶催化分子间的缩合反应，或同一分子两个末端的连接反应，在催化反应时需核苷三磷酸（nucleoside triphosphate，NTP）水解释能，如谷氨酰胺合成酶、氨基酰 -tRNA 合成酶、DNA 连接酶等。

国际系统分类法除了将上述 6 类酶依次编号外，又根据酶所催化化学键的特点和参加反应基团的不同对每一大类进行进一步的分类。

三、酶的命名

酶的命名可分为习惯命名法和系统命名法。

1. 习惯命名法 通常是依据酶所催化的底物命名，如脂肪酶、蛋白酶等，并可指明其来源，如胰蛋白酶等；依据化学反应类型命名，如脱氢酶、氨基转移酶（简称转氨酶）等；也可综合上述两原则命名，如乳酸脱氢酶。习惯命名法简单，应用历史长，但常见的缺点是：①具有相同功能的不同酶有着相同的名字；②有些酶常具有两个或多个类型催化活性，又会导致同一种酶具有不同的名称。

2. 系统命名法 1961 年，国际酶学委员会以酶的分类为依据，提出了酶的系统命名法。该法规定了每一种酶都有一个系统名称，标明酶的所有底物和反应性质。底物名称之间用"："隔开。每种酶的分类编号由 4 组数字组成，数字前冠以 EC（enzyme commission）。编号中第一组数字表示该酶属于六大类中的哪一类；第二组数字表示该酶属于哪一亚类；第三组数字表示亚 - 亚类；第四组数字是该酶在亚 - 亚类中的排序。

微课：酶的命名

由于许多酶促反应是双底物或者多底物，且许多底物的化学名称很长，这使得许多酶的名称过长、过于复杂，为了应用方便，国际酶学委员会又从每种酶的数个习惯名称中选定一个简便实用的推荐名称（recommended name）。

积少成多

酶是由活细胞合成对特异底物具有高效催化作用的蛋白质或核酸。酶所具有的催化能力称为酶活性，酶所催化的化学反应称为酶促反应。

第二节　酶促反应的特点

酶具有一般催化剂的特征，只能催化热力学上允许的化学反应；在化学反应前后没有质和量的改变；能加速化学反应的进程，但不能改变反应的平衡点。酶的化学本质是蛋白质，因此酶促反应还具有不同于一般催化剂所催化反应的特点。

一、高度的催化效率

酶的催化效率极高，当作用于同一化学反应时，酶的催化效率比非催化反应高 10^8～10^{20} 倍，比一般催化剂高 10^7～10^{13} 倍。例如，蔗糖酶催化蔗糖水解的速率是 H^+ 催化作用的 $2.5×10^{12}$ 倍，脲酶水解尿素的速率是 H^+ 水解尿素速度的 $7×10^{12}$ 倍。研究表明，相比一般催化剂,酶更能有效地降低反应的活化能,使参与反应的活化分子数量显著增加,从而大大提高酶的催化效率。

二、高度的特异性

　　酶对其催化的底物具有较严格的选择性称为酶的特异性或专一性(specificity),即一种酶仅作用于一种或一类底物,或一种化学键,催化一定的化学反应并生成一定的产物。根据对底物选择的严格程度不同,酶的特异性可分为绝对特异性和相对特异性。

　　1. 绝对特异性　　有些酶只作用于特定结构的底物分子,进行特定的反应,生成一种特定结构的产物,称为绝对特异性(absolute specificity)。例如,脲酶只能催化尿素水解,对其衍生物无作用;琥珀酸脱氢酶只能催化琥珀酸和延胡索酸之间的氧化还原反应。

　　当底物分子具有立体异构现象时,有些具有绝对特异性的酶只能催化底物的一种光学异构体或一种立体异构体进行反应。例如,乳酸脱氢酶仅催化 L- 乳酸脱氢,而对 D- 乳酸则不起作用;淀粉酶只能水解淀粉中的 α1,4 糖苷键,而不能水解纤维素中的 β-1,4 糖苷键。

　　2. 相对特异性　　有些酶对底物的特异性不是依据整个底物分子的结构,而是依据底物分子中特定的化学键或特定的化学基团,这些酶可催化含有相同化学键或化学基团的一类底物,这种不太严格的选择性称为相对特异性(relative specificity)。例如,脂肪酶不仅能催化脂肪水解,也可水解简单的酯类化合物;蔗糖酶不仅能水解蔗糖,也水解棉子糖中同一种糖苷键。

做一做:酶的特异性

　　酶与一般催化剂的最主要区别就是具有高度的特异性,也叫专一性,但各种酶所表现的特异性程度有很大差别。本实验利用唾液淀粉酶催化淀粉水解来说明酶的特异性。

视频:酶的特异性实验操作

【目的】

1. 通过实验操作,验证酶对底物的选择性,即酶的特异性。

2. 通过实验提高学生分析、解决问题的能力。

【原理】

　　一种酶只能催化一种或一类化合物,或一种化学键,发生一定的化学反应,生成一定的产物,这种特性称为酶的特异性或专一性。本实验以唾液淀粉酶对淀粉的作用为例,说明酶的特异性。

　　淀粉和蔗糖都无还原性。但淀粉的水解产物为麦芽糖和葡萄糖,均具有还原性,可使班氏试剂中的 Cu^{2+} 还原成 Cu^+,生成砖红色的氧化亚铜沉淀。唾液淀粉酶只催化淀粉水解,不催化蔗糖水解,蔗糖本身无还原性,故不与班氏试剂产生颜色反应。

【试剂与器材】

1. 试剂　　1% 的淀粉溶液、1% 的蔗糖溶液、pH 为 6.86 的缓冲液、班氏试剂。

2. 器材　　试管、试管架、记号笔、恒温水浴箱、沸水浴缸。

【操作】

1. 稀释唾液制备　　漱口后含蒸馏水 30mL 约 2min,然后吐入烧杯备用。

2. 取 2 支试管,分别编号,按表 2-1 进行操作。

3. 将 2 支试管内试剂混匀,置于 37℃ 水浴保温 15min 后各加入班氏试剂 20 滴。

表 2-1　酶的特异性实验溶液配制

加入物	剂量 / 滴	
	1 号管	2 号管
pH 为 6.86 的缓冲液	20	20
1% 的淀粉溶液	10	—
1% 的蔗糖溶液	—	10
稀释唾液	5	5

4．将 2 支试管在沸水浴煮沸 2～3min。

5．观察并记录各管颜色变化，分析各管颜色变化的原因。

【注意事项】

1．试管要干净，避免杂质影响反应结果，所有试剂要加样准确。

2．加样过程中注意滴管不要混用，防止试剂间出现交叉污染。试剂用后要盖好盖子，防止试剂间的污染影响实验结果。

3．加完试剂后要混匀，保证各试剂充分接触。

4．严格控制各管反应时间，要保证一致。

5．煮沸过程中要做好个人防护，防止烫伤。

【操作流程及考核评价】

酶的特异性操作流程及考核评价见表 2-2。

表 2-2　酶的特异性操作流程及考核评价

项目	评价内容		分值	扣分	得分
职业素养（20分）	1. GMP 意识	着装整齐，防护符合要求	5		
		实验态度严谨，实验习惯良好	5		
	2. 物品准备	按要求准备试剂、器材，检查实验仪器设备	5		
		实验台面整洁，物品放置合理	5		
操作流程（60分）	1. 唾液制备	按照要求正确制备稀释唾液	4		
	2. 试管编号	试管编号正确	4		
	3. 试剂操作	各管加入试剂正确	4		
		各管试剂加入顺序合理	4		
		滴管使用正确	4		
		各管试剂加量准确	4		
		试剂滴管无混用	4		
	4. 混匀	各管试剂有混匀	4		
		混匀手法正确	4		
		混匀无液体溢出	4		
	5. 水浴	水浴箱使用规范	4		
		各试管水浴温度正确	4		
		各试管水浴时间正确	4		
		沸水浴个人防护正确，无失误	4		
		自然冷却试管	4		
结果记录及分析（20分）	1. 结果记录	观察并正确记录各试管颜色变化	10		
	2. 结果分析	能解释各试管出现不同现象的原因	5		
		能根据实验结果得出正确的结论	5		
总分					

三、高度的不稳定性

酶的化学本质是蛋白质，在某些理化因素（如高温、强酸、强碱等）作用下，酶会发生变性而失去催化活性。因此，酶促反应一般在常温、常压和接近中性的环境中进行。

四、高度的可调节性

机体为适应内、外环境的变化和生命活动需要，通过多种调控因素来改变酶的活性和含量，从而使酶在代谢途径中发挥最佳作用，保证机体代谢有条不紊地进行。酶活性的调节可通过变构调节和化学修饰等方式实现；酶含量的调节可通过对酶生物合成的诱导与阻遏、酶降解等方式来实现；此外，酶原的激活，酶与代谢物在细胞内的区域化分布都是体内酶的调节方式。

积少成多

1. 酶具有不同于一般催化剂的特性，表现为高度的催化效率、高度的特异性、高度的不稳定性、高度的可调节性。
2. 酶只作用于特定结构的底物分子，生成一种特定结构的产物，称为绝对特异性；酶作用于具有相同化学键或化学基团的一类底物，称为相对特异性。

第三节　酶的结构与功能

由一条肽链构成的酶称单体酶（monomeric enzyme），如牛胰核糖核酸酶 A、溶菌酶、羧肽酶 A 等。由多个相同或不同的肽链（亚基）以非共价键连接组成的酶称为寡聚酶（oligomeric enzyme），如蛋白激酶 A 和磷酸果糖激酶 -1 均含有 4 个亚基。此外，在某一代谢途径中，按顺序催化完成一组连续反应的几种具有不同催化功能的酶可彼此聚合形成一个结构和功能上的整体，称为多酶复合物（multienzyme complex），也称为多酶体系（multienzyme system）。还有一些酶在一条肽链上同时具有多种不同的催化功能，这类酶称为多功能酶（multifunctional enzyme）或串联酶（tandem enzyme）。例如，氨基甲酰合成酶Ⅱ、天冬氨酸氨基甲酰转移酶和二氢乳清酸酶就位于同一条肽链上。

知识窗

多酶催化体系与无细胞合成生物技术

无细胞合成生物技术是通过模拟生物细胞内的代谢途径，在体外反应系统中加入一系列酶及辅酶，并将其固定化，构建形成体外多酶催化体系，并由体外多酶催化体系催化底物进行多步顺序反应，最终生成产物的合成生物技术。无细胞合成生物技术没有宿主细胞的生理调控系统，反应条件更容易控制和优化；不存在副作用和宿主细胞本身的代谢需求，可以使用高负载量的酶，使得产物生成的效率更高；有着宽泛的反应条件，可以自由选择底物，从而解决底物或中间产物的毒性问题。临床常用的抗生素就可以通过构建体外多酶催化体系进行生产。

一、酶的分子组成

酶根据化学组成的不同，可分为单纯酶（simple enzyme）和结合酶（conjugated enzyme）两大类，结合酶也叫缀合酶。

（一）单纯酶

单纯酶仅由氨基酸残基构成，催化活性主要由蛋白质结构决定。催化水解反应的酶，如淀粉酶、脂肪酶、蛋白酶、脲酶等，均属于单纯酶。

（二）结合酶

结合酶由蛋白质和非蛋白质两部分组成，其中蛋白质部分称为酶蛋白（apoenzyme），非蛋白质部分称为辅因子（cofactor）。酶蛋白主要决定酶促反应的特异性及其催化机制；辅因子主要决定酶促反应的类型。酶蛋白和辅因子单独存在时均无催化活性，只有结合在一起形成全酶才具有催化作用。

结合酶的辅因子有两类，一类是金属离子，另一类是小分子有机化合物。

1. 金属离子 是最常见的辅因子，约 2/3 的酶含有金属离子，如 K^+、Na^+、Mg^{2+}、Zn^{2+}、Fe^{2+}（Fe^{3+}）、Cu^{2+}（Cu^+）、Mn^{2+} 等。在酶促反应中，金属离子起多种作用：①作为酶活性中心的组成部分参加催化反应，使底物与酶活性中心的必需基团形成正确的空间排列，利于酶促反应的发生；②作为连接酶与底物的桥梁，形成三元复合物；③中和电荷，减少静电斥力，利于酶和底物的结合；④与酶结合，稳定酶的特定空间构象。

有的金属离子与酶结合紧密，提取过程中不易丢失，称为金属酶（metalloenzyme）；有的金属离子是酶活性所必需的，但与酶的结合是可逆结合，称为金属激活酶（metal activated enzyme）。

2. 小分子有机化合物 作为辅因子的小分子有机化合物多是 B 族维生素及其衍生物或卟啉化合物，在酶促反应中传递电子、质子或某些基团，或起到运载体的作用。

根据辅因子与酶蛋白结合的紧密程度不同，将其分为辅酶与辅基（表 2-3）。与酶蛋白结合疏松，能用透析或超滤方法除去的被称为辅酶。在酶促反应中，辅酶作为底物接受质子或基团后离开酶蛋白，去参加另一酶促反应并将所携带的质子或基团转移出去。相反，与酶蛋白结合紧密，不能用透析或超滤方法除去的则称为辅基。在酶促反应中，辅基不能离开酶蛋白。金属离子多为酶的辅基，小分子有机化合物有的作为辅酶（如 NAD^+、$NADP^+$ 等），有的作为辅基（如 FMN、FAD 等）。一种辅因子可与不同的酶蛋白结合形成不同的全酶，催化不同的化学反应。有些酶可以同时含有多种不同类型的辅因子，如细胞色素氧化酶。

微课：酶的
分子组成

表 2-3 B 族维生素构成的辅因子及其作用

辅酶或辅基	缩写	主要功能	所含的维生素
烟酰胺腺嘌呤二核苷酸，辅酶Ⅰ	NAD^+	转移氢和电子	烟酰胺（维生素 PP）
烟酰胺腺嘌呤二核苷酸磷酸，辅酶Ⅱ	$NADP^+$	转移氢和电子	烟酰胺（维生素 PP）
黄素单核苷酸	FMN	转移氢原子	核黄素（维生素 B_2）
黄素腺嘌呤二核苷酸	FAD	转移氢原子	核黄素（维生素 B_2）
焦磷酸硫胺素	TPP	转移醛基	硫胺素（维生素 B_1）
磷酸吡哆醛		转移氨基	吡哆醛（维生素 B_6）

辅酶或辅基	缩写	主要功能	所含的维生素
辅酶 A	CoA	转移酰基	泛酸
生物素		羧化、转移 CO_2	生物素
四氢叶酸	FH_4	转移一碳单位	叶酸
甲基钴胺素		转移甲基	钴胺素（维生素 B_{12}）
5′-脱氧腺苷钴胺素		相邻碳原子上氢原子、烷基、羧基的互换	钴胺素（维生素 B_{12}）

二、酶的活性中心

　　酶分子中能与底物特异性结合并催化底物转变成产物的具有特定空间结构的区域，称为酶的活性中心（active center of enzymes）或酶的活性部位（active site of enzymes）（图 2-1）。在酶分子中并非所有化学基团都与酶活性有关，其中与酶活性密切相关的一些化学基团称为酶的必需基团（essential group）。例如，组氨酸残基的咪唑基、苏氨酸和丝氨酸残基的羟基、半胱氨酸残基的巯基以及酸性氨基酸残基的羧基等是构成酶活性中心的常见基团。必需基团可分为活性中心内的必需基团和活性中心外的必需基团两类。活性中心内的必需基团根据功能又分为结合基团（binding group）和催化基团（catalytic group）。结合基团的作用是识别与结合底物和辅酶，生成酶 - 底物过渡态复合物；催化基团影响底物中某些化学键的稳定性，催化底物发生化学反应并使其转化为产物。一些必需基团虽然不参与活性中心的组成，却是维持酶分子活性中心空间构象和 / 或作为调节剂的结合部位所必需的，称为活性中心外的必需基团。

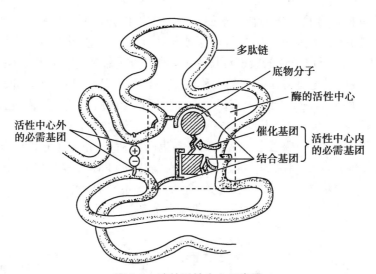

图 2-1　酶的活性中心示意图

　　酶的活性中心的空间构象往往会形成裂缝或凹陷，这些裂缝或凹陷由酶的特定空间构象所维持，深入酶分子内部，且多由氨基酸残基的疏水基团组成，形成疏水的"口袋"。例如，溶菌酶是催化肽多糖水解的糖苷酶，其活性中心是一裂隙结构，催化基团是 35 位谷氨酸和 52 位天冬氨酸；结合基团是 101 位天冬氨酸和 108 位色氨酸（图 2-2）。对结合酶来说，辅助因子常参与酶活性中心的组成。

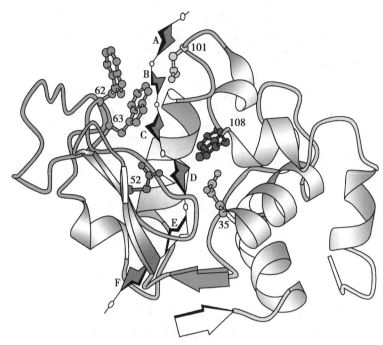

图 2-2　溶菌酶的活性中心

三、酶原及酶原的激活

有些酶在细胞内合成或初分泌时，或在其发挥催化作用之前没有催化活性，这种无活性的酶的前体称为酶原（zymogen 或 proenzyme）。酶原在一定条件下转变成为具有活性的酶，此过程称为酶原的激活。酶原激活的实质是活性中心形成或暴露的过程。此过程中，酶原经过蛋白酶的水解作用，去除 1 个或数个特定肽段，使分子构象发生一定变化，从而形成完整的活性中心，转变为有活性的酶。

胃蛋白酶、胰蛋白酶、弹性蛋白酶、糜蛋白酶及凝血和纤溶系统的酶类等在初分泌时都以酶原的形式存在，在特定部位及一定条件下被激活，表现出酶的活性（表 2-4）。

表 2-4　某些酶原的激活

酶原	激活因素	激活形式	激活部位
胃蛋白酶原	H^+ 或胃蛋白酶	胃蛋白酶 + 六肽	胃腔
胰凝乳蛋白酶原	胰蛋白酶	胰凝乳蛋白酶 +2 个二肽	小肠腔
弹性蛋白酶原	胰蛋白酶	弹性蛋白酶 + 数个肽段	小肠腔
羧基肽酶原 A	胰蛋白酶	羧基肽酶 A+ 数个肽段	小肠腔

例如，胰蛋白酶原进入小肠后，在 Ca^{2+} 的存在下受肠激酶作用，第 6 位赖氨酸残基与第 7 位异亮氨酸残基之间的肽键断裂，水解掉一个 6 肽片段，分子构象发生改变，形成酶的活性中心，转变成为具有活性的胰蛋白酶（图 2-3）。

0205

动画：胰蛋白酶原激活

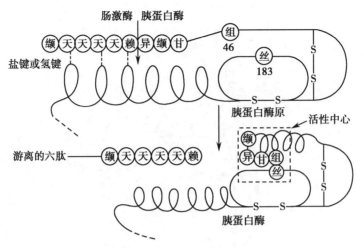

图 2-3 胰蛋白酶原的激活

酶原的存在和酶原激活具有重要的生理意义。消化系统中的蛋白酶以酶原的形式分泌,可以避免消化器官被酶水解破坏。同时,酶原是体内酶的储备形式,保证酶在特定的环境和部位发挥催化作用。例如,在生理状况下,血液中凝血因子以酶原形式存在,避免了血液在血管内凝固,保证了血液的正常流通;当血管破损时,一系列凝血因子迅速被激活,由凝血酶原转变为凝血酶,凝血酶再催化纤维蛋白原转变为纤维蛋白,形成血凝块防止大量出血,对机体起到保护作用。

知识窗

急性胰腺炎

急性胰腺炎是一种常见疾病,是多种病因导致胰腺内蛋白酶原被激活后引起胰腺组织自身消化、水肿、出血,甚至坏死的炎症反应。正常胰腺能分泌胰蛋白酶、糜蛋白酶、胰淀粉酶、胰脂肪酶等十几种消化酶类,除胰淀粉酶、脂肪酶、核糖核酸酶外,多数酶以无活性的酶原形式存在于胰腺细胞内。在胆石症、酗酒、暴饮暴食等致病因素作用下,胰腺自身的保护作用被破坏,胰蛋白酶原、糜蛋白酶原等在胰腺内被过早激活,导致胰腺自身消化,被激活的酶还可通过血液和淋巴循环到全身,引起多器官损伤,是导致胰腺炎致死和产生各种并发症的原因。

预防急性胰腺炎的基本措施有:①保证饮食有节制。不暴饮暴食、不过度饱食、不过多食用油腻食品;不酗酒,或者尽量少饮酒。②积极治疗原发疾病。比如,有胆道结石要及时进行治疗;有高甘油三酯血症要注意控制血脂水平;急性胰腺炎病愈后仍要定期检查随访。

四、同工酶

同工酶(isoenzyme)是指催化相同的化学反应,但酶蛋白的分子结构、理化性质乃至免疫学性质不同的一组酶。同工酶虽然在一级结构中存在差异,但其活性中心的空间构象可能相同或相似,故可催化相同的化学反应。

同工酶的不同生理功能

在动、植物中，一种酶的同工酶在各组织、器官中的分布和含量不同，形成各组织特异的同工酶谱，体现各组织的特异功能，被称为组织的多态性。大多数基因性同工酶由于对底物亲和力不同和受不同因素的调节，常表现为不同的生理功能。例如，动物肝脏的碱性磷酸酯酶和肝脏的排泄功能有关，而肠黏膜的碱性磷酸酯酶参与脂肪和钙、磷的吸收；心肌中富含的 LDH_1 及 LDH_2 在体内倾向于催化乳酸脱氢，而骨骼肌中富含的 LDH_4 及 LDH_5 则有利于丙酮酸还原生成乳酸。所以同工酶只是做相同的"工作"（即催化同一个反应），却不一定有相同的功能。正如不同层次学历的医学生都在医疗卫生领域从事着为人民健康服务的工作，但工作的岗位却有所区别。

体内很多酶具有同工酶，如乳酸脱氢酶、肌酸激酶等。发现最早、研究最多的同工酶是乳酸脱氢酶（lactate dehydrogenase，LDH）。LDH 是由骨骼肌型（M 型）和心肌型（H 型）两种亚基组成的四聚体酶。两种亚基以不同比例组成 5 种同工酶（图 2-4），包括 LDH_1（H_4）、LDH_2（H_3M）、LDH_3（H_2M_2）、LDH_4（HM_3）、LDH_5（M_4），均能催化乳酸与丙酮酸之间的氧化还原反应。

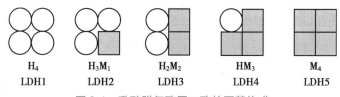

| H_4 | H_3M_1 | H_2M_2 | HM_3 | M_4 |
| LDH1 | LDH2 | LDH3 | LDH4 | LDH5 |

图 2-4　乳酸脱氢酶同工酶的亚基构成

同一个体不同发育阶段和不同组织器官中，合成亚基的种类和数量不同，导致同工酶在同一种属或同一个体的不同组织器官中的分布也不同。例如，LDH 的同工酶在不同组织器官中的种类、含量与分布比例不同，形成了 LDH 的同工酶谱（表 2-5）。

表 2-5　人体各组织器官 LDH 同工酶谱

LDH 同工酶	在人体各组织器官的酶活性 /%								
	红细胞	白细胞	血清	骨骼肌	心肌	肺	肾	肝	脾
LDH_1	43	12	27	0	73	14	43	2	10
LDH_2	44	49	34.7	0	24	34	44	4	25
LDH_3	12	33	20.9	5	3	35	12	11	40
LDH_4	1	6	11.7	16	0	5	1	27	20
LDH_5	0	0	5.7	79	0	12	0	56	5

当组织细胞存在病变时，该组织细胞特异的同工酶会释放入血。因此，临床上检测血清中同工酶的活性、分析同工酶谱，有助于疾病的诊断和预后判定。例如，正常血清 LDH 同工酶的活性有如下规律：$LDH_2 > LDH_1 > LDH_3 > LDH_4 > LDH_5$。当心肌损伤时，可见 LDH_1 活性大于 LDH_2；当肝脏损伤时，可见 LDH_5 活性升高。肌酸激酶（creatine kinase，CK）是由肌型（M 型）和脑型（B 型）两种亚基组成的二聚体酶。脑中含 CK_1（CK-BB），骨骼肌中含

CK$_3$（CK-MM），CK$_2$（CK-MB）仅见于心肌，且含量很高。正常人血清中的 CK 主要是 CK$_3$，几乎不含 CK$_2$。因此，血清中的 CK$_2$ 活性有助于心肌梗死的早期诊断。

案例分析

　　患者，男性，20 岁。于前一晚酗酒后出现恶心、呕吐，第二天清晨突然出现心前区压榨样闷痛症状，持续未缓解，且阵发性加重，当日中午急诊入院。患者既往身体健康；有吸烟史 5 年，平均每天 20 支左右；有饮酒史 3 年，平均每天饮白酒 100mL。实验室检查：心电图有轻微改变；心肌酶学检查见 LDH$_1$ 和 CK-MB 高于正常值。初步诊断为急性心肌梗死。

　　问题：
1. 该患者诊断为急性心肌梗死的依据有哪些？
2. 应用生物化学知识分析 LDH$_1$ 和 CK-MB 升高的原因。

案例解析

五、酶作用的机制

（一）酶比一般催化剂能更有效地降低反应的活化能

　　在任何一种热力学允许的反应体系中，底物分子所含能量各不相同，只有那些能量较高，达到或超过一定水平的过渡态分子才有可能发生化学反应，这些分子被称为活化分子，底物分子达到活化分子所需要的最小能量称为活化能（activation energy），也就是底物分子从初态转化到过渡态所需的能量。酶比一般催化剂能更有效地降低反应所需的活化能，使底物只需获得较少的能量便可转变成活化分子（图 2-5），从而提高化学反应速率。

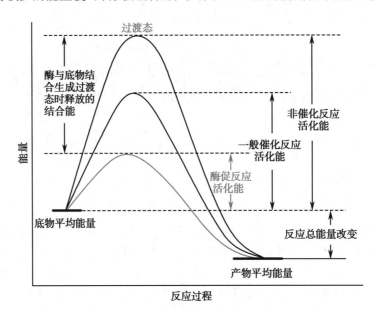

图 2-5　酶促反应活化能的变化

（二）酶与底物结合形成中间产物

1. 酶 - 底物结合的诱导契合假说　酶降低反应活化能的机制,可以用酶 - 底物结合的诱导契合假说来解释。在酶促反应中,酶(E)与底物(S)先形成不稳定的酶 - 底物复合物(ES)。酶与底物的结合不是锁与钥匙的机械结合关系,而是酶与底物相互接近时,两者在结构上相互诱导、相互变形和相互适应,进而相互结合(图 2-6)。然后,酶催化底物生成产物(P)后再被释放。诱导契合作用使得具有相对特异性的酶能够结合一组结构并不完全相同的底物分子,酶构象的变化有利于其与底物的结合,并使底物转变为不稳定的过渡态,易受酶的催化攻击而转化为产物。

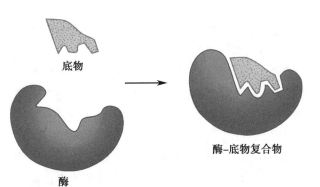

动画:酶的
诱导契合

图 2-6　酶与底物结合的诱导契合作用

2. 邻近效应与定向排列　在两个以上的底物参与的化学反应中,底物之间有效部位必须以正确的方向相互碰撞,才有可能发生反应。酶在反应体系中将各底物结合到酶的活性中心,使它们相互接近,有充足的时间进行接触,并诱导底物分子按照有利于化学反应进行的方式排列,这就是邻近效应和定向排列(图 2-7)。该过程将分子间的反应变为分子内的反应,从而使得酶促反应速率显著提高。

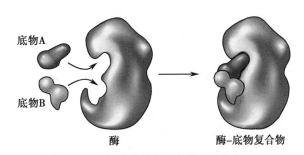

图 2-7　酶与底物的邻近效应与定向排列

3. 表面效应　酶活性中心多是由酶分子内部的疏水性氨基酸形成的疏水"口袋",容纳并结合底物,疏水性环境可排除周围大量水分子对酶和底物分子中功能基团的干扰性吸引或排斥,防止水化膜的形成,利于酶与底物的直接接触和结合,这种现象称为表面效应(surface effect)。

（三）酶的多元催化作用

酶分子中所含有的多种功能基团具有不同的解离常数,即使同一种功能基团处于不同的微环境时,解离程度也有差异。酶活性中心上有些基团是质子供体(酸),有些是质子受体（碱），这些基团参与质子的转移，可使反应速率提高 $10^2 \sim 10^5$ 倍。此外，有些酶在催化过程中通过和底物瞬间生成共价键而激活底物，并进一步水解释放产物和酶。

在酶促反应过程中，酶的催化反应不限于上述某一种因素，而常是多种催化作用的综合机制，这是酶促反应高效率的重要原因。

六、酶的调节

酶的活性和含量可受多种因素的调节，细胞根据内外环境的变化调节关键酶的活性和含量，实现对细胞内物质代谢的调节。

（一）酶活性的调节

机体对酶活性的调节主要有变构调节和化学修饰调节两种方式。

1. 变构调节　体内一些代谢物可与酶分子活性中心以外的某一部位可逆性结合，引起酶分子构象变化，进而改变酶的催化活性，这种调节方式称酶的变构调节（allosteric regulation），也称别构调节。引起变构效应的物质称为变构效应剂，其中使酶活性增加的效应剂称为变构激活剂；使酶活性降低的效应剂称为变构抑制剂；酶分子中与变构效应剂结合的部位称为变构部位或调节部位；受到变构调节的酶称为变构酶。变构效应剂可以是酶的底物，也可以是酶体系的终产物或其他小分子代谢物，它们在细胞内浓度的改变能灵活反映代谢途径的速度和方向，以及能量的供求情况。酶的变构调节是体内代谢途径的重要快速调节方式之一。

2. 化学修饰调节　酶蛋白肽链上的部分特异基团可以与一些化学基团发生可逆的共价结合，或脱掉已经结合的化学基团，从而引起酶活性的改变，这种调节方式称为酶的化学修饰（chemical modification）或共价修饰（covalent modification）。酶的化学修饰主要有磷酸化与去磷酸化、乙酰化与去乙酰化、甲基化与去甲基化、腺苷化与去腺苷化等，其中磷酸化与去磷酸化在代谢调节中最为常见。与变构调节不同，化学修饰通过酶促反应来完成，需要消耗 ATP，作用快，效率高，是体内快速调节的另一种重要方式。

（二）酶含量的调节

通过改变细胞内酶的含量也能改变酶的活性，进而调节物质代谢过程，这种调节方式称为酶含量调节。酶含量调节主要通过诱导或阻遏酶蛋白的合成，调节酶含量和改变酶蛋白的降解速度实现，耗能多，耗时长，属于迟缓调节。

文档：酶含量的调节

积少成多

1. 酶根据化学组成不同分为单纯酶和结合酶。结合酶又包括酶蛋白和辅因子两部分。酶蛋白主要决定酶促反应的特异性及其催化机制；辅因子主要决定酶促反应的类型。

2. 活性中心内的结合基团能够识别底物并与之特异结合，生成酶-底物复合物；催化基团催化底物发生化学反应并使其转化为产物。活性中心外的必需基团是维持酶分子活性中心空间构象所必需的。

3. 酶原在一定条件下形成或暴露活性中心，从而被激活形成酶。酶以酶原的形式分泌，可以避免消化器官被酶水解破坏，这也是体内酶的储备形式。

4. 同工酶催化相同的化学反应，但其分子结构、理化性质乃至免疫学性质不同，在不同组织器官中的种类、含量与分布比例也不同。分析同工酶谱有助于疾病诊断和预后的判定。

5. 酶通过降低反应的活化能、形成酶 - 底物中间复合物、多元催化作用等发挥催化作用。

6. 细胞内物质代谢的调节可通过调节关键酶的活性和含量来实现。

第四节　影响酶促反应速度的因素

酶促反应速度受多种因素影响,主要有底物浓度、酶浓度、温度、pH、激活剂和抑制剂等。研究各种因素对酶促反应速度的影响及其机制具有重要的理论和实践意义。

一、底物浓度的影响

在酶浓度和其他反应条件不变的情况下,酶底物浓度([S])的变化对反应速度(v)的影响作图呈矩形双曲线(图 2-8)。当底物浓度很低时,反应速度随底物浓度的增加而急剧升高,两者呈正比关系;随着底物浓度的进一步增加,反应速度增加的幅度逐渐变缓;继续增加底物浓度,反应速度将不再增加,即酶促反应速度达到最大值,称酶促反应的最大速度(V_{max})。此时所有酶的活性中心已被底物饱和。

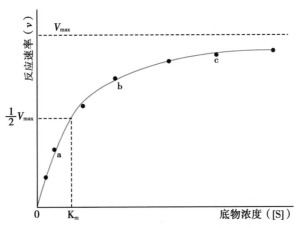

图 2-8　底物浓度对酶促反应速度的影响

(一) 米 - 曼氏方程式

酶促反应速度与底物浓度之间的变化关系,反映了酶 - 底物复合物的形成与产物生成的过程。1902 年 Victor Henri 提出了酶 - 底物中间复合物学说,认为酶与底物首先结合形成中间复合物(ES),然后再分解为产物和游离的酶。

$$E + S \Longrightarrow ES \longrightarrow E + P$$

为了解释酶促反应中底物浓度和反应速度的关系,1913 年 Michaelis Leonor 和 Maud Leonora Menten 提出了底物浓度([S])与反应速度(v)的数学关系方程,即著名的米 - 曼氏方程式,简称米氏方程。

$$v = \frac{V_{max}[S]}{K_m + [S]}$$

式中 V_{max} 为最大反应速度，[S]为底物浓度，K_m 为米氏常数，v 是在不同[S]时的反应速度。当[S]远远小于 K_m 时，方程分母中的[S]可以忽略不计，则有

$$v = \frac{V_{max}}{K_m}[S]$$

式中 v 与[S]成正比，当[S]远远大于 K_m 时，方程式中的 K_m 可以忽略不计，则 $v=V_{max}$，反应速度为最大反应速度。

（二）K_m 的意义

1. K_m 值的定义　K_m 值等于酶促反应速度为最大反应速度一半时的底物浓度，即当 $v=1/2\ V_{max}$ 时，$K_m=[S]$，K_m 值与底物浓度单位相同。

2. K_m 值在一定条件下可表示酶对底物的亲和力　K_m 值越大，酶对底物的亲和力越小；K_m 值越小，酶对底物的亲和力越大。

3. K_m 值是酶的特征性常数　K_m 的大小并非固定不变，它与酶的结构、底物结构和反应环境（如温度、pH、离子强度）有关，而与酶的浓度无关。不同的酶 K_m 值不同。对于同一底物，不同的酶有不同 K_m 值；多底物反应的酶对不同底物的 K_m 值也各不相同，其中 K_m 值最小的相应底物称该酶的最适底物或天然底物。

二、酶浓度的影响

在酶促反应体系中，当底物浓度远远大于酶浓度，酶促反应速度与酶浓度呈正比关系。随着酶浓度增加，酶促反应速度逐渐增大（图 2-9）。

三、温度的影响

酶促反应中，温度升高时分子热运动加快，分子碰撞机会增加，酶促反应速度加快。但酶的本质是蛋白质，温度过高会引起蛋白质变性，使反应速度下降，因此，温度对酶促反应速度具有双重影响。在较低的温度范围内，随着温度升高，酶的活性逐渐增加，直至达到最大反应速度。当温度升高到 60℃ 以上时，大多数酶开始变性；80℃ 时多数酶的变性已不可逆，反应速度因酶变性迅速下降（图 2-10）。酶促反应速度达到最大时的环境温度称为酶促反应的最适温度，哺乳类动物组织中酶的最适温度一般为 35～40℃。

酶的最适温度不是酶的特征性常数，它与酶促反应进行的时间有关。酶可以在短时间内耐受较高的温度，相反，延长反应时间，最适温度可降低。低温时酶的活性降低但不发生变性，当温度回升后，酶又可恢复活性。医学上用低温保存酶和菌种等生物制品，就是利用了酶的这一特性。临床上的低

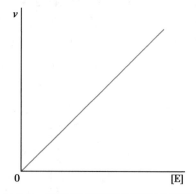

图 2-9　酶浓度对酶促反应速度的影响

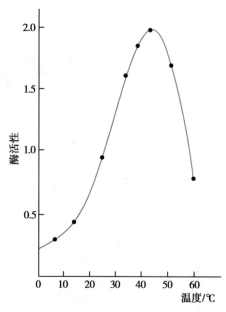

图 2-10　温度对酶促反应速度的影响

温麻醉也是利用降低温度,使酶活性降低,组织细胞代谢速度减慢,从而提高了机体的耐受性,对机体起到保护作用。

> **知识窗**
>
> 低温麻醉
>
> 低温麻醉是指在全身麻醉中,应用某些药物阻滞自主神经系统,用物理降温的方法将患者的体温降至预定的范围,以适应治疗或手术的需要。低温麻醉的作用原理主要是机体在低体温状态下,耗氧量下降,代谢率降低,酶的活性受到抑制,心脏做功减少,从而降低组织代谢消耗,提高机体的耐受能力。低温麻醉主要用于心血管手术、神经外科手术、脑复苏以及其他创伤大、出血多的手术。

四、pH 的影响

酶分子中的许多极性基团以及底物和辅酶,在不同 pH 条件下解离状态不同,所带电荷的种类和数量不同。往往仅在某一解离状态时,它们之间才能达到的最佳结合状态,具有最大的催化活性。此外,pH 还影响酶活性中心的空间构象,从而影响酶的催化活性。因此,pH 的改变对酶的催化活性影响很大(图 2-11)。酶促反应速度达到最大时反应体系的 pH 称为最适 pH。不同酶的最适 pH 各不相同,但体内多数酶的最适 pH 接近中性,如唾液淀粉酶的最适 pH 为 6.8。但也有少数例外,如胃蛋白酶的最适 pH 为 1.8,肝脏中精氨酸酶的最适 pH 为 9.8。

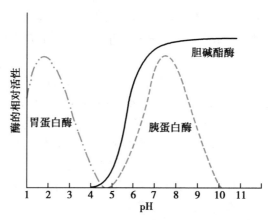

图 2-11　pH 对某些酶活性的影响

酶的最适 pH 也不是酶的特征性常数,它受底物浓度、缓冲液的种类与浓度以及酶的纯度等因素的影响。反应体系的 pH 高于或低于最适 pH 时,酶活性降低,远离最适 pH 还会导致酶变性失活。因此测定酶活性时,应选用适宜的缓冲液,以保持酶活性的相对稳定。

五、激活剂的影响

使酶由无活性变为有活性或使酶活性增加的物质称为酶的激活剂(activator)。酶的激活剂大多为金属离子,如 K^+、Mg^{2+}、Mn^{2+} 等;少数为阴离子和小分子有机化合物,如 Cl^-、胆汁酸盐。依据酶对激活剂的依赖程度可将激活剂分为必需激活剂和非必需激活剂。必需激活剂对酶促反应是不可缺少的，否则酶将失去活性，例如 Mg^{2+} 是大多数激酶的必需激活剂；非必需激活剂可使酶的活性显著增加，但没有这类激活剂时酶仍具有催化活性，只是催化效率较低。例如 Cl^- 对唾液淀粉酶的激活，胆汁酸盐对胰脂酶的激活等，都属于非必需激活剂。

临床应用

组织型纤溶酶原激活剂

组织型纤溶酶原激活剂，又称组织型纤溶酶原激活物（tissue plasminogen activator，t-PA），由血管内皮细胞合成，广泛存在于各组织细胞中，在人体纤溶和凝血的平衡调节中发挥着关键作用。t-PA 在临床上被用作血栓溶解剂，可用于急性心肌梗死、急性肺栓塞、急性缺血性脑卒中等血栓性疾病的治疗。血栓的主要成分是纤维蛋白，可被纤维蛋白溶酶所分解，但纤维蛋白溶酶通常情况下以纤维蛋白溶酶原的形式存在，当 t-PA 与纤维蛋白结合后，诱导纤维蛋白溶酶原转变为纤维蛋白溶酶，后者继而发挥溶栓作用。t-PA 对整个凝血系统各组分的作用较小，因而不会出现出血倾向。随着生物工程技术的成熟，t-PA 的结构被不断改进，新型的 t-PA 溶栓药物在纤维蛋白特异性、半衰期及溶栓效果方面均有了较大提升。

六、抑制剂的影响

与酶结合而使酶活性下降，但又不引起酶蛋白变性的物质称为酶的抑制剂（inhibitor，I）。抑制剂多与酶活性中心内、外的必需基团结合，从而抑制酶的催化活性。根据抑制剂和酶结合的紧密程度不同，酶的抑制作用可分为不可逆性抑制和可逆性抑制两类。

（一）不可逆性抑制

不可逆性抑制（irreversible inhibition）是指抑制剂与酶活性中心的必需基团以共价键相结合，使酶失活。这类抑制剂结合非常牢固，不能用透析或超滤等方法除去。例如，有机磷农药（敌百虫、敌敌畏、乐果和马拉硫磷等）能特异地与胆碱酯酶活性中心丝氨酸残基的羟基共价结合，使胆碱酯酶失活，导致乙酰胆碱堆积，引起胆碱能神经兴奋性增强，表现出恶心、呕吐、流涎、多汗、肌肉震颤、瞳孔缩小、心率缓慢、呼吸困难等一系列中毒症状。临床上常给予乙酰胆碱拮抗剂阿托品和胆碱酯酶复活剂解磷定治疗有机磷农药中毒。解磷定可解除有机磷化合物对胆碱酯酶的抑制作用，使酶恢复活性。

低浓度的重金属离子如 Hg^{2+}、Ag^+、Pb^{2+} 及 As^{3+} 等可与巯基酶分子活性中心的巯基结合而使酶失活。例如，化学毒剂路士气是一种含砷的有毒化合物，能不可逆地抑制体内巯基酶活性，从而引起神经系统、皮肤、黏膜、毛细血管病变和代谢功能紊乱。应用二巯丙醇（british anti-lewisite，BAL）或二巯丁二钠可以解除这类抑制剂对巯基酶的抑制。

（二）可逆性抑制

可逆性抑制（reversible inhibition）是指抑制剂通过非共价键与酶结合而使酶活性降低或丧失，用透析、超滤等方法可以将其除去。可逆性抑制作用又分为竞争性抑制作用、非竞争性抑制作用和反竞争性抑制作用。

1. 竞争性抑制作用（competitive inhibition） 抑制剂与底物结构相似，可与底物竞争结合酶的活性中心，从而阻碍酶与底物形成中间产物，抑制酶的活性。

　　由于竞争性抑制剂与酶的结合是可逆的，抑制程度取决于抑制剂与酶的亲和力以及与底物浓度的相对比例。在抑制剂浓度不变的情况下，通过增加底物浓度可以减弱甚至解除竞争性抑制作用。例如，丙二酸与琥珀酸结构相似，丙二酸对琥珀酸脱氢酶的抑制作用属于竞争性抑制作用，若增加反应系统中琥珀酸的浓度，可以解除丙二酸对酶的抑制作用。反应式如下：

$$E+S \rightleftharpoons ES \longrightarrow E+P$$

　　磺胺类药物的抑菌机制属于竞争性抑制。对磺胺类药物敏感的细菌在生长繁殖过程中，不能利用环境中的叶酸，而是在菌体内二氢叶酸合成酶的催化下，利用对氨基苯甲酸（para-aminobenzoic acid，PABA）、二氢蝶呤及谷氨酸合成二氢叶酸（dihydrofolic acid，FH_2），后者在二氢叶酸还原酶作用下进一步还原为四氢叶酸（tetrahydrofolic acid，FH_4）。FH_4 在核苷酸合成过程中起重要作用。磺胺类药物与 PABA 的化学结构相似，是二氢叶酸合成酶的竞争性抑制剂，抑制 FH_2 的合成，进而影响 FH_4 的合成，使核苷酸与核酸合成受阻，从而抑制了细菌的生长繁殖。人体能直接利用食物中的叶酸，不受磺胺类药物的干扰。根据竞争性抑制的特点，服用磺胺类药物时必须保持血液中药物的高浓度，以发挥其有效的抑菌效果。

$$\text{PABA，二氢蝶呤，谷氨酸} \xrightarrow[\text{磺胺药（-）}]{\text{二氢叶酸合成酶}} FH_2 \xrightarrow[\text{MTX（-）}]{\text{二氢叶酸还原酶}} FH_4$$

$H_2N-C_6H_4-COOH$ PABA　　$H_2N-C_6H_4-SO_2NHR$ 磺胺药

临床应用

抗代谢药物

　　许多抗代谢药物，如氨甲蝶呤（methotrexate，MTX）、5-氟尿嘧啶（5-fluorouracil，5-FU）、6-巯基嘌呤（6-mercaptopurine，6-MP）等，都是酶的竞争性抑制剂，可以抑制肿瘤细胞的生长。MTX 是叶酸的类似物，能竞争抑制二氢叶酸还原酶，使叶酸不能还原成二氢叶酸及四氢叶酸，从而抑制嘌呤核苷酸的合成；5-FU 通过抑制胸腺嘧啶核苷酸合成酶而抑制 DNA 的合成，对 RNA 的合成也有一定抑制作用；6-MP 结构与次黄嘌呤相似，可在体内经磷酸核糖化而生成 6MP 核苷酸，并以这种形式抑制次黄嘌呤核苷酸（inosine monophosphate，IMP）转变为腺苷酸（adenosine monophosphate，AMP）及鸟苷酸（guanosine monophosphate，GMP）的反应。

2. 非竞争性抑制作用（non-competitive inhibition）　抑制剂与酶活性中心外的必需基团可逆地结合，不影响酶与底物分子的结合，同样酶与底物分子的结合也不影响酶与抑制剂的结合。底物与抑制剂之间无竞争关系，但抑制剂与酶的结合导致酶的构象改变，使酶活性降低或酶（E）- 底物（E）- 抑制剂（I）复合物（ESI）不能释放出产物。非竞争性抑制作用的强弱取决于抑制剂的浓度，不能通过增加底物浓度减弱或消除抑制。反应式如下：

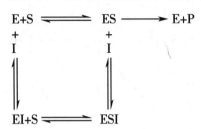

3. 反竞争性抑制作用（uncompetitive inhibition）　抑制剂也是与酶活性中心外的必需基团结合。没有底物时，抑制剂并不能与游离的酶结合，当底物与酶结合后，抑制剂与酶 - 底物复合物（ES）结合生成 ESI，使中间产物（ES）的量下降，减少了从中间产物转化为产物的量。在反应体系中，由于 ESI 的形成，使 ES 的量下降，又增加了酶与底物的亲和力，这种抑制作用与竞争性抑制作用相反，是促进酶与底物的结合，故称为反竞争性抑制作用。反应式如下：

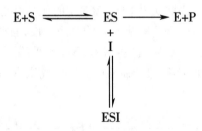

图片：可逆性抑制的作用机制

积少成多

1. 在酶浓度和其他反应条件不变的情况下，酶底物浓度的变化对反应速度的影响作图呈矩形双曲线。K_m 值在一定条件下可表示酶对底物的亲和力。

2. 底物浓度远远大于酶浓度，酶促反应速度与酶浓度呈正比关系。

3. 温度对酶促反应速度具有双重影响。酶促反应处在最适温度时，反应速度达到最大。

4. 酶促反应处在最适 pH 时，反应速度达到最大，偏离最适 pH 时，反应速度会减小。

5. 酶的激活剂可使酶由无活性变为有活性，或使酶活性增加。

6. 酶的抑制剂与酶结合而使酶活性下降，但不引起酶蛋白变性。酶的抑制作用可分为不可逆性抑制和可逆性抑制两类。

做一做：温度、pH、激活剂和抑制剂对酶活性的影响

酶是生物催化剂，大多为蛋白质。凡能影响蛋白质的理化因素都能影响酶的活性。本实验利用唾液淀粉酶催化淀粉水解来说明温度、pH、激活剂和抑制剂对酶活性的影响。

【目的】

1. 通过对唾液淀粉酶水解淀粉后实验现象的观察，验证温度、pH、激活剂和抑制剂对

酶活性的影响。

2．通过实验提高学生分析、解决问题的能力。

【原理】

淀粉在淀粉酶的催化下水解最终生成麦芽糖和葡萄糖。水解反应过程中，淀粉的分子量逐渐变小，形成若干分子量不等的过渡性产物，称为糊精。向反应系统中加入碘液可检查淀粉的水解程度，淀粉遇碘呈蓝色，麦芽糖对碘不显色（溶液显棕黄色，是稀碘液本身的颜色）。糊精中分子量较大者遇碘呈蓝紫色，随糊精的继续水解，碘呈橙红色。

根据颜色反应，可以了解淀粉被水解的程度。在不同温度、不同 pH 下，唾液淀粉酶的活性不同，淀粉水解程度也不一样。另外，激活剂、抑制剂也能影响淀粉的水解。因此，通过与碘反应的颜色判断淀粉被水解的程度，进而了解温度、pH、激活剂和抑制剂对酶促反应速度的影响。

淀粉 ——→ 紫糊精 ——→ 红糊精 ——→ 麦芽糖

遇碘呈色：蓝色　　　　紫色　　　　红色　　　　无色

（注：中间产物也可呈蓝紫色、棕红色等过渡颜色）

【试剂与器材】

1．试剂　1% 的淀粉溶液、1% 的蔗糖溶液、pH 6.86 的缓冲液、pH 4.00 的缓冲液、pH 9.18 的缓冲液、稀碘液、0.9% 的 NaCl 溶液、0.1% 的 $CuSO_4$、0.1% 的 Na_2SO_4 溶液。

2．器材　试管、试管架、记号笔、恒温水浴箱、沸水浴缸、冰浴缸。

视频：温度对酶活性的影响

【操作】

1．温度对酶活性的影响　唾液淀粉酶的最适温度是 37℃，分别在 37℃、0℃、100℃ 的环境进行酶促反应，观察 3 管颜色区别，说明温度对酶活性的影响。

（1）取试管 3 支，分别编号，按表 2-6 进行操作。

表 2-6　温度对酶活性的影响实验溶液配制

加入物	剂量/滴		
	1 号管	2 号管	3 号管
pH 为 6.86 的缓冲液	20	20	20
1% 的淀粉溶液	10	10	10
（混匀）			
水浴温度	冰水	37℃	沸水
（保温 5min）			
稀释唾液	5	5	5
（混匀，水浴 10min）			

（2）取出试管，分别向各管加入稀碘液 1～2 滴。

（3）观察并记录各管颜色变化，分析各管颜色变化的原因。

温度对酶活性的影响实验结果

试管号	实验条件	加碘液后颜色变化	结果分析
1	冰水浴		
2	37℃水浴		
3	沸水浴		

2. pH 对酶活性的影响　唾液淀粉酶的最适 pH 为 6.86,分别在 pH 为 6.86、4.00、9.18 的环境进行酶促反应,观察 3 管颜色的区别,说明 pH 对酶活性的影响。

视频:pH 对酶活性的影响

(1)取试管 3 支,分别编号,按表 2-7 进行操作。

(2)将 3 管内试剂混匀,置于 37℃水浴保温 10min 后,各加入稀碘液 1~2 滴。

表 2-7　pH 对酶活性的影响实验溶液配制

加入物	剂量/滴		
	1号管	2号管	3号管
pH 为 4.00 的缓冲液	20	—	—
pH 为 6.86 的缓冲液	—	20	—
pH 为 9.18 的缓冲液	—	—	20
1% 的淀粉溶液	10	10	10
稀释唾液	5	5	5

(3)观察并记录各管颜色变化,分析各管颜色变化的原因。

pH 对酶活性的影响实验结果

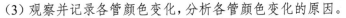

试管号	实验条件	加碘液后颜色变化	结果分析
1	pH 4.00		
2	pH 6.86		
3	pH 9.18		

3. 激活剂和抑制剂对酶活性的影响　Cl^- 是唾液淀粉酶的激活剂,Cu^{2+} 是其抑制剂。观察管中颜色的区别,说明激活剂和抑制剂对酶活性的影响。

视频:激活剂和抑制剂对酶活性的影响

(1)取试管 4 支,分别编号,按表 2-8 进行操作。

(2)将 4 管内试剂混匀,置于 37℃水浴保温 10min 后,各加入稀碘液 1~2 滴。

(3)观察并记录各管颜色变化,分析各管颜色变化的原因。

表 2-8　激活剂和抑制剂对酶活性的影响实验溶液配制

加入物	剂量/滴			
	1号管	2号管	3号管	4号管
pH 为 6.86 的缓冲液	20	20	20	20
1% 的淀粉溶液	10	10	10	10
蒸馏水	10	—	—	—
0.9% 的 NaCl 溶液	—	10	—	—
0.1% 的 $CuSO_4$ 溶液	—	—	10	—
0.1% 的 Na_2SO_4 溶液	—	—	—	10
稀释唾液	5	5	5	5

激活剂、抑制剂对酶活性的影响实验结果

试管号	实验条件	加碘液后颜色变化	结果分析
1	蒸馏水		
2	0.9% 的 NaCl 溶液		
3	0.1% 的 $CuSO_4$ 溶液		
4	0.1% 的 Na_2SO_4 溶液		

【注意事项】

1. 试管要干净，避免杂质影响反应结果，所有试剂要加样准确。

2. 加样过程中注意滴管不要混用，防止试剂间出现交叉污染。试剂用好后要盖好盖子，防止试剂间的污染影响实验结果。

3. 加完试剂后要混匀，保证各试剂充分接触。

4. 严格控制各管反应时间，要保证一致。

5. 滴加碘液时要逐滴滴加，防止颜色过深影响实验结果的判断。

【操作流程及考核评价】

影响酶活性因素实验操作流程及考核评价见表2-9。

表2-9　影响酶活性因素实验操作流程及考核评价

项目		评价内容	分值	扣分	得分
职业素养（20分）	1. GMP 意识	着装整齐，防护符合要求	5		
		实验态度严谨，实验习惯良好	5		
	2. 物品准备	按要求准备试剂、器材，检查实验仪器设备	5		
		实验台面整洁，物品放置合理	5		
操作流程（60分）	1. 唾液制备	按照要求正确制备稀释唾液	4		
	2. 试管编号	正确进行试管编号标记	4		
	3. 试剂操作	各管加入试剂正确	4		
		各管试剂加入顺序合理	4		
		滴管使用正确	4		
		各管试剂加量准确	4		
		试剂滴管无混用	4		
	4. 混匀	各管试剂有混匀	4		
		混匀手法正确	4		
		混匀无液体溢出	4		
	5. 水浴	水浴箱使用规范	4		
		各试管水浴温度正确	4		
		各试管水浴时间正确	4		
	6. 活性检测	各试管滴加碘液量一致	8		
结果记录及分析（20分）	1. 结果记录	观察并正确记录各试管颜色变化	10		
	2. 结果分析	能解释各试管出现不同颜色反应的原因	5		
		能根据实验结果得出正确实验结论	5		
总分					

第五节　酶与医学的关系

酶在医学中的应用十分广泛,许多疾病的发生与发展和酶的异常有关。酶的质和量的异常或酶活性受到抑制都会直接或间接导致疾病的发生。多种遗传病与酶的先天缺陷有关,许多酶已成为临床上诊断疾病的良好指标,酶制剂已经应用于某些疾病的治疗。因此,酶与医学的关系十分密切。

一、酶与疾病的发生

酶的先天性缺陷是先天性疾病的主要病因之一。现已发现 140 余种先天性代谢缺陷病中,许多是由于酶的先天性或遗传性缺陷所致。例如,酪氨酸酶缺乏引起白化病;苯丙氨酸羟化酶缺乏导致苯丙酮酸尿症;葡糖 -6- 磷酸脱氢酶缺乏引起蚕豆病等。表 2-10 列出了部分酶遗传学缺陷病及其所缺陷的酶。

表 2-10　遗传性酶缺陷所致的疾病

缺陷酶	相应疾病
酪氨酸酶	白化病
黑尿酸氧化酶	黑尿酸症
苯丙氨酸羟化酶系	苯丙酮酸尿症
1- 磷酸半乳糖尿苷转移酶	半乳糖血症
葡糖 -6- 磷酸酶	糖原贮积症
葡糖 -6- 磷酸脱氢酶	蚕豆病
高铁血红蛋白还原酶	高铁血红蛋白血症
谷胱甘肽过氧化物酶	新生儿黄疸

临床上许多疾病可引起酶的异常,这种异常又会加重疾病。例如,胰蛋白酶原在胰腺中被提前激活会导致胰腺组织的严重破坏,引起急性胰腺炎。

二、酶与疾病的诊断

正常人体内酶活性较稳定,当人体某些器官和组织受损或发生疾病时,会导致血液或其他体液中一些酶活性异常。临床上,测定血液、尿液或分泌液中某些酶的活性可帮助诊断疾病,特别是血清酶活性的测定对疾病的诊断具有重要价值。

引起血清中酶活性异常的主要原因有以下几种:

1. 细胞损伤或细胞膜通透性增加　细胞内的某些酶大量释放入血。例如,急性肝炎、心肌梗死时血清丙氨酸转氨酶、天冬氨酸转氨酶活性升高;急性胰腺炎时,血清淀粉酶活性升高。

2. 细胞的转换率增高或细胞的增殖加快　此时,细胞特异的标志酶释放入血。例如,发生成骨肉瘤或佝偻病时,成骨细胞增生,由成骨细胞合成的碱性磷酸酶活性增加;发生前列腺癌时,血清中酸性磷酸酶活性升高。

3. 酶的排泄障碍　例如,肝硬化时血清碱性磷酸酶不能及时清除,胆管堵塞可影响血清碱性磷酸酶的排泄,造成血清中碱性磷酸酶活性升高。

4. 酶的合成或诱导增强　乙醇或巴比妥盐类可诱导肝中的γ-谷氨酰转移酶生成增多。

5. 酶的合成障碍　许多酶在肝脏中合成,发生肝功能障碍时,某些酶合成减少,例如血液中凝血酶原等含量可明显降低。

> **知识窗**
>
> ### 溶菌酶的发现与应用
>
> 　　1921年11月,英国细菌学家、生物化学家 Alexander Fleming 患了重感冒,他取了一些自己的鼻腔黏液滴在固体培养基上,发现了溶菌现象。Fleming 很快联想到:人的眼睛整天睁着,为什么很少受到细菌的感染呢?于是他把细菌接种到眼泪里,细菌很快死亡了。经过几年的研究,Fleming 与同事终于找到了这种能破坏细菌细胞壁结构,致使细菌死亡的蛋白质。科学家将其命名为溶菌酶。溶菌酶广泛分布在哺乳动物的泪液、唾液、血液、尿液、乳汁等体液中,鸟类和家禽的蛋清以及微生物中也含有溶菌酶,其中以蛋清含量最为丰富。
>
> 　　近年来,人们根据溶菌酶的特性,将其应用于医学、食品、生物工程等领域。临床上,溶菌酶可以发挥抗菌、抗病毒、止血、消肿止痛、加快组织修复等作用,也被用于龋齿预防、口腔清洁以及恶性肿瘤、糖尿病等疾病的治疗。在食品领域,溶菌酶可以代替化学合成的食品防腐剂,作为食品添加剂使用。在生物工程领域,溶菌酶主要用于微生物分类、育种等科学研究。

三、酶与疾病的治疗

(一)酶作为药物

酶作为药物,最早用于助消化,如胃蛋白酶、胰蛋白酶、胰淀粉酶、胰脂肪酶等,现已扩大到消炎、抗凝、促凝、降压及抗肿瘤等各方面。例如,利用溶菌酶、木瓜蛋白酶等可缓解炎症,促进消肿;糜蛋白酶可用于外科清创和防治胸、腹膜等浆膜粘连;链激酶、尿激酶和纤溶酶等可用于防治血栓的形成;利用天冬酰胺酶可抑制血癌细胞的生长,治疗白血病,因为 L-天冬酰胺是某些肿瘤细胞的必需氨基酸,若给予能水解 L-天冬酰胺的天冬酰胺酶,肿瘤细胞将因其必需的营养素被剥夺而死亡。

(二)酶作为药物的靶点

酶的抑制剂可以治疗细菌感染和癌症。酶的抑制剂能抑制细菌重要代谢途径中的酶活性,达到杀菌或抑菌目的。例如,磺胺类药物可竞争性抑制细菌中二氢叶酸合成酶,使细菌核酸代谢障碍而抑制其生长繁殖;氯霉素因抑制某些细菌的转肽酶活性,而抑制其蛋白质的生物合成。MTX、5-FU 等都是核苷酸代谢途径中相关酶的竞争性抑制剂,可抑制肿瘤细胞的生长,从而达到治疗癌症的目的。

> **积少成多**
>
> 　　机体酶的质与量异常或酶活性改变都会直接或间接导致疾病的发生。许多酶被应用于临床疾病的诊断与治疗。

理一理

酶

- **概述**
  - **酶的概念**
    - 酶：由活细胞合成的，对其特异底物具有高效催化作用的蛋白质
    - 酶促反应：酶所催化的化学反应
    - 底物与产物：被酶催化的物质称为底物，反应生成的物质称为产物
    - 酶活性与酶失活：酶的催化能力称酶活性，丧失催化能力称酶失活
  - **酶的分类**　氧化还原酶、转移酶、水解酶、裂合酶、异构酶、连接酶
  - **酶的命名**　习惯命名法和系统命名法

- **酶促反应的特点**　高度的催化效率、高度的特异性、高度的不稳定性、高度的可调节性

- **酶的结构与功能**
  - **酶的分子组成**
    - 单纯酶（仅由氨基酸构成）
    - 结合酶（全酶）
      - 酶蛋白（决定反应特异性）
      - 辅助因子（决定反应类型）
  - **酶的活性中心**
    - 活性中心外必需基团（维持构象）
    - 活性中心以内必需基团
      - 结合基团
      - 催化基团
  - **酶原与酶原激活**
    - 酶原：无活性的酶前体
    - 酶原激活
      - 概念：从无活性的酶原变为有活性的酶
      - 本质：活性中心形成或暴露
      - 意义：酶的储存形式、避免器官被酶破坏
  - **同工酶**
    - 概念：催化相同化学反应的一类酶
    - 临床应用：疾病的诊断和预后判定
  - **酶作用的机制**
    - 酶比一般催化剂更有效地降低反应的活化能
    - 酶与底物结合形成中间产物
      - 诱导契合假说
      - 邻近效应与定向排列
      - 表面效应
    - 酶的多元催化作用
  - **酶的调节**
    - 酶活性调节
      - 变构调节
      - 化学修饰调节
    - 酶含量调节

- **影响酶促反应速度的因素**
  - **底物浓度的影响**
    - 米曼式方程：底物浓度对反应速度的影响作图呈矩形双曲线
    - K_m
      - 定义：酶促反应速度为最大反应速度一半时的底物浓度
      - 意义：在一定条件下表示酶对底物的亲和力
  - **酶浓度的影响**　当底物浓度远远大于酶浓度，酶促反应速度与酶浓度呈正比
  - **温度的影响**
    - 具有双重影响
    - 最适温度：酶促反应速度达到最大时的环境温度
  - **pH的影响**
    - 最适pH值：酶促反应速度达到最大时反应体系的pH值
    - 反应体系的pH高于或低于最适pH时，酶活性降低
  - **激活剂的影响**　必需激活剂和非必需激活剂
  - **抑制剂的影响**
    - 不可逆性抑制
    - 可逆性抑制　竞争性抑制、非竞争性抑制、反竞争抑制

- **酶与医学的关系**　酶与疾病的发生、诊断、治疗

理一理

练一练

一、名词解释

1. 酶原
2. 酶的活性中心
3. 最适温度
4. 酶的激活剂

二、填空

1. 酶促反应的特点有_____、_____、_____和_____。
2. 结合酶中酶蛋白的作用是_____，辅因子的作用是_____。
3. 抑制剂对酶的可逆性抑制作用又分为_____、_____和_____。

三、简答

1. 简述磺胺药物抑菌的生化作用机制。
2. 降低温度会影响酶促反应速度，说一说其在临床上的应用。

思路解析　　　　测一测　　　　拓展阅读

（吕荣光　闫梦丹）

第三章 维 生 素

0301
课件

科学发现

雀目、脚气病的发生
——维生素 A、维生素 B₁ 的缺乏

维生素缺乏病的历史源远流长。据说,科学家已在原始人类的遗骸中发现了该病的痕迹。我国中医古籍即有维生素缺乏的记载。例如,宋代《圣济总录》将夜盲定义为"昼而明视,暮不睹物,名为雀目",而治疗所用的防风煮肝散方以羊肝为主药。又如,晋代在岭南、江南地区出现一种当时称为"脚弱"的疾病,至唐代蔓延至北方,并定名为"脚气",即末梢神经炎及神经性病变。唐代名医孙思邈(581—682 年)所著《千金方》中专门介绍用赤小豆、乌豆、大豆、谷皮等可预防、治疗脚气病,而长期进食糙米可预防脚气病。羊肝、谷皮等含有治疗雀目、脚气病的物质,直到 1912 年这些物质才被命名为维生素。现代医学研究表明,雀目与缺乏维生素 A 有关,脚气病的发生与缺乏维生素 B₁ 有关。我国古代劳动人民利用聪明才智,在生活中积累的治疗雀目、脚气病的经验总结为人民健康以及世界医学的发展做出了卓越贡献。

学前导语

维生素对维持人体正常生理功能非常重要,主要包括脂溶性维生素和水溶性维生素两大类。它们有的可以促进某些蛋白质合成,有的可以作为酶的辅酶、辅基等参与物质代谢,也有的具备抗氧化功能和促进某些金属元素的吸收等作用。

学习目标

辨析:维生素缺乏症与其别称间的关系、维生素 B 家族的活化形式与酶的辅助因子间的关系。

概述:维生素的概念、分类、缺乏原因及主要生理功能。

说出:维生素的命名和主要来源。

学会:利用所学维生素知识解释夜盲症、脚气病、佝偻病等相关疾病的发病机制。

培养:利用维生素相关知识指导人们合理膳食,养成理论联系实际的工作作风。

第一节 概 述

一、维生素的概念

维生素（vitamin）是维持人体正常生命活动所必需的一类小分子有机化合物，在体内一般不能合成或合成量很少，必须从食物中摄取。维生素既不能供给机体能量，也不是机体组织的成分，但在调节物质代谢和人体生理功能等方面发挥重要作用。

二、维生素的命名与分类

（一）命名

维生素的命名方法较多，一是按其被发现的先后顺序以拉丁字母命名，如维生素 A、维生素 B、维生素 C、维生素 D、维生素 E 等。有些最初发现时被认为是一种，后证明是多种维生素混合存在，命名时便在其原有拉丁字母下方标注 1、2、3 等数字加以区别，如维生素 B_1、维生素 B_2、维生素 B_6、维生素 B_{12} 等；二是根据其化学结构特点命名，如视黄醇（维生素 A）、硫胺素（维生素 B_1）、核黄素（维生素 B_2）等；三是根据其功能和治疗作用命名，如抗干眼病维生素（维生素 A）、抗癞皮病维生素、抗坏血酸等。

（二）分类

维生素按其溶解性分为脂溶性维生素和水溶性维生素两大类。脂溶性维生素主要有维生素 A、维生素 D、维生素 E、维生素 K 等，水溶性维生素包括 B 族维生素和维生素 C 两大类。B 族维生素包括维生素 B_1、维生素 B_2、维生素 B_6、维生素 B_{12}、维生素 PP、泛酸、叶酸、生物素等。

三、维生素缺乏症发生的原因

水溶性维生素易随尿排出体外，在体内不能贮存或贮存量极少，因此必须通过膳食提供足够的量以满足机体的需求。水溶性维生素当膳食供给不足时，易导致人体出现相应的缺乏症；当摄入过多时，多以原形从尿中排出体外，不易引起机体中毒。

脂溶性维生素在人体内大部分储存于肝及脂肪组织，可通过胆汁代谢并排出体外。如果大剂量摄入，有可能干扰其他营养素的代谢并导致体内积存过多而引起中毒。

维生素缺乏症的常见原因如下：

1. 摄入量不足　膳食构成或膳食搭配不合理、严重偏食使得食物中供给的维生素不足，或食物的加工、烹调和储存方法不当使得维生素大量被破坏与流失，均可造成机体某些维生素的摄入不足。例如，淘米过度、米面加工过细均可使维生素 B_1 大量破坏丢失。

2. 吸收障碍　长期腹泻、消化道或胆道梗阻、胃酸分泌减少等可造成消化系统吸收功能障碍；食用生蛋清可造成维生素的吸收、利用减少；胆汁分泌受限可影响脂类的消化吸收，使脂溶性维生素的吸收大大降低。

3. 需要量增加而没有及时补充　不同生理状况下的人群对于维生素的需要量也有所不同。生长期儿童、孕妇、重体力劳动者以及长期高热和慢性消耗性疾病患者对维生素的需要量会增加，所以要及时补充维生素。

4. 药物等其他因素引起的维生素缺乏　长期服用抗生素可抑制肠道正常菌群的生长，

引起某些由肠道细菌合成的维生素（如维生素 K、叶酸、维生素 PP 等）缺乏；光照不足，会导致维生素 D 缺乏。

> **积少成多**
>
> 1. 维生素是维持人体正常生命活动所必需的一类小分子有机化合物。
> 2. 维生素按其被发现的先后顺序以拉丁字母命名，如维生素 A、维生素 B、维生素 C、维生素 D、维生素 E 等。
> 3. 维生素按其溶解性分为脂溶性维生素和水溶性维生素两大类。
> 4. 维生素缺乏的原因包括摄入不足、吸收障碍、需要量增加、药物影响等。

第二节　脂溶性维生素

脂溶性维生素如维生素 A、维生素 D、维生素 E、维生素 K 均不溶于水，而溶于脂类和大多数有机溶剂，常随脂类一同吸收，在血液中与脂蛋白及某些特殊结合蛋白特异地结合而运输。当脂类吸收不良时，脂溶性维生素吸收量也减少，引起缺乏症。

一、维生素 A

（一）化学性质和活性形式

维生素 A 又称视黄醇或抗干眼病维生素，是 β-白芷酮环的不饱和一元醇（图 3-1）。维生素 A 分为两类：维生素 A_1 又称视黄醛、视黄醇 1；维生素 A_2 又称 3- 脱氢视黄醛、视黄醇 2。维生素 A 在体内可在脱氢酶催化下氧化成 11- 顺型和全反型视黄醛。维生素 A 在体内的活性形式包括视黄醇、视黄醛和视黄酸。

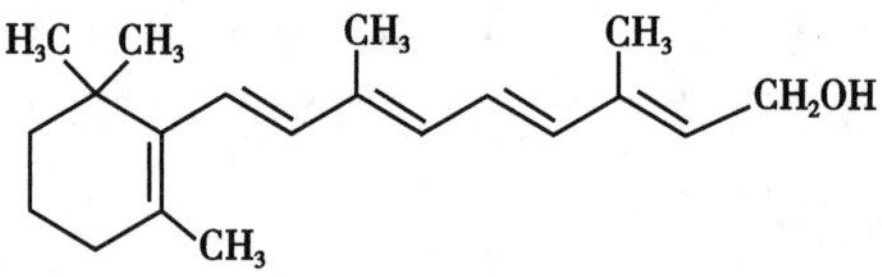

图 3-1　维生素 A 的结构

维生素 A 为黄素片状或针状结晶，遇热或碱均稳定，一般烹调和罐头加工都不会被破坏，但易被空气氧化，紫外线可加速其氧化破坏，故一般在棕色瓶内保存。

（二）生化功能及缺乏症

1. **参与视紫红质的合成**　人视网膜中视杆细胞所含的感光物质视紫红质对弱光敏感，与暗视觉有关，是由维生素 A_1 的衍生物 11- 顺视黄醛和视蛋白结合形成的络合物。当人们从光线强的地方进入暗处时，起初看不清物体，等待一会才能看清，是因为强光下视紫红质的分解多于合成，含量降低，当视紫红质合成达一定量时，就能感受弱光，看清物体，这一过程也称为暗适应，所需时间为暗适应时间。

眼睛对弱光的感光性取决于视紫红质的浓度。若维生素 A 充足，视紫红质合成迅速，暗适应时间短；当维生素 A 缺乏时，视紫红质合成受阻，暗适应时间延长；若维生素 A 严重缺乏，则会导致夜盲症。临床工作中，对于暗适应时间延长的人可建议检查并注意补充维生素 A。

2. **维持上皮组织结构与功能**　合成上皮组织的糖蛋白所需的寡糖基载体是维生素 A 的衍生物视黄醇磷酸酯，糖蛋白是细胞膜的重要组成成分，是维持上皮组织的结构完整和保证分泌功能的重要成分。当维生素 A 缺乏时，上皮组织中的糖蛋白合成减少，分泌黏液的功能降低，使皮肤及各器官如眼、呼吸道、消化道、泌尿生殖道和腺体等上皮组织干燥、增生及过度角化等，表现为皮肤弹性下降、干燥粗糙、失去光泽等。由于泪腺上皮不完整，分泌泪液减少甚至停止，出现角膜干燥和角化，导致眼干燥症（俗称干眼病），所以维生素 A 又称抗干眼病维生素。

3. 促进生长发育　维生素 A 参与类固醇激素的合成，当维生素 A 缺乏时，类固醇激素合成减少，影响细胞分化，从而影响生长发育。骨骼生长发育受阻，可引起儿童生长停顿、发育不良。

4. 其他作用　维生素 A 和胡萝卜素在氧分压较低的条件下，能直接消除自由基，有助于控制细胞膜和富含脂肪组织的脂质过氧化，是有效的抗氧化剂，有抑癌、抗氧化、维持正常免疫的功能。

二、维生素 D

（一）化学性质和活性形式

维生素 D 又称抗佝偻病维生素，是类固醇衍生物，包括维生素 D_2（麦角钙化醇）和维生素 D_3（胆钙化醇）。人和动物皮下组织中的 7- 脱氢胆固醇经紫外线的照射可转变为维生素 D_3；藻类和酵母中的麦角固醇经紫外线照射可转变为维生素 D_2。维生素 D 在体内经肝脏和肾脏二次羟化生成具有生物活性的 1,25-$(OH)_2D_3$（图 3-2）。

微课：维生素 D 与钙

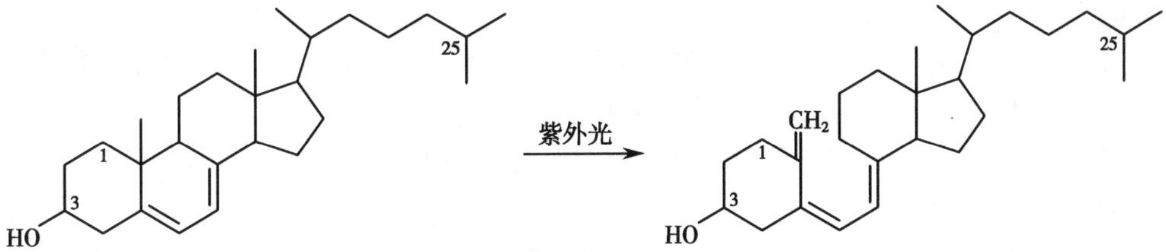

7-脱氢胆固醇 　紫外光→ 维生素D₃

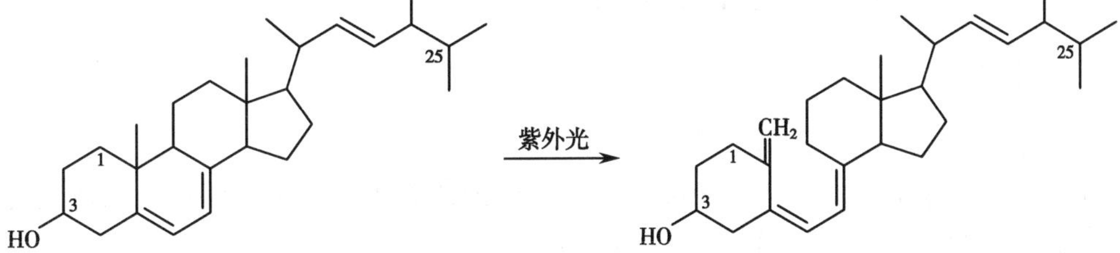

麦角固醇 　紫外光→ 维生素D₂

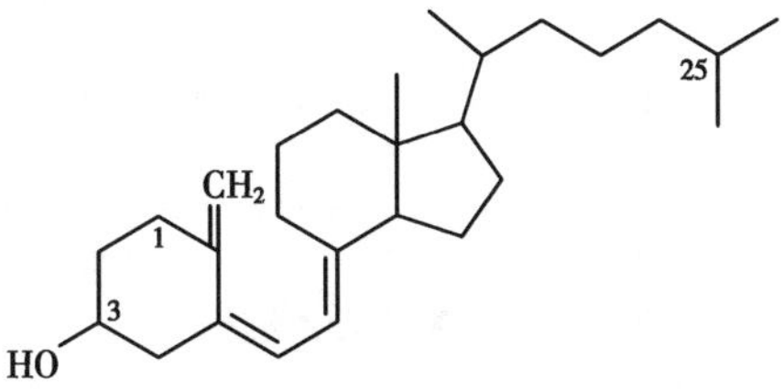

维生素D₃ ↓肝

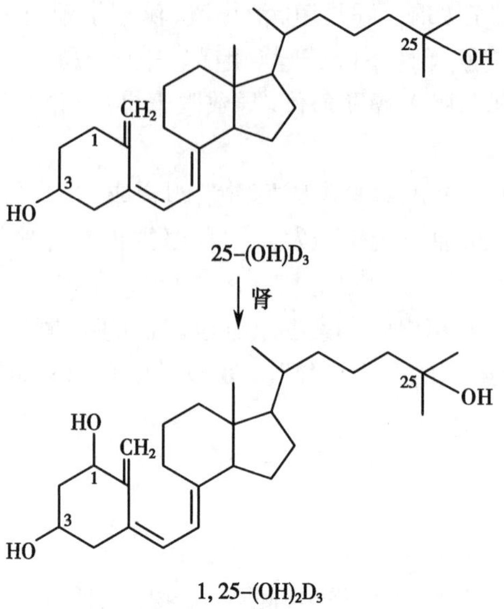

图 3-2　维生素 D_2 和维生素 D_3 的生成及活化

维生素 D 为无色针状晶体，对光比较敏感，化学性质较稳定，在中性和碱性环境中耐热，不易被氧化破坏。

（二）生化功能及缺乏症

1. $1,25\text{-}(OH)_2D_3$ 可促进小肠对钙和磷的吸收，促进肾小管细胞对钙和磷的重吸收，促进成骨细胞的形成和骨盐的沉积，有利于骨的生长和钙化。

2. $1,25\text{-}(OH)_2D_3$ 具有对抗糖尿病的作用，对某些肿瘤细胞还具有抑制增殖和促进分化的作用。

婴幼儿若缺乏维生素 D，会引起肠管钙磷的吸收障碍，使血钙、血磷的含量降低，成骨作用出现障碍，临床表现为手足抽搐，严重会出现佝偻病，因此，要注意小儿头颅、毛发、骨骼发育情况。成年人缺乏维生素 D 易发生软骨病。

三、维生素 E

（一）化学性质和活性形式

维生素 E 又称生育酚（tocopherol），是苯骈二氢吡喃的衍生物，有多种活性形式，其中以 α- 生育酚分布最广，活性最高（图 3-3）。

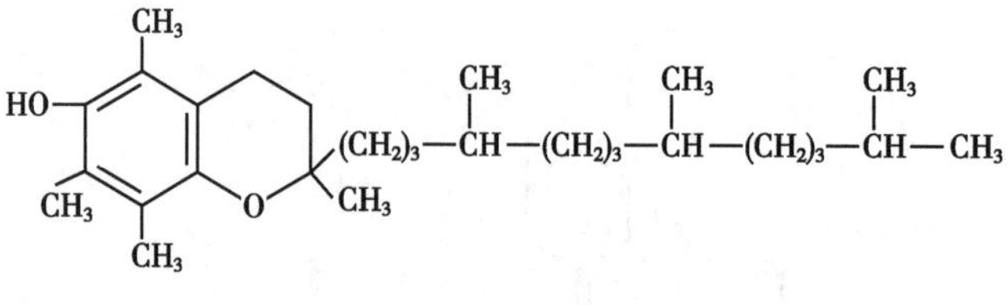

图 3-3　维生素 E 的结构

维生素 E 是微带黏性的淡黄色油状物，在无氧条件下对热稳定，200℃也不被破坏，但对氧十分敏感，易自身氧化，因此可以保护其他易被氧化的物质。维生素 E 常用作食品添加剂,以保护脂肪或维生素A、不饱和脂肪酸不被氧化,是重要的抗氧化剂。

（二）生化功能及缺乏症

1. 抗氧化作用   维生素E具有较强的清除自由基的能力,能保护生物膜中的不饱和脂肪酸和其他蛋白质的巯基免受自由基攻击,从而维持生物膜的结构完整及细胞内巯基化合物的正常功能。

2. 与动物的生殖功能关系密切   实验证明,雄鼠缺乏维生素E表现出不产生精子,而雌鼠易引起流产。因此,维生素E在动物体内缺乏时会导致不育,但人类尚未发现因维生素E缺乏造成的不育。临床上用维生素E治疗先兆流产和习惯性流产。

3. 其他功能   维生素E可促进血红素的合成,新生儿缺乏维生素E可引起贫血;具有抗炎、维持正常免疫功能和抑制细胞增殖的作用,并可降低血浆低密度脂蛋白的浓度;抑制血小板聚集,防止血栓形成,减少心肌梗死和脑卒中的危险;是肝细胞生长的重要保护因子,对多种急性肝损伤具有保护作用,对慢性肝纤维化具有延缓和阻断作用。

四、维生素K

（一）化学性质和活性形式

维生素K又称凝血维生素,是2-甲基-1,4-萘醌的衍生物,耐热性较强,但对碱和光敏感,故应避光保存。

维生素K的活性形式为2-甲基-1,4-萘醌。临床上应用的是人工合成的K_3和K_4,溶于水,可口服或注射（图3-4）。

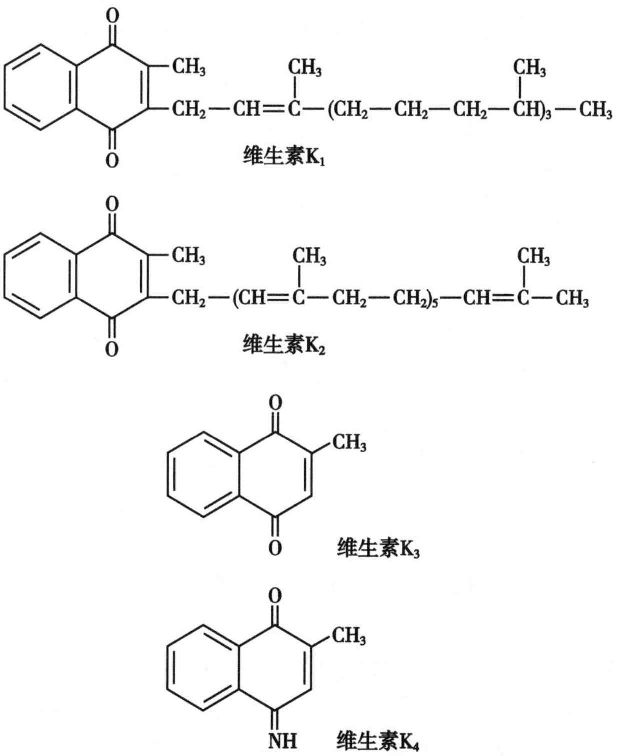

图3-4   维生素K的结构

（二）生化功能及缺乏症

1. 促进凝血因子的合成 肝内凝血因子合成时需要 γ- 谷氨酰羧化酶。此酶还可催化凝血酶原转变为凝血酶，因而具有促进凝血的作用。γ- 谷氨酰羧化酶的辅酶是维生素 K。当维生素 K 缺乏时，会发生凝血因子合成障碍，凝血时间延长，严重时会出现皮下、肌肉或胃肠出血。

2. 参与骨盐代谢 维生素 K 参与骨钙蛋白的 γ- 羧化反应，羧化后的骨钙蛋白与钙的代谢关系密切。

维生素 K 来源广泛，并且肠管细菌能合成，所以人一般不会出现维生素 K 缺乏症。但是，新生儿缺乏肠道细菌，易缺乏维生素 K。膳食中缺乏绿色蔬菜或者长期应用广谱抗生素，可能会造成维生素 K 缺乏。维生素 K 缺乏的主要症状是凝血障碍，皮下、肌肉及胃肠道易出血。

脂溶性维生素来源功能见表 3-1。

表 3-1 脂溶性维生素来源及功能

名称	来源	活性形式	功能	缺乏症
维生素 A（视黄醇）	肝、肉、鱼肝油、全奶、禽蛋和深色蔬菜、水果等	视黄醇、视黄醛、视黄酸	①构成视紫红质；②维持上皮组织结构的完整；③促进生长发育；④抑癌抗氧化等	夜盲症、眼干燥症、皮肤干燥
维生素 D（抗佝偻病维生素）	沙丁鱼、动物肝、蛋黄、鱼肝油、紫外线照射	$1,25\text{-}(OH)_2D_3$	促进小肠的钙磷吸收，有利于骨的生长和钙化	佝偻病（儿童）、软骨病（成人）
维生素 E（生育酚）	主要来源于植物油，蔬菜和豆类中含量也比较丰富	α- 生育酚	①抗氧化作用；②维持生殖功能；③能促进血红素的合成	尚未发现缺乏症
维生素 K（凝血维生素）	肝、鱼、肉、蛋黄、乳酪、绿色蔬菜	2- 甲基 1,4 萘醌，临床人工合成 K_3 和 K_4	①促进肝合成凝血因子 Ⅱ、Ⅶ、Ⅸ、Ⅹ 合成；②参与骨盐代谢	常发生皮下、肌肉、胃肠道出血

积少成多

1. 维生素 A 缺乏可导致眼干燥症、夜盲症。

2. 维生素 D 缺乏可导致婴幼儿佝偻病，成人出现软骨病。

3. 维生素 E 有明显抗氧化作用，缺乏情况少见。

4. 维生素 K 是有凝血功能的维生素，临床上在产前和手术时常用。

第三节 水溶性维生素

水溶性维生素包括 B 族维生素和维生素 C。水溶性维生素在人体内贮存量很少，多余的部分从尿中排出，因而在体内很少蓄积，不易出现中毒现象，必须由膳食不断供应。

B 族维生素在体内主要构成辅酶参与物质代谢，在体内缺乏时会造成机体代谢紊乱，导致 B 族维生素缺乏症状。

是谁害了他们

20世纪90年代，苏州某儿童医院半年内连续出现3名同样症状的男婴因发生心力衰竭伴肺水肿而死亡，其年龄均未超过3个月。后调查发现，3名男婴均是母乳喂养，其母亲在妊娠期及分娩后均以精细白米为主食。由于维生素B_1在谷类、豆类的外皮和胚芽中含量丰富，孕妇在妊娠期间主食太精细可使维生素B_1过度损失，导致维生素B_1缺乏，从而殃及婴儿，是导致患儿死亡的主要原因之一。

一、维生素B_1

(一)化学性质和活性形式

维生素B_1被称为抗脚气病维生素，为白色结晶，由含氨基的嘧啶环和含硫基的噻唑环组成，故又称硫胺素。维生素B_1在酸性溶液中耐热性强，但在碱性溶液中加热易被破坏。因此，在煮粥蒸馒头时加碱会造成维生素B_1大量损失。

维生素B_1在体内磷酸化后转变成焦磷酸硫胺素(thiamine pyrophosphate，TPP)。TPP是维生素B_1在体内的活性形式(图3-5)。

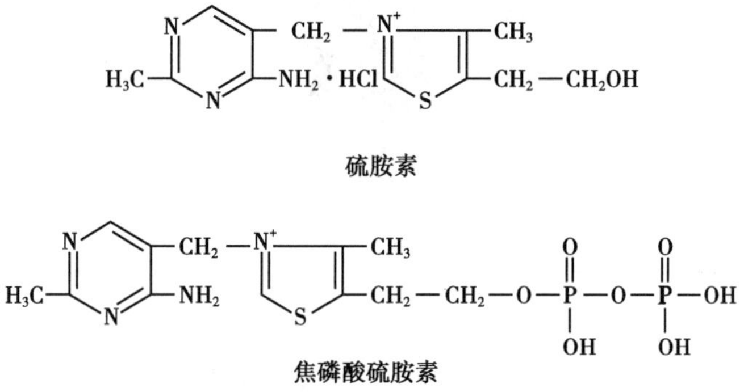

硫胺素

焦磷酸硫胺素

图3-5 硫胺素和焦磷酸硫胺素的结构

(二)生化功能及缺乏症

1. TPP是α-酮酸氧化脱羧酶的辅酶 正常情况下，机体能源主要来自糖的有氧氧化，α-酮酸氧化脱羧酶是糖有氧氧化过程中的关键酶之一。当维生素B_1缺乏时，糖氧化分解过程受阻，丙酮酸堆积，神经组织能量供应不足，导致手足麻木、四肢无力，甚至心力衰竭、下肢水肿等全身性疾病，称为维生素B_1缺乏病，又称脚气病。

2. 抑制胆碱酯酶的活性 TPP参与乙酰胆碱的合成与分解。TPP缺乏时，乙酰CoA合成减少，影响乙酰胆碱的合成；同时胆碱酯酶活性增强，乙酰胆碱分解加强，浓度降低，神经传导受到影响，致使胃肠蠕动减弱，消化液分泌较少，主要症状为食欲缺乏、消化不良等消化功能障碍表现。

3. 转酮醇酶的辅酶 TPP是磷酸戊糖途径中转酮醇酶的辅酶。缺乏维生素B_1使核酸合成和神经髓鞘中鞘磷脂合成受到影响，可导致末梢神经炎及其他神经病变。

长期食用高度精细加工的米、面或高糖饮食，易出现维生素B_1缺乏症。一般情况下，体力活动越大，能量消耗越多，维生素B_1的需要量也越多，故临床上高热或大量输入葡萄糖液的患者需适当补充维生素 B_1。另外，因慢性酒精中毒而不能摄入其他食物时，也可发生维生素 B_1 缺乏。

案例分析

鸡与维生素

　　19 世纪，东印度群岛上流行脚气病，患者出现手足麻木、四肢无力、肌肉萎缩甚至有心力衰竭、下肢水肿等症状。1896 年，荷兰政府成立专门小组研究防治脚气病，年轻的荷兰医师 Christiaan Eijkman 也参加了。当时科学家和医生们大多认为，脚气病是血液中的一种细菌导致的多发性的神经炎，是一种传染病。Christiaan Eijkman 却不完全认同。当时他所在医院饲养的一些鸡也得了脚气病。他决定从病鸡身上寻找真正的病因，却发现细菌并不是真正的凶手。原来喂鸡的人一直用医院患者吃剩的白米饭喂鸡，后来这个喂鸡的人走了，接替他的人觉得用白米饭喂鸡太浪费了，便开始给鸡吃廉价的糙米。意想不到的是，鸡的脚气病反而好了。

　　问题：

　　1. 脚气病是什么原因造成的？

　　2. 为什么鸡吃了糙米脚气病就好了？

案例解析

二、维生素 B_2

（一）化学性质和活性形式

　　维生素 B_2 呈黄色，水溶液呈黄绿色荧光，故又称核黄素（riboflavin）。维生素 B_2 在酸性溶液中对热稳定，在碱性溶液中不耐热；对光敏感，易被破坏。维生素 B_2 在体内以黄素单核苷酸（flavin mononucleotide，FMN）和黄素腺嘌呤二核苷酸（flavin adenine dinucleotide，FAD）两种活性形式存在（图 3-6）。

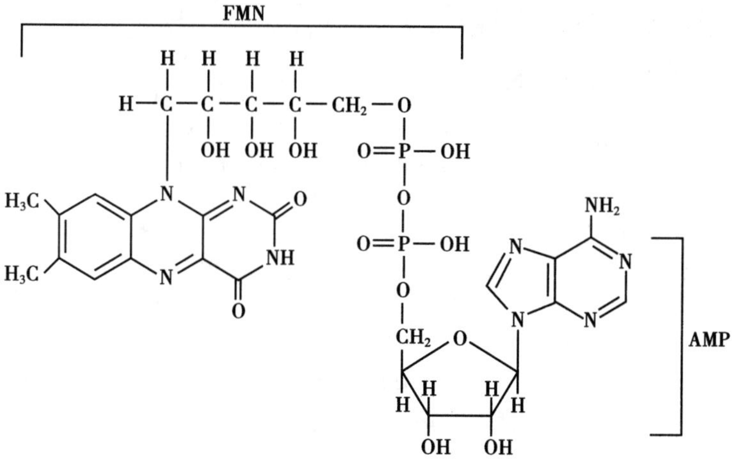

图 3-6　FMN 和 FAD 的结构

（二）生化功能及缺乏症

FMN 和 FAD 是体内部分氧化还原酶 [如琥珀酸脱氢酶、还原型烟酰胺腺嘌呤二核苷酸（reduced nicotinamide adenine dinucleotide，NADH）脱氢酶] 的辅基，主要有递氢的作用。

维生素 B_2 广泛参与体内的糖、脂肪、蛋白质等多种物质的代谢，因此，当维生素 B_2 缺乏时，组织细胞呼吸、代谢强度均减弱，可引起口角炎、唇炎、阴囊炎、结膜炎、视觉模糊等。另外，维生素 B_2 缺乏还会使眼睛充血、易流泪、易有倦怠感、头晕。

三、维生素 PP

（一）化学性质和活性形式

维生素 PP 是吡啶的衍生物，又称抗糙皮病维生素，包括烟酸（nicotinic acid）和烟酰胺（nicotinamide），二者可相互转化。

维生素 PP 在体内性质稳定，不易被酸、碱或加热破坏。维生素 PP 在体内的活性形式是烟酰胺腺嘌呤二核苷酸（nicotinamide adenine dinucleotide，NAD^+，又称辅酶Ⅰ）和烟酰胺腺嘌呤二核苷酸磷酸（nicotinamide adenine dinucleotide phosophate，$NADP^+$，又称辅酶Ⅱ）（图 3-7）。

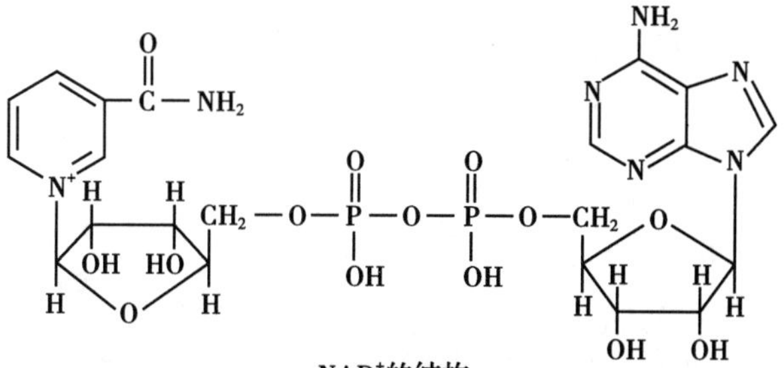

NAD^+的结构

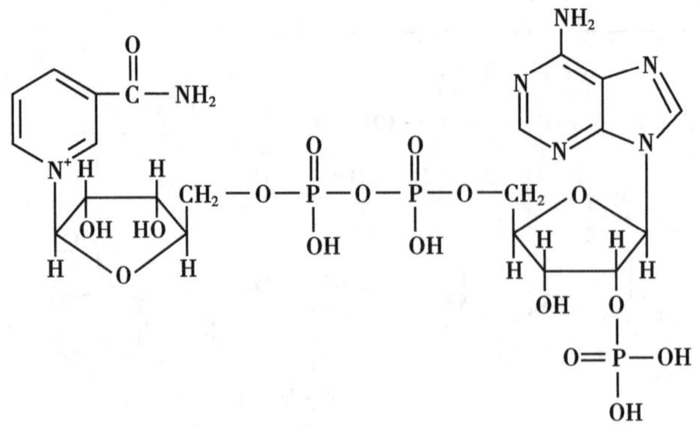

NADP$^+$的结构

图 3-7 NAD$^+$ 和 NADP$^+$ 的结构

（二）生化功能及缺乏症

NAD$^+$ 和 NADP$^+$ 是体内许多不需氧脱氢酶的辅酶,能可逆地递氢和递电子。服用过量烟酸可引起血管扩张,导致脸颊潮红、胃肠不适等,长期大剂量服用可能对肝有损害。

人缺乏体维生素 PP 可引起代谢障碍,主要症状是皮炎、腹泻和痴呆;皮肤症状常见在肢体暴露部位,称为糙皮病(也称癞皮病)。

玉米中的维生素 PP 常以结合型烟酸的形式存在,不易被吸收,故以玉米为主食者易缺乏维生素 PP;抗结核药异烟肼结构与维生素 PP 相似,有拮抗作用,长期服用有可能引起维生素 PP 缺乏。

知识窗

维生素 PP 缺乏与疾病

1911 年烟酸(尼克酸)首次从天然物质中被分离出来,它是烟碱氧化的产物。1913 年 Casimir Funk 研究脚气病治疗时,从酵母和米糠中分离出烟酸,但其与脚气病治愈无关,所以没引起重视。20 年后,烟酰胺(尼克酰胺)从辅酶Ⅱ中被分离出来,才又引起重视。1935 年烟酰胺被证实为 NAD$^+$ 的组成成分。1937 年烟酸和烟酰胺首次被发现可治疗狗的黑舌病和人的癞皮病。

体内维生素 PP 缺时可引起代谢障碍,主要症状是皮炎(dermatitis)、腹泻(diarrhea)和痴呆(dementia),称为"三 D"症状。皮肤症状常出现在肢体暴露部位,如手背、腕、前臂、面部、颈部、足背、踝部出现对称性皮炎,称为癞皮病。维生素 PP 缺乏症多影响中枢神经系统,脚气病影响周围神经。癞皮病常与脚气病、维生素 B$_2$ 缺乏症和其他营养缺乏病同时存在。关注维生素就是关注人们的健康。

四、维生素 B$_6$

（一）化学性质和活性形式

维生素 B$_6$ 是吡啶衍生物,包括吡哆醇(pyridoxine)、吡哆醛(pyridoxal)和吡哆胺(pyridoxamine),在体内一般以磷酸盐形式存在。维生素 B$_6$ 易溶于水和乙醇(酒精),微溶于脂类,在酸性溶液中稳定,在碱性溶液中遇光和紫外线照射易被破坏。

维生素 B_6 参加代谢的活性形式主要是磷酸吡哆醛和磷酸吡哆胺,二者在体内可以互相转化(图3-8)。

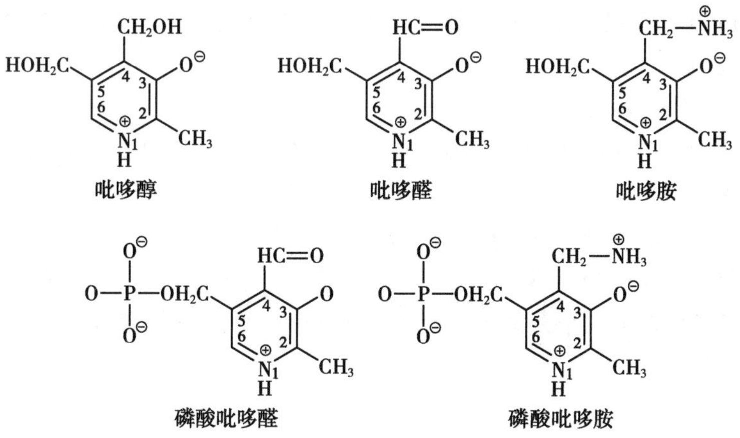

图 3-8　维生素 B_6 及其活性形式的结构

(二)生化功能及缺乏症

1. 转氨酶和脱羧酶的辅酶　磷酸吡哆醛是转氨酶和氨基酸脱羧酶的辅酶,参与氨基酸代谢,促进大脑合成抑制性递质 γ- 氨基丁酸,故临床上常用维生素 B_6 治疗婴儿惊厥、妊娠呕吐和精神焦虑。

2. 维生素 B_6 是 ALA 合酶的辅酶　δ- 氨基 γ- 酮戊酸(δ-amino γ-levulinic acid,ALA)合酶是血红素合成的限速酶,缺乏时可影响血红蛋白合成,导致小细胞低色素性贫血和血清铁增高。

体内单独缺乏维生素 B_6 的情况较少见。当长期服用异烟肼进行抗结核治疗时,由于异烟肼和磷酸吡哆醛可结合形成腙,从尿中排出,引起维生素 B_6 缺乏,故临床上应注意补充。

微课: 维生素 B_6

五、泛酸

(一)化学性质和活性形式

泛酸(pantothenic acid)又称遍多酸,因广泛分布在自然界中而得名。泛酸呈黄色油状,在酸、碱溶液中加热易被破坏,在中性溶液中对热稳定,对还原剂和氧化剂也较稳定。

在体内泛酸经磷酸化并获得巯乙胺生成 4- 磷酸泛酰巯乙胺,后者是辅酶 A(coenzyme,CoA)及酰基载体蛋白(acyl carrier protein,ACP)的组成部分,所以泛酸在体内的活性形式是 CoA 及 ACP。

(二)生化功能及缺乏症

CoA 及 ACP 是酰基转移酶的辅酶,传递酰基的部分是巯基乙胺的巯基(—SH),故常以 HSCoA 表示,广泛参与糖、脂、蛋白质代谢及肝的生物转化作用。体内大约有 70 多种酶需 HSCoA 及 ACP。

膳食中富含泛酸,人体肠道细菌又能合成,所以一般不会出现缺乏症。在治疗其他 B 族维生素缺乏症时,补充泛酸能提高疗效。

六、生物素

（一）化学性质和活性形式

生物素（biotin）是不溶于乙醇、乙醚而溶于热水的无色针状晶体，耐酸、不耐碱，高温和氧化剂能使其失活。

（二）生理功能及缺乏症

1. 生物素是体内多种羧化酶的辅酶，参与体内 CO_2 的羧化过程，与糖、脂、蛋白质和核酸代谢密切相关。

2. 参与维生素 B_{12}、叶酸、泛酸的代谢，促进尿素合成与排泄。

生物素来源广泛，很少出现缺乏症。例如，新鲜鸡蛋中有一种抗生物素蛋白，能与生物素结合形成难吸收的无活性稳定化合物，加热后这种蛋白被破坏，不再妨碍生物素的吸收。

七、叶酸

（一）化学性质和活性形式

叶酸（folic acid）最初从菠菜中分离出来，因而得名。它由对氨基苯甲酸、蝶呤啶及谷氨酸结合而成，又称蝶酰谷氨酸。叶酸为鲜黄色粉末状结晶，微溶于水，在光照、加热以及酸性条件下不稳定，因此室温下储存食物，叶酸易被破坏。

叶酸在人体小肠、肝等部位被还原为二氢叶酸（FH_2），进一步还原生成四氢叶酸（FH_4）。FH_4 是叶酸在体内的活性形式。

（二）生化功能及缺乏症

FH_4 是一碳单位转移酶的辅酶，参与胆碱、嘌呤和胸腺嘧啶脱氧核苷酸等许多物质的合成。当叶酸缺乏时，易导致巨幼红细胞性贫血或高同型半胱氨酸血症；孕妇摄入不足，胎儿易发生先天性神经管畸形。

叶酸在食物中含量丰富，肠道细菌也能合成，一般不发生缺乏症。叶酸缺乏症多因摄入量不足、需要量增加或长期服用肠道抑菌类药物等原因造成。孕妇及乳母体内代谢旺盛，应适量补充叶酸。长期口服避孕药或抗惊厥药干扰叶酸吸收和代谢，应补充叶酸。另外，小肠病变会干扰食物叶酸的吸收。叶酸缺乏时引起 DNA 低甲基化，增加患癌（如结肠癌、直肠癌）风险。

八、维生素 B_{12}

（一）化学性质和活性形式

维生素 B_{12} 又名钴胺素（cobalamine），是唯一含有金属元素（钴）的维生素（图 3-9）。在体内可与不同的基团结合，形成多种结构形式，在血液中主要有甲基钴胺素、5′- 脱氧腺苷钴胺素两种形式，这也是维生素 B_{12} 的活性形式。

维生素 B_{12} 是粉红色晶体，临床上使用的维生素 B_{12} 注射液是红色液体。在弱酸中稳定，但遇强碱、强酸极易分解，日光、氧化剂及还原剂均可破坏维生素 B_{12}。

（二）生化功能及缺乏症

1. 甲基钴胺素是甲基转移酶的辅基，参与体内甲基转移和叶酸代谢　维生素 B_{12} 通过

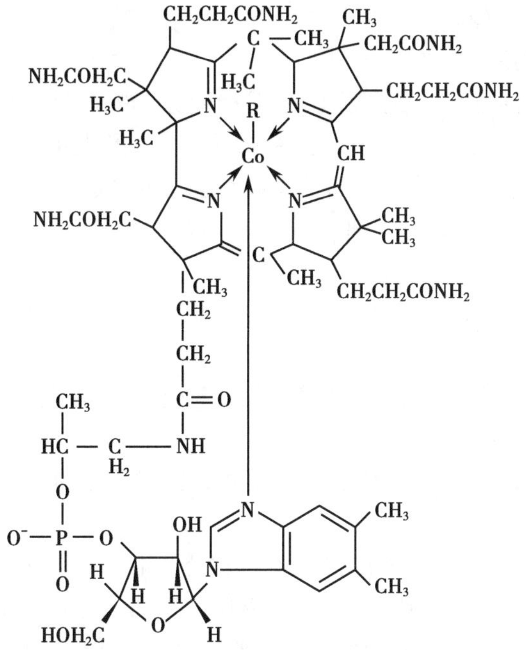

图 3-9 维生素 B_{12} 的结构

提高 FH_4 的利用率来间接影响蛋白质的生物合成,从而促进红细胞的分裂与成熟。当维生素 B_{12} 不足时,叶酸利用率降低,影响核酸的合成,引起巨幼红细胞性贫血。因此,维生素 B_{12} 和叶酸在临床上用于巨幼红细胞性贫血的治疗。

2. 甲基钴胺素能促进甲硫氨酸的再利用 甲硫氨酸可作为甲基供体促进胆碱和磷脂的合成,有助于肝脏中脂类的转运。因此维生素 B_{12} 在临床上可用于防治脂肪肝及其他肝病的辅助治疗。

3. 5′- 脱氧腺苷钴胺素是 L- 甲基丙二酰 CoA 变位酶的辅酶 维生素 B_{12} 缺乏时,L- 甲基丙二酰 CoA 大量堆积,而 L- 甲基丙二酰 CoA 结构与脂肪酸合成的中间产物丙二酰 CoA 相似,因此影响脂肪酸的正常合成,进而影响神经髓鞘的转换,导致髓鞘质变性退化,造成进行性脱髓鞘。

正常膳食者不会出现维生素 B_{12} 缺乏症,严重吸收障碍的患者或长期素食者易出现维生素 B_{12} 缺乏症。胃壁细胞分泌的一种糖蛋白与维生素 B_{12} 的吸收关系密切,因此,某些疾病如萎缩性胃炎、胃大部分被切除以及先天不能合成糖蛋白的患者易出现维生素 B_{12} 缺乏,在临床治疗时必须采用注射维生素 B_{12} 才有效。

九、维生素 C

(一)化学性质和活性形式

维生素 C 是六碳的多羟基酸,又称 L- 抗坏血酸,具有强还原性,易溶于水,有酸味,易被氧化破坏,尤其碱性条件或遇到金属离子(Fe^{3+}、Cu^{2+})时更易被氧化。在酸性环境中(pH<4),维生素 C 对热稳定,因此炒菜时加醋可以避免维生素 C 被破坏。

（二）生化功能及缺乏症

1. 参与体内的羟化反应

（1）促进胶原蛋白的合成：维生素 C 是维持胶原脯氨酸羟化酶和胶原赖氨酸羟化酶活性所必需的辅助因子。胶原蛋白是体内结缔组织、骨及毛细血管的重要组成成分。因此，当维生素 C 缺乏时，羟化酶活性降低，胶原蛋白合成障碍，影响结缔组织生成，致使创伤不易愈合，牙齿易松动，毛细血管易破裂等，临床上称为维生素 C 缺乏症（坏血病）。

（2）参与胆固醇的转化：维生素 C 是 7α- 羟化酶的辅酶，其缺乏直接影响胆固醇的转化。

（3）参与芳香族氨基酸的代谢：维生素 C 参与苯丙氨酸、酪氨酸等的羟化。

（4）促进肝的生物转化。

2. 参与体内的氧化还原反应　维生素 C 能可逆的进行脱氢和加氢，在许多氧化还原反应中发挥作用。

（1）保护巯基酶的活性和谷胱甘肽的还原状态：体内许多酶的催化活性依赖其巯基（—SH），维生素 C 能使巯基酶维持还原状态，以保持酶活性，发挥抗氧化的作用。维生素 C 能使氧化型谷胱甘肽（GSSG）还原为还原型谷胱甘肽（GSH），后者能使细胞膜的脂质过氧化物还原，从而保护细胞膜。

（2）促进叶酸转变为具有活性的四氢叶酸，使红细胞中高铁血红蛋白（methemoglobin，MHb）还原为血红蛋白（Hb），恢复对氧的运输能力。

（3）维生素 C 具有还原性，能将难以吸收利用的 Fe^{3+} 还原成 Fe^{2+}，促进肠道对铁的吸收。

3. 抗病毒作用　维生素 C 能促进淋巴细胞的生成、免疫球蛋白的合成，提高人体的免疫力；还可以增强中性粒细胞的趋化性和变形能力，提高杀菌能力。

知识窗

维生素 C 与坏血病

1769 年，James Cook 船长的船队配备最先进的科学仪器，前往考察一些太平洋岛屿。他们抵达了澳大利亚和新西兰，最后在 1771 年回到英国。这趟远征带回了数量惊人的天文学、地理学、气象学、植物学、动物学和人类学资料，成为以后许多学科得以发展的重要基础，并引发欧洲人对南太平洋的诸多想象，也启发后世的博物学家和天文学家。

医药领域也在 James CooK 船长的这趟远征中有了新的发现。当时，讲到要航行至遥远的大洋彼岸，大家都会做好一半以上船员无法抵达终点的心理准备。他们遇到的最大困难并不是愤怒的原住民、敌人的战舰，也不是思乡情绪，而是当时还一无所知的坏血病。得了坏血病，人就会变得慵懒昏沉、心情沮丧，牙龈等软组织还会出血。病情进一步恶化，就会出现牙齿脱落、伤口无法愈合、发热、黄疸、无法控制四肢等症状。在 16—18 世纪，坏血病估计夺走了 200 万船员的生命。随后人们研究发现，坏血病是维生素 C 缺乏导致的。

水溶性维生素的来源与功能见表 3-2。

表 3-2　水溶性维生素的来源与功能

名称	来源	活性形式	功能	缺乏症
维生素 B_1（抗脚气病维生素）	动物内脏、瘦肉、酵母以及全谷类、豆类的外皮和胚芽	TPP	①是 α- 酮酸氧化脱羧酶系的辅酶；②抑制胆碱酯酶的活性；③转酮醇酶的辅酶	脚气病、胃肠道功能障碍
维生素 B_2（核黄素）	肝、肾、鳝鱼、乳制品、绿叶蔬菜	FMN 和 FAD	构成黄素酶的辅基，有递氢作用	口角炎、唇炎、阴囊炎等
维生素 PP（抗癞皮病维生素）	肉类、乳类、全谷、豆类、绿叶蔬菜	NAD^+、$NADP^+$	构成不需氧脱氢酶辅酶，在生物氧化中起递氢、递电子作用	癞皮病
维生素 B_6（吡哆醇，吡哆醛、吡哆胺）	肉类、蛋黄、谷物、绿叶蔬菜	磷酸吡哆醛磷酸吡哆胺	转氨酶和脱羧酶的辅酶和 ALA 合酶的辅酶	尚未发现典型缺乏症
泛酸（遍多酸）	肉、奶、鱼类、谷物	CoA	是酰基转移酶的辅酶，参与体内的酰基转移	尚未发现典型缺乏症
生物素	肝、肾、牛奶等食物，其次为豆类、菜花	生物素	①羧化酶的辅酶；②参与维生素 B_{12}、叶酸、泛酸的代谢	尚未发现典型缺乏症
叶酸	新鲜绿叶蔬菜、水果，肉，肠道细菌	FH_4	一碳单位转移酶的辅酶，与蛋白质核酸的合成有关	巨幼红细胞性贫血
维生素 B_{12}（钴胺素）	肝脏、肾脏、肉等动物性食品；肠道细菌可合成少量	甲基钴胺素 5′- 脱氧腺苷钴胺素	①转甲基酶的辅酶；②促进甲硫氨酸的再利用；③L- 甲基丙二酰 CoA 变位酶	巨幼红细胞性贫血
维生素 C（抗坏血酸）	新鲜蔬菜水果，特别是猕猴桃、番茄、柑橘、辣椒、鲜枣	维生素 C	①参与体内羟化反应；②参与体内的氧化还原反应；③抗病毒作用	坏血病

积少成多

1. 几种维生素重要辅酶的活性形式　维生素 B_1 的活性形式是 TPP；维生素 B_2 的活性形式是 FMN、FAD；维生素 PP 的活性形式是 NAD^+、$NADP^+$；泛酸的活性形式是 CoA；叶酸的活性形式是 FH_4。

2. 几种与贫血和贫血治疗有关的维生素　包括维生素 B_6、叶酸、维生素 B_{12}、维生素 C 等。

理一理

维生素

脂溶性维生素

维生素A
又称抗干眼病维生素。活性形式：视黄醇、视黄醛、视黄酸
功能：1.参与视紫红质的合成；2.维持上皮组织结构与功能健全；
3.促进生长发育；4.消灭自由基、抑癌抗氧化等
缺乏症：夜盲症；干眼病

维生素D
又称抗佝偻病维生素。活性形式：$1,25-(OH)_2-D_3$
功能：1.促进钙和磷的吸收；2.对抗糖尿病
缺乏症：佝偻病（儿童）；软骨病（成人）

维生素E
又称生育酚。活性形式：α-生育酚
功能：1.抗氧化作用；2.维持生殖功能；3.促进血红素的生成
缺乏症：尚未发现缺乏症

维生素K
又称凝血维生素。活性形式：2-甲基-1,4萘醌
功能：1.促进凝血因子的合成；2.参与骨盐代谢
缺乏症：来源广泛，一般不会出现缺乏症

水溶性维生素

维生素B_1
又称抗脚气病维生素。活性形式：TPP
功能：1.是α-酮酸氧化脱羧酶系的辅酶；2.抑制胆碱酯酶的活性；
3.是磷酸戊糖途径中转酮醇酶的辅酶
缺乏症：脚气病

维生素B_2
又称核黄素。活性形式：FMN、FAD
功能：构成核黄素的辅酶，递氢
缺乏症：口角炎、唇炎等

维生素PP
又称抗糙皮病维生素。活性形式：NAD^+、$NADP^+$
功能：构成不需氧脱氢酶辅酶，递氢递电子
缺乏症：糙（癞）皮病

维生素B_6
活性形式：磷酸吡哆醛、磷酸吡哆胺
功能：1.是转氨酶和脱羧酶的辅酶，参与氨基酸代谢；
2.是ALA合酶的辅酶
缺乏症：长期服用异烟肼易引起缺乏

泛酸
又称遍多酸。活性形式：CoA、ACP
功能：是酰基转移酶的辅酶，参与酰基转移反应
缺乏症：来源广泛，尚未发现典型的缺乏症

生物素
功能：1.多种羧化酶的辅酶；2.参与维生素B_{12}、叶酸、泛酸的代谢
缺乏症：来源广泛，很少出现缺乏症

叶酸
活性形式：FH4
功能：1.是一碳单位转移酶的辅酶；2.与蛋白质、核酸的合成有关
缺乏症：巨幼红细胞性贫血

维生素B_{12}
又称钴胺素。活性形式：甲钴胺素、5,-脱氧腺苷钴胺素
功能：1.参与体内甲基转移和叶酸代谢；2.促进甲硫氨酸的代谢；
3.是L-甲基丙二酰CoA变位酶的辅酶
正常饮食不易出现缺乏症

维生素C
又称L-抗坏血酸
功能：1.参与羧化反应；2.参与氧化还原反应；3.抗病毒作用
缺乏症：坏血病

理一理

练一练

一、名词解释

1. 维生素

2. 维生素C缺乏症（坏血病）

二、填空

1. 巨幼红细胞性贫血可能是缺乏维生素_____和_____。

2. 与缺铁性贫血有关的维生素包括_____、_____和_____。

3. TPP、FMN、NAD^+、HSCoA 分别来源于维生素_____、_____、_____、

_____。

4. 长期服用异烟肼抗结核治疗时，易导致_____不足。

三、问答

1. 维生素缺乏的主要原因有哪些？

2. 维生素分为哪几类？每类又有哪些维生素？

3. 缺乏维生素C为什么会产生坏血病？

4. 缺乏维生素A为什么会引起夜盲症？

思路解析　　　　　测一测　　　　　拓展阅读

（杜　江）

第四章 生物氧化

0401

课件

科学发现

ATP生成的主要方式
——氧化磷酸化的"化学渗透学说"

20世纪50年代,科学家们已经基本研究清楚了线粒体有氧氧化的化学本质:来自代谢物的电子被线粒体内膜上的不同"微型催化工厂"逐步传递给氧,结合氢生成水,该过程释放的能量被腺苷三磷酸合成酶(ATP synthase)利用后生成腺苷三磷酸(ATP)。但是"微型催化工厂"与ATP合酶在线粒体内膜上的分布彼此隔绝,那么能量是如何从催化工厂被转移到ATP合酶上的呢?一段时期内,绝大多数科学家的研究方向都集中在"如何找到携带着能量的化学物质"上,而英国科学家Peter Dennis Mitchell却独辟蹊径,他从细菌细胞膜主动转运机制得到启发,于1961年提出了"化学渗透假说",认为跨线粒体内膜质子梯度的形成是ATP生成的基本机制。这一假说后来被科学界广泛接受,Peter Dennis Mitchell也因此获得了1978年的诺贝尔化学奖。用新颖独创的角度和方法去解决问题就是创新思维,是大学生必备的素质之一。同学们在学习过程中,要主动树立创新意识,逐步提高自己的创新能力,从而更好地解决实践中的问题。

学前导语

生物体所需的能量主要来自食物和体内的糖、脂肪、蛋白质,这些有机化合物在体内进行一系列氧化分解,最终生成CO_2和H_2O,并释放能量。释放的能量主要生成ATP,供生命活动利用,其余能量以热能的形式用于维持体温。

学习目标

辨析:体内生物氧化与体外燃烧的异同点;两条呼吸链在组成成分上的异同点;细胞质中NADH进入线粒体的两种转运机制的异同点。

概述:生物氧化、呼吸链、高能化合物的概念;氧化磷酸化的概念、影响因素及能量生成;抗氧化体系的酶及其作用。

说出:生物氧化的酶类、特点;P/O比值与氧化磷酸化的偶联机制;微粒体细胞色素P450加单氧酶的作用。

学会:应用影响氧化磷酸化因素的知识解释CO中毒机制、新生儿保暖防护重要性及甲状腺功能亢进患者临床症状的生化机制。

培养:具有预防 CO 中毒的安全意识和进行有关 CO 中毒急救、新生儿保暖、抗氧化等健康宣传的职业能力,以及给予甲状腺功能亢进患者人文关怀的职业素养。

第一节　概　　述

一、生物氧化的概念与方式

物质在生物体内氧化分解的过程称为生物氧化(biological oxidation)。细胞胞质、线粒体、微粒体等均可进行生物氧化,但氧化过程及产物各不相同。线粒体内的生物氧化需要消耗氧气并释放能量,生成 ATP,而微粒体、内质网发生的氧化反应主要是对底物进行氧化修饰、转化,并无 ATP 生成。

生物氧化的主要方式有加氧、脱氢、失电子反应,其中以脱氢最为常见。

1. 加氧反应　底物分子中直接加入氧原子或氧分子,如醛氧化为酸。

$$RCHO + 1/2\ O_2 \longrightarrow RCOOH$$
$$\text{醛} \qquad\qquad\qquad \text{酸}$$

2. 脱氢反应　底物分子脱下一对氢,与受氢体结合,如乳酸氧化为丙酮酸。

$$CH_3CH(OH)COOH + NAD^+ \longrightarrow CH_3COCOOH + NADH + H^+$$
$$\text{乳酸} \qquad\qquad\qquad\qquad \text{丙酮酸}$$

脱氢反应的另一类型是加水脱氢,即物质分子中加入 H_2O,同时脱去两个氢原子,结果是底物分子中加入了一个来自水分子的氧原子,如乙醛氧化为乙酸。

$$CH_3CHO + H_2O \longrightarrow CH_3COOH + 2H$$
$$\text{乙醛} \qquad\qquad\qquad \text{乙酸}$$

3. 失电子反应　底物分子上脱去一个电子,从而使其原子或离子化合价增加,如细胞色素中的 Fe^{2+} 被氧化为 Fe^{3+}。

$$Fe^{2+} \longrightarrow Fe^{3+} + e$$

由于一个氢原子是由一个质子(H^+)和一个电子(e)组成,所以脱氢反应也包括失电子反应,即脱氢反应也可以写作下式。

$$CH_3CHO + H_2O \longrightarrow CH_3COOH + 2H^+ + 2e$$
$$\text{乙醛} \qquad\qquad\qquad \text{乙酸}$$

二、生物氧化的特点

同一物质在体内体外氧化时所消耗的氧量、产生的终产物(CO_2、H_2O)及释放的能量均相同,但二者所进行的方式差别较大。与物质在体外氧化相比较,生物氧化具有以下特点:①生物氧化在细胞内温和的条件下(温度为 37℃左右,pH 为 7.4 左右)进行;②CO_2 通过有机酸脱羧反应生成,水是由底物脱下的氢与氧化合生成;③在一系列酶的催化下,逐步释放能量;④能量主要以化学能(ATP)的形式存在,为机体活动供能;⑤生物氧化的速率受体内多种因素的调节。

图片:生物氧化中 CO_2 的生成

三、参与生物氧化的酶类

参与生物氧化的酶类可分为氧化酶类、不需氧脱氢酶类、需氧脱氢酶类。

（一）氧化酶类

能使氧分子活化的酶称为氧化酶。氧化酶直接以氧分子为氢受体，催化代谢物脱氢，氧分子接受氢生成水，抗坏血酸氧化酶、细胞色素氧化酶等属于此类酶，该类酶的辅基常含有铁、铜等金属离子。其作用方式如下：

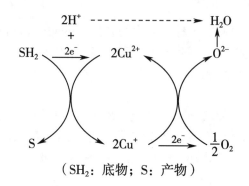

（SH_2：底物；S：产物）

（二）不需氧脱氢酶类

不需氧脱氢酶是指能催化代谢物脱氢，但不以氧为直接受氢体，而是将代谢物脱下的氢经一系列传递体传递给氧，生成 H_2O。该类酶是体内最重要的脱氢酶，依据辅助因子的不同分为两类：一是以 NAD^+（或 $NADP^+$）为辅酶，如乳酸脱氢酶、苹果酸脱氢酶等；二是以 FAD（或 FMN）为辅基，如琥珀酸脱氢酶、脂酰辅酶 A 脱氢酶等。

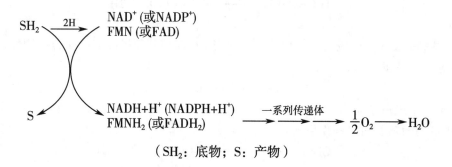

（SH_2：底物；S：产物）

（三）需氧脱氢酶类

需氧脱氢酶可催化代谢物脱氢，直接将氢传递给氧生成 H_2O_2，是以 FMN 或 FAD 为辅基的一类黄素蛋白，故也称为黄素酶，如黄嘌呤氧化酶、*L*- 氨基酸氧化酶等。

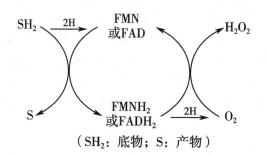

（SH_2：底物；S：产物）

此外，体内还有一些氧化还原酶类，如加单氧酶、加双氧酶、过氧化氢酶和过氧化物酶等，在生物体内主要参与非营养物质的代谢转变过程。

积少成多

1. 物质在生物体内氧化分解的过程称为生物氧化，主要方式有加氧、脱氢、失电子反应，其中以脱氢最为常见。

2. 生物氧化是由酶催化进行反应的过程，具有反应条件温和、脱羧生成 CO_2、逐步释放能量（ATP 为主）、受多种因素的调节的特点。

3. 参与生物氧化的酶类可分为氧化酶类、不需氧脱氢酶类、需氧脱氢酶类。

第二节　线粒体氧化体系

一、氧化呼吸链的概念

生物氧化过程中，代谢物脱下的氢经线粒体内膜上一系列酶或辅酶的传递，最终与氧结合生成水，同时释放能量生成 ATP。在这一过程中，传递氢的酶或辅酶称为递氢体，传递电子的酶或辅酶称为递电子体。这种按一定顺序排列在线粒体内膜上的递氢体或递电子体构成的连锁反应体系，称为电子传递链（electron transfer chain）。该体系与细胞摄取氧密切相关，故又称为氧化呼吸链（respiratory chain）。

0403

微课：线粒体的结构

二、氧化呼吸链的主要成分

构成呼吸链的递氢体和递电子体目前已经发现 20 余种，根据其化学结构特点，大体上可以分为五类。

（一）NAD^+（辅酶Ⅰ）

烟酰胺腺嘌呤二核苷酸（NAD^+，辅酶Ⅰ，CoⅠ）是多种不需氧脱氢酶的辅酶，分子中含有的烟酰胺部分能可逆地加氢和脱氢，有传递氢和电子的功能，NAD^+ 主要功能是接受代谢物上脱下的氢，并将氢传递给黄素蛋白。此外，NAD^+ 结构中核糖的 2 位羟基被磷酸化后生成烟酰胺腺嘌呤二核苷酸磷酸（$NADP^+$，辅酶Ⅱ，CoⅡ），$NADP^+$ 通过相同的方式接受氢，发挥传递氢和电子的功能，但参与不同的反应。由于代谢物每次总是脱下 2 个氢原子，但烟酰胺只能接受 1 个氢原子和 2 个电子，总有 1 个质子（H^+）游离于基质中，所以在反应中，将 NAD^+ 和 $NADP^+$ 的还原型分别被写作 NADH + H^+ 和 NADPH + H^+（图 4-1）。

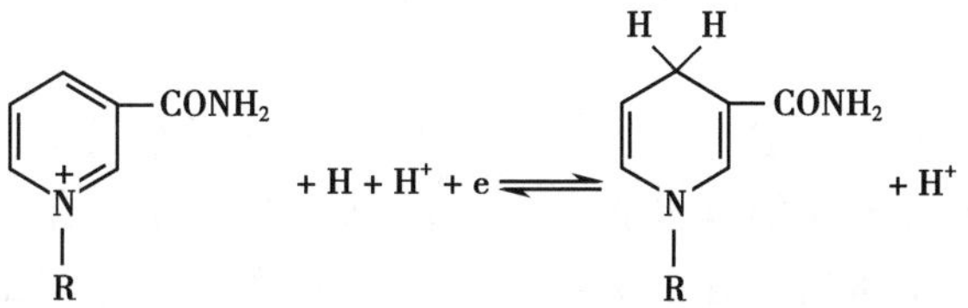

NAD^+或$NADP^+$　　NADH或NADPH

图 4-1　NAD^+（$NADP^+$）的加氢和 NADH（NADPH）的脱氢反应

（二）黄素蛋白

黄素蛋白又称为黄素酶，是一类以黄素单核苷酸（FMN）和黄素腺嘌呤二核苷酸（FAD）为辅基的脱氢酶。FMN 和 FAD 中都含有核黄素，核黄素分子中的异咯嗪环能可逆的加氢和脱氢，氧化型的 FMN 和 FAD 可接受 1 个质子和 1 个电子生成不稳定的 $FMNH^-$ 和 $FADH^-$，之后再接受 1 个质子和 1 个电子转变为还原性的 $FMNH_2$ 和 $FADH_2$（图 4-2）。因此，呼吸链中的 FMN 和 FAD 发挥着传递氢和电子的作用。

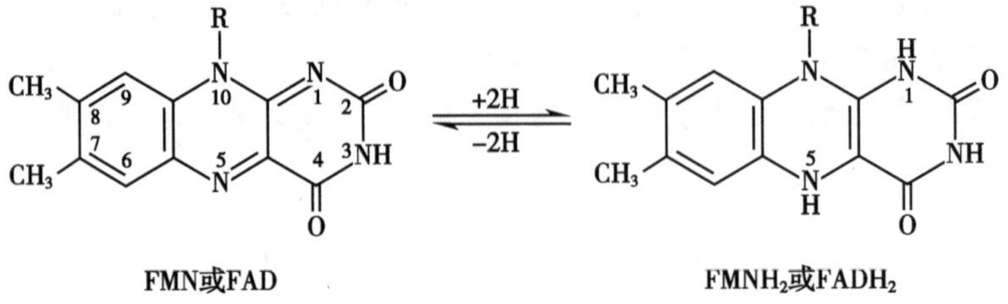

图 4-2　FMN（FAD）的加氢和 $FMNH_2$（$FADH_2$）的脱氢反应

（三）泛醌

泛醌（ubiquinone）又称辅酶 Q（coenzyme Q，CoQ 或 Q），是一类广泛存在于生物界的小分子脂溶性醌类化合物。泛醌分子中的苯醌结构能可逆地加氢和脱氢，是呼吸链的递氢体，接受 $FMNH_2$ 或 $FADH_2$ 释放出的 2 个氢原子。泛醌接受 1 个质子和 1 个电子还原成半醌，再接受 1 个质子和 1 个电子还原成二氢泛醌，后者又可脱去电子和质子被重新氧化为泛醌（图 4-3）。Q 在线粒体内膜中可自由移动，在各复合体间募集并穿梭传递氢，因此在电子传递和质子的移动中发挥核心作用。

图 4-3　泛醌的加氢和脱氢反应

（四）铁硫蛋白

铁硫蛋白（Fe-S）又称铁硫中心，是一类含有等量铁和硫的蛋白质，分子中的铁与半胱氨酸巯基中的硫相连，铁原子可以通过二价和三价形式的相互转变来传递电子，故铁硫蛋白是呼吸链中的递电子体。铁硫蛋白结构如图 4-4 所示。

（五）细胞色素

细胞色素（cytochrome，Cyt）是一大类广泛分布于需氧生物线粒体内膜上，以铁卟啉类化合物为辅基的催化电子传递的酶体系。其通过辅基中铁原子化合价的可逆变化而传递电子，是呼吸链中的递电子体。细胞色素具有特殊的吸收光谱因而能呈现颜色，可根据吸收光谱的不同将其分为 Cyta、Cytb、Cytc 三类，每类又根据最大吸收峰的差别分成若干亚类。参与组成呼吸链的细胞色素依次是 Cytb、$Cytc_1$、Cytc、Cyta 和 $Cyta_3$，其中细胞色素 a 和 a_3

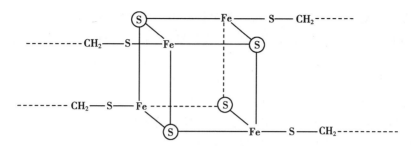

图 4-4　铁硫蛋白的结构示意图

结合紧密,排列在呼吸链的末端,直接将电子传递给氧生成水,故将其称为细胞色素 c 氧化酶(Cytaa$_3$)。细胞色素 c 氧化酶以铜原子为辅基,可通过铜原子化合价的变化来传递电子。

> **知识窗**
>
> ### Cytc 与细胞凋亡
>
> 有关研究表明,线粒体不仅是细胞进行氧化磷酸化的重要场所,也是细胞凋亡的调控中心。Cytc 作为线粒体呼吸链的重要组成成分,在复合体Ⅲ和Ⅵ之间传递电子。除参与电子传递外,Cytc 还在细胞凋亡中发挥着重要作用。Cytc 作为细胞凋亡蛋白酶的活化因子之一,当其从线粒体释放时,会直接介导细胞凋亡;而在接受细胞凋亡信号后,Cytc 就会从呼吸链上脱落下来,通过干扰呼吸链的运输、阻断能量合成、促进活性氧(reactive oxygen species, ROS)产生等方式间接地诱导细胞凋亡。目前,关于 Cytc 影响细胞凋亡的机制还没有完全阐明,仍有待进一步深入研究。科学研究就是发现、探索和解释自然现象,并寻求其规律,容不得半点主观。对于尚未研究清楚的事物,需要潜心探索,这就是所谓的求真。

三、氧化呼吸链中的酶复合体及其功能

实验证明,组成呼吸链的递氢体和递电子体大多以酶复合体的形式存在于线粒体内膜上。主要有 4 种复合体(表 4-1),每一种酶复合体代表完整呼吸链的一部分,具有各自独特的功能。

表 4-1　人线粒体呼吸链复合体及其作用

复合体	酶名称	辅基	作用
复合体Ⅰ	NADH- 泛醌还原酶	FMN, Fe-S	将 NADH 的氢原子传递给泛醌
复合体Ⅱ	琥珀酸 - 泛醌还原酶	FAD, Fe-S	将琥珀酸中的氢原子传递给泛醌
复合体Ⅲ	泛醌 - 细胞色素 c 还原酶	铁卟啉, Fe-S	将电子从还原性泛醌传递给细胞色素 c
复合体Ⅳ	细胞色素 c 氧化酶	铁卟啉, Cu	将电子从细胞色素 c 传递给氧

(一)复合体Ⅰ

复合体Ⅰ又称 NADH- 泛醌还原酶或 NADH 脱氢酶,可接受来自还原型烟酰胺腺嘌呤二核苷酸(NADH+H$^+$)的电子并传递给泛醌。人复合体Ⅰ含有以 FMN 为辅基黄素蛋白和铁硫蛋白,大多数代谢物脱下来的氢由 NAD$^+$接受,形成还原型的 NADH+H$^+$,后者将氢质

子和电子传递给 FMN 生成 $FMNH_2$,经一系列铁硫中心的作用,再将电子传递给泛醌,形成 QH_2。复合体 I 有质子泵的作用,将一对电子从 NADH 传递到泛醌的过程,能向内膜间腔侧释放 4 个 H^+。

(二)复合体 II

复合体 II 又称琥珀酸 - 泛醌还原酶,主要功能是将电子从琥珀酸传递给泛醌。人复合体 II 含有以 FAD 为辅基的黄素蛋白和铁硫蛋白,琥珀酸等代谢物脱下的氢由 FAD 接受生成 $FADH_2$,然后经铁硫蛋白作用将电子传递至泛醌。

(三)复合体 III

复合体 III 又称泛醌 - 细胞色素 c 还原酶,主要将电子从泛醌传递给细胞色素 c。人复合体 III 含有 2 种细胞色素 b($Cytb_{562}$、$Cytb_{566}$)、细胞色素 c_1 和铁硫蛋白。其电子传递是通过"Q循环"实现,即递氢体泛醌与单电子传递体细胞色素之间的电子传递,最终将电子传递至细胞色素 c。复合体 III 有质子泵的作用,每传递 2 个电子向内膜间腔侧释放 4 个 H^+。

(四)复合体 IV

复合体 IV 又称细胞色素 c 氧化酶,可将电子从细胞色素 c 传递给氧,使其还原为 H_2O。人复合体 IV 含有 Cu_A、Cu_B 和 Cyta、$Cyta_3$。其电子传递过程是细胞色素 c 传出的电子经 Cu_A 传递给 Cyta,再传递 Cyt a_3-Cu_B。这个过程需要依次传递 4 个电子,并从线粒体基质中获得 4 个 H^+,最终将 1 分子 O_2 还原为 2 分子 H_2O。复合体 IV 也有质子泵的作用,每传递 2 个电子向内膜间腔侧释放 2 个 H^+。

泛醌因侧链的疏水作用,使其能在线粒体内膜中迅速扩散,极易从线粒体内膜分离出来,因此泛醌不包含在上述复合体中;Cytc 呈水溶性,与线粒体内膜外表面结合不紧密,极易与线粒体内膜分离,故 Cytc 不包含在上述复合体中。泛醌和 Cytc 作为可移动的电子传递体与镶嵌在线粒体内膜上的复合体共同组成呼吸链。氧化呼吸链的组成及复合体的位置见图 4-5。

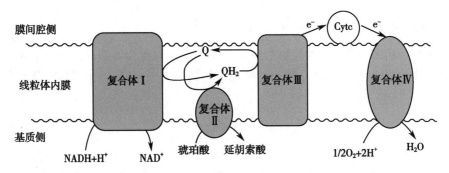

图 4-5 氧化呼吸链组成及复合体位置示意图

四、体内重要的两条氧化呼吸链

目前认为,线粒体内重要的呼吸链有两条,即 NADH 氧化呼吸链和 $FADH_2$ 氧化呼吸链(琥珀酸氧化呼吸链)。

(一)NADH 氧化呼吸链

NADH 氧化呼吸链以 NADH 作为起始成分而得名,由 NAD^+、复合体 I、泛醌(Q)、复合体Ⅲ、细胞色素 c 和复合体Ⅳ组成（图 4-6）。由于物质氧化过程中的大多数脱氢酶都以 NAD^+ 为辅酶，故 NADH 氧化呼吸链是体内最主要的呼吸链。体内大多数代谢物（如异柠檬酸、丙酮酸、苹果酸、乳酸、谷氨酸等）脱下的氢都经此链氧化。NADH 氧化呼吸链的电子传递模式如下：

$$NADH \rightarrow 复合体Ⅰ \rightarrow Q \rightarrow 复合体Ⅲ \rightarrow Cytc \rightarrow 复合体Ⅳ \rightarrow O_2$$

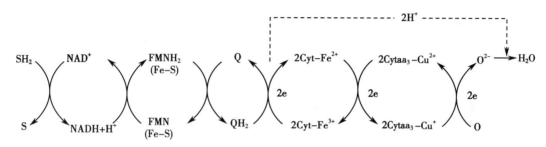

图 4-6　NADH 氧化呼吸链

（二）$FADH_2$ 氧化呼吸链

琥珀酸氧化呼吸链以 $FADH_2$ 作为起始成分而得名，由 FAD 或复合物Ⅱ、辅酶 Q、复合物Ⅲ、细胞色素 c 和复合物Ⅳ组成（图 4-7）。体内有部分代谢物脱氢是由 FAD 为辅基的脱氢酶氧化的，故 $FADH_2$ 氧化呼吸链也是体内较为重要的呼吸链，如琥珀酸、脂酰辅酶 A、α-磷酸甘油等脱下的氢都经此链氧化。琥珀酸氧化呼吸链的电子传递模式如下：

$$琥珀酸 \rightarrow 复合体Ⅱ \rightarrow Q \rightarrow 复合体Ⅲ \rightarrow Cytc \rightarrow 复合体Ⅳ \rightarrow O_2$$

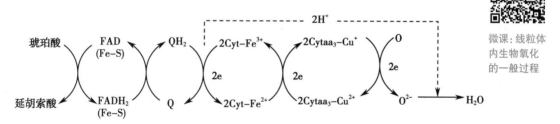

微课：线粒体内生物氧化的一般过程

图 4-7　琥珀酸氧化呼吸链

积少成多

1. 生物氧化过程中，递氢体与递电子体构成了电子传递链，又称氧化呼吸链，其中主要的是 NADH 氧化呼吸链。

2. 构成呼吸链的递氢体和递电子体包括 NAD^+（辅酶Ⅰ）、黄素蛋白、泛醌、铁硫蛋白、细胞色素。

3. 氧化呼吸链中的复合体Ⅰ可接受来自 $NADH+H^+$ 的氢原子并传递给泛醌；复合体Ⅱ将氢原子从琥珀酸传递给泛醌；复合体Ⅲ主要将电子从泛醌传递给细胞色素 c；复合体Ⅳ可将电子从细胞色素 c 传递给氧。

4. 目前认为线粒体内有 NADH 氧化呼吸链和琥珀酸氧化呼吸链两条重要的呼吸链。

第三节　氧化磷酸化与 ATP 的生成

一、氧化磷酸化

(一)氧化磷酸化的概念

代谢物脱下的氢经呼吸链传递给氧生成水的过程伴有能量的释放,释放的能量使 ADP 磷酸化生成 ATP。这种脱氢氧化与 ADP 磷酸化相偶联的过程称为氧化磷酸化(oxidative phosphorylation)。氧化磷酸化是机体生成 ATP 的主要方式。

(二)氧化磷酸化的偶联部位

氧化磷酸化的偶联部位就是氧化呼吸链中偶联生成 ATP 的部位,通常由计算 P/O 比值和自由能变化这两种方法大致确定。

1. P/O 比值　是指在氧化磷酸化过程中,每消耗 1/2mol O_2 所需磷酸的摩尔数,即一对电子通过氧化呼吸链传递给氧所生成的 ATP 的摩尔数。β- 羟丁酸脱氢产生的氢通过 NADH 氧化呼吸链传递时,测得 P/O 比值为 2.5,说明 NADH 氧化呼吸链可能存在 3 个 ATP 的生成部位;琥珀酸脱氢氧化测得 P/O 比值为 1.5,说明琥珀酸氧化呼吸链可能存在 2 个 ATP 的生成部位。NADH、琥珀酸氧化呼吸链 P/O 比值的差异(表 4-2)提示 NADH 氧化呼吸链在 NADH → Q 之间(复合体 Ⅰ)、Q → Cytc 之间(复合体 Ⅲ)、Cytc → O_2 之间(复合体 Ⅳ)分别存在着 1 个 ATP 生成部位;琥珀酸氧化呼吸链在 Q → Cytc 之间(复合体 Ⅲ)、Cytc → O_2 之间(复合体 Ⅳ)分别存在着 1 个 ATP 生成部位。实验证实,一对电子经 NADH 氧化呼吸链传递,测得 P/O 比值约为 2.5,即产生 2.5 分子的 ATP;经琥珀酸氧化呼吸链传递时,测得 P/O 比值约为 1.5,即产生 1.5 分子的 ATP。

表 4-2　离体线粒体的 P/O 比值

底物	呼吸链的组成	P/O 比值	生成 ATP 数
β- 羟丁酸	NAD^+ → FMN → CoQ → Cyt → O_2	2.4~2.8	2.5
琥珀酸	FAD → CoQ → Cyt → O_2	1.7	1.5
抗坏血酸	Cytc → $Cytaa_3$ → O_2	0.88	1
细胞色素 c	$Cytaa_3$ → O_2	0.61~0.68	1

2. 自由能变化　实验证明,pH 7.0 时的标准自由能($\Delta G^{O\prime}$)与反应底物和产物标准氧化还原反应电位差值($\Delta E^{O\prime}$)之间存在下述关系:

$$\Delta G^{O\prime} = -nF\Delta E^{O\prime}$$

n 为电子转移数目,F 为法拉第常数 [96.5kJ/(mol·V)]。

从 NAD^+ 到 CoQ 测得的电位差为 0.36V,从 CoQ 到 Cytc 测得的电位差为 0.19V,从 Cyt aa_3 到分子氧测得的电位差为 0.58V,计算它们相应的 $\Delta G^{O\prime}$ 分别为 -69.5kJ/mol、-36.7kJ/mol、-112kJ/mol,足以提供生成 ATP 所需的能量(生成 1mol ATP 需要 30.5kJ 能量),说明在复合体 Ⅰ、Ⅲ、Ⅳ 内各存在一个 ATP 的生成部位。

(三)氧化磷酸化的偶联机制

氧化磷酸化偶联的基本机制是产生跨线粒体内膜的质子梯度。1961 年英国科学家 Peter Dennis Mitchell 提出的"化学渗透假说",阐明了氧化磷酸化偶联机制。该学说的基本要点是：电子经氧化呼吸链传递时释放能量，将 H$^+$ 从线粒体基质侧泵到内膜的膜间腔侧。由于质子不能自由穿过线粒体内膜，这样就在膜内外产生质子电化学梯度（H$^+$ 浓度梯度和跨膜电位差），储存电子传递时释放的能量，当质子顺浓度梯度回流时，储存的能量被 ATP 合酶利用，催化 ADP 与 Pi 合成 ATP。

动画：ATP
合酶 - 质子
通道

动画：电子
传递 - 质子
泵出 -ATP
合成

氧化呼吸链的递氢体和递电子体在线粒体内膜上交替排列，共构成 3 个回路，每个回路均具有质子泵作用。实验证明，复合体 Ⅰ、Ⅲ、Ⅳ 具有质子泵作用，每传递 2 个电子，它们分别向线粒体内膜的膜间腔侧泵出 4H$^+$、4H$^+$ 和 2H$^+$（图 4-8）。

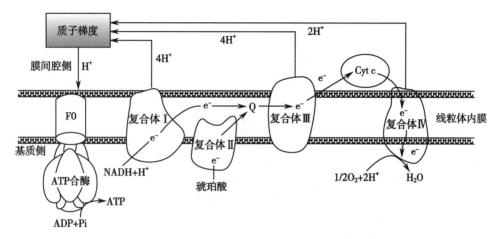

图 4-8　化学渗透假说示意图

（四）影响氧化磷酸化的因素

1. ATP/ADP 比值　是体内调节氧化磷酸化最主要的因素。机体生理活动加强而大量消耗 ATP；体内能量水平降低，腺苷二磷酸（adenosine diphosphate，ADP）的浓度升高，ATP/ADP 比值下降，刺激氧化磷酸化速度加快以补充 ATP；同时 NADH 迅速减少而 NAD$^+$ 增多，可促进物质氧化过程加速，有利于氧化磷酸化加快速度；随着 ATP 不断合成，体内能量水平升高，ADP 浓度降低，ATP/ADP 比值升高，氧化磷酸化速度减慢，出现 NADH 堆积，物质氧化过程相应减慢。

2. 抑制剂　一些化合物可以通过阻断或干扰氧化磷酸化过程中的某个环节，从而实现对氧化磷酸化的抑制作用。

（1）呼吸链抑制剂：能在特异部位阻断呼吸链中电子的传递。例如，鱼藤酮、粉蝶霉素 A、异戊巴比妥等主要与复合体 Ⅰ 中的铁硫蛋白结合，阻断电子从铁硫中心向泛醌传递；菱锈灵等是复合体 Ⅱ 的抑制剂；抗霉素 A 抑制复合体 Ⅲ 中 Cytb → Cytc$_1$ 的电子传递；CN$^-$ 可结合复合体 Ⅳ 中氧化型 Cyta$_3$，阻断电子由 Cyta 传递到 Cyta$_3$；一氧化碳（carbon monoxide，CO）与还原型 Cyta$_3$ 结合，阻断电子传递给 O$_2$。近年来，大量新型高分子材料被用于室内装修和家具制造，火灾中这些高聚物燃烧迅速，并释放出 CO、氰化氢（hydrogen cyanide，HCN）等有毒气体，大量吸入后使细胞内呼吸停止，相关细胞生命活动终止，引起机体迅速死亡。所以，火灾疏散时要用湿毛巾捂住口鼻，低首俯身，从而减少有毒气体的吸入，预防中毒。

案例分析

患者，男性，65 岁。半小时前晨起，其儿子发现患者叫不醒，未见呕吐。患者一人单住，房间有一煤火炉，晚间一切正常，仅服用常规降压药物，未见异常药瓶。既往有高血压病史 5 年，无肝、肾和糖尿病病史，无药物过敏史。

查体：体温 36.8℃，脉搏 98 次 /min，呼吸 24 次 /min，血压 160/90mmHg，昏迷，呼之不应，皮肤黏膜无出点，面色潮红，口唇樱桃红色，颈软，肺无啰音，腹平软，未触及肝脾。

实验室检查：红细胞 130g/L，白细胞 6.8×10^9/L。

初步诊断：一氧化碳中毒。

问题：

1. 该患者一氧化碳中毒的主要诊断依据是什么？
2. 试用所学生化知识解释患者一氧化碳中毒的机制。

案例解析

（2）解偶联剂（uncoupler）：不阻断呼吸链中氢和电子的传递，抑制 ADP 磷酸化生成 ATP 的过程，即解除氧化与磷酸化之间的偶联。解偶联剂作用的实质是破坏电子传递过程建立的跨内膜的质子电化学梯度，电子传递过程中泵出的 H^+ 不经 ATP 合酶的 F_0 质子通道回流，而通过其他途径返回线粒体基质，电化学梯度储存的能量只能以热能的形式释放。常见的解偶联剂如 2，4- 二硝基苯酚（2，4-dinitrophenyl，DNP），属于脂溶性物质，在线粒体内膜中可以自由移动，在细胞质侧结合 H^+，返回基质侧释出 H^+，从而破坏内膜两侧的电化学梯度，不能生成 ATP，导致氧化磷酸化呈现解偶联，使体温升高。哺乳类动物的棕色脂肪组织线粒体内膜中含有丰富且独特的解偶联蛋白（uncoupler protein，UCP），在内膜上形成易化质子通道，H^+ 可经此通道返回基质，则氧化磷酸化解偶联不生成 ATP，但质子梯度储存的能量以热能形式释放，这对于维持机体体温十分重要。棕色脂肪组织是机体产热御寒的重要组织，尤其对于新生儿更为重要。新生儿不注意保暖或周围环境过低，就会因散热过多而致棕色脂肪耗尽，进而导致新生儿硬肿病。

临床应用

新生儿硬肿病及防治

新生儿硬肿病又称寒冷损伤综合征，是由于寒冷、感染、早产引起的一种综合征，其中以寒冷损伤最多见。主要症状以皮下脂肪硬化和水肿为特征，多发生在寒冷季节。严重低体温、硬肿患儿可激发肺出血、休克及多脏器功能衰竭而产生严重后果。"复温"是治疗该病的首要措施，还要供应足够的热量和液体，但因低温时，患儿的心肾功能下降，故输液量不宜过多。对于该病，预防要重于治疗：做好围生期保健工作，加强产前检查，减少早产儿的发生；新生儿一旦娩出即用预热的毛巾包裹，移至保暖床上处理；对高危患儿应采取体温监护措施，以防止该病的发生。我国现在正处在医疗服务的转型期，医患矛盾比较突出，各级医疗机构医患纠纷的发生呈大幅增加趋势，医务人员要在工作中具有高度的责任心，以实际行动赢得患者的信任、理解和支持，与患者建立良好的医患关系。

（3）ATP 合酶抑制剂：对电子传递及 ATP 的合成均有抑制作用。例如，寡霉素（oligomycin）可阻止 H^+ 从 F_0 质子通道回流，抑制 ATP 的合成。此时，由于线粒体内膜两侧质子电化学梯度增高，影响氧化呼吸链质子泵的功能，继而抑制电子传递过程。

各抑制剂作用于氧化磷酸化的部位见图4-9。

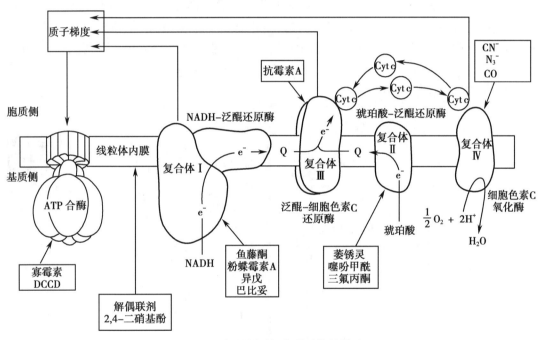

图 4-9　抑制剂对氧化磷酸化的影响

3. 甲状腺激素　对氧化磷酸化并没有直接影响，但其通过诱导细胞膜上的 Na^+, K^+-ATP 酶的合成，可使 ATP 分解速度加快。酶活性升高，分解 ATP 增多，ADP 浓度升高，线粒体中 ATP/ADP 的比值减小，从而使氧化磷酸化速度加快，又促使 ATP 生成增多。由此可见，甲状腺激素使得 ATP 的生成与分解都增强。此外，甲状腺激素三碘甲状腺原氨酸（triiodothyronine，T_3）还可以使解偶联蛋白基因表达增强，引起机体耗氧产热。所以，甲状腺功能亢进（简称甲亢）的患者常表现为易激多食、怕热多汗、基础代谢率增高等症状。

> **知识窗**
>
> 线粒体 DNA 突变影响氧化磷酸化
>
> 线粒体通过氧化磷酸化生成 ATP 为机体组织供能，而线粒体突变会影响氧化磷酸化过程，线粒体 DNA（mitochondrial DNA, mtDNA）呈裸露状态，缺乏组蛋白保护且损

伤修复机制不完善，又直接暴露于高活性氧环境中，具有高突变特性。但线粒体 DNA 突变数目必须达到一定程度，才会引起某组织或器官的功能异常。一般来说，组织器官对线粒体产生 ATP 的依赖程度越大，出现的功能障碍也越严重。

二、细胞质中 NADH 的转运

线粒体内生成的 NADH 可直接参加氧化磷酸化过程，但细胞质中生成的 NADH 不能自由通过线粒体内膜，必须通过某种转运机制才能进入线粒体进行氧化磷酸化。线粒体内膜上存在的转运机制主要有 α- 磷酸甘油穿梭和苹果酸 - 天冬氨酸穿梭。

（一）α- 磷酸甘油穿梭

α- 磷酸甘油穿梭主要存在于脑和骨骼肌中。如图 4-10 所示，细胞质中生成的 NADH 在 α- 磷酸甘油脱氢酶催化下，使磷酸二羟丙酮还原成 α- 磷酸甘油，后者通过线粒体外膜，再经位于线粒体内膜的 α- 磷酸甘油脱氢酶（辅基 FAD）催化下生成磷酸二羟丙酮和 $FADH_2$。磷酸二羟丙酮可穿出线粒体至细胞质，继续进行下一轮穿梭作用。$FADH_2$ 则进入 $FADH_2$ 氧化呼吸链，生成 1.5 分子 ATP。

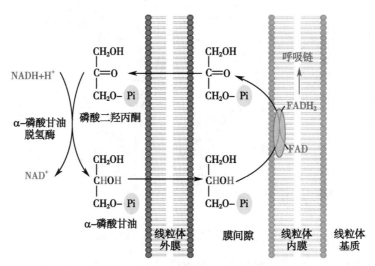

微课：细胞质中 NADH 的 α- 磷酸甘油穿梭

图 4-10　α- 磷酸甘油穿梭机制

（二）苹果酸 - 天冬氨酸穿梭

苹果酸 - 天冬氨酸穿梭主要存在于肝、肾及心肌中。如图 4-11 所示，细胞质中的 NADH 在苹果酸脱氢酶催化下使草酰乙酸还原成苹果酸，苹果酸通过线粒体内膜上的转运蛋白进入线粒体，在线粒体内苹果酸脱氢酶的作用下重新生成草酰乙酸和 NADH。线粒体内的草酰乙酸在天冬氨酸转氨酶的催化下生成天冬氨酸和 α– 酮戊二酸，天冬氨酸由转运蛋白转运至细胞质，再进行转氨基作用生成草酰乙酸，继续参与穿梭作用。NADH 则进入 NADH 氧化呼吸链，生成 2.5 分子 ATP。

微课：细胞质中 NADH 的苹果酸 - 天冬氨酸穿梭

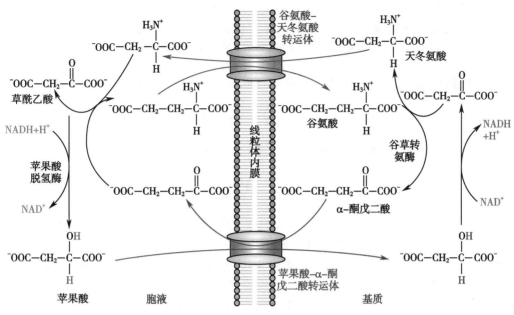

图 4-11 苹果酸 - 天冬氨酸穿梭机制

三、能量的转移与利用

线粒体与细胞质之间的腺苷酸转运机制

电压依赖阴离子通道（voltage-dependent anion channels，VDAC）位于线粒体外膜，闭合可以抑制线粒体功能，导致线粒体膜通透性发生改变，影响线粒体内外物质转运。线粒体内经呼吸作用合成的 ATP，不能自由通过线粒体内膜，需要借助于腺苷酸转运蛋白穿过线粒体内膜，再与 VDAC 作用，才能跨过线粒体外膜，最后进入细胞质中，释放能量后形成 ADP；ADP 再通过 VDAC、腺苷酸转运蛋白依次穿过线粒体外膜和内膜进入线粒体，继续参与生成 ATP。

（一）高能化合物

机体在生物氧化过程中释放的能量除用于生命活动及维持体温外，大约有 40% 以化学能的形式储存于化合物中，形成高能磷酸键或高能硫酸酯键。水解时释放的能量大于 25kJ/mol 的化学键称为高能键，常用"～"表示。含有高能磷酸键或高能硫酸酯键的化合物称为高能化合物。ATP 是体内最主要的高能化合物。

底物水平磷酸化

细胞内 ADP 磷酸化生成 ATP 的方式有氧化磷酸化和底物水平磷酸化两种，氧化磷酸化是体内生成 ATP 的主要方式。在某些代谢反应中，代谢物由于脱氢或脱水引起分子内部能量重新分布而产生高能键，并将所形成的高能键直接转移给 ADP 生成 ATP，这种 ATP 的生成方式称为底物水平磷酸化。底物水平磷酸化能生成少量 ATP。例如，糖代谢的 3 个反应过程可通过底物水平磷酸化生成 ATP。

$$琥珀酰辅酶A + GDP + H_3PO_4 \xrightleftharpoons[]{琥珀酰辅酶A合成酶} 烯醇式丙酮酸 + GTP + CoA$$

$$磷酸烯醇式丙酮酸 + ADP \xrightarrow{丙酮酸激酶} 烯醇式丙酮酸 + ATP$$

$$1,3-二磷酸甘油酸 + ADP \xrightleftharpoons[]{磷酸甘油羧基酶} 3-磷酸甘油酸 + ATP$$

（二）ATP 与其他高能化合物间的转变

当机体进行生理活动时，ATP 分解为 ADP 和磷酸，释放出能量供机体所利用。ADP 与 ATP 的互相转变是体内能量转变最基本的方式。人体除了 ATP 外，尿苷三磷酸（uridine triphosphate，UTP）、胞苷三磷酸（cytidine triphosphate，CTP）、鸟苷三磷酸（guanosine triphosphate，GTP）也可为糖原、磷脂、蛋白质等合成反应提供能量，如 UTP 为糖原合成直接供能，GTP 为蛋白质合成直接供能，CTP 为磷脂合成直接供能等。然而，UTP、CTP、GTP 一般不能从物质氧化过程中直接生成，通常是在核苷二磷酸激酶的催化下，从 ATP 获得高能磷酸键生成。反应式如下：

$$ATP+UDP \longrightarrow ADP+UTP$$

$$ATP+CDP \longrightarrow ADP+CTP$$

$$ATP+GDP \longrightarrow ADP+GTP$$

式中，UDP 为尿苷二磷酸（uridine diphosphate），CDP 为胞苷二磷酸（cytidine diphosphate），GDP 为鸟苷二磷酸（guanosine diphosphate）。

ATP 是机体最主要的直接供能物质，但其分子稳定性较差，不易大量储存。当体内 ATP 浓度较高时，其分子中的高能磷酸键会被转移给肌酸，生成磷酸肌酸（creatine phosphate，CP）；当机体耗能增加而使 ADP 浓度升高时，磷酸肌酸又将储存的高能磷酸键转移 ADP 生成 ATP，以满足机体能量需要。磷酸肌酸不可直接利用，但其性质较稳定，是机体能量最主要的储存形式。

生物体内能量的释放、储存、转移和利用都是以 ATP 为中心进行的，ATP 的生成、利用及储存概况见图 4-12。

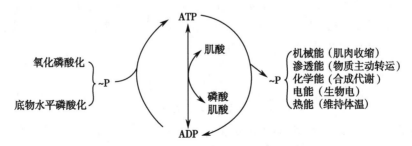

图 4-12　ATP 的生成、利用及储存概况

积少成多

1. 氧化磷酸化是机体生成 ATP 的主要方式,是脱氢氧化与 ADP 磷酸化相偶联的过程。氧化磷酸化偶联的基本机制是产生跨线粒体内膜的质子梯度。

2. 呼吸链的复合体 I、复合体 III、复合体 IV 中分别有氧化磷酸化的偶联部位。一对电子经 NADH 氧化呼吸链传递产生 2.5 分子 ATP;经琥珀酸氧化呼吸链传递产生 1.5 分子 ATP。

3. 影响氧化磷酸化的因素主要有 ATP/ADP 比值、呼吸链抑制剂、解偶联剂、ATP 合酶抑制剂和甲状腺激素。

4. 细胞质中生成的 NADH 必须通过 α- 磷酸甘油穿梭机制和苹果酸 - 天冬氨酸穿梭机制进入线粒体进行氧化磷酸化。

5. 含有高能磷酸键或高能硫酸酯键的化合物称为高能化合物。ATP 是体内最主要的供能物质,磷酸肌酸是机体最主要的储能物质。

第四节 其他氧化与抗氧化体系

一、微粒体细胞色素 P450 加单氧酶

微粒体细胞色素 P450 加单氧酶在肝及肾上腺的微粒体中含量最多,由细胞色素 P450、$NADPH+H^+$、NADPH- 细胞色素 P450 还原酶组成。该酶可催化氧分子中的一个氧原子加在底物分子上,使底物羟化,同时催化另一个氧原子被氢(来自 $NADPH+H^+$)还原成水,故又称混合功能氧化酶或羟化酶。

$$RH + O_2 + NADPH + H^+ \xrightarrow{\text{加单氧酶}} ROH + NADP^+ + H_2O$$

加单氧酶催化的反应在体内有重要的生理意义,如药物、毒物在肝中的生物转化,维生素 D_3 的活化,类固醇激素、胆汁酸的合成等,都有加单氧酶的参与。

二、抗氧化酶体系

物质在体内氧化的过程中,会产生一些活性氧(ROS),如超阴离子及 H_2O_2、羟自由基(·OH)等。(O_2^-)这些活性氧可引起体内的蛋白质、DNA、脂类等生物大分子的氧化损伤,造成正常细胞结构和功能损伤,进而引起相应的疾病。因此,机体需要通过抗氧化酶体系及时将其清除,防止其累积对机体造成有害影响。

知识窗

氧自由基与活性氧

自由基是指带有未配对电子的原子或化学基团,主要有超氧阴离子(O_2^-)和羟自由基(·OH)、烷氧自由基(LO·)、烷过氧自由基(LOO·)等。氧自由基化学性质活泼,不稳定,具有较强的氧化还原能力,这些氧自由基可继发产生其他具有活性生物性质的衍生物,如过氧化氢(H_2O_2)、单线态氧($^1O_2$)、脂质过氧化物(LOOH)等。

（一）超氧化物歧化酶

机体在氧化过程中产生的超阴离子可再接受单个电子还原生成 H_2O_2，H_2O_2 可再接受单个电子还原生成 •OH。由此可见，清除超氧阴离子对于防御 ROS 至关重要。

超氧化物歧化酶（superoxide dismutase，SOD）是防御人体内外环境中超氧阴离子损伤的重要酶，可催化生成 O_2 和 H_2O_2，后者可被过氧化氢酶分解。

$$O_2^- + H^+ \xrightarrow{\text{SOD}} H_2O_2 + O_2$$

SOD 是一组金属酶，哺乳动物中有三组同工酶。在真核细胞胞质中存在 Cu/Zu-SOD，其活性中心含 Cu^{2+}/Zn^{2+}，线粒体内存在 Mn-SOD，其活性中心含 Mn^{2+}。

体内其他自由基清除剂有维生素 C、维生素 E、β- 胡萝卜素、泛醌等，它们共同组成人体抗氧化体系。

> **知识窗**
>
> #### 脂褐素
>
> 脂褐素又称老年素，是沉积于神经、心肌、肝等组织衰老细胞中的黄褐色不规则小体，内容物为电子密度不等的物质、脂滴、小泡等，是溶酶体作用后剩下不再能被消化的物质而形成的残余体。其积累随年龄增长而增多，是衰老的重要指征之一。见于浅表皮肤者俗称"老年斑"。脂褐素主要是自由基攻击人体细胞产生的，随着年龄的增长，人体细胞合成具有清除自由基作用的 SOD 的能力下降，酶自身活性也下降，就出现了脂褐素沉积。脂褐素沉积在人体细胞，会造成细胞损伤。从生物学上讲，衰老是生物随着时间的推移自发的必然过程。人们应当充分发挥主观能动性，采取正确的应对之策，以平和的心态、科学的方法应对衰老。

（二）过氧化物酶体氧化体系

过氧化物酶体氧化体系主要作用是清除过氧化氢，其包括过氧化氢酶和过氧化物酶。

1. 过氧化氢酶　又称触酶，其辅基含有 4 个血红素，催化反应如下：

$$H_2O_2 \xrightarrow{\text{过氧化氢酶}} 2H_2O + O_2$$

2. 过氧化物酶　以血红素为辅基，利用 H_2O_2 直接氧化酚类或胺类化合物，同时将 H_2O_2 还原成 H_2O，催化反应如下：

$$RH_2 + 2H_2O_2 \xrightarrow{\text{过氧化物酶}} R + 2H_2O$$

$$R + 2H_2O_2 \xrightarrow{\text{过氧化物酶}} RO + 2H_2O$$

H_2O_2 虽然对机体有一定危害，但也可被机体利用，如甲状腺细胞中产生 H_2O_2 可使得 $2I^-$ 个氧化为 I_2，以促使酪氨酸碘化生成甲状腺激素；粒细胞和吞噬细胞中的 H_2O_2 可氧化消灭被吞噬的细菌。

> **积少成多**
>
> 1. 加单氧酶催化的反应在体内参与生物转化、合成生理活性物质等具有重要生理意义。

　　2. 机体通过超氧化物歧化酶（SOD）、过氧化物酶体氧化体系等清除一些活性氧，防止其累积对机体造成有害影响。SOD 与维生素 C、维生素 E、β- 胡萝卜素、泛醌等组成了人体的抗氧化体系。

理一理

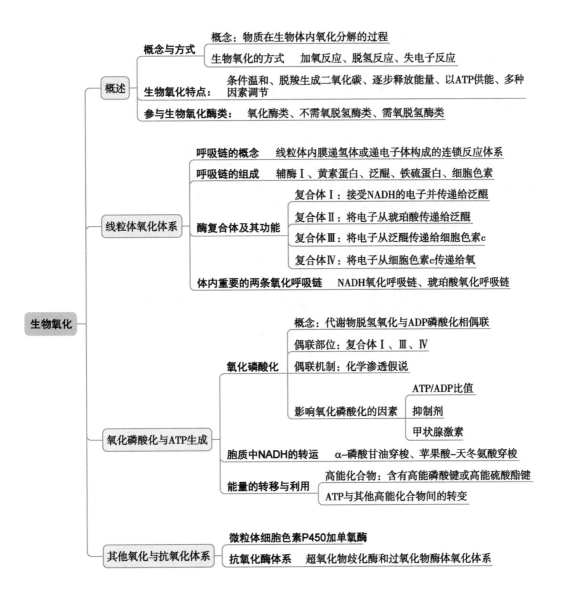

理一理

练一练

一、名词解释

1. 生物氧化

2. 氧化呼吸链

3. 氧化磷酸化

二、填空

1. 氧化磷酸化的偶联部位有_____、_____和_____。

2. 细胞线粒体内的呼吸链主要有_____和_____。

3. 细胞质中的 NADH 通过_____和_____穿梭机制才能进入线粒体,通过呼吸链被氧化。

三、简答

1. 一新生儿近日发现皮肤变硬并伴对称性水肿,指压呈凹陷性。询问病史得知:患儿洗澡后出现上述症状。经过检查,初步诊断为新生儿硬肿症。结合案例,试分析:

(1)新生儿硬肿症发生的生化机制是什么?

(2)对新生儿的治疗和护理工作应该注意些什么?

2. 写出两条氧化呼吸链的组成及排列顺序。

| 思路解析 | 测一测 | 拓展阅读 |

（吕荣光）

第五章　糖　代　谢

课件

科学发现

三羧酸循环
——三大营养物质代谢的枢纽

德国学者 Hans Krebs（1900—1981 年）因受到纳粹的迫害，逃往英国从事基础医学研究。他对食物在体内究竟是如何变成 H_2O 和 CO_2 这一课题充满兴趣，于是查阅了前人关于这一课题研究的各种材料。在将零散的数据仔细整理后，他发现食物在体内按一定顺序进行代谢，但是这条食物循环反应中间少一种 X 物质。他马上集中精力对此进行研究，4 年后终于查明，X 物质就是如今放在饮料中作为酸味添加剂的柠檬酸。他完成了食物中营养物质代谢的循环链，并且将它命名为柠檬酸循环（柠檬酸由 3 个羧基构成，又叫三羧酸循环）。三羧酸循环具有 8 步连续的反应，是糖、脂肪和蛋白质三大营养物质代谢的共同通路，并将糖、脂肪和蛋白质联系起来。Hans Krebs 对三羧酸循环研究的杰出贡献不仅在于发现了柠檬酸，更重要的是，通过柠檬酸将物质联系起来形成了严密的科学体系，为进一步研究生物化学与分子生物学相关理论提供了重要基础。我们不仅要学习这些科学知识，更要学习他对待科学研究锲而不舍、严谨求实的科学态度。

学前导语

生命活动所需要的能量来自营养物质的代谢，糖是三大营养物质之一。我们所食用的面食或大米中的淀粉就是葡萄糖分子的聚合物。糖具有重要的生理功能，在体内的代谢过程是复杂而又相互联系的。

学习目标

辨析：葡萄糖无氧氧化、有氧氧化的区别；糖无氧氧化和糖异生的异同点；糖原合成、糖原分解的区别。

概述：糖代谢各条途径的概念及生理意义；三羧酸循环及在物质代谢中的作用；血糖的概念、来源与去路。

说出：糖的生理功能；激素对血糖水平的调节；高血糖、低血糖的概念及常见原因。

学会：血糖快速测定的方法；运用糖代谢的相关知识解释一些生理或病理现象，如剧烈运动后肌肉酸痛、空腹饮酒后头昏、蚕豆病患者体内红细胞破裂、高血糖刺激损伤细胞。

培养：良好的生活习惯、关心自身和他人健康。通过测定血糖体会细节决定成败，从而养成严谨、认真的工作态度。

第一节　概　　述

糖（carbohydrates）的化学本质是多羟基醛或多羟基酮及其衍生物或多聚物。糖广泛存在于生物界，植物中含量最高，占其干重的 85%～95%，人体内含糖量约占干重的 2%。根据水解程度的不同，糖可分为单糖（monosaccharide）、寡糖（oligosaccharide）和多糖（polysaccharide）。单糖包括葡萄糖（glucose）、果糖（fructose）和半乳糖（galactose）；寡糖包括双糖、三糖和四糖等，其中以双糖为主，如麦芽糖（maltose）、蔗糖（sucrose）和乳糖（lactose）；多糖包括小麦、稻米和谷薯等食物中的淀粉（starch）、纤维素（cellulose），动物体内的糖原（glycogen）、糖复合物等。

一、糖的消化吸收

食物中的糖类主要是植物淀粉，其次是动物糖原，还有少量的蔗糖、麦芽糖、乳糖和葡萄糖。淀粉在唾液和胰液的 α- 淀粉酶（α-amylase）的作用下，被水解为麦芽糖、糊精，最终生成葡萄糖。食物在口腔停留的时间较短，因此淀粉消化主要在小肠内进行。小肠黏膜细胞还含有蔗糖酶和乳糖酶，分别水解蔗糖和乳糖。有些人缺乏乳糖酶，在食用牛奶或母乳后发生乳糖消化吸收障碍，而引起腹泻、腹胀等症状，称为乳糖不耐受（lactose intolerance）。

淀粉在小肠黏膜主要以葡萄糖的形式吸收后经门静脉入肝，除了少量在肝内进行代谢，大部分葡萄糖经血液循环运输至全身各组织，在不同组织经特定的葡萄糖转运体（glucose transporter，GLUT）转运至细胞内进行代谢。因此，肝在维持血糖稳定方面发挥重要的作用。

> **知识窗**
>
> 中国在世界上首次解析了人源葡萄糖转运蛋白 GLUT1 的晶体结构
>
> 人类对葡萄糖跨膜转运的研究有约 100 年的历史，并于 1977 年第一次从红细胞里分离出了转运葡萄糖的蛋白质 GLUT1，在 1985 年鉴定出 GLUT1 的基因序列。此后，获取 GLUT1 的三维结构从而认识其转运机制就成为该领域最前沿也最困难的研究热点。过去几十年间，美国、日本、德国、英国等国的诸多世界顶尖实验室都曾经为此全力攻关，但始终未能成功。2014 年 6 月 5 日，清华大学宣布：清华大学医学院颜宁教授研究组在世界上首次解析了人源葡萄糖转运蛋白 GLUT1 的晶体结构，初步揭示了其工作机制及相关疾病的致病机制。该研究成果被国际学术界誉为"具有里程碑意义"的重大科学成就。颜宁教授团队大胆创新，在研究思路和实验技术上相继获得重要突破，在结构生物学的最前沿领域确立了中国的领先优势。

人体内的糖主要是葡萄糖、糖原及糖复合物，糖在体内的运输形式是葡萄糖，糖的贮存形式是糖原。其他单糖如果糖、半乳糖等所占比例小，且主要转变为葡萄糖的中间产物。因此，本章重点讨论葡萄糖在体内的代谢。

二、糖的生理功能

糖类是人体所需的三大营养物质之一,具有十分重要的生理功能。

(一)糖是人体内重要的能源

生命活动所需要的能量优先来自糖,人体所需能量的 50%～70% 来自糖的氧化分解,对于保证重要生命器官的能量供应尤为重要。1mol 葡萄糖在体内完全氧化产生 CO_2 和 H_2O,能够释放 2 840kJ(679kcal/mol)的能量,其中约 34% 转化成 ATP,用于完成机体各种生理活动,如肌肉收缩、代谢反应、神经活动及信息传递等。当糖的供给缺乏时,可动用脂肪,甚至蛋白质氧化供能,糖类供给充足,则可节省脂肪和蛋白质的消耗。因此,糖是机体主要的能源物质。

(二)糖是人体内重要的碳源

糖代谢的中间产物可转变成其他含碳化合物,如非必需脂肪酸、非必需氨基酸、核苷酸、葡糖醛酸等,参与脂肪、蛋白质、核酸等重要物质的合成及生物转化过程。

(三)维持人体内血糖水平

餐后血糖水平升高,肝、肌等组织将葡萄糖合成糖原储存于细胞内;饥饿时血糖水平降低,肝糖原分解为葡萄糖,非糖物质如甘油、某些氨基酸也可经糖异生作用生成葡萄糖以补充血糖。

(四)糖是人体组织的重要组成成分

糖是构成组织结构的重要成分。例如,核糖、脱氧核糖是核酸的组成成分;蛋白聚糖是结缔组织基质和细胞间质等的组成成分,具有支持和保护的作用;糖与蛋白质或脂类结合形成糖蛋白(glycoprotein)和糖脂(glycolipid),是生物膜的重要组成成分。

(五)糖参与构成生物活性物质

糖还参与构成某些特殊功能的物质,如免疫球蛋白、部分激素、酶、血型物质及绝大部分凝血因子等具有重要生理功能的物质。

> **知识窗**
>
> #### 健康生活离不开纤维素
>
> 医学证明,食物纤维素是继碳水化合物、脂肪、蛋白质、矿物质、维生素和水六大营养素之后的"第七营养素",纤维素是维护人体健康必需的营养成分。纤维素属于多糖,由葡萄糖通过 β-1,4 糖苷键相连组成。人体肠道无水解 β-1,6 糖苷键的酶,因此不能水解纤维素。每天摄入一定量薯类等粗粮、水果、海带等含纤维素的食物,能刺激肠道蠕动,加快粪便排泄,对预防高血糖、高血脂、结肠癌等疾病具有一定作用。

三、葡萄糖代谢概况

糖代谢主要是指葡萄糖在体内的代谢,包括葡萄糖的分解代谢、糖原代谢、糖异生及其他途径。

葡萄糖的分解代谢与体内供氧状态有关:①机体大多数组织在供氧充足时,葡萄糖进行有氧氧化,彻底氧化生成 CO_2 和 H_2O 并释放出大量能量;②肌肉组织在缺氧时进行无氧氧化,葡萄糖分解为乳酸,并产生少量能量;③在一些代谢旺盛的组织,如饱食后肝脏,由于合成脂质的需要,葡萄糖经磷酸戊糖途径生成 5- 磷酸核糖和 NADPH。

糖原代谢、糖异生与血糖浓度有关:①血糖充足时,肝、肌肉可以将葡萄糖进行储存,形成肝糖原和肌糖原,此反应在餐后较为活跃;②血糖浓度较低时,肝糖原可以分解成葡萄糖以补充血糖,糖原分解在长期饥饿时很活跃。此外,肝、肾可将非糖物质通过糖异生作用生成血糖。

在某些细胞,葡萄糖还存在其他代谢途径:如糖醛酸途径、多元醇途径、2,3- 二磷酸甘油酸旁路等。糖代谢概况见图 5-1。

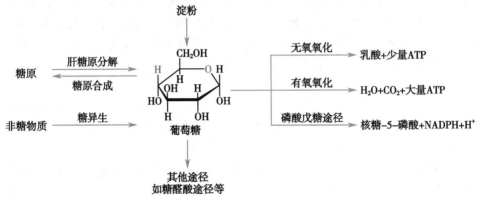

图 5-1　糖代谢概况

四、葡萄糖代谢途径特点

葡萄糖代谢途径是由许多酶促反应进行的有组织、有次序、一个接一个依次衔接起来的连续的化学反应过程。由于关键酶的存在,使其具有单向性、不可逆性。

但通过调节代谢过程中关键酶的含量和活性,机体可实现对代谢途径的调节。酶活性的调节有两种方式:别构调节和共价修饰调节。一种酶可以同时接受两种方式的调节,也可只接受其中一种方式,或以其中一种方式调节为主。

积少成多

1. 生命活动所需要的能量优先来自糖。

2. 摄入的糖类以葡萄糖的形式被吸收。

3. 葡萄糖的分解代谢(无氧氧化、有氧氧化、磷酸戊糖途径)与体内供氧状态有关,糖原代谢(糖原合成和糖原分解)、糖异生与血糖浓度有关。此外,还有糖醛酸途径等其他途径。

第二节　葡萄糖的分解代谢

葡萄糖的分解代谢有以下 3 个途径:无氧氧化、有氧氧化和磷酸戊糖途径。下面对葡萄糖的 3 种分解代谢途径进行阐述。

一、糖的无氧氧化

葡萄糖或糖原在无氧或缺氧的情况下,分解为乳酸和少量 ATP 的过程称为糖的无氧氧化（anaerobic oxidation of glucose）。全身各组织细胞均可进行糖的无氧氧化，尤其是皮肤、肌肉组织、红细胞等部位特别旺盛。

（一）糖无氧氧化的两个阶段

葡萄糖无氧氧化可分为两个阶段。第一阶段：糖酵解（glycolysis）即葡萄糖或糖原生成2分子丙酮酸；第二阶段：乳酸生成。整个反应过程都在细胞质中进行。

1. 葡萄糖经糖酵解生成2分子丙酮酸　此阶段包括以下10步反应。

（1）葡萄糖（G）磷酸化生成葡糖6-磷酸（glucose-6-phosphate，G-6-P）：此反应不可逆，是糖无氧氧化过程中的第一个限速步骤。催化此反应的酶是己糖激酶（hexokinase，HK），同时反应需要 Mg^{2+} 参与，并由 ATP 提供能量和磷酸基团，葡萄糖磷酸化生成葡糖-6-磷酸，消耗1分子 ATP。

在肝内此反应是由己糖激酶的Ⅳ型同工酶（也叫葡糖激酶）催化。

如果是从糖原开始进行无氧氧化，则糖原分子中的一个葡萄糖单位先经糖原磷酸化酶催化，生成葡糖-1-磷酸（glucose-1-phosphate，G-1-P），接着在磷酸葡萄糖变位酶的催化下进一步生成葡糖-6-磷酸。此过程不消耗 ATP。

该反应不仅使葡萄糖活化，便于其进一步参与各种代谢，而且使之不能通过细胞膜。

葡萄糖　　　　　　　　　　葡糖-6-磷酸

（2）葡糖-6-磷酸（G-6-P）转变为果糖-6-磷酸（fructose-6-phosphate，F-6-P）：此反应可逆，是磷酸己糖异构酶催化的己醛糖和己酮糖之间的异构化反应。

葡糖-6-磷酸　　　　　　　　果糖-6-磷酸

（3）果糖-6-磷酸（F-6-P）生成果糖-1，6-二磷酸（fructose-1,6-bisphosphate，F-1,6-2P 或 FDP）：此反应不可逆，是糖无氧氧化过程的第二个限速步骤。由磷酸果糖激酶-1（phosphofructokinase，PFK1）催化，需 ATP、Mg^{2+} 参与。PFK1 为糖酵解途径中最重要的限速酶，其活性高低直接影响着糖酵解的速度和方向。

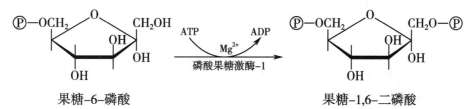

果糖-6-磷酸　　　　　　　　　　果糖-1,6-二磷酸

（4）果糖-1，6-二磷酸裂解为2分子磷酸丙糖：此反应可逆，由醛缩酶催化，1，6-二磷

酸果糖裂解生成 2 分子磷酸丙糖：即 3- 磷酸甘油醛和磷酸二羟丙酮。

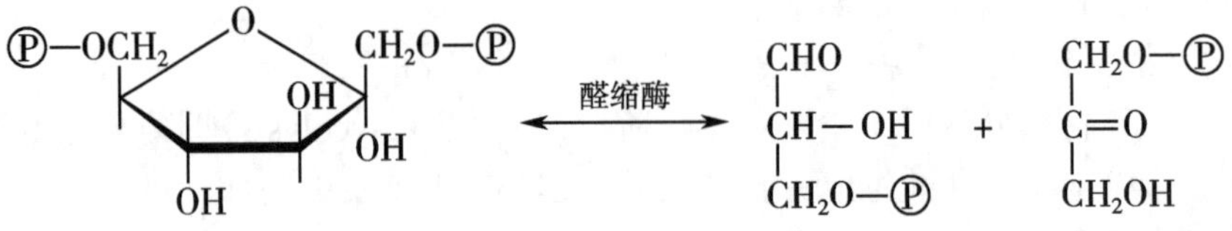

果糖-1,6-二磷酸　　　　　　　　　3-磷酸甘油醛　　磷酸二羟丙酮

（5）磷酸二羟丙酮转变成 3- 磷酸甘油醛：磷酸二羟丙酮和 3- 磷酸甘油醛是同分异构体，在磷酸丙糖异构酶的催化下互相转变。当 3- 磷酸甘油醛在糖代谢中氧化分解，磷酸二羟丙酮迅速转变为 3- 磷酸甘油醛，继续进行糖酵解。故 1 分子 F-1,6-2P 相当于生成 2 分子的 3- 磷酸甘油醛。

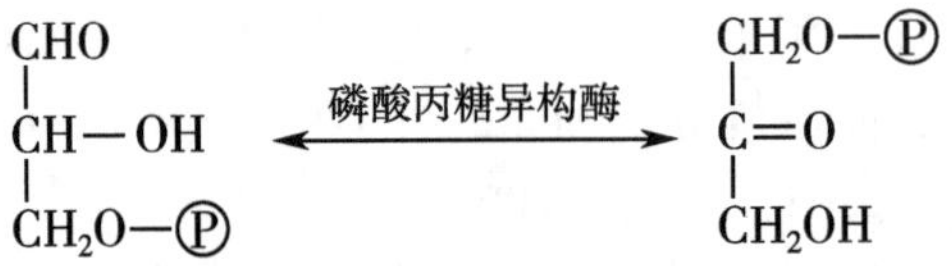

3-磷酸甘油醛　　　　　　　　　　磷酸二羟丙酮

以上 5 步反应为葡萄糖无氧氧化的耗能阶段，1 分子葡萄糖经过两次磷酸化，生成 2 分子磷酸丙糖，消耗 2 分子 ATP。如果从糖原的一个葡萄糖单位开始分解成 2 分子磷酸丙糖，消耗 1 分子 ATP。

（6）3- 磷酸甘油醛氧化生成 1,3- 二磷酸甘油酸：此反应可逆，由 3- 磷酸甘油醛脱氢酶催化，以 NAD^+ 为辅酶接受氢和电子生成 NADH 和 H^+，在无机磷酸存在下，3- 磷酸甘油醛的醛基脱氢氧化为羧基时立即与磷酸形成混合酸酐。这是糖酵解途径中唯一的氧化脱氢反应。

3-磷酸甘油醛　　　　　　　　　　　　1,3-二磷酸甘油酸

（7）1,3- 二磷酸甘油酸转变为 3- 磷酸甘油酸：此反应可逆，由磷酸甘油酸激酶（phosphoglycerate kinase）催化混合酸酐分子中的高能磷酸键转移给 ADP，生成 ATP 和 3- 磷酸甘油酸。这是糖酵解过程第一次通过底物水平磷酸化产生 ATP 的反应。底物水平磷酸化（substrate-level phosphorylation）指底物分子中的高能磷酸键直接转移给 ADP 生成 ATP 的过程，是体内 ATP 生成的一种方式。

1,3-二磷酸甘油酸　　　　　　　　　　3-磷酸甘油酸

（8）3-磷酸甘油酸转变为2-磷酸甘油酸：此反应可逆，在 Mg^{2+} 参与下，由磷酸甘油酸变位酶（phosphoglycerate mutase）催化磷酸基从3-磷酸甘油的 C_3 位转移到 C_2 位。

$$
\begin{array}{ccc}
\text{COOH} & & \text{COOH} \\
| & & | \\
\text{CH—OH} & \underset{\text{磷酸甘油酸变位酶}}{\longleftrightarrow} & \text{CH—O—}\textcircled{P} \\
| & & | \\
\text{CH}_2\text{O—}\textcircled{P} & & \text{CH}_2\text{OH}
\end{array}
$$

3-磷酸甘油酸 　　　　　　　2-磷酸甘油酸

（9）2-磷酸甘油酸脱水生成磷酸烯醇式丙酮酸：2-磷酸甘油酸经烯醇化酶（enolase）作用脱水，其分子内部能量重新分布，形成含有高能磷酸键的磷酸烯醇式丙酮酸（phosphoenolpyruvate，PEP）。

$$
\begin{array}{ccc}
\text{COOH} & & \text{COOH} \\
| & & | \\
\text{CH—O—}\textcircled{P} & \underset{\text{烯醇化酶}}{\longleftrightarrow} & \text{C—O}\sim\textcircled{P} \\
| & & \| \\
\text{CH}_2\text{OH} & & \text{CH}_2
\end{array}
$$

2-磷酸甘油酸 　　　　　　磷酸烯醇式丙酮酸

（10）磷酸烯醇式丙酮酸生成丙酮酸：此反应不可逆，是糖无氧氧化过程的第三个限速步骤，也是第二次底物水平磷酸化产生 ATP 的反应。由丙酮酸激酶（pyruvate kinase，PK）催化，在 K^+、Mg^{2+} 参与下，PEP 生成不稳定的烯醇式丙酮酸，通过非酶促反应转变为稳定的丙酮酸，同时释放高能磷酸键使 ADP 生成 ATP。这是糖酵解过程中的第二次底物水平磷酸化反应。

$$
\begin{array}{ccc}
\text{COOH} & & \text{COOH} \\
| & & | \\
\text{C—O}\sim\textcircled{P} + \text{ADP} & \xrightarrow{\text{丙酮酸激酶}} & \text{C=O} + \text{ATP} \\
\| & & | \\
\text{CH}_2 & & \text{CH}_3
\end{array}
$$

磷酸烯醇式丙酮酸 　　　　　　　丙酮酸

6～10步反应是葡萄糖无氧氧化的产能阶段，2分子磷酸丙糖经2次底物水平磷酸化转变为2分子丙酮酸，共生成4分子 ATP。

2. 丙酮酸还原为乳酸　此反应可逆。乳酸脱氢酶（LDH）催化丙酮酸还原成乳酸，所需的2H由 NADH+H$^+$ 提供，后者来自上述第6步反应中3-磷酸甘油醛的脱氢反应。乳酸的生成使 NADH+H$^+$ 重新转变为 NAD$^+$，这样使糖的无氧氧化在缺氧条件下不断重复进行。

$$
\begin{array}{ccc}
\text{COOH} & & \text{COOH} \\
| & & | \\
\text{C=O} + \text{NADH} + \text{H}^+ & \underset{\text{乳酸脱氢酶}}{\longleftrightarrow} & \text{CHOH} + \text{NAD}^+ \\
| & & | \\
\text{CH}_3 & & \text{CH}_3
\end{array}
$$

丙酮酸 　　　　　　　　乳酸

人体内糖无氧氧化的全部反应过程见图5-2。

（二）糖无氧氧化的特点

1. 葡萄糖无氧氧化没有氧气参与，整个反应均在细胞质中进行，乳酸为反应终产物。

2. 葡萄糖经过无氧氧化释放的能量较少，1分子葡萄糖经无氧氧化可净生成2分子ATP；而糖原中的1个葡萄糖单位，经无氧氧化可净生成3分子ATP（表5-1）。

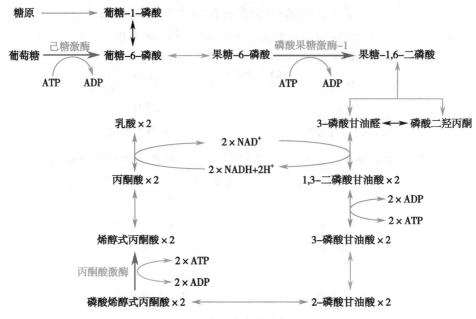

图 5-2 糖无氧氧化途径总图
红色加粗单向箭头示限速反应。

表 5-1 1分子葡萄糖经无氧氧化生成 ATP 的数目

反应阶段	反应过程	ATP 生成数	ATP 生成方式
葡萄糖→丙酮酸	葡萄糖→葡糖 -6- 磷酸	−1	
	果糖 -6- 磷酸→果糖 -1, 6- 二磷酸	−1	
	1, 3- 二磷酸甘油酸 ×2 → 3- 磷酸甘油酸 ×2	+2	底物水平磷酸化
	磷酸烯醇式丙酮酸 ×2 →丙酮酸 ×2	+2	底物水平磷酸化
	合计	+2	

注:"+"表示生成,"−"表示消耗。糖原中的 1 个葡萄糖单位,直接从葡糖 -6- 磷酸开始,经无氧氧化可净生成 3 分子 ATP。

3．大多数反应可逆,仅有 3 步反应不可逆,使无氧氧化不能逆向进行。这 3 步反应是无氧氧化的限速步骤,催化此 3 步反应的关键酶是己糖激酶(葡糖激酶)、磷酸果糖激酶 -1 和丙酮酸激酶,其活性高低可直接影响糖酵解的速度和方向。

（三）糖无氧氧化的生理意义

1．机体不利用氧迅速提供能量 这是糖酵解最主要的生理意义,尤其对心肌和骨骼肌更为重要。糖无氧氧化是机体在缺氧的情况下,获得能量的有效方式。在某些病理情况下,如严重贫血、大量失血等长时间缺氧,糖酵解过度,可造成乳酸堆积,发生代谢性酸中毒。

知识窗

剧烈运动时为何肌肉酸痛

骨骼肌组织内 ATP 含量很低,静息状态下约为 4mmol/L,当骨骼肌收缩时,数秒即可耗竭。此时即使不缺氧,通过葡萄糖的有氧氧化供能时间较长,来不及满足肌肉收缩的需要,而通过糖无氧氧化则可迅速得到 ATP。因此长时间剧烈运动时,肌组织处于相对缺氧状态,糖无氧氧化加强,乳酸产生增多,刺激神经导致酸痛。

2. 成熟红细胞获得能量的主要方式   成熟的红细胞没有线粒体,不能进行有氧氧化,只能通过糖的无氧氧化获得能量。

3. 某些组织细胞的主要供能途径   糖的无氧氧化是某些组织细胞(如视网膜、神经细胞、肾髓质、胃肠道)的主要供能途径,这些组织细胞以及肿瘤、感染性休克等病理情况下,即使不缺氧,也常由糖无氧氧化提供部分能量。

(四)糖无氧氧化的调节

糖无氧氧化过程中,底物和产物的浓度控制着大多数可逆反应的方向和速率。改变这些催化可逆反应的酶的活性,并不影响反应的方向。而不可逆的3个反应中所需的关键酶,包括己糖激酶、磷酸果糖激酶-1和丙酮酸激酶,它们的反应速率最慢,决定着反应的方向。这3个关键酶的活性受到激素调节和别构调节。

1. 磷酸果糖激酶-1 的调节   调节糖无氧氧化最主要的是调节磷酸果糖激酶-1的活性,其受到多种别构效应剂的影响。AMP、ADP、F-1,6-P、F-2,6-2P 是此酶的别构激活剂,其中 F-2,6-2P 是磷酸果糖激酶-1最强的别构激活剂;而柠檬酸和 ATP 为其别构抑制剂。

2. 丙酮酸激酶的调节   丙酮酸激酶是糖无氧氧化第二个重要的关键酶。丙酮酸激酶的别构激活剂是 F-1,6-2P,抑制剂是 ATP 和丙氨酸。

3. 己糖激酶的调节   己糖激酶受其产物葡糖-6-磷酸的反馈抑制调节,而肝内葡糖激酶不受影响,长链脂肪酰 CoA 可别构抑制肝内葡糖激酶。

对于肝外的大多数组织,若体内能量消耗过多,ATP 分解变成 AMP、ADP,使 AMP、ADP 增多,别构激活磷酸果糖激酶-1和丙酮酸激酶,葡萄糖分解加快,生成更多的 ATP 以供机体利用。反之,则磷酸果糖激酶-1和丙酮酸激酶活性被抑制,葡萄糖分解速度减慢,ATP 生成减少。肝脏则不同。正常进食时,肝脏仅氧化少量葡萄糖,主要由氧化脂肪酸获得能量。进食后,胰岛素分泌增加,诱导己糖激酶、磷酸果糖激酶-1和丙酮酸激酶的合成,提高其活性,促进糖酵解过程,有利于产生更多的乙酰 CoA 用于脂肪酸的合成。饥饿时,胰高血糖素分泌增加,抑制丙酮酸激酶的活性,抑制糖酵解,这样才能有效进行糖异生,从而维持血糖水平恒定。

二、糖的有氧氧化

葡萄糖或糖原在氧气充足条件下彻底氧化为 H_2O 和 CO_2 同时释放大量能量的过程,称为糖的有氧氧化(aerobic oxidation of glucose)。有氧氧化是糖氧化供能的主要方式,体内大多数组织细胞都能通过此途径获得能量。肌肉组织中的葡萄糖经无氧氧化产生的乳酸,也可作为运动时机体某些组织(如心肌)的重要能源,彻底氧化为 H_2O 和 CO_2 提供较充足的能量。

(一)糖有氧氧化的 3 个阶段

葡萄糖的有氧氧化过程可分为 3 个阶段:第一阶段为葡萄糖或糖原在细胞质中经糖酵解途径转变为丙酮酸;第二阶段为丙酮酸从细胞质进入线粒体氧化脱羧生成乙酰 CoA;第三阶段为乙酰 CoA 进入三羧酸循环,偶联进行氧化磷酸化,彻底氧化生成 CO_2、H_2O 和 ATP。

葡萄糖有氧氧化的 3 个阶段见图 5-3。

1. 葡萄糖经糖酵解生成丙酮酸   此反应过程同糖无氧氧化中葡萄糖生成丙酮酸的反应基本相同,区别在于有氧条件下,3-磷酸甘油醛脱氢产生的 $NADH+H^+$ 进入线粒体,经氧化磷酸化生成 ATP。

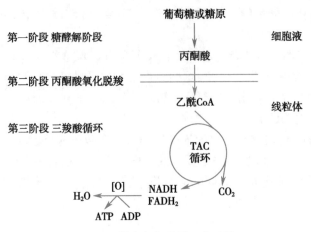

图 5-3　糖有氧氧化的 3 个阶段

2. 丙酮酸进入线粒体氧化脱羧生成乙酰 CoA　此反应不可逆，在细胞质中生成的丙酮酸进入线粒体，经丙酮酸脱氢酶复合体（pyruvate dehydrogenase complex）催化氧化脱羧生成乙酰 CoA。

$$丙酮酸 + NAD^+ + HS-CoA \xrightarrow{丙酮酸脱氢酶复合体} 乙酰CoA + NADH + H^+ + CO_2$$

丙酮酸脱氢酶复合体由 3 种酶、5 种辅助因子和 5 种维生素组成（表 5-2）。在整个反应过程中，中间产物并不离开酶复合体，使反应得以迅速完成。

表 5-2　丙酮酸脱氢酶复合体的组成

酶	辅助因子（所含维生素）
丙酮酸脱氢酶	TPP（维生素 B_1）
二氢硫辛酰胺转乙酰酶	硫辛酸、CoA（泛酸）
二氢硫辛酰胺脱氢酶	FAD（维生素 B_2）、NAD^+（维生素 PP）

知识窗

维生素缺乏会引起糖代谢障碍

丙酮酸脱氢酶复合体中的辅助因子含有多种维生素，当这些维生素缺乏时，可引起糖代谢障碍。如维生素 B_1 缺乏时，体内 TPP 不足，丙酮酸氧化脱羧受阻，导致糖氧化代谢障碍，不仅影响 ATP 生成减少；而且造成丙酮酸及乳酸的堆积引起多发性末梢性神经炎（脚气病）。

3. 乙酰 CoA 进入三羧酸循环以及氧化磷酸化生产 ATP　乙酰 CoA 经三羧酸循环彻底氧化为 H_2O 和 CO_2，并释放大量能量，完成葡萄糖的有氧氧化。

三羧酸循环（tricarboxylic acid cycle，TCA cycle）从乙酰 CoA 与草酰乙酸缩合生成含有 3 个羧基的柠檬酸开始，经过一系列反应，又生成草酰乙酸的过程，亦称柠檬酸循环（citric acid cycle）。此循环由德国科学家 Hans Krebs 提出，故又称 Krebs 循环。

知识窗

Krebs 严谨、锲而不舍的科学精神

Hans Krebs（1900—1981 年）是内科医生、生物化学家。他对物质代谢的研究有两个重大发现——柠檬酸循环和尿素循环。1937 年，Hans Krebs 通过实验发现：一系列有机二羧酸和三羧酸以循环方式存在，可能是肌组织中碳水化合物氧化的主要途径。他将这一重大发现投稿至 *Nature*，结果被拒稿，于是改投 *Enzymologia*，两个月后发表。1953，Hans Krebs 因发现这两大重要循环获得诺贝尔生理学或医学奖。后来，他经常用这段被拒稿经历鼓励青年学者要坚持自己的学术观点。1988 年，Hans Krebs 逝世 7 年后，*Nature* 公开表示，拒绝 Hans Krebs 的文章是有史以来犯下的最大的错误。

　　三羧酸循环包括 8 步反应过程，均在线粒体中完成，经过 4 次脱氢、2 次脱羧和 1 次底物水平磷酸化反应。具体反应过程如下：

　　（1）乙酰 CoA 与草酰乙酸缩合生成柠檬酸：此反应不可逆，是三羧酸循环中第一个限速步骤，由柠檬酸合酶（citrate synthase）催化，反应所需能量由乙酰 CoA 的高能硫酯键水解提供。

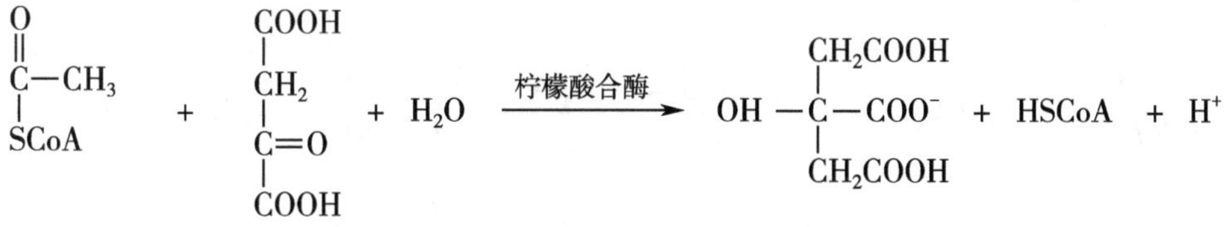

乙酸CoA　　　　草酰乙酸　　　　　　　　　　　　柠檬酸　　　　辅酶A

　　（2）柠檬酸生成异柠檬酸：此反应可逆，柠檬酸在顺乌头酸酶催化下脱水生成顺乌头酸，顺乌头酸与酶形成 [酶 - 顺乌头酸] 复合体，后者再加水生成异柠檬酸（isocitrate）。

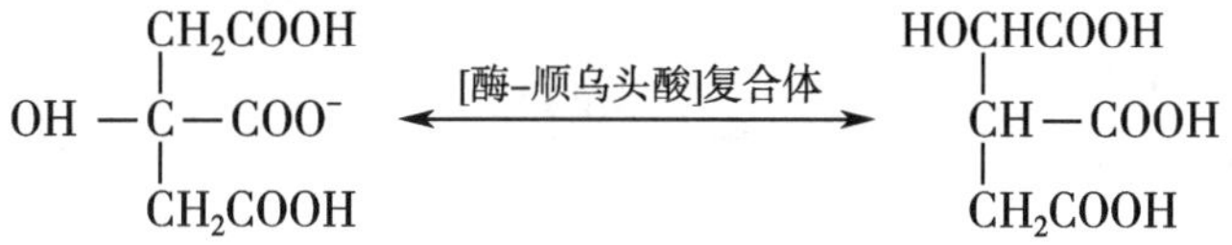

柠檬酸　　　　　　　　　　　异柠檬酸

　　（3）异柠檬酸氧化脱羧生成 α- 酮戊二酸：此反应不可逆，是三羧酸循环中第二个限速步骤，也是第一次氧化脱羧反应。由异柠檬酸脱氢酶（isocitrate dehydrogenase）催化，异柠檬酸脱氢脱羧生成 α- 酮戊二酸（α-ketoglutarate），脱下的氢由 NAD^+ 接受，生成 NADH 和 H^+。

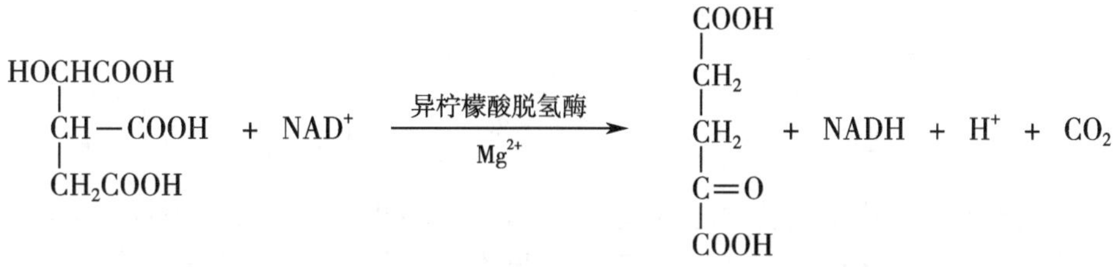

异柠檬酸　　　　　　　　　　　　　α-酮戊二酸

（4）α-酮戊二酸氧化脱羧生成琥珀酰 CoA：此反应不可逆，由 α-酮戊二酸脱氢酶复合体（α-ketoglutarate dehydrogenase complex）催化，是三羧酸循环中的第三个限速步骤，也是第二次氧化脱羧，生成 1 分子 CO_2，脱下的氢由 NAD^+ 接受，生成 NADH 和 H^+。α-酮戊二酸经过脱氢脱羧生成含高能硫酯键的琥珀酰 CoA。其反应过程和机制与丙酮酸脱氢酶复合体相似。

$$
\begin{array}{c}
\text{COOH} \\
| \\
\text{CH}_2 \\
| \\
\text{CH}_2 \\
| \\
\text{C=O} \\
| \\
\text{COOH}
\end{array}
+ NAD^+ + HS\text{–}CoA
\xrightarrow{\text{α-酮戊二酸脱氢酶复合体}}
\begin{array}{c}
\text{CH}_2\text{CO~SCoA} \\
| \\
\text{CH}_2\text{COOH}
\end{array}
+ NADH + H^+ + CO_2
$$

α-酮戊二酸　　　　　　　　　　　琥珀酰CoA

（5）琥珀酰 CoA 生成琥珀酸：此反应可逆，由琥珀酰 CoA 合成酶（succinyl CoA synthetase）催化，是三羧酸循环中唯一以底物水平磷酸化方式生成 ATP 的反应。高能硫酯键的能量转移给 GDP 或 ADP，生成 GTP 或 ATP。

$$
\begin{array}{c}
\text{CH}_2\text{CO~SCoA} \\
| \\
\text{CH}_2\text{COOH}
\end{array}
+ GDP/ATP + Pi
\underset{\text{琥珀酰CoA合成酶}}{\longleftrightarrow}
\begin{array}{c}
\text{CH}_2\text{COOH} \\
| \\
\text{CH}_2\text{COOH}
\end{array}
+ GTP/ADP + HSCoA
$$

琥珀酰CoA　　　　　　　　　　　琥珀酸

（6）琥珀酸脱氢生成延胡索酸：此反应可逆，由琥珀酸脱氢酶（succinate dehydrogenase）催化，脱下的 H 由 FAD 接受，生成 $FADH_2$，经电子传递链被氧化，生成 1.5 分子 ATP。

$$
\begin{array}{c}
\text{CH}_2\text{COOH} \\
| \\
\text{CH}_2\text{COOH}
\end{array}
+ FAD
\underset{\text{琥珀酸脱氢酶}}{\longleftrightarrow}
\begin{array}{c}
\text{COOH} \\
| \\
\text{CH} \\
\| \\
\text{CH} \\
| \\
\text{COOH}
\end{array}
+ FADH_2
$$

琥珀酸　　　　　　　　　　　延胡索酸

（7）延胡索酸加水生成苹果酸：此反应可逆，由延胡索酸酶（fumarate hydratase）催化。

$$
\begin{array}{c}
\text{COOH} \\
| \\
\text{CH} \\
\| \\
\text{CH} \\
| \\
\text{COOH}
\end{array}
+ H_2O
\xrightarrow{\text{延胡索酸酶}}
\begin{array}{c}
\text{CH(OH)COOH} \\
| \\
\text{CH}_2\text{COOH}
\end{array}
$$

延胡索酸　　　　　　　　　　　苹果酸

（8）苹果酸脱氢生成草酰乙酸：此反应可逆，由苹果酸脱氢酶（malate dehydrogenase）催化，脱下的氢由 NAD^+ 传递，生成的草酰乙酸可再次进入三羧酸循环用于柠檬酸合成，故该反应向生成草酰乙酸的方向进行。

$$\underset{\text{苹果酸}}{\begin{array}{c} CH(OH)COOH \\ | \\ CH_2COOH \end{array}} + NAD^+ \xrightleftharpoons[]{\text{苹果酸脱氢酶}} \underset{\text{草酰乙酸}}{\begin{array}{c} COOH \\ | \\ CH_2 \\ | \\ C=O \\ | \\ COOH \end{array}} + NADH + H^+$$

三羧酸循环的具体反应过程见图 5-4。

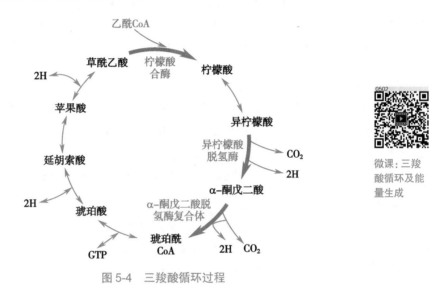

图 5-4　三羧酸循环过程

微课：三羧酸循环及能量生成

（二）三羧酸循环的特点

1. 必须在有氧条件下进行　整个反应在线粒体中进行，反应终产物为 CO_2、H_2O 和 ATP。正常哺乳动物细胞在有氧条件下，丙酮酸进入三羧酸循环彻底氧化，无氧氧化被抑制，称为巴士德效应（Pastuer effect）。

2. 是机体产生 ATP 的主要途径　1 分子乙酰 CoA 每进行一次三羧酸循环可生成 10 分子 ATP，如表 5-3 所示，4 次脱氢反应产生 3 分子 NADH（每分子 NADH 的氢传递给氧时相当于生成 2.5 分子 ATP）和 1 分子 $FADH_2$（每分子 $FADH_2$ 的氢传递给氧时相当于生成 1.5 分子 ATP），1 次底物水平磷酸化生成 1 分子 ATP。

表 5-3　1 分子乙酰 CoA 经 1 次三羧酸循环生成 ATP 的数目

反应步骤	反应过程	ATP 生成数	ATP 生成方式
（1）	乙酰 CoA+ 草酰乙酸→柠檬酸		
（2）	柠檬酸→异柠檬酸		
（3）	异柠檬酸→α- 酮戊二酸	2.5	NADH
（4）	α- 酮戊二酸→琥珀酰 CoA	2.5	NADH
（5）	琥珀酰 CoA →琥珀酸	1	
（6）	琥珀酸→延胡索酸	1.5	FADH_2
（7）	延胡索酸→苹果酸		
（8）	苹果酸→草酰乙酸	2.5	NADH
	合计	10	

3. 是单向反应体系 柠檬酸合酶、异柠檬酸脱氢酶、α- 酮戊二酸脱氢酶复合体是三羧酸循环过程的限速酶，所催化反应不可逆，所以三羧酸循环不可逆。

4. 必须不断补充中间产物 中间产物在三羧酸循环中起催化剂的作用。由于体内各代谢途径之间是相互联系、彼此配合的，三羧酸循环过程的部分中间产物常脱离循环转变为其他物质，如 α- 酮戊二酸可转变为谷氨酸、草酰乙酸可转变为天冬氨酸而参与蛋白质合成、琥珀酰辅酶 A 可用于血红素合成等。由于草酰乙酸是三羧酸循环的重要启动物质，其主要来自丙酮酸的羧化，也可通过苹果酸脱氢生成。因此，这些被消耗的中间产物需不断补充才能维持三羧酸循环不断进行。机体供糖不足时，可引起三羧酸循环障碍，这时苹果酸、草酰乙酸可脱羧生成丙酮酸，再进一步生成乙酰 CoA 进入三羧酸循环氧化分解。

（三）糖有氧氧化的生理意义

1. 糖有氧氧化是机体获得能量的主要方式 1mol 葡萄糖彻底氧化生成 CO_2 和 H_2O，可净生成 30mol 或 32mol ATP，是葡萄糖无氧氧化产能的 15 倍（或 16 倍），见表 5-4。

表 5-4 1 分子葡萄糖经有氧氧化生成 ATP 的数目

反应阶段	反应过程	ATP 生成数
第一阶段	糖酵解	2
	3- 磷酸甘油醛脱氢生成的 NADH 穿梭进入线粒体	1.5×2 或 2.5×2[*]
第二阶段	丙酮酸 ×2 → 乙酰 CoA×2	2.5×2
第三阶段	乙酰 CoA×2 → 三羧酸循环	10×2
	合计	30 或 32

[*]：NADH+H^+ 不参与丙酮酸还原为乳酸，而是进入线粒体经呼吸链氧化生成水，经 α- 磷酸甘油穿梭经电子传递链产生 1.5 分子 ATP，经苹果酸 - 天冬氨酸经电子传递链则产生 2.5 分子 ATP（具体见生物氧化）。

2. 三羧酸循环是三大营养物质彻底氧化的共同途径 糖、脂肪、氨基酸在体内氧化分解最终都可产生乙酰 CoA，经三羧酸循环彻底氧化。

3. 三羧酸循环是糖、脂肪、氨基酸代谢相互联系的枢纽 糖、脂肪和氨基酸在一定程度上可通过三羧酸循环相互转变、相互联系。如糖和脂类的相互转化：饱食时，葡萄糖分解产生乙酰 CoA，乙酰 CoA 又可参与脂肪酸和胆固醇的合成；饥饿时，脂肪分解产成甘油和脂肪酸，前者转变为磷酸二羟丙酮，后者可生成乙酰 CoA，均进入糖代谢。再如糖和氨基酸的相互转化：糖通过三羧酸循环的各中间产物接受氨基生成非必需氨基酸如谷氨酸、丙氨酸、天冬氨酸，反之这些氨基酸通过草酰乙酸也可转化为葡萄糖。

（四）糖有氧氧化的调节

葡萄糖有氧氧化的各阶段紧密联系、相互协调。通过调节各阶段的关键酶，以适应机体对能量的需要。

1. 糖酵解的调节 与葡萄糖无氧氧化的调节相同。

2. 丙酮酸脱氢酶复合体的调节 丙酮酸脱氢酶复合体有别构调节和化学修饰调节两种调节方式，ATP、乙酰 CoA 和 NADH 是该酶复合体的别构抑制剂，AMP、CoA 和 NAD^+ 则是该酶复合体的别构激活剂。ATP/AMP、乙酰 CoA/CoA、NADH/NAD^+ 比值升高时，该酶复合体的活性被抑制。丙酮酸脱氢酶复合体还可受磷酸化和去磷酸化的化学修饰调节。

3．三羧酸循环的调节　三羧酸循环的关键酶——柠檬酸合酶、异柠檬酸脱氢酶、α- 酮戊酸脱氢酶复合体均可受代谢物的别构调节，是糖有氧氧化的重要调节点。例如，柠檬酸、ATP、NADH 是柠檬酸合酶的抑制剂，乙酰 CoA、草酰乙酸、ADP 是柠檬酸合酶的激活剂。异柠檬酸脱氢酶和 α- 酮戊二酸脱氢酶复合体均有类似的调节。当细胞内 $NADH/NAD^+$、ATP/ADP、ATP/AMP 比值升高时，三羧酸循环的 3 个关键酶的活性均被抑制，三羧酸循环减慢。此外，三羧酸循环与糖酵解途径相互协调。三羧酸循环需要多少乙酰 CoA，则糖酵解途径相应产生多少丙酮酸以生成乙酰 CoA。

知识窗

肿瘤治疗之靶向葡萄糖代谢

有氧条件下细胞根据需要同时也可出现无氧氧化。1920 年，德国生化学家 Warburg 发现，肝癌细胞的糖酵解活性较正常肝细胞活跃。因此他提出，恶性肿瘤细胞在氧气充足下糖酵解同样活跃。这种有氧糖酵解的代谢特征称为瓦伯格效应（Warburg effect）。瓦伯格效应较普遍地存在于肿瘤细胞中，使肿瘤细胞获得生存优势，其重要原因之一是无氧氧化可避免将葡萄糖全部分解为 CO_2，从而为肿瘤细胞快速生长积累大量的原料。肿瘤的这一代谢特征已成为抗肿瘤治疗的新依据和突破点，如靶向糖酵解等异常环节的代谢酶。一些研究表明，抑制肿瘤细胞糖酵解途径能够有效抑制肿瘤细胞的增殖，甚至可以起到杀伤肿瘤细胞的作用。

三、磷酸戊糖途径

磷酸戊糖途径（pentose phosphate pathway）是除糖有氧氧化和无氧氧化外的不产能的代谢途径，由糖酵解的中间产物葡糖 -6- 磷酸开始，生成具有重要生理功能的核糖 -5- 磷酸和 NADPH，核糖 -5- 磷酸可进一步生成果糖 -6- 磷酸和 3- 磷酸甘油醛再回到糖酵解的过程。磷酸戊糖途径在一些脂质合成旺盛的组织（如肝、脂肪组织、哺乳期乳腺）、增殖活跃的组织（如骨髓、肿瘤）和红细胞等部位较为活跃。

（一）磷酸戊糖途径的两个阶段

磷酸戊糖途径的反应过程可分为以下两个阶段：

1．磷酸戊糖的生成　为不可逆的氧化反应阶段，1 分子葡糖 -6- 磷酸氧化生成核酮糖 -5- 磷酸、2 分子 NADPH 和 1 分子 CO_2。核酮糖 -5- 磷酸由异构酶催化转变为核糖 -5- 磷酸。

2．基团转移反应　由于细胞对 NADPH 的需求量大于核糖，为避免核糖堆积，第一阶段生成的核糖 -5- 磷酸就会进入此阶段。基团转移反应包括一系列基团转移反应，为可逆的非氧化反应，最终生成糖酵解的中间产物果糖 -6- 磷酸和 3- 磷酸甘油醛。因此，磷酸戊糖途径也称磷酸戊糖旁路。

磷酸戊糖途径的总反应见图 5-5。

（二）磷酸戊糖途径的特点

1．磷酸戊糖途径在细胞质中进行，整个反应过程不产生 ATP。

2．葡糖 -6- 磷酸脱氢酶是磷酸戊糖途径中的限速酶。两次脱氢反应均由 $NADP^+$ 作为受氢体，生成 NADPH+H^+，一次脱羧生成 1 分子 CO_2。

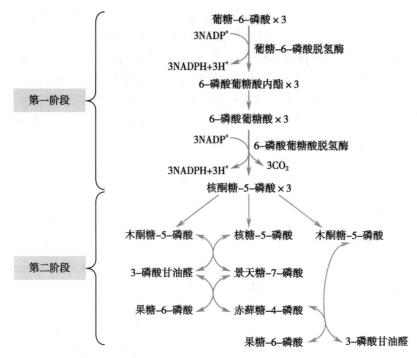

图 5-5　磷酸戊糖途径

3. 磷酸戊糖之间的相互转变由相应的异构酶和差向酶催化，这些反应可逆。

（三）磷酸戊糖途径的生理意义

1. 生成磷酸 -5- 核糖，是合成核苷酸及其衍生物的重要原料　核酸的基本组成单位是核苷酸，核苷酸的基本成分之一是核糖。核糖并不依赖食物摄入，是经体内磷酸戊糖途径产生的。因此，磷酸戊糖途径生成的核糖 -5- 核糖为核酸合成提供了原料。

2. 生成 NADPH，作为供氢体参与体内多种代谢反应　与 NADH 不同，还原型烟酰胺腺嘌呤二核苷酸磷酸（reduced nicotinamide adenine dinucleotide phosphate，NADPH）携带的氢并不通过电子传递链氧化释放出能量，而参与体内多种代谢反应。

（1）NADPH 是体内许多合成代谢的供氢体：如脂肪酸、胆固醇、非必需氨基酸等物质的合成，都需要 NADPH 供氢。

（2）NADPH 参与体内羟化反应：如胆固醇合成胆汁酸、类固醇类激素，血红素合成胆红素等生物合成过程中的羟化反应涉及 NADPH 参与，激素的灭活、药物、毒物等的生物转化过程中的羟化反应也需要 NADPH 参与。

（3）NADPH 是体内谷胱甘肽还原酶的辅酶，可维持还原型谷胱甘肽的正常含量：2 分子谷胱甘肽（GSH）可以脱氢生成氧化型谷胱甘肽（GSSG），后者可在谷胱甘肽还原酶作用下，被 NADPH 重新还原生成还原型谷胱甘肽（图 5-6）。

还原型谷胱甘肽是体内重要的抗氧化剂，可保护含巯基的酶和蛋白质免受氧化剂的损害，尤其是对维持红细胞膜的完整性和正常生理功能具有重要作用。

遗传性葡糖 -6- 磷酸脱氢酶缺陷者因红细胞不能经磷酸戊糖途径获得足量的 NADPH，不能有效维持 GSH 的还原状态，因而出现红细胞易于破裂，发生溶血性贫血。患者常在食用新鲜蚕豆（强氧化剂）后发病，故称为蚕豆病。

0503

微课：磷酸戊糖途径与溶血性贫血

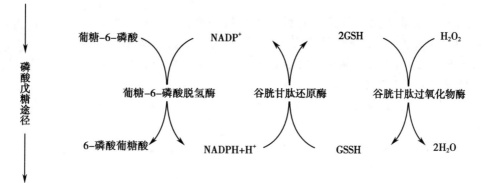

图 5-6 NADPH 和谷胱甘肽代谢

案例分析

患儿,男性,1 岁零 8 个月,因血尿 3d 入院。3d 前患儿食新鲜蚕豆后,次日出现发热伴恶心、呕吐,尿液呈浓茶色,面色苍白。

体格检查:体温 38.2℃,脉搏 150 次 /min,呼吸 36 次 /min,血压 78/60mmHg,呼吸急促,神志清晰,精神欠佳,皮肤及巩膜黄染。眼结膜及口唇苍白,心、肺无异常,肝大,脾未触及。

实验室检查:红细胞 $1.90×10^{12}$/L,血红蛋白 52g/L,血清总胆红素 85.1μmol/L,结合胆红素 13.2μmol/L,未结合胆红素 71.6μmol/L,肾功能正常,尿蛋白(++),潜血(+),尿胆红素(−),尿胆素原(+),尿镜下未见红细胞。

初步诊断:蚕豆病。

问题:

1. 该患儿初步诊断为蚕豆病的依据是什么?
2. 试用所学生化知识解释该病的发病机制。

案例解析

(四)磷酸戊糖途径的调节

磷酸戊糖途径的关键酶是葡糖 -6- 磷酸脱氢酶,其活性受 NADPH/NADP$^+$ 比例的影响。磷酸戊糖途径在该比值升高时被抑制,降低时被激活。由此可见,磷酸戊糖途径取决于机体对 NADPH 的需求。

积少成多

1. 糖的无氧氧化 葡萄糖或糖原在无氧或供氧不足的条件下分解成乳酸,释放少量能量(1 分子葡萄糖或糖原→ 2 分子或 3 分子 ATP),可为机体快速供能,是成熟红细胞(无线粒体)获得能量的主要方式。

2．糖的有氧氧化　　葡萄糖或糖原在有氧条件下彻底氧化为 H_2O 和 CO_2，释放大量能量（1分子葡萄糖→ 30 或 32 分子 ATP），是机体获得能量的主要途径。其中，三羧酸循环在三大营养物质代谢中处于核心地位：三羧酸循环是三大营养物质代谢（共同中间产物乙酰 CoA）彻底氧化的共同途径（1分子乙酰 CoA → 10 分子 ATP），是糖、脂肪、氨基酸相互联系的枢纽。

图片：葡萄糖有氧氧化与无氧氧化的比较

3．磷酸戊糖途径不产能而生成 5- 磷酸核糖（合成核酸的原料）和 NADPH（体内代谢反应的供氢体）。

第三节　糖原的合成与分解

机体摄入的葡萄糖除氧化功能外，大部分转变为脂肪（甘油三酯），少部分合成糖原。糖原（glycogen）是葡萄糖的多聚体，是动物体内糖的储存形式。糖链短而分支多，糖原分子中的 α- 葡萄糖单位通过 α-1，4 糖苷键相连构成直链，而以 α-1，6 糖苷键连接构成分支。当机体需要葡萄糖时，糖原可以迅速分解为葡萄糖供机体利用，而脂肪分解的速度较慢。糖原只有一个还原末端（多糖链的一端糖基具有游离的半缩醛羟基，称为还原端，通常写在右边）和多个非还原末端（多糖链的一端糖基没有游离的半缩醛羟基，称为非还原端，通常写在左边）。在糖原合成与分解过程中，葡萄糖单位的增减都发生在非还原末端上。

人体中的糖原主要储存在于肝和肌肉。肝糖原含量占肝重的 6%～8%（70～100g），是血糖的重要来源，尤其对于依赖葡萄糖供能的组织（如脑、红细胞等）特别重要；肌糖原占肌肉总量的 1%～2%（250～400g），主要为肌肉收缩快速提供能量。

一、糖原的合成

糖原合成（glycogenesis）指肝或肌肉将葡萄糖（G）合成糖原（G_{n+1}）的过程，主要在肝脏和肌肉的细胞质中进行。糖原合成是把 1 分子葡萄糖（G）转移到较小的糖原（G_n，指含 n 个葡萄糖残基）分子上，使之转变为分子量较大的糖原（G_{n+1}，即增加 1 个葡萄糖残基）。

糖原合成主要在肝和骨骼肌的细胞液中进行，合成过程如下：

（一）糖原合成反应过程

1．葡萄糖（G）磷酸化生成葡糖 -6- 磷酸（G-6-P）　　此反应与糖酵解的第一步反应相同，由己糖激酶或葡糖激酶催化，消耗 1 分子 ATP。

$$\text{葡萄糖} + ATP \xrightarrow[\text{（葡萄糖激酶）}]{\text{己糖激酶}} \text{葡糖–6–磷酸} + ADP$$

葡萄糖　　　　　　　　　　　　　　葡糖–6–磷酸

2．葡糖 -6- 磷酸（G-6-P）转变为葡糖 -1- 磷酸（G-1-P）　　此反应可逆，由磷酸葡糖变位酶催化。

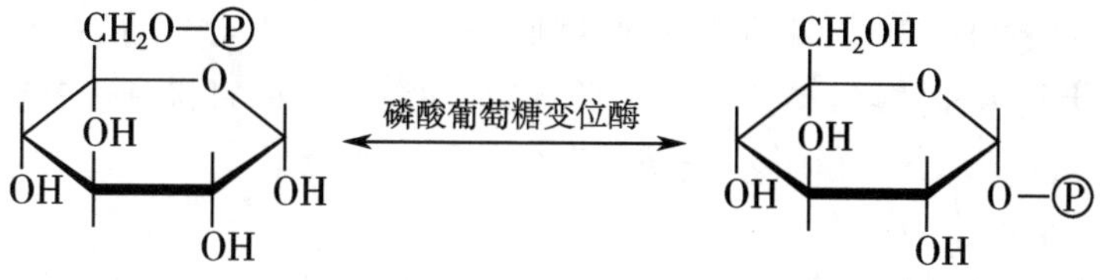

葡糖-6-磷酸 葡糖-1-磷酸

3. 葡糖 -1- 磷酸（G-1-P）通过生成尿苷二磷酸葡糖（UDPG）连接至糖原引物上

（1）葡糖 -1- 磷酸（G-1-P）生成尿苷二磷酸葡糖（UDPG）：此反应可逆，由尿苷二磷酸葡糖（uridine diphosphate glucose，UDPG）焦磷酸化酶（UDPG pyrophosphorylase）催化，生成的 UDPG 是糖原合成时葡萄糖的活性供体，无机焦磷酸（inorganic pyrophosphate，PPi）迅速被水解为 2 分子无机磷酸，所以此反应向生成 UDPG 的方向进行。此过程消耗 1 分子 UTP。

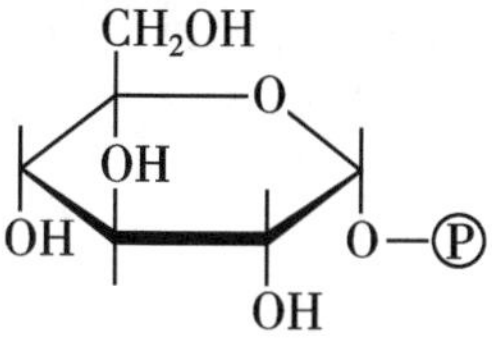

$$+\ \text{UTP} \xleftrightarrow{\text{UDPG焦磷酸酶}} \text{UDPG} + \text{PPi}$$

葡糖-1-磷酸

$$\text{PPi} \xleftrightarrow{\text{UDPG焦磷酸酶}} 2\text{Pi}$$

（2）UDPG 连接到糖原引物上进而延伸糖原直链：此反应不可逆，由糖原合酶催化，是糖原合成的限速步骤。UDPG 的葡萄糖基只能与糖原引物通过 α-1，4- 糖苷键相连从而延伸糖原直链，不能与游离葡萄糖相连，也不能形成分支。所谓糖原引物是指细胞内原有的较小的糖原分子。每进行一次反应，糖原引物上增加一个葡萄糖残基，使糖原分子不断延长。

$$\text{UDPG} + \text{糖原引物}\ (G_n) \xleftrightarrow{\text{糖原合酶}} \text{UDP} + \text{糖原引物}\ (G_{n+1})$$

（3）糖原分支形成：当糖链增至 11 个葡萄糖基时，分支酶（branching enzyme）就将末端 6～7 个葡萄糖残基的糖链转移至邻近糖链上，以 α-1，6- 糖苷键连接，使合成的糖原链不断产生新的分支。分支的形成可以增加糖原的水溶性，还可以增加非还原末端的数量，以便磷酸化酶迅速水解糖原。

在糖原合酶与分支酶的共同作用下，糖原分子不断增大，分支不断增多。

（二）糖原合成的特点

1. 糖原合成需要小分子糖原作为引物。

2. 糖原合酶为糖原合成的限速酶，其活性受许多因素的调节；分支酶的作用是形成支链。

3. 糖原合成是耗能过程，在糖原引物上每延长一个葡萄糖单位，需消耗 2 个高能磷酸键（葡萄糖磷酸化生成葡糖 -6- 磷酸消耗 1 个 ATP，焦磷酸分解为 2 分子磷酸时损失 1 个高能磷酸键）。

二、糖原的分解

糖原分解（glycogenolysis）习惯上指肝糖原分解为葡萄糖的过程。糖原先分解成以葡

糖 -1- 磷酸为主的葡萄糖单体，肝糖原和肌糖原释放出的葡糖 -1- 磷酸都能转变为葡糖 -6-磷酸，但肝能直接利用葡糖 -6- 磷酸生成葡萄糖，而肌糖原不能直接利用葡糖 -6- 磷酸，主要进行糖酵解。因此，糖原的分解并不是糖原合成的可逆反应。

（一）糖原分解的反应过程

1. 糖原分解为葡糖 -1- 磷酸（G-1-P）和少量葡萄糖　糖原分解的第一步从糖链的非还原末端开始，由糖原磷酸化酶（glycogen phosphorylase）催化糖原直链的 α-1,4- 糖苷键分解1 个葡萄糖基，生成葡糖 -1- 磷酸。此反应不可逆。

$$糖原 (G_n) \xrightarrow{糖原磷酸化酶} 糖原 (G_{n-1}) + G{-}1{-}P$$

当糖链的末端葡萄糖基逐个分解至距分支点约 4 个葡萄糖基时，由于空间位置受阻，磷酸化酶不再发挥作用，而由脱支酶（debranching enzyme）催化。脱支酶具有葡聚糖转移酶和α-1,6- 葡糖苷酶两种酶的活性，将糖原上 4 聚糖分支链上的 3 个葡萄糖基链转移至邻近分支末端，以 α-1,4- 糖苷键相连；仅剩下 1 个以 α-1,6- 糖苷键与糖链形成分支的葡萄糖基被水解，生成游离葡萄糖（图 5-7）。

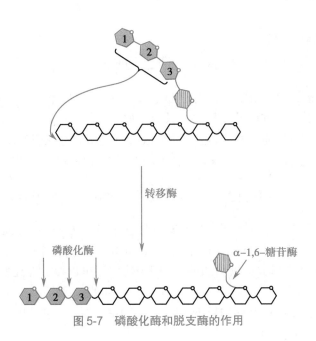

图 5-7　磷酸化酶和脱支酶的作用

在糖原磷酸化酶和脱支酶的共同作用下，糖原逐步被水解，水解下来的葡萄糖单位约85% 为葡糖 -1- 磷酸，15% 为游离葡萄糖。

2. 葡糖 -1- 磷酸（G-1-P）转变为葡糖 -6- 磷酸（G-6-P）　此反应可逆，由磷酸葡糖变位酶催化。

$$G{-}1{-}P \xleftrightarrow{磷酸葡糖变位酶} G{-}6{-}P$$

3. 葡糖 -6- 磷酸（G-6-P）水解为葡萄糖（G）　此反应不可逆，肝能利用葡糖 -6- 磷酸酶（glucose-6-phosphatase）催化葡糖 -6- 磷酸水解为葡萄糖。

$$G\text{-}6\text{-}P \xrightarrow{\text{葡糖-6-磷酸酶（肝）}} G$$

（二）糖原分解的特点

1. 糖原磷酸化酶是糖原分解的限速酶。

2. 肝糖原和肌糖原分解的起始阶段相同，直到生成 G-6-P 后分道扬镳。肝糖原能将其分解成葡萄糖，而肌糖原中的 G-6-P 进入糖酵解直接绕过了葡萄糖磷酸化的过程，因此肌糖原中 1 分子葡萄糖经过无氧氧化产生 ATP 的个数是 3。

3. 葡糖 -6- 磷酸酶只存在于肝及肾中，肌组织中无此酶，因此在肝内，G-6-P 转变为葡萄糖，以补充血糖，在肌肉中，G-6-P 进行糖酵解，为肌肉收缩提供能量。

糖原合成与分解过程见图 5-8。

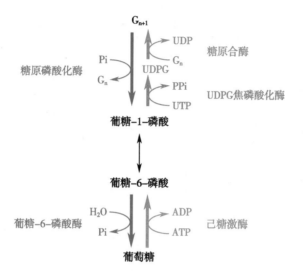

图 5-8 糖原合成与分解过程

加粗单向箭头示限速反应，红色 ↓ 表示糖原分解过程，蓝色 ↑ 表示糖原合成过程。

三、糖原代谢的生理意义

糖原合成对于维持血糖浓度具有重要生理意义。当血糖浓度过高时，肌细胞和肝细胞可将葡萄糖合成糖原，维持血糖稳定。

肝糖原是血糖的重要来源，当血糖浓度过低时，肝糖原分解补充血糖，从而有效地维持血糖浓度。肌糖原是肌肉收缩时的能量储备。

四、糖原代谢的调节

糖原合成与分解主要是通过反向调节其关键酶的活性来维持血糖的恒定。糖原合酶被激活时，糖原磷酸化酶被抑制；或糖原磷酸化酶被激活时，糖原合酶被抑制。

糖原合酶和糖原磷酸化酶都受到别构调节和共价修饰调节的作用。

1. 别构调节 糖原合酶和糖原磷酸化酶都是别构酶，受代谢物的别构调节。葡萄糖和 ATP 是糖原磷酸化酶的别构抑制剂，AMP 是别构激活剂。葡糖 -6- 磷酸是糖原合酶的别构激活剂。

2. 共价修饰调节 糖原合酶和糖原磷酸化酶都可进行磷酸化修饰调节，但结果不同。糖原合酶磷酸化后被抑制，而糖原磷酸化酶被激活，从而实现双向调节。

五、糖原贮积症

糖原贮积症（glycogen storage disease）是一种体内先天性缺乏糖原代谢的酶类，导致某些组织器官中大量糖原堆积的遗传性代谢性疾病，分型见表5-5。

不同的酶缺陷可导致不同的器官受累，对健康的危害程度也不同。例如，溶酶体的 α- 葡糖苷酶可水解 α-1，4- 糖苷键和 α-1，6- 糖苷键，缺乏此酶使所有组织受损，患者常因心肌受损而猝死。肝糖原磷酸化酶缺陷者，肝糖原沉积导致肝大，婴儿仍可成长。患者缺乏葡糖 -6- 磷酸酶，则不能动用肝糖原补充血糖，后果严重。

图片：糖原代谢的共价修饰调节

表 5-5　糖原贮积症分型

型别	缺乏的酶	糖原结构	受害器官
I	葡糖 -6- 磷酸酶	正常	肝、肾
II	溶酶体 α-1，4 葡糖苷酶 - 和 α-1，6- 葡糖苷酶	正常	所有组织
III	脱支酶	分支多，外周糖链多	肝、肌肉
IV	分支酶	分支少，外周糖链特别长	肝、脾
V	肌磷酸化酶	正常	肌肉
VI	肝磷酸化酶	正常	肝
VII	肌磷酸果糖激酶	正常	肌肉
VIII	肝磷酸化酶激酶	正常	肝

积少成多

1. 糖原合成指由葡萄糖合成糖原的过程，主要在肝脏和肌肉的细胞质中进行。糖原分解习惯上指肝糖原分解为葡萄糖的过程。

2. 糖原合成的关键酶是糖原合酶；糖原分解的关键酶是糖原磷酸化酶。

3. 肌糖原不能转变为游离葡萄糖，在肌肉收缩时进入糖酵解途径，为肌肉收缩提供能量；肝糖原可以转变为游离的葡萄糖，在空腹时维持血糖浓度。

第四节　糖　异　生

体内糖原储备有限，若没有补充，仅靠肝糖原分解 12～24h 即被耗尽，血糖来源断绝。但事实上即使禁食更长的时间，血糖仍能保持在正常范围，此时一方面周围组织减少葡萄糖的利用，另一方面肝脏等组织能使部分氨基酸和乳酸等非糖物质转化为葡萄糖。这种由非糖物质如丙酮酸、乳酸、甘油和生糖氨基酸等生成葡萄糖或糖原的过程称为糖异生（gluconeogenesis）。

糖异生作用的酶主要存在于肝细胞质中，因此肝脏是糖异生的主要器官，其次为肾脏。正常情况下，肾脏糖异生能力较弱，只有肝脏糖异生作用的 1/10，在长期饥饿或酸中毒时，肾脏糖异生能力可增强。

一、糖异生途径

糖酵解和糖异生的多数过程是可逆的，但糖异生途径不完全是糖酵解的逆反应。由于糖酵解途径中的 3 个限速酶催化的反应是不可逆的，其逆反应需要由糖异生特有的关键酶来催化。丙酮酸能逆着糖酵解的方向生成葡萄糖；乳酸先脱氢生成丙酮酸，在经糖异生途径生成葡萄糖；甘油首先经甘油激酶催化生成 α- 磷酸甘油，再脱氢生成糖酵解中间产物磷酸二羟丙酮，然后经糖异生途径经 2 个限速反应生成葡萄糖；一些生糖氨基酸也是经丙酮酸进行糖异生的。

1．丙酮酸转变成磷酸烯醇式丙酮酸　又称为丙酮酸羧化支路，分两步完成。首先，丙酮酸羧化酶（pyruvate carboxylase）催化丙酮酸生成草酰乙酸，消耗 1 分子 ATP，反应不可逆；然后由磷酸烯醇式丙酮酸羧激酶催化草酰乙酸脱羧生成磷酸烯醇式丙酮酸，消耗 2 分子 GTP，反应不可逆。这两步反应共消耗 2 个高能磷酸键。

丙酮酸　　草酰乙酸　　磷酸烯醇式丙酮酸

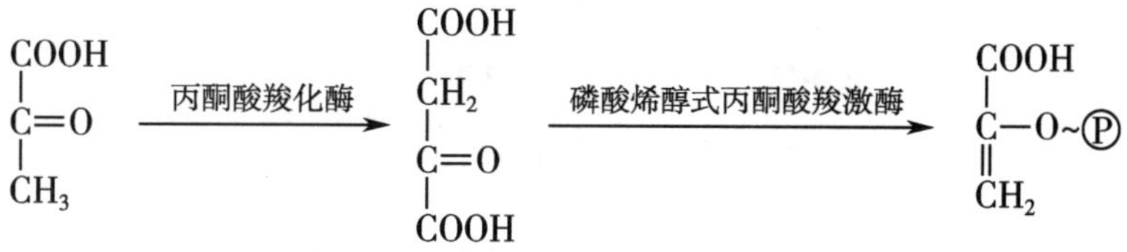

2．果糖 -1，6- 二磷酸（F-1，6-P）水解为果糖 -6- 磷酸（F-6-P）　此反应由果糖二磷酸酶 -1（又称果糖 1，6- 二磷酸酶）催化。

果糖-1,6-二磷酸　　果糖-6-磷酸

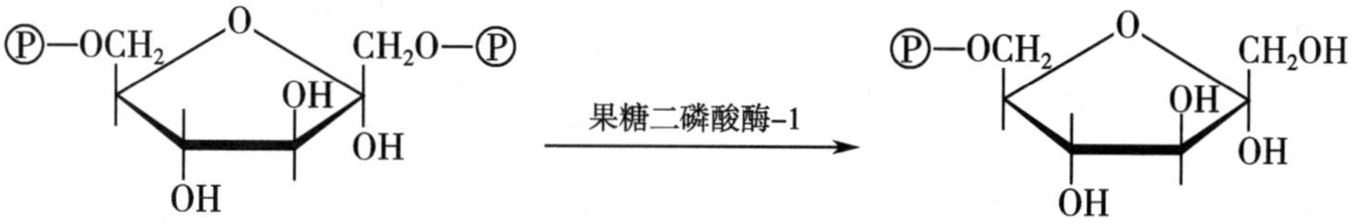

3．葡糖 -6- 磷酸（G-6-P）水解为葡萄糖（G）　由葡糖 -6- 磷酸酶催化，葡糖 -6- 磷酸酶只存在于肝细胞质中，因此肝是糖异生的主要器官。

葡糖-6-磷酸　　葡萄糖

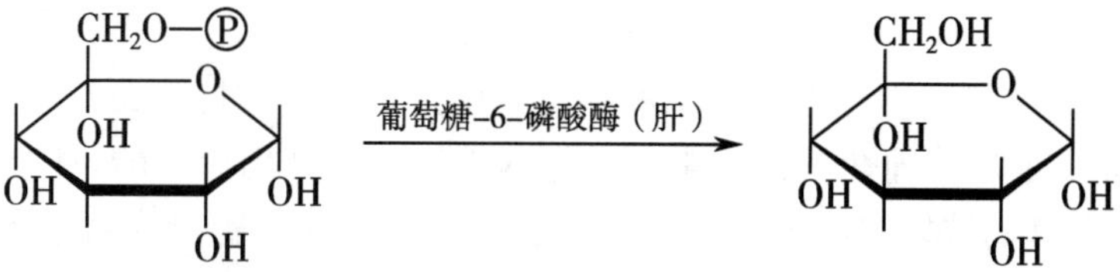

糖异生途径见图 5-9。

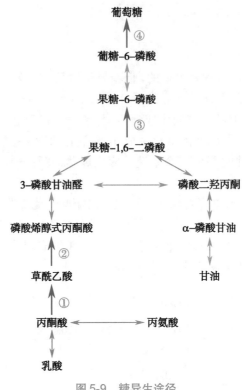

图 5-9　糖异生途径

红箭头示限速反应。

①：丙酮酸羧化酶；②：磷酸烯醇式丙酮酸羧激酶；③：果糖二磷酸酶；④：葡糖 -6- 磷酸酶。

二、糖异生的特点

1. 糖异生途径的 4 个关键酶是丙酮酸羧化酶、磷酸烯醇式丙酮酸羧激酶、果糖二磷酸酶和葡糖 -6- 磷酸酶，它们与糖酵解中 3 个关键酶催化的反应相反。

2. 肝是糖异生作用的主要器官，当肝功能受损时，人体糖异生作用减弱，血糖降低，肾脏也可进行糖异生作用，其他组织器官不能进行糖异生作用。亚细胞定位是细胞质和线粒体。

三、糖异生的生理意义

肝脏的糖异生作用主要是在饥饿或运动时调节血糖，也是饥饿后进食初期合成肝糖原储备的重要途径，此外糖异生作用可防止乳酸中毒。肾脏的糖异生作用主要在长期饥饿时维持体内的酸碱平衡。

1. 在空腹或饥饿情况下维持血糖浓度的相对恒定　为了维持生命活动，机体在饥饿情况下仍需要消耗一定量的葡萄糖。正常成人的脑组织不能利用脂肪酸，主要依赖葡萄糖供给能量；红细胞没有线粒体，完全通过糖酵解获得能量。因此，糖异生对于依赖葡萄糖供能的组织细胞（脑、红细胞等）尤为重要。

2. 糖异生补充肝糖原　糖异生是肝补充或恢复糖原储备的重要途径，这对饥饿后进食更为重要。肝糖原的合成并不完全是利用肝细胞直接摄入的葡萄糖，可经丙酮酸等生成葡糖 -6- 磷酸而进入糖原合成途径。

3. 有利于乳酸的再利用,防止乳酸中毒 乳酸是糖异生的重要原料。剧烈运动或氧供不足时,骨骼肌主要依靠葡萄糖或糖原提供能量。此时,葡萄糖或肌糖原经糖酵解产生大量乳酸,乳酸可经血液运输到肝,通过糖异生作用合成肝糖原或葡萄糖,葡萄糖进入血液又可被肌肉摄取利用,如此形成乳酸循环,又称 Cori 循环(图 5-10)。该循环使乳酸再利用,同时也补充肌肉消耗的糖原,防止了乳酸酸中毒。

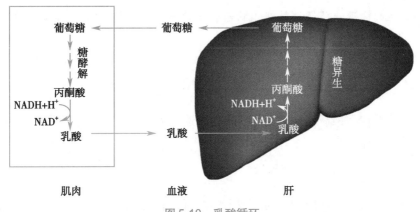

图 5-10 乳酸循环

4. 有利于调节酸碱平衡 长期饥饿时,肾糖异生作用增强,有利于调节酸碱平衡。由于饥饿或禁食,体内产生乳酸、丙酮酸、谷氨酸等大量酸性物质,发生代谢性酸中毒,使体液 pH 降低,促使肾小管合成磷酸烯醇式丙酮酸羧激酶,肾脏糖异生作用增强。另外,肾小管细胞泌 NH_3 加强,与原尿中的 H^+ 结合,降低原尿 H^+ 浓度,有利于肾排氢保钠作用,对防止酸中毒有重要意义。

四、糖异生的调节

糖异生与糖酵解是方向相反的两条代谢途径,要进行有效的糖异生,就得抑制糖酵解。机体主要通过调节糖异生的 4 个限速酶:丙酮酸羧化酶、磷酸烯醇式丙酮酸羧激酶、果糖二磷酸酶 -1、葡糖 -6- 磷酸酶,来实现对糖异生的调节。

(一)代谢物的别构调节

1. ATP/ADP、ATP/AMP 的调节作用 体内能量状态可调节糖的分解和糖异生。ATP是丙酮酸羧化酶和果糖二磷酸酶的别构激活剂,也是丙酮酸激酶和磷酸果糖激酶的别构抑制剂,故 ATP 水平升高时,激活糖异生而抑制糖的分解。ADP、AMP 升高时则相反。

2. 乙酰 CoA 的调节作用 乙酰 CoA 是丙酮酸羧化酶的别构激活剂,同时又是丙酮酸脱氢酶复合体的别构激活剂。饥饿时,脂肪酸大量分解,生成过多乙酰 CoA,一方面抑制丙酮酸脱氢酶复合体,阻止葡萄糖经丙酮酸氧化分解,使丙酮酸堆积为糖异生提供原料,另一方面激活丙酮酸羧化酶,加快糖异生作用。

(二)激素的调节

激素对糖异生的调节,主要通过调节糖异生限速酶的活性和糖异生原料供应来实现。例如,胰高血糖素、肾上腺素等激素一方面可诱导糖异生限速酶的合成及活性,另一方面还可通过促进脂肪分解产生甘油作为糖异生的原料;生成的脂肪酸氧化再生成乙酰 CoA,后者可别构激活糖异生;而胰岛素使肝糖异生减弱而糖酵解增强。

积少成多

1. 非糖物质（如丙酮酸、乳酸、甘油和生糖氨基酸等）生成葡萄糖或糖原的过程称为糖异生。

2. 丙酮酸羧化酶、磷酸烯醇式丙酮酸羧激酶、果糖二磷酸酶、葡糖-6-磷酸酶是糖异生的关键酶。

3. 糖异生的生理意义是维持饥饿状态下血糖浓度的相对恒定、更新肝糖原、防止酸中毒、调节酸碱平衡。

第五节 糖的其他代谢途径

细胞内葡萄糖除了氧化分解供能、磷酸戊糖途径外，还可生成葡糖醛酸、多元醇、2,3-二磷酸甘油酸等代谢产物。

一、糖醛酸途径

糖醛酸途径（glucuronate pathway）在糖代谢中所占比例很小，是指以葡糖醛酸为中间产物的葡萄糖代谢途径。首先，葡糖-6-磷酸转变为尿苷二磷酸葡糖（UDPG），过程同糖原合成。然后由 UDPG 脱氢酶催化，UDPG 氧化生成尿苷二磷酸葡糖醛酸（uridine diphosphate glucuronic acid，UDPGA）。后者再转变为木酮糖-5-磷酸，再进入磷酸戊糖途径。

糖醛酸途径的主要生理意义是生成活化的葡糖醛酸——UDPGA，在肝内生物转化过程中参与很多结合反应，如未结合胆红素在肝内与葡糖醛酸结合形成结合胆红素（具体见肝胆生化）。葡糖醛酸也是蛋白聚糖中糖胺聚糖（如肝素、透明质酸、硫酸软骨素）的组成成分。

二、多元醇途径

多元醇途径（polyol pathway）在葡萄糖代谢中所占比例极小，仅限于某些组织，如在脑、肝、眼、肾上腺等，葡萄糖代谢生成一些多元醇，如山梨醇（sorbitol）、木糖醇（xylitol）等。

多元醇本身无毒且不易通过细胞膜，在脑、肝、眼、肾上腺等组织具有重要的生理、病理意义。例如，糖尿病患者血糖水平高，透入眼中晶状体的葡萄糖增加从而使山梨醇的生成增多，山梨醇在局部增多使渗透压升高而引起白内障。此外，生精细胞可利用葡萄糖经山梨醇生成果糖，果糖是精子的主要能源，而周围组织主要利用葡萄糖供能，这样就为精子活动提供了充足的能源保障。

三、2,3-二磷酸甘油酸支路

成熟红细胞除糖酵解外，还存在侧支循环——2,3-二磷酸甘油酸（2,3-bisphosphoglycerate，2,3-BPG）支路，即在 1,3-二磷酸甘油酸（1,3-BPG）处形成分支，通过磷酸甘油酸变位酶的催化生成中间产物 2,3-二磷酸甘油酸（2,3-BPG），进而在 2,3-二磷酸甘油酸磷酸酶催化下再生成 3-磷酸甘油酸返回糖酵解。此支路仅占糖酵解的 15%～50%。红细胞内 2,3-BPG 的主要作用是调节血红蛋白（Hb）的运氧功能（具体见第十三章"血液生物化学"）。

高原训练运动员的生化机制

红细胞中 2,3-DPG 支路产生的 2,3-二磷酸甘油酸可以结合血红蛋白,稳定其脱氧状态。高原地区空气中氧气浓度较低,长期处于此环境中的人,其体内红细胞内的 2,3-DPG 浓度会逐步增加。如此可以使氧合血红蛋白释放更多的氧,以满足低氧状态下组织器官的供氧。所以,高原居民比平原居民更能耐受低氧环境。基于此原理,现在很多高原地区建立运动员训练基地,加强运动员在高原的训练,目的是提高运动员体内红细胞的 2,3-BPG 水平,增强其组织在缺氧状态下获取氧气的能力。

积少成多

1. 糖醛酸途径生成活化的葡糖醛酸——UDPGA,在肝内生物转化过程中参与结合反应。

2. 糖尿病患者引起白内障的原因是,透入眼中晶状体的葡萄糖增加从而使山梨醇的生成增多,山梨醇在局部增多使渗透压升高。

3. 红细胞内 2,3-BPG 的主要作用是调节血红蛋白的运氧功能。

第六节 血 糖

人体内糖代谢的动态平衡体现在血糖浓度上。血糖浓度恒定的主要意义在于维持重要组织细胞的功能活动。

一、血糖的来源与去路

血糖(blood sugar, blood glucose)主要是指血液中的葡萄糖。正常人空腹血糖浓度维持在 3.9~6.1mmol/L。餐后稍有升高,但 2h 内便恢复正常。

(一)血糖的来源

1. 食物中的糖 餐后,血糖来自食物中糖的消化吸收,是正常情况下血糖的主要来源。

2. 肝糖原分解 空腹或短期饥饿时,血糖逐渐降低,肝糖原分解为葡萄糖,以维持血糖,是空腹时血糖主要来源。

3. 糖异生 长期饥饿时,肝糖原储备减少,不足以维持血糖浓度,此时糖异生作用增强,将大量非糖物质转变为葡萄糖,继续维持血糖的正常水平。

(二)血糖的去路

1. 氧化分解 葡萄糖在组织器官中氧化分解提供能量,是血糖最主要的去路。

2. 合成糖原 当血糖升高时,葡萄糖可在肝脏和肌肉组织中合成糖原贮存。

3. 转变为其他物质 当血糖浓度较高时,葡萄糖可转化为脂肪及某些非必需氨基酸,或核糖、葡糖醛酸等其他糖及其衍生物。

当血糖浓度大于 8.9~10.0mmol/L,超过肾小管对糖的重吸收能力时形成糖尿,这一血糖水平称为肾糖阈。血糖浓度超过肾糖阈可随尿排出,是血糖的非正常去路。

血糖的来源与去路见图 5-11。

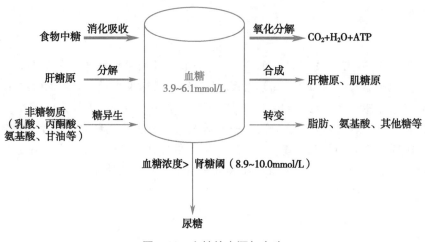

图 5-11　血糖的来源与去路

二、激素对血糖水平的调节

血糖浓度的相对恒定依赖其来源与去路的动态平衡，也是糖、蛋白质、脂肪代谢相互协调的结果，同时也受肝脏、肾脏、肌肉和脂肪组织的等各器官组织代谢相互协调。其中，肝脏是调节血糖浓度的主要器官，可通过肝糖原合成、肝糖原分解和肝糖异生作用调节血糖浓度。因此，肝功能受损时，出现餐前一过性低血糖，餐后一过性高血糖。而各代谢途径之间及各器官之间的精准调节则主要依靠激素的调节作用。

对血糖起调节作用的激素以下两类：

1. 降低血糖的激素　胰岛素（insulin）是胰腺 β 细胞分泌，在体内能够降低血糖的激素。胰岛素的分泌受血糖浓度的调控，当血糖升高时，胰岛素分泌增加，血糖降低时则分泌减少。胰岛素主要通过减少血糖的来源和增加血糖的去路来降低血糖。

2. 升高血糖的激素　体内多数激素均具有升高血糖的作用，胰高血糖素（glucagon）是最重要的升糖激素，由胰腺 α 细胞分泌。血糖降低或血液中氨基酸水平升高均可引起胰高血糖素分泌释放。此外，糖皮质激素、肾上腺素、生长激素和甲状腺激素等也能够升高血糖。这些激素主要通过增加血糖的来源，减少血糖的去路来升高血糖。

两类不同作用的激素相互协调，共同调节血糖的正常水平（表 5-6）。其中胰岛素和胰高血糖素是调节血糖最主要的两种激素。

表 5-6　激素对血糖水平的调节

激素分类	激素名称	作用机制
降糖激素	胰岛素	(1)促进肌肉、脂肪等组织细胞摄取葡萄糖
		(2)促进糖的有氧氧化
		(3)加速葡萄糖合成糖原，抑制糖原分解
		(4)促进糖转变为脂肪
		(5)抑制糖异生作用

续表

激素分类	激素名称	作用机制
升糖激素	胰高血糖素	(1)促进肝糖原分解,抑制肝糖原合成
		(2)促进糖异生作用
	糖皮质激素	(1)促进肌蛋白质分解,使糖异生原料增多促进糖异生
		(2)阻止葡萄糖的分解利用
		(3)协同增强其他激素促进脂肪动员
	肾上腺素	(1)促进肝糖原分解
		(2)促进肌糖原酵解
		(3)促进糖异生作用

知识窗

胰岛素和胰高血糖素相互拮抗调节血糖

胰腺分泌的胰岛素和胰高血糖素相互拮抗,两者比例的动态变化使血糖在正常范围内保持较小波动。例如,进食后血糖升高,胰岛素分泌增多而胰高血糖素分泌减少,血糖水平趋于回落;但胰岛素分泌增加到一定程度又会促进胰高血糖素分泌,从而发挥相反的升糖作用,以保证血糖不会无限制地降低。反之亦然。

三、糖代谢异常

当一次性食入大量葡萄糖后,体内血糖水平不会持续升高,也不会出现较大波动,是因为正常人体内存在一整套糖代谢精细调节机制。多种原因,如肝肾功能障碍、内分泌失调、神经系统疾病等,均能影响体内糖代谢正常进行,引起高血糖或低血糖。其中,糖代谢紊乱最常见的是糖尿病。

(一)高血糖

空腹血糖浓度高于 7.0mmol/L 称为高血糖(hyperglycemia)。血糖浓度超过肾糖阈则出现糖尿。引起高血糖和糖尿的原因分为生理性和病理性两大类。

1. 生理性高血糖　正常人饭后 1~2h 血糖升高,但不超过肾糖阈;高糖饮食,或临床上静脉注射葡萄糖速度过快,或情绪激动,都可使血糖升高。

知识窗

情绪激动时为何引起血糖升高

神经系统对血糖的调节属于整体调节。神经系统通过调节激素的分泌量,从而影响各代谢中酶的活性来调节血糖水平。例如,情绪激动时,交感神经兴奋,肾上腺素分泌增加,促进肝糖原分解、肌糖原酵解和糖异生作用,使血糖升高;当处于静息状态时,迷走神经兴奋,使胰岛素分泌增加,血糖水平降低。

2. 病理性高血糖

（1）胰岛素分泌不足或胰岛素抵抗：见于糖尿病（diabetes mellitus），是一种代谢性疾病，临床特点是高血糖，特别是空腹血糖和糖耐量曲线高于正常。典型临床表现为"三多一少"，即多饮、多食、多尿及体重减轻，严重者还出现多种并发症，如酮血症和酸中毒、糖尿病视网膜病变、糖尿病肾病、糖尿病周围神经病变。临床上糖尿病分为 4 型：胰岛素依赖型（1 型糖尿病）、非胰岛素依赖型（2 型糖尿病）、妊娠糖尿病（3 型糖尿病）和特殊类型糖尿病（4 型糖尿病）。

微课：高血糖与糖尿病

知识窗

高血糖刺激为何损伤细胞

目前认为，高血糖刺激损伤细胞引起糖尿病并发症的生化机制是红细胞生成晚期糖基化终末产物（advanced glycation end products，AGEs），同时发生氧化应激。红细胞摄取血液中的葡萄糖发生不依赖酶的糖化作用，生成糖化血红蛋白（glycated hemoglobin，GHB）。GHB 可进一步生成 AGEs，如甲基乙二醛、羧甲基赖氨酸等，它们与体内多种蛋白质发生广泛交联，对心脏、肾脏、视网膜等造成损伤。AGEs 还能诱发氧化应激，使细胞内多种酶、脂质发生氧化，使其失去正常生理功能。氧化应激又可进一步促进 AGEs 的形成和交联，两者相互作用，参与糖尿病并发症的发生和发展。目前国外已将 GHB 作为诊断糖尿病的指标之一，超过 $6.5\% \sim 7\%$ 即可确诊；国内将其作为评价糖尿病疗效的指标。

（2）拮抗胰岛素的激素分泌过多：如甲状腺功能亢进、肾上腺皮质功能及髓质功能亢进、腺垂体功能亢进、胰岛 α 细胞瘤使相应的升糖激素分泌过多引起高血糖。

（3）颅内压增高：颅内压增高（如颅外伤、颅内出血、脑膜炎等）刺激血糖中枢下丘脑，出现高血糖。

（4）脱水引起的高血糖：如呕吐、腹泻和高热等也可使血糖轻度增高。

（二）低血糖

对于健康人群，空腹血糖浓度低于 2.8mmol/L 称为低血糖（hypoglycemia）。脑组织主要依靠葡萄糖供能，当血糖浓度过低时会影响大脑的功能，出现头晕、心悸、饥饿感及出冷汗等症状。血糖浓度继续下降，会严重影响大脑的功能，出现昏迷、抽搐，称为"低血糖昏迷"或"低血糖休克"，严重可引起死亡。如及时给患者静脉注射葡萄糖液，症状会得到缓解。

引起低血糖的主要原因有以下几种：

1. 生理性低血糖

（1）长期饥饿或吸收不良：使糖摄入不足，外源性血糖减少，内源性的肝糖原枯竭，糖异生作用因原料减少而减弱，导致低血糖。

（2）剧烈运动：消耗体内过多的葡萄糖使血糖水平下降。

（3）空腹饮酒：酒精（乙醇）进入机体后，主要在肝脏代谢，由醇脱氢酶氧化成乙醛，乙醛在经醛脱氢酶催化生成乙酸。经过两步氧化反应使肝细胞质中 NAD^+ 转变为 $NADH+H^+$，过多的 NADH 将丙酮酸还原成乳酸，不仅抑制糖异生途径，使血糖来源减少，引起低血糖，还会引起乳酸堆积造成酸中毒。

（4）胰岛素或口服降糖药使用过量：临床治疗时使用胰岛素过量或口服降血糖药过量，使血糖来源减少、去路增多引起低血糖。

2. 病理性低血糖

（1）空腹低血糖：常见于胰岛 β 细胞增生或胰岛 β 细胞瘤，胰岛素分泌过多，使血糖来源减少、去路增多引起低血糖；或对抗胰岛素的激素分泌不足，如腺垂体功能减退、肾上腺皮质功能减退等内分泌疾病，使对抗胰岛素的激素分泌减少，也会引起低血糖；肝功能减退，糖原合成、糖原分解、糖异生等代谢途径受损，肝脏不能及时有效调节血糖，引起低血糖。

（2）反应性低血糖：患者空腹时血糖并无明显降低，常是遇到适当刺激后诱发（如进食）。反应性低血糖常为功能性，但非绝对，有些器质性疾病（如胰岛 β 细胞瘤、甲状腺或肾上腺皮质激素缺乏）也可出现餐后低血糖。反应性低血糖中最常见的是特发性餐后（功能性）低血糖。

> **临床应用**
>
> ### 糖尿病与低血糖的处理
>
> 1. 糖尿病处理措施　①调整饮食：注意三餐热量分配和食物的选择；②运动治疗：坚持有规律的合理的有氧体育锻炼，如步行、骑车等；③合理用药：合理服用降糖药或胰岛素，并定时、定量进餐；④预防感染；⑤关注并发症。
>
> 2. 低血糖处理措施　①绝对卧床休息或平躺，有条件的立即测量血糖；②能自己进食的可进食少量含糖食物，必要时静脉注射 50% 葡萄糖 50mL；③若出现昏迷等，立即送医院就医。

做一做：电流法快速测定血糖

糖尿病的诊断需要采集静脉血进行测定并结合多种方法、多个检验指标进行综合判断。确诊为糖尿病后，患者每天要多次监测血糖，便捷式血糖仪就是较为常用的一种即时（point-of-care testing，POCT）检验设备，由于不受场所的限制、具有快速、操作简单等优点。

> **知识窗**
>
> ### 糖尿病患者监测血糖的昨天、今天和明天
>
> 昨天：静脉血糖、尿糖时代
>
> 1840 年前后发明了尿糖和静脉血糖检查法，1968 年 Tom Clemens 发明了血糖仪。在这期间，静脉血糖和尿糖检查一直是糖尿病诊断和病情监测的主要指标。
>
> 今天：血糖仪时代
>
> 1979 年，第一代血糖仪使用时，在试纸上滴加血样后需等 1min 用水冲洗去除红细胞，再将试纸插入机器以读取结果，到现在不需去除红细胞，仅需几微升全血就可检测，大大提高了检测速度和准确度。科学家还发明了无创血糖仪，如角膜镜血糖仪、泪糖测定仪等。

明天：集成血糖仪时代

　　集成血糖仪是自动化血糖监测和胰岛素输注系统，由戴在手腕部火柴盒大的血糖仪监测血糖，其结果自动传递到胰岛素泵，胰岛素泵再根据指令输注胰岛素，使血糖维持正常水平，完全模拟正常人的胰岛调节血糖的功能。

　　从方法学上分类，便捷式血糖仪测定血糖的原理有电化学法和光反射法。由于电化学法干扰因素较小，目前应用较多的是电化学法。

【目的】

1. 说出电流法测定血糖的原理。

2. 学会便捷式血糖仪测定血糖的基本操作。

3. 加强无菌操作观念和生物安全意识。

【原理】

　　便捷式血糖仪（电化学法）通过测量血液中的葡萄糖与试纸中的葡糖氧化酶反应产生的电流量测量血糖。

$$葡萄糖 + O_2 + H_2O \xrightarrow{\text{葡糖氧化酶}} 葡糖酸 + H_2O_2$$

$$H_2O_2 + 亚铁氰化钾 \longrightarrow 铁氰化钾 + H_2O + e^-$$

【试剂与器材】

　　血糖仪、试纸条、一次性末梢采血器（或配套采血笔）、75% 酒精、医用棉签、医疗利器盒。

【操作】

　　1. 物品准备　核对血糖仪和试纸条是否匹配，检查试纸条、一次性末梢采血器（或采血笔及配套采血针）、酒精、棉签是否在有效期。

　　2. 开机/插入血糖试纸条　一部分是直接按电源开关；一部分直接插试纸自动开机：取出试纸，将试纸条文字面朝上，沿着箭头方向插入血糖仪试纸条插口，血糖仪屏幕显示滴血符号即进入测试程序。部分血糖仪开机后还需核对并调校正码。手动输入试纸校正码，如强生血糖仪；用密码插入机器自动记录试纸校正码，如罗氏活力型血糖仪。

　　3. 准备采血笔和采血针　安装采血针，并将采血笔调到合适刻度，刻度 1～5 表示采血深度不等，"1"为最浅，"5"为最深，一般调至"3"。不使用采血笔的血糖仪检测过程跳过此步骤。

　　4. 消毒采血　采血前，用棉签蘸取 75% 酒精消毒取血部位，一般采取环指，从内而外环形消毒。待手指干燥，去掉一次性采血器针头的保护套，在消毒部位按压采血。采血后用干棉签擦去第一滴血，取第二滴血进行测试。

　　5. 虹吸加样　加样前确保仪器显示滴血符号，将试纸条前端的吸血口与血滴接触，血糖仪发出"滴"一声自动进入测试程序，数秒（从 5s 到 30s 不等）后即可得到读数，读数计量单位为 mmol/L。

　　6. 记录结果　包括日期、时间、结果、单位等。出现血糖异常应重复测定，再对结果进行分析。必要时进行静脉生化血糖测定。

視頻：电流法快速测定血糖

便捷式血糖仪测定血糖结果

采血日期	采血时间	被测试者姓名	标本类型	试纸批号	检测者姓名

血糖检测结果及结果分析

注：标本类型有空腹血糖、随机血糖、餐后2h血糖。

7．自动退条　检测后轻轻推动测试仪背后的退条键，使试纸条自动退至医疗利器盒。

【注意事项】

1．勿在血糖仪附近使用手提电话或其他产生电磁干扰的设备。使用电池的血糖仪在长时间（1个月以上）不使用时应取出电池。

2．试纸条保存要求：干燥、阴凉、避光、密封。试纸应在有效期内使用。试纸从容器中取出后应立即盖好瓶盖，试纸条要在5min之内使用完毕，否则因试纸受潮而测量不准的可能性更大。操作者的手指不要接触试纸的检测区。

3．使用血糖仪时必须配合同一品牌的试纸，不能混用。测试前应核对、调整血糖仪显示的代码与试纸条包装盒上的代码相一致。

4．因指腹两侧神经分布较少、痛感较轻、血量丰富，临床上常选择指腹两侧采血。采血时避开破损、水肿、感染或有硬结等异常部位。采血部位交替轮换，避免形成瘢痕。

5．检测前用75%酒精消毒，待酒精干透以后再取血，以免酒精混入血液。不能用碘酒消毒，因为碘会与试纸上的检测试剂产生化学反应，影响测试准确性。

6．采血量必须足以完全覆盖试纸测试区。血液形成完整一滴时通过虹吸作用吸入，如血滴过小，未覆盖检测区，使检测结果偏低，血滴过大，溢出测定区。取血时发现血液量少不能挤手指，否则会混入组织液，干扰血糖浓度。为保证采血量足够，之前手可以在温水中泡一下，再下垂30s。

7．正确处理医疗废物。测试过的针头、棉签、试纸条等物品装入医疗利器盒。家用时应放入带盖、硬质、不易穿透的密封容器内保存，定期送往医院，按医疗废物处理。

【操作流程及考核评价】

便捷式血糖仪测定血糖（电流法）操作流程及考核评价见表5-7。

表5-7　便捷式血糖仪测定血糖（电流法）操作流程及考核评价

项目		评价内容	分值	扣分	得分
职业素养（20）	1．GMP意识	着装整齐，防护符合要求	4		
		实验态度严谨，实验习惯良好	4		
		实验台面整洁，医疗废物放入医疗利器盒	4		
	2．实验器材选择正确	消毒液选择正确	4		
		实验器材齐全（少一项扣1分）	4		

续表

项目		评价内容	分值	扣分	得分
操作流程（60分）	1. 物品准备	核对血糖仪和试纸条是否匹配	5		
		检查试纸条、一次性末梢采血器（或采血笔及配套采血针）、酒精、棉签是否在有效期	5		
	2. 开机/插入试纸	手指不能接触试纸采血区	5		
		试纸插入后显示滴血符号	5		
	3. 准备采血笔和采血针	正确安装、使用采血笔	5		
	4. 消毒采血	手指及消毒部位选择正确	5		
		按照由内到外的顺序消毒	5		
		一针见血，血液自然流出	5		
		弃去第一滴血，第二滴血量充足	5		
	5. 虹吸加样	正确吸入血液	5		
		显示读数	5		
	6. 自动退条	推动测试仪背后的退条键	5		
结果记录及分析（20分）	1. 记录结果	日期、时间、被测试者姓名、结果、单位、检测者姓名填写完整	8		
	2. 结果分析	能判断结果正常与否	4		
		结果异常重复测定	4		
		对异常结果能提出措施建议（饮食、运动、药物、仪器原因等方面）	4		
总分					

【参考值范围】

空腹血糖：3.9～6.1mmol/L。

餐后 2h 血糖：3.9～7.8mmol/L。

随机血糖：≤11.1mmol/L。

积少成多

1. 血糖是血液中的葡萄糖，正常人空腹血糖浓度为 3.9～6.1mmol/L，高于 7.0mmol/L 称为高血糖，低于 2.8mmol/L 称为低血糖。

2. 血糖的来源：食物中糖的消化吸收、肝糖原分解、糖异生；血糖的去路：氧化分解、合成糖原、转化为其他物质。胰岛素通过减少血糖来源、增加血糖去路降低血糖；胰高血糖素、甲状腺激素、肾上腺素等则通过增加血糖来源，减少血糖去路来升高血糖。

3. 糖尿病是最常见的糖代谢紊乱疾病。只有吃得多、消耗少，并且胰岛素与升糖激素不正常，才会患糖尿病。因此，要养成良好的生活习惯、关心自身和他人健康。便捷式血糖仪常用于糖尿病患者的日常监测。

理一理

糖代谢

- 概述
  - 糖的生理功能
    - 体内重要的能源
    - 体内重要的碳源
    - 维持体内血糖水平
    - 人体组织的重要组成成分

- 葡萄糖分解代谢
  - 糖的无氧氧化
    - 概念：葡萄糖或糖原在无氧或缺氧的情况下，分解为乳酸和少量ATP
    - 细胞定位：细胞质
    - 反应过程：葡萄糖经糖酵解为丙酮酸；丙酮酸还原为乳酸
    - 限速酶：己糖激酶、磷酸果糖激酶、丙酮酸激酶
    - 生理意义：机体不利用氧迅速提供能量；为成熟红细胞及某些组织提供能量
  - 糖的有氧氧化
    - 概念：葡萄糖或糖原在有氧条件下彻底氧化为H_2O和CO_2同时释放大量ATP
    - 细胞定位：细胞质和线粒体；反应过程：葡萄糖生成丙酮酸；丙酮酸进入线粒体生成乙酰CoA；三羧酸循环
    - 限速酶：己糖激酶、磷酸果糖激酶、丙酮酸激酶、丙酮酸脱氢酶复合体、柠檬酸合酶、异柠檬酸脱氢酶、a-酮戊二酸脱氢酶复合体
    - 生理意义：机体获得能量的主要方式
  - 磷酸戊糖途径
    - 代谢产物：核糖5-磷酸和NADPH
    - 生理意义：参与核酸的生物合成；为体内多种代谢反应提供供氢体

- 糖原代谢
  - 糖原合成
    - 概念：肝脏或肌肉将葡萄糖（G）合成糖原（G_{n+1}）的过程
    - 限速酶：糖原合酶
    - 生理意义：防止血糖浓度过高而从尿中排出，维持血糖浓度恒定
  - 糖原分解
    - 概念：习惯上指肝糖原分解为葡萄糖的过程
    - 限速酶：糖原磷酸化酶
    - 生理意义：肝糖原是血糖的重要来源；肌糖原是肌肉收缩时的能量储备

- 糖异生
  - 概念　由非糖物质如丙酮酸、乳酸、甘油和生糖氨基酸等生成葡萄糖或糖原的过程
  - 组织细胞定位　主要是肝脏，长期饥饿或酸中毒时肾脏糖异生能力可增强
  - 限速酶　丙酮酸羧化酶、磷酸烯醇式丙酮酸羧激酶、果糖二磷酸酶、葡萄糖-6-磷酸酶
  - 生理意义　在空腹或饥饿情况下维持血糖恒定；补充肝糖原；防止乳酸中毒

- 葡萄糖其他代谢
  - 葡萄糖醛酸途径；多元醇途径；2,3-二磷酸甘油酸支路

- 血糖
  - 概念　血液中的葡萄糖，正常人空腹血糖浓度维持在3.9~6.1mmol/L
  - 血糖的来源与去路
    - 血糖来源：食物中的糖；肝糖原分解；糖异生
    - 血糖去路：氧化分解；合成糖原；转变为其他物质
  - 激素对血糖水平的调节
    - 升糖激素：糖皮质激素、肾上腺素、生长激素、甲状腺激素等
    - 降糖激素：胰岛素
  - 糖代谢异常　高血糖：空腹血糖浓度高于7.0mmol/L；低血糖：空腹血糖浓度低于2.8mmol/L

理一理

练一练

一、名词解释

1. 葡萄糖的有氧氧化

2. 糖原分解

3. 糖异生

4. 血糖

二、填空

1. 糖酵解的 3 个关键酶是_____、_____、_____，这 3 个酶催化的反应不可逆，其活性高低可直接影响糖酵解的速度和方向。

2. 1 分子葡萄糖经无氧氧化可净生成_____分子 ATP，而糖原中的 1 个葡萄糖单位经无氧氧化可净生成_____分子 ATP，1 分子葡萄糖经有氧氧化可净生成_____分子 ATP。

3. 磷酸戊糖途径是不产能的代谢途径，其产物是_____和_____。

4. 人体中的糖原主要包括_____和_____；肌肉组织因缺乏_____酶，所以肌糖原不能分解为葡萄糖。

5. 血糖（blood sugar）主要是指血液中的_____，正常人空腹血糖浓度维持在_____。降低血糖的激素有_____，升高血糖的激有_____、_____和_____等。

三、案例分析

1. 患者，男性，57 岁。2 个月前开始口渴多饮，每天饮水量达 3 600mL，食量增加，尿量增加、无尿急、尿痛。近半个月，上述症状加重，并出现乏力、体质消瘦，神志清楚。体格检查：体温 36.8℃，脉搏 90 次 /min，呼吸 22 次 /min，血压 120/80mmHg，心、肺无异常。实验室检查：尿常规：糖（+），酮体（-），蛋白质（-），尿相对密度 1.030。空腹血糖 11.2mmol/L。初步诊断为糖尿病。结合本病例，试述糖尿病的典型临床表现，分析患者空腹血糖的变化与血糖来源去路之间的关系。

2. 患者，男性，36 岁。因饮酒后出现头晕、恶心，伴全身大汗、面色苍白，到医院就诊。问诊得知，该患者空腹饮酒，饮酒量尚未达到醉酒，结合症状诊断为空腹饮酒引起低血糖。经静脉注射高浓度葡萄糖后，症状得到缓解。试分析空腹饮酒引起低血糖的生化机制。结合本病例，试述低血糖的处理措施。

思路解析

测一测

拓展阅读

（许国莹）

第六章 脂类代谢

课件

脂肪酸 β- 氧化
——艰辛而漫长的探索之旅

人体的脂肪分解的重要产物之一是脂肪酸,脂肪酸是如何进一步分解的呢?1904年,德国人 Franz Knoop 利用动物不能利用苯环的特点,将连有苯环的不同长度的脂肪酸喂饲狗,然后检测狗尿中的产物。结果发现,食用含偶数碳脂肪酸的狗尿中有苯乙酸的衍生物——苯乙尿酸,而食用含奇数碳脂肪酸的狗尿中有苯甲酸的衍生物——马尿酸。据此,Franz Knoop 提出无论脂肪酸链的长短,脂肪酸的降解每次都是水解 2 个碳原子,推测脂肪酸的氧化发生在 β- 碳原子上。以后经过大量实验确证,最终提出了脂肪酸的 β- 氧化。脂肪酸 β- 氧化产生的乙酰 CoA 进入三羧酸循环彻底氧化供能。1949年,美国化学家 EP Kennedy 和 AL Lehninger 发现脂肪酸的 β- 氧化发生在线粒体中;1953年,DE Green 及 F Lynen 成功分离出 β- 氧化各个阶段的酶,从而完善了脂肪酸 β- 氧化的机制。科学家们历经近半个世纪的研究所取得的成果,说明只要通过团队科学地思维、不懈地努力、艰辛地付出,就能够取得令人欣喜的成就。

学前导语

脂类是三大营养物质之一,包括脂肪和类脂。结构复杂、不由基因编码、不易溶于水的特性决定了它在以水为基础环境的生命体内的特殊性,也决定了其在生命活动或疾病发生发展中的重要性。

学习目标

辨析:脂肪和类脂在化学结构和组成上的异同点;酮体、脂肪酸和胆固醇在合成原料上的异同点;各类血浆脂蛋白在合成部位和生理功能上的区别。

概述:脂类的功能、脂肪酸 β- 氧化的过程和能量生成。

说出:各种脂类(甘油三酯、酮体、磷脂、胆固醇)的合成和分解代谢过程。

学会:运用胆固醇代谢特点分析降脂药物作用机制;运用血浆脂蛋白代谢知识理解高脂血症分型。

培养:具有指导高脂血症患者科学用药、合理饮食的能力。

第一节　概　述

脂类(lipids)是一类不溶于水而易溶于乙醚、氯仿等有机溶剂的有机化合物。按照化学结构及其组成,脂类可分为脂肪(fat)和类脂(lipoid)。脂肪由1分子甘油和3分子脂肪酸通过酯键相连而生成,故又称甘油三酯(triglyceride,TG)。类脂包括磷脂(phospholipid,PL)、糖脂(glycolipid,GL)、游离胆固醇(free cholesterol,FC)和胆固醇酯(cholesterol ester,CE)等,后两者合称总胆固醇(total cholesterol,TC)。

一、脂类的分布

脂肪在人体内受膳食、运动、营养、疾病等因素影响变动幅度大,因具有储存能量功能,被称为可变脂或储存脂。成年男性的脂肪含量一般占体重的10%~20%,女性稍高。脂肪组织的储存部位和形式与代谢综合征、糖尿病、心血管疾病等关系密切。根据分布部位,脂肪组织分皮下脂肪组织(subcutaneous adipose tissue,SAT)和内脏脂肪组织(visceral adipose tissue,VAT)。VAT主要分布在腹腔大网膜、肠系膜和肾周围等。VAT与SAT的一个主要不同之处在于VAT细胞脂肪分解活动强于SAT细胞,它可释放大量游离脂肪酸直接进入门静脉循环,到达肝脏和其他外周组织,使这些非脂肪组织出现脂肪沉积、胰岛素敏感性降低(可引发2型糖尿病)等。因此,降低VAT聚集对于改善肥胖和2型糖尿病有着重要意义。

类脂是生物膜的基本组成成分,占生物膜总重量的一半以上,在各器官和组织中含量恒定,基本上不受膳食、营养状况和机体活动的影响,故又称为固定脂或基本脂。

二、脂类的生理功能

(一)脂肪的功能

1. 储能和供能　这是脂肪的主要功能。脂肪是人体在饥饿或禁食条件下的主要供能物质,还是人体内最有效的储能形式。同等质量的糖、脂肪和蛋白质氧化分解,脂肪所释放的能量远高于糖和蛋白质。1g脂肪彻底氧化产生38kJ能量,而1g糖或蛋白质氧化只产生17kJ能量。

2. 提供必需脂肪酸　必需脂肪酸(essential fatty acid,EFA)是指机体生命活动必需,但自身不能合成,必须从食物中摄取的一类脂肪酸,均为多不饱和脂肪酸,包括亚油酸、亚麻酸和花生四烯酸等。必需脂肪酸对于大脑、神经系统、免疫系统、心血管系统和皮肤功能维持来说是必需的,但摄入过多,可使体内的氧化物、过氧化物等增加,同样对机体产生多种慢性危害。

除此之外,脂肪还有促进脂溶性维生素吸收、保温、保护内脏器官等功能。

> **知识窗**
>
> 不可不知的 ω-3 脂肪酸
>
> ω-3脂肪酸即α-亚麻酸,又称欧米伽3,是人体必需的不饱和脂肪酸,无法自身合成,必须通过食物摄取。它能有效预防因血液黏稠而引起的心脑血管疾病。ω-3脂肪酸的主要来源有深海鱼油、核桃、亚麻籽油,其中亚麻籽油是陆地上含量最高的植物油。植物油比鱼油对人体更有亲和力,故亚麻籽油又被称为"草原上的深海鱼油"。

2020 年 3 月 3 日，国际欧米伽 3 宣传日迎来了第 11 个年头，恰逢全球正处在抗击新型冠状病毒的关键时期。国家卫生健康委、中华医学肠外肠内营养学分会、湖北省医院协会、人民日报社分别提及 ω-3 脂肪酸可以用于新型冠状病毒肺炎患者的营养支持，并能有效降低"炎症风暴"发生的风险，让国人又一次认识到 ω-3 脂肪酸的重要性。

（二）类脂的功能

1．维持正常生物膜的结构与功能　磷脂和胆固醇是生物膜如细胞膜、线粒体膜等的重要组分。磷脂有极性的头部和疏水的尾巴，其亲水的头部朝外，疏水的尾巴朝内，构成生物膜脂质双分子层结构的基本骨架，为细胞提供了通透性屏障。

2．转变成多种生理活性物质　胆固醇在体内可转变成胆汁酸、维生素 D、类固醇激素等具有重要生理功能的物质。花生四烯酸可转变成前列腺素、血栓素、白三烯等物质，参与炎症、免疫、过敏等重要病理生理过程。

3．构成血浆脂蛋白　脂蛋白是血脂的运输形式。磷脂单分子层与胆固醇组成脂蛋白的外壳，里面包裹着甘油三酯和胆固醇酯，使不溶于水的脂类以可溶的形式在血液中运输。

> **知识窗**
>
> ### 新生儿呼吸窘迫综合征
>
> 新生儿呼吸窘迫综合征（neonatal respiratory distress syndrome，NRDS）又称新生儿肺透明膜病（hyaline membrane disease，HMD），是由于缺乏肺表面活性物质所致。临床表现为出生后不久出现进行性加重的呼吸窘迫和呼吸衰竭。肺表面活性物质是由肺泡上皮细泡合成和分泌的一种磷脂蛋白混合物，其中含磷脂 90%。肺泡表面活性物质对新生儿正常肺功能的维护起着重要作用，可以降低肺泡液气平面的张力，防止呼气末肺塌陷。患者多为早产儿，病情严重的婴儿多在 3d 内死亡，以出生后第 2 天病死率最高。

三、脂类的消化吸收

食物中的脂类主要为脂肪，其消化主要在小肠上段进行，吸收主要在十二指肠下段及空肠上段。

首先，胆汁中的胆汁酸盐将脂类物质乳化并分散为细小的微团，利于消化酶的作用。中链脂肪酸（6～10C）及短链脂肪酸（2～4C）构成的甘油三酯，经胆汁酸盐乳化后即可被吸收至肠黏膜细胞，然后在脂肪酶的作用下，水解为脂肪酸及甘油，经门静脉进入血液循环。长链脂肪酸（12～26C）构成的甘油三酯在胰脂酶催化下水解生成 1 分子甘油一酯和 2 分子脂肪酸。甘油一酯和脂肪酸被吸收入肠黏膜细胞后，在细胞内再合成甘油三酯，与载脂蛋白结合以乳糜微粒（chylomicron，CM）形式经淋巴进入血液循环。

> **积少成多**
>
> 1．脂类包括脂肪和类脂。脂肪又称甘油三酯；类脂包括磷脂、糖脂、游离胆固醇和胆固醇酯。
>
> 2．必需脂肪酸包括亚油酸、亚麻酸、花生四烯酸。

第二节 甘油三酯的代谢

一、甘油三酯的分解代谢

(一)脂肪动员

脂肪动员是指储存在脂肪细胞中的甘油三酯被脂肪酶逐步水解,生成甘油和游离脂肪酸(free fatty acid,FFA)并释放入血,经血液循环运输到其他组织被氧化利用的过程。

当禁食、饥饿或交感神经兴奋时,脂肪细胞中的甘油三酯脂肪酶被激活,水解甘油三酯生成甘油二酯和游离脂肪酸。甘油二酯被甘油二酯脂肪酶分解为甘油一酯和脂肪酸,甘油一酯再被甘油一酯脂肪酶分解为甘油和脂肪酸(图6-1)。甘油三酯脂肪酶活性最低,是脂肪动员的限速酶,其活性受多种激素的调控,故称激素敏感性甘油三酯脂肪酶(hormone-sensitive triglyceride lipase,HSL)。肾上腺素、去甲肾上腺素、胰高血糖素、促肾上腺皮质激素等能促进脂肪动员,被称为脂解激素。胰岛素、前列腺素 E_2 能抑制脂肪动员,被称为抗脂解激素。

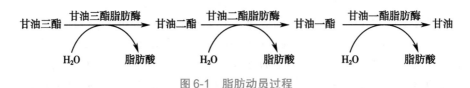

图 6-1 脂肪动员过程

通过脂肪动员,甘油三酯被分解为甘油和游离脂肪酸。脂肪酸不溶于水,与白蛋白结合后经血液运送至全身各组织;甘油溶于水,直接由血液运送至各组织利用。

(二)甘油的代谢

甘油在甘油激酶催化下转变为 α- 磷酸甘油,继续由 α- 磷酸甘油脱氢酶催化生成磷酸二羟丙酮后,既可沿糖异生途径转变为糖,也可循糖代谢途径分解(图6-2)。因此,甘油是糖异生的原料。脂肪细胞及骨骼肌细胞缺乏甘油激酶,不能利用甘油。

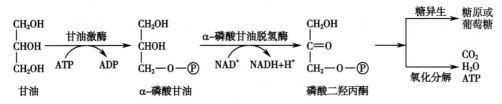

图 6-2 甘油的氧化

(三)脂肪酸的氧化

脂肪酸是机体的重要能源物质,在氧气充足的条件下,脂肪酸可彻底氧化分解为 CO_2 和 H_2O 并产生大量 ATP 供机体利用。除脑组织和成熟的红细胞,大多数组织都能氧化利用脂肪酸,但以肝和肌肉组织最为活跃。脂肪酸的氧化分为以下 4 个步骤:

1. 脂肪酸活化为脂酰 CoA 脂肪酸的活化在细胞液中进行。心、肝、骨骼肌等细胞的内质网和线粒体外膜上均含有脂酰 CoA 合成酶,可催化脂肪酸生成脂酰 CoA(图6-3)。上述反应由 ATP 供能，产生 AMP 和无机焦磷酸（PPi），实际消耗了 2 个高能磷酸键。脂肪酸活化后不仅含有高能硫酯键，而且水溶性增加，代谢活性相应提高。

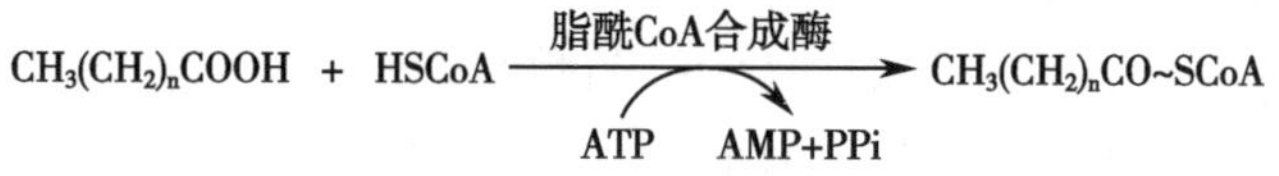

$CH_3(CH_2)_nCOOH$ + HSCoA
脂酰CoA合成酶
$CH_3(CH_2)_nCO\sim SCoA$
ATP
AMP+PPi

图 6-3 脂肪酸的活化

2. 脂酰 CoA 经肉碱转运进入线粒体　脂肪酸的活化在细胞液中进行，而催化脂酰 CoA 氧化的酶系存在于线粒体基质内，因此活化的脂酰 CoA 必须进入线粒体内才能氧化分解。长链脂酰 CoA 不能直接透过线粒体内膜，需要肉碱的转运才能进入线粒体基质（图 6-4）。该过程是脂肪酸氧化的主要限速步骤，肉碱脂酰转移酶 I（CAT-I）是限速酶。当饥饿、高脂低糖膳食或糖尿病等情况时，机体不能利用葡萄糖获取能量，这时 CAT-I 活性增加，脂肪酸氧化增强。相反，饱食后，CAT-I 活性受抑制，脂肪酸氧化减少。

线粒体内膜
细胞质
基质
$N^+(CH_3)_3$
CH_2
RCO—O—CH
CH_2
COOH
脂酰肉碱
转位酶
$N^+(CH_3)_3$
CH_2
HO—CH
CH_2
COOH
肉碱
肉碱
CAT-Ⅰ
CAT-Ⅱ
脂酰肉碱
HSCoA
RCOSCoA
RCOSCoA
HSCoA

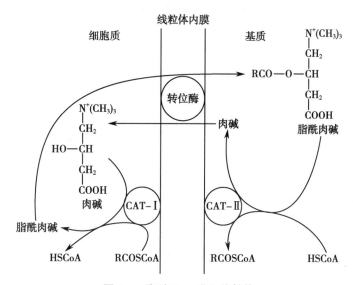

图 6-4 脂酰 CoA 进入线粒体

知识窗

左旋肉碱与减肥

左旋肉碱（*L*-carntine）又称 *L*- 肉碱，是一种能促进脂肪酸进入线粒体氧化分解的类氨基酸。脂肪酸不能透过线粒体膜，需要肉碱作为载体将其运送至线粒体彻底氧化分解。所以，额外补充肉碱，可以提高单位时间内输送至线粒体的脂肪酸量，有利于氧化消耗掉更多的脂肪。问题在于，脂肪在机体中并不会轻易分解，只有当糖提供的能量不足以满足机体需要时才分解。所以，如果不进行运动，单靠补充肉碱进行减肥，效果微乎其微。

红色肉类是左旋肉碱的主要来源，机体还可通过自身合成来满足生理需要。所以，在正常情况下我们不会缺乏肉碱。但是水果、蔬菜或其他植物中不含肉碱，因此严格素食者绝对缺乏肉碱。

3. 脂肪酸 β- 氧化产生乙酰 CoA 脂酰 CoA 在脂肪酸 β- 氧化多酶体系的催化下,从脂酰基的 β- 碳原子开始,经脱氢、加水、再脱氢、硫解 4 步连续反应,生成 1 分子乙酰 CoA 和比原来少 2 个碳原子的脂酰 CoA(图 6-5)。

(1) 脱氢:在脂酰 CoA 脱氢酶的催化下,脂酰 CoA 的 α、β 碳原子各脱下一个 H,生成反 Δ^2- 反烯酯酰 CoA,脱下的 2H 由 FAD 接受生成 $FADH_2$,随后进入 $FADH_2$ 氧化呼吸链产生 1.5 个 ATP。

(2) 加水:Δ^2- 反烯酯酰 CoA 在水化酶的催化下,加水生成 $L(+)$-β- 羟脂酰 CoA。

(3) 再脱氢:在 β- 羟脂酰 CoA 脱氢酶的催化下,$L(+)$-β- 羟脂酰 CoA 脱下 2H 生成 β- 酮脂酰 CoA,脱下的 H 由 NAD^+ 接受,生成 $NADH+H^+$,随后进入 NADH 氧化呼吸链产生 2.5 个 ATP。

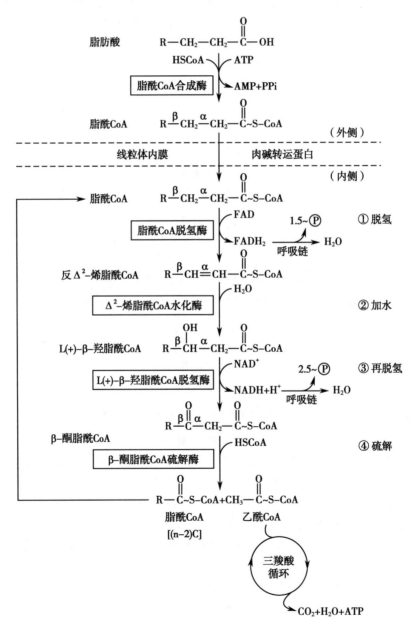

图 6-5 脂肪酸的氧化过程

（4）硫解：在 β- 酮脂酰 CoA 硫解酶的催化下，β- 酮脂酰 CoA 从 α 和 β 碳原子之间断裂，生成 1 分子乙酰 CoA 和少 2 个碳原子的脂酰 CoA。

以上 4 步反应反复进行，偶数碳饱和脂肪酸可全部转变成乙酰 CoA，一部分在线粒体内通过三羧酸循环彻底氧化，一部分在线粒体内缩合生成酮体，通过血液运送至肝外氧化利用。

4. 乙酰 CoA 进入三羧酸循环彻底氧化　乙酰 CoA 进入三羧酸循环彻底氧化分解，生成 CO_2、H_2O 和 ATP。

5. 脂肪酸氧化的能量生成　以 16 碳的软脂酸为例：首先在细胞液中活化为软脂酰 CoA，消耗 2 分子 ATP，然后，软脂酰 CoA 经 7 次 β- 氧化产生 8 分子乙酰 CoA 和 28 分子 ATP，随后 8 分子乙酰 CoA 进入三羧酸循环产生 80 分子 ATP。所以，软脂酸彻底氧化分解净生成的 ATP 数为：28+80-2=106（表 6-1）。

表 6-1　1 分子软脂酸彻底氧化净生成的 ATP 数

代谢过程	ATP 生成数
活化	−2
7 次 β- 氧化	+(7×4)=28
8 分子乙酰 CoA 进入三羧酸循环	+(8×10)=80
合计	+106

注："+"表示生成；"−"表示消耗。

含 n 个碳原子（n 为偶数）的脂肪酸的氧化分解过程中如下步骤与能量产生有关。①活化：断裂 2 个高能磷酸键，相当于消耗 2 分子 ATP。②β- 氧化：活化产物脂酰 CoA 经 $(\frac{n}{2}-1)$ 次 β- 氧化完全转变为 $\frac{n}{2}$ 个乙酰 CoA。一次 β- 氧化生成 1 分子 $FADH_2$ 和 1 分子 $NADH+H^+$，它们分别进入 $FADH_2$ 及 NADH 氧化呼吸链，各产生 1.5 和 2.5 分子 ATP，即一次 β- 氧化共生成 4 分子 ATP。故此阶段共生成的 ATP 数为 $(\frac{n}{2}-1)×4=2n-4$。③三羧酸循环：一次三羧酸循环产生 10 分子 ATP，$\frac{n}{2}$ 个乙酰 CoA 彻底氧化共产生 5n 分子 ATP。因此，含 n 个碳原子的脂肪酸彻底氧化净生成的 ATP 数是：(2n-4)+5n-2=7n-6。

二、酮体的生成和利用

乙酰乙酸、β- 羟丁酸和丙酮三种物质合称为酮体（ketone bodies），是脂肪酸在肝细胞分解氧化时产生的特有的中间产物。

（一）酮体在肝内产生

酮体合成的部位为肝细胞的线粒体，合成原料来自脂肪酸 β- 氧化产生的乙酰 CoA，合成过程可分三步进行（图 6-6）。

1. 生成乙酰乙酰 CoA　2 分子乙酰 CoA 在硫解酶的催化下生成乙酰乙酰 CoA。

2. 生成 β- 羟 [基]-β- 甲戊二酸单酰辅酶 A（β-hydroxy-β-methylglutaryl-CoA，HMG-CoA）　在 HMG-CoA 合酶的催化下，乙酰乙酰 CoA 与 1 分子乙酰 CoA 缩合生成 HMG-CoA。HMG-CoA 合酶是酮体合成的限速酶，也是肝脏特有的合成酮体的酶。

3.生成酮体　在 HMG-CoA 裂解酶作用下,HMG-CoA 裂解生成乙酰乙酸和乙酰 CoA。在 β- 羟丁酸脱氢酶作用下,乙酰乙酸加氢还原成 β- 羟丁酸。部分乙酰乙酸在乙酰乙酸脱羧酶的催化下脱羧变成丙酮。

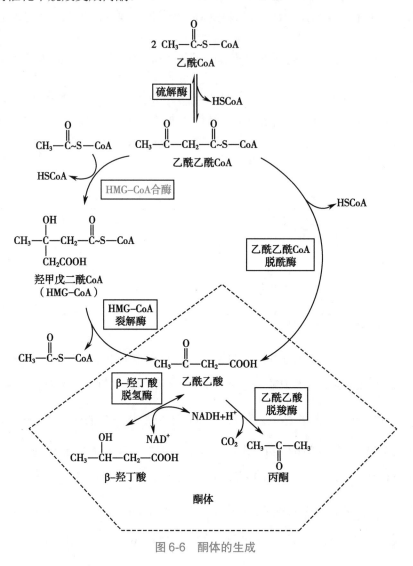

图 6-6　酮体的生成

(二)酮体在肝外利用

肝虽能合成酮体,但氧化酮体的酶活性很低,而肝外的许多组织则可将酮体裂解成乙酰 CoA,再通过三羧酸循环彻底氧化分解供能。因此,酮体代谢具有"肝内产生肝外利用"的特点。

心、肾、脑及骨骼肌的线粒体内有琥珀酰 CoA 转硫酶,心、肾及脑的线粒体内有乙酰乙酸硫激酶,它们均催化乙酰乙酸活化生成乙酰乙酰 CoA,后者在乙酰乙酰 CoA 硫解酶作用下,转变为 2 分子乙酰 CoA,进入三羧酸循环氧化分解(图 6-7)。

β- 羟丁酸在 β- 羟丁酸脱氢酶的催化下,脱氢生成乙酰乙酸氧化分解。部分丙酮则在一系列酶催化下转变成丙酮酸或乳酸。丙酮可随尿排出,或经呼吸道呼出。丙酮呈烂苹果味,因此严重糖尿病患者呼气中常有"烂苹果"的味道。

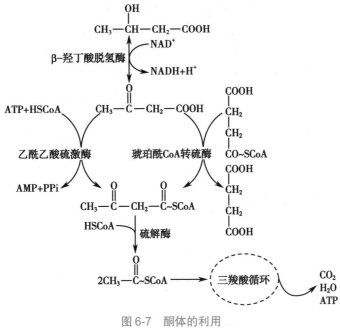

图 6-7 酮体的利用

（三）酮体代谢的生理意义

酮体是脂肪酸在肝内正常代谢的中间产物，也是肝输出的一种能源物质。正常情况下，大脑以葡萄糖作为能源物质，但糖供应不足如长期饥饿时，肝脏合成酮体增多。酮体溶于水，分子小，易透过血脑屏障，可代替葡萄糖成为脑组织的主要能源。

正常人血液中仅含有少量酮体（0.03～0.5mmol/L 或 0.3～5mg/dL）。在高脂低糖膳食或严重糖尿病时，脂肪动员加强，脂肪酸在肝内分解增多，酮体生成增加，超过肝外组织利用的能力，引起血液中酮体增多，称为酮血症。尿中出现酮体称为酮尿症。由于酮体中的乙酰乙酸、β-羟丁酸是有机酸，血液中含量过高会导致酮症酸中毒。

案例分析

患者，女性，53 岁。糖尿病 8 年，5d 前感冒并咳嗽，未及时治疗，因呼吸急促，意识不清入院。检查：血糖 20.28mmol/L、酮体（+++）、尿糖（++++），呼气中有"烂苹果"气味。诊断为糖尿病、糖尿病酮症酸中毒。

问题：

1. 依据所学的生化知识，试述上述案例中糖尿病酮症酸中毒的诊断依据。
2. 试述糖尿病酮症酸中毒的生化机制。

案例解析

做一做：肝脏中酮体的生成作用

酮体包括 β- 羟丁酸、乙酰乙酸和丙酮，是机体在糖供应不足时主要为大脑提供的脂类能源物质。酮体生成是肝脏特有的功能，因为只有肝脏含有酮体生成的酶系。在高脂低糖膳食或严重糖尿病时，血液中酮体增多，称为酮血症。尿中出现酮体称为酮尿症。临床上可以通过检测血酮和尿酮的水平来辅助诊断糖尿病酮症酸中毒。目前测定血清和尿酮体的最常用方法是硝普盐半定量试验，即乙酰乙酸和丙酮与硝普盐（亚硝基铁氰化钠）在碱性条件下可生成紫色化合物。本实验用此方法验证肝脏是合成酮体的唯一器官。

视频：肝脏中酮体的生成作用

【目的】

1. 验证酮体生成是肝脏特有的功能。

2. 养成严谨细致的操作习惯。

【原理】

肝细胞中含有酮体生成酶系。本实验以丁酸作为底物，与新鲜肝匀浆一起放入与体内相似的环境并保温，可以生成酮体。酮体中的乙酰乙酸和丙酮可与显色粉中的亚硝基铁氰化钠反应，生成紫红色化合物。肌肉中没有生成酮体的酶系，同样处理的肌匀浆不会产生酮体，因此不能与显色粉产生颜色反应。

$$丁酸 + 肝匀浆 \xrightarrow{保温} 酮体 \begin{cases} β-羟丁酸 \\ 乙酰乙酸 \\ 丙酮 \end{cases} \xrightarrow{显色粉} 紫红色化合物$$

【试剂与器材】

1. 试剂　0.9% NaCl 溶液、洛克溶液、0.5mol/L 丁酸溶液、0.1mol/L 磷酸盐缓冲液（pH 7.6）、15% 三氯醋酸溶液、酮体粉。

2. 器材　试管、试管架、匀浆器或研钵、恒温水浴、离心机或小漏斗、白瓷板。

【操作】

1. 肝匀浆和肌匀浆的制备　准备猪的新鲜肝和肌组织，剪碎，分别放入匀浆器或研钵中，加入生理盐水（重量：体积为 1∶3），研磨成匀浆。

2. 试剂加入　取 4 支试管，分别编号，按表 6-2 操作。

表 6-2　酮体生成实验操作

加入物	剂量/滴			
	1 号管	2 号管	3 号管	4 号管
洛克溶液	15	15	15	15
0.5mol/L 丁酸溶液	30	—	30	30
磷酸盐缓冲（pH 7.6）	15	15	15	15
肝匀浆	20	20	—	—
肌匀浆	—	—	—	20
蒸馏水	—	30	20	—

3. 水浴　将上述 4 支试管摇匀后放 37℃ 恒温水浴中保温 30min。

4. 离心　取出各管，每管加入 15% 三氯醋酸 20 滴，摇匀，3 000r/min 离心 5min。

5．颜色反应　分别从各管取离心液滴于白瓷反应板 4 个凹孔中，每次放入酮体粉 1 小匙（约 0.1g），观察并记录每个凹孔的颜色反应。

6．观察　观察各管颜色变化，并分析实验结果。

【注意事项】

1．本实验用新鲜动物肝组织为宜，标本夏日在冰箱可保存 3d，冬天可保存稍长时间。

2．用滴管取不同离心液于白瓷板中时，注意及时清洗滴管，防止离心液相混。

【操作流程及考核评价】

肝脏中酮体的生成作用操作流程及考核评价见表 6-3。

表 6-3　肝脏中酮体的生成作用操作流程及考核评价

项目		评价内容	分值	扣分	得分
职业素养（20分）	1. GMP 意识	着装整齐，防护符合要求	5		
		实验态度严谨，实验习惯良好	5		
	2. 物品准备	按要求准备试剂、器材，检查实验仪器设备	5		
		实验台面整洁，物品放置合理	5		
操作流程（60分）	1. 肝匀浆和肌匀浆的制备	研磨迅速，充分	10		
	2. 试剂加入	试管编号	5		
		滴管使用准确	5		
	3. 水浴	试管摇匀彻底；水浴时间充分	10		
	4. 离心	离心机使用准确	10		
	5. 颜色反应	明晰离心液放置凹孔的顺序	10		
		结果与预期一致	10		
结果分析（20分）	结果分析	能分析每个凹孔的颜色变化	10		
		能解释异常结果	10		
总分					

三、甘油三酯的合成代谢

（一）合成部位

肝、脂肪细胞及小肠是合成脂肪的主要场所，以肝的合成能力最强。肝脏合成脂肪后需以极低密度脂蛋白形式运出，否则在肝内堆积，易形成脂肪肝。小肠合成脂肪的原料来源于肠道消化脂肪的产物，合成后以乳糜微粒形式经淋巴进入血液循环。

（二）合成原料

脂肪的合成需要 α- 磷酸甘油和活化的脂肪酸（即脂酰 CoA）作为原料，两者主要由糖代谢提供，因此，人体即使完全不摄入脂肪，亦可由糖大量合成。

（三）α- 磷酸甘油的合成

α- 磷酸甘油是甘油的活化形式，主要有两个来源：①糖代谢的中间产物磷酸二羟丙酮，在 α- 磷酸甘油脱氢酶的催化下氧化生成 α- 磷酸甘油，这是 α- 磷酸甘油的主要来源；②食物中的甘油吸收进入体内后，经甘油激酶催化生成 α- 磷酸甘油。

（四）脂肪酸的合成

1. 合成部位　肝是人体合成脂肪酸的主要场所，其合成能力较脂肪组织大 8～9 倍。脂肪酸合成酶系存在于细胞液中。

2. 合成原料　乙酰 CoA 是合成脂肪酸的主要原料，主要来自葡萄糖的有氧氧化。此外，脂肪酸合成还需磷酸戊糖途径产生的 NADPH 供氢。因此，糖是脂肪酸合成原料的主要来源。

葡萄糖有氧氧化产生乙酰 CoA 的过程在线粒体内完成，而脂肪酸的合成在细胞液中，因此乙酰 CoA 必须穿出线粒体才能成为脂肪酸合成的原料。乙酰 CoA 不能自由出入线粒体内膜，主要通过柠檬酸 - 丙酮酸循环完成（图 6-8）。首先，在线粒体内，乙酰 CoA 与草酰乙酸缩合形成柠檬酸，柠檬酸通过线粒体内膜上的载体转运至细胞液；在细胞液中，柠檬酸由柠檬酸裂解酶催化重新生成乙酰 CoA 和草酰乙酸。乙酰 CoA 用于脂肪酸的合成，草酰乙酸经苹果酸脱氢酶催化还原成苹果酸，经线粒体内膜上的特异载体进入线粒体。苹果酸也可在苹果酸酶的作用下分解为丙酮酸，再进入线粒体变成草酰乙酸，继续参与乙酰 CoA 的转运。

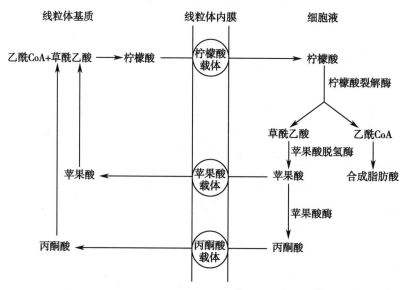

图 6-8　柠檬酸 - 丙酮酸循环

3. 软脂酸的合成　在细胞液中，以乙酰 CoA 为原料合成脂肪酸的过程并不是 β- 氧化的逆过程，而是以丙二酸单酰 CoA 为基础的连续反应。

（1）乙酰 CoA 羧化生成丙二酸单酰 CoA：在乙酰 CoA 羧化酶催化下，乙酰 CoA 羧化生成丙二酸单酰 CoA，ATP 提供能量，碳酸氢盐提供羧化过程所需的 CO_2（图 6-9）。脂肪酸合成时，只有 1 分子乙酰 CoA 直接参与反应，其余乙酰 CoA 均需以丙二酸单酰 CoA 的形式参与合成过程。

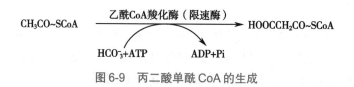

图 6-9　丙二酸单酰 CoA 的生成

乙酰 CoA 羧化酶存在于细胞液中,是软脂酸合成的限速酶,其辅酶为生物素,Mn^{2+} 为激活剂。此酶活性受体内物质代谢和膳食成分的调节和影响。

(2)软脂酸合成酶系催化合成软脂酸:7 分子丙二酸单酰 CoA 与 1 分子乙酰 CoA 在软脂酸合成酶系的催化下合成软脂酸,由 NADPH 提供氢。

软脂酸合成碳链的延长过程是一循环反应过程。每次循环包括 4 步反应:缩合、还原、脱水、再还原。每经过 1 次循环反应,碳链延长 2 个碳原子。7 次循环后即可生成 16 碳的软脂酸。人体内的软脂酸合成酶系是由一条多肽链构成的多功能酶,具有 8 个不用功能的结构域,包括 7 个不同酶功能的活性区域和 1 个酰基载体蛋白(ACP)结构。软脂酸合成的总反应式为:

$$CH_3CO \sim SCoA \ + \ 7HOOCCH_2CO \sim SCoA + 14(NADPH \ + \ H^+) \xrightarrow{\text{脂肪酸合成酶系}}$$

$$CH_3(CH_2)_{14}CO \sim SCoA \ + \ 6H_2O \ + \ 7CO_2 \ + \ 8HSCoA \ + \ 14NADP^+$$

4.不同碳链长度脂肪酸的合成 脂肪酸合成酶系只能催化生成 16 碳的软脂酸,碳链长短不同的脂肪酸需要对软脂肪酸进行加工后才能获得。脂肪酸碳链的缩短在线粒体中经 β- 氧化完成,延长可在内质网和线粒体中经脂酸延长酶体系催化完成。

人体内的不饱和脂肪酸主要有软油酸($16:1,\Delta^9$)、油酸($18:1,\Delta^9$)、亚油酸($18:2,\Delta^{9,12}$)、α- 亚麻酸($18:3,\Delta^{9,12,15}$)和花生四烯酸($20:4,\Delta^{5,8,11,14}$)等。前两者可以由软脂酸和硬脂酸在体内 Δ^9 去饱和酶催化下自身合成。而亚油酸、亚麻酸和花生四烯酸属于多不饱和脂肪酸,因人体内缺乏 Δ^9 以上的去饱和酶,所以不能自身合成。植物体内含有这种酶,故人体所需的多不饱和脂肪酸必须从食物(主要是植物油脂)中摄取。

(五)甘油三酯的合成

甘油三酯主要在肝、脂肪细胞和小肠细胞的内质网中合成,原料是 α- 磷酸甘油和脂酰 CoA。首先,α- 磷酸甘油酯酰转移酶催化 α- 磷酸甘油加上 2 分子脂酰 CoA 生成磷脂酸。后者在磷酸酶的作用下,水解脱去磷酸生成甘油二酯,最后在脂酰转移酶催化下,再加上 1 分子脂酰 CoA,生成甘油三酯(图6-10)。

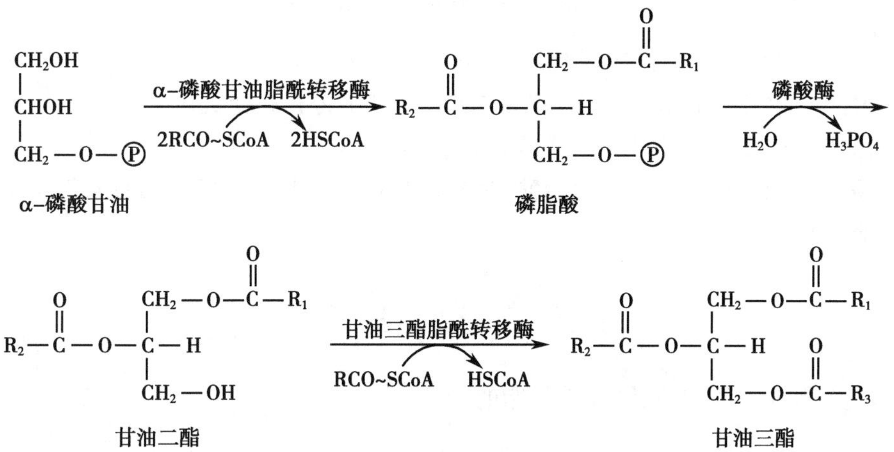

图6-10 甘油三酯的合成过程

知识窗

正常人吃糖易长胖

糖吃多了会长胖。为什么呢?

脂肪按照化学结构可命名为甘油三酯,其合成原料是 α- 磷酸甘油和脂酰 CoA。其中,α- 磷酸甘油主要由糖分解代谢产生的磷酸二羟丙酮转变而来;脂酰 CoA 可直接由脂肪酸活化产生,而脂肪酸合成的主要原料为乙酰 CoA 和 NADPH,前者主要来自糖的有氧氧化,后者由磷酸戊糖途径产生。由此可见,合成脂肪的所有原料都主要由糖分解代谢的产物转变而来。因此,正常人糖吃多了会长胖。

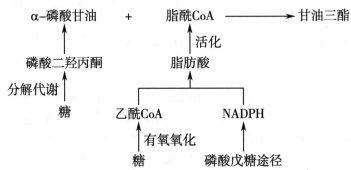

积少成多

1. 甘油三酯的分解代谢途径

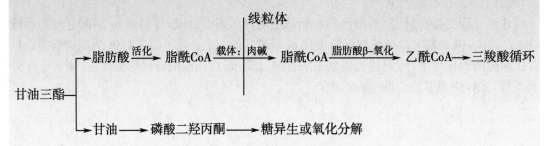

2. 1 分子软脂酸彻底氧化净生成 106 个 ATP。

3. 酮体包括乙酰乙酸、β- 羟丁酸和丙酮,是肝脏为大脑输出的一种脂类能源物质,其合成原料为乙酰 CoA,限速酶为 HMG-CoA 合酶。

4. 脂肪酸合成的主要原料为乙酰 CoA 和 NADPH;甘油三酯合成的原料为 α- 磷酸甘油和脂酰 CoA。

第三节　磷脂的代谢

磷脂是一类含有磷酸的脂类,属类脂的一种。

一、磷脂的结构与分类

磷脂按化学组成的不同可分为甘油磷脂和鞘磷脂。由甘油酯化产生的磷脂称甘油磷脂,由鞘氨醇构成的磷脂则称鞘磷脂。

甘油磷脂是体内含量最多的一类磷脂,其结构与甘油三酯极为相似。两者的区别主要在于甘油的第 3 位羟基若与脂肪酸相连为甘油三酯,与磷酸相连则为甘油磷脂(图 6-11)。甘油磷脂的磷酸羟基还可被氨基醇(如胆碱、乙醇胺等)或肌醇等取代,形成不同类型的甘油磷脂(表 6-4)。体内含量最多的甘油磷脂是磷脂酰胆碱(卵磷脂)和磷脂酰乙醇胺(脑磷脂),约占总磷脂的 75%。

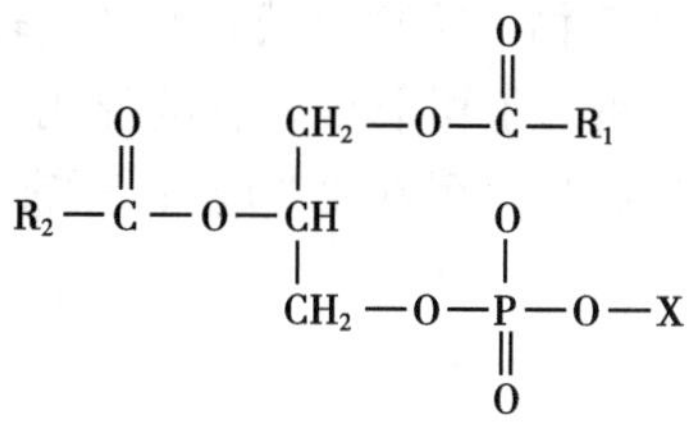

$$\begin{array}{c} O \\ \parallel \\ CH_2-O-C-R_1 \\ O \\ \parallel \\ R_2-C-O-CH \quad O \\ \parallel \\ CH_2-O-P-O-X \\ \parallel \\ O \end{array}$$

图 6-11 甘油磷脂的结构式

表 6-4 体内几种重要的甘油磷脂

X 取代基	磷脂名称
胆碱	磷脂酰胆碱(卵磷脂)
乙醇胺	磷脂酰乙醇胺(脑磷脂)
丝氨酸	磷脂酰丝氨酸
肌醇	磷脂酰肌醇
甘油的 C_1 和 C_3 分别与 1 分子磷脂酸结合	双磷脂酰甘油(心磷脂)

二、甘油磷脂的代谢

(一)甘油磷脂的合成

1. 合成部位 全身各组织细胞的内质网均含有甘油磷脂合成酶系,以肝、肾、小肠等活性最高。

2. 合成原料 主要包括甘油、脂肪酸、磷酸盐、胆碱、乙醇胺和丝氨酸等,需要 ATP、CTP 提供能量。甘油和脂肪酸主要由葡萄糖代谢产生。丝氨酸脱羧基变成乙醇胺,后者从 S- 腺苷甲硫氨酸(S-adenosyl methionine,SAM)得到 3 个甲基生成胆碱。因叶酸和维生素 B_{12} 参与 SAM 的生成,所以间接参与磷脂合成。

3. 合成过程 甘油磷脂的种类较多,合成过程也比较复杂,不仅不同的磷脂合成途径不同,而且同一种磷脂也可经不同的途径合成,同时有些磷脂还可在体内互相转变。

(1)胆碱和乙醇胺的生成和活化:胆碱和乙醇胺均可在体内合成,然后依次消耗 ATP 和 CTP,最终活化为 CDP- 胆碱和 CDP- 乙醇胺,才能参与合成反应(图 6-12)。

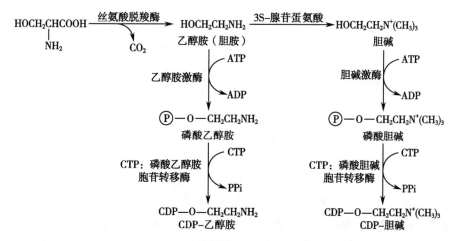

图 6-12 CDP- 乙醇胺和 CDP- 胆碱的合成

（2）磷脂酰胆碱和磷脂酰乙醇胺的生成：反应在内质网上进行，甘油二酯是合成的重要中间物。磷酸胆碱脂酰甘油转移酶催化甘油二酯与 CDP- 胆碱反应生成磷脂酰胆碱，磷酸乙醇胺脂酰甘油转移酶催化甘油二酯和 CDP- 乙醇胺生成磷脂酰乙醇胺。另外，磷脂酰乙醇胺也可甲基化变成磷脂酰胆碱（图 6-13）。

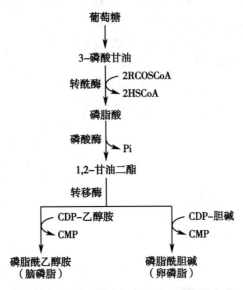

图 6-13　磷脂酰胆碱和磷脂酰乙醇胺的合成

（二）甘油磷脂的分解

甘油磷脂的分解由磷脂酶催化完成。不同的磷脂酶作用于甘油磷脂分子中的不同酯键。磷脂酶 A_1 和 A_2 分别作用于甘油磷脂的第 1、2 位酯键，产生溶血磷脂 1 和溶血磷脂 2；磷脂酶 B_1 和磷脂酶 B_2 分别作用于溶血磷脂 1 和溶血磷脂 2 的酯键；磷脂酶 C 作用于第 3 位磷酸酯键；磷脂酶 D 作用于磷酸取代基间的酯键（图 6-14）。

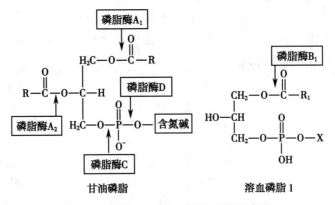

图 6-14　磷脂酶作用于磷脂化学键的部位

溶血磷脂是一类具有较强表面活性的物质，能使红细胞及其他细胞膜破裂，引起溶血或细胞坏死。磷脂酶 A_2 存在于动物各组织的细胞膜及线粒体膜上，生理条件下可参与细胞膜磷脂转换；病理状态下，磷脂酶 A_2 过度表达，膜磷脂分解大于合成，溶血磷脂增多，导致膜功能改变。急性胰腺炎发病就是由于某种原因导致磷脂酶 A_2 活性升高,胰腺细胞受损。毒蛇唾液中含有磷脂酶 A_2,因此人被毒蛇咬伤后可产生溶血症状。

> **积少成多**
>
> 1. 磷脂可分为甘油磷脂和鞘磷脂;体内含量最多的甘油磷脂是磷脂酰胆碱(卵磷脂)和磷脂酰乙醇胺(脑磷脂)。
>
> 2. 甘油三酯和甘油磷脂的结构通式

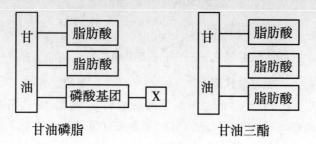

> 3. 甘油磷脂的合成原料主要包括甘油、脂肪酸、磷酸盐、胆碱、乙醇胺和丝氨酸等,其中胆碱和乙醇胺需最终活化为 CDP-胆碱和 CDP-乙醇胺,才能参与反应;甘油磷脂的分解由磷脂酶催化完成。

第四节　胆固醇的代谢

胆固醇最初是从动物胆石中分离出的,是环戊烷多氢菲的衍生物。胆固醇在体内有两种存在形式:游离胆固醇和胆固醇酯(图 6-15)。游离胆固醇 C_3 位上的羟基与脂肪酸相连即称胆固醇酯。两者总量约为 140g,主要分布于肾上腺、性腺及脑和神经组织,其次为肝、肾、肠、皮肤以及脂肪组织,肌肉组织含量较少。

图 6-15　游离胆固醇和胆固醇酯的结构式

一、胆固醇的合成代谢

(一)胆固醇的合成

除成人脑组织和成熟的红细胞外,人体各组织几乎都能合成胆固醇,其中 70%~80% 在肝内合成,10% 左右在小肠合成。人体每天合成胆固醇的总量约为 1g。胆固醇的合成主要在细胞液及内质网中。

1. 合成原料　乙酰 CoA 是合成胆固醇的基本原料，另外还需要大量的 NADPH+H$^+$ 及 ATP。每合成 1 分子胆固醇需要 18 分子乙酰 CoA、16 分子 NADPH+H$^+$ 及 36 分子 ATP。

乙酰 CoA 主要来自葡萄糖的有氧氧化，在线粒体内产生，不能自由透过线粒体膜，需要经柠檬酸 - 丙酮酸循环转移到细胞液，才能参与胆固醇的合成。NADPH 来自磷酸戊糖途径。

知识窗

乙酰 CoA 的来源与去路

需要注意的是：①合成酮体的原料来自脂肪酸的 β- 氧化，而非葡萄糖的有氧氧化；②胆固醇和脂肪酸合成所需要的乙酰 CoA 主要来自葡萄糖的有氧氧化，需要柠檬酸 - 丙酮酸循环转移至细胞液，才能参与合成反应。

2. 合成过程　胆固醇的合成过程非常复杂，有 30 多步酶促反应，可分为以下 3 个阶段：

（1）甲羟戊酸（mevalonic acid，MVA）的合成：在细胞液中，2 分子乙酰 CoA 在乙酰乙酰硫解酶催化下缩合成乙酰 CoA，然后再与 1 分子乙酰 CoA 缩合生成羟甲基戊二酸单酰 CoA（HMG-CoA）。HMG-CoA 是合成酮体和胆固醇的重要中间产物，但合成的细胞定位不同。在酮体合成中，HMG-CoA 在肝线粒体内生成；在胆固醇合成中，HMG-CoA 在肝细胞液中生成。然后，HMG-CoA 在 HMG-CoA 还原酶催化下产生甲羟戊酸（MVA）。

微课：酮体和胆固醇合成的异同点

（2）鲨烯的合成：甲羟戊酸经磷酸化、脱羧及脱羟基等反应生成 5 碳焦磷酸化合物，再经多次缩合生成 30 碳多烯烃化合物——鲨烯。

（3）胆固醇的生成：鲨烯再经环化、氧化、脱羧及还原等反应，最终生成含有 27 个碳原子的胆固醇（图 6-16）。

（二）胆固醇合成的调节

HMG-CoA 还原酶是胆固醇合成的限速酶。各种因素对胆固醇合成的影响和调节主要是通过调节 HMG-CoA 还原酶活性来实现的。

1. HMG-CoA 还原酶活性特点　此酶活性具有昼夜节律性，午夜活性最高，中午活性最低。因此，胆固醇合成的高峰期在夜间。

2. 饥饿与饱食　饥饿与禁食使 HMG-CoA 还原酶活性降低，可抑制肝内胆固醇合成；同时，饥饿与禁食时，乙酰 CoA、NADPH+H$^+$、ATP 不足也是胆固醇合成下降的重要原因。高糖、高脂膳食会使 HMG-CoA 还原酶活性增强，胆固醇合成增多。

3. 激素　胰岛素能使 HMG-CoA 还原酶合成增多，从而增加胆固醇合成；胰高血糖素及皮质醇等能抑制或降低此酶活性，从而减少胆固醇的合成；甲状腺激素既能促进胆固醇的合成，又能促进胆固醇向胆汁酸的转化，且后一作用较强，因而甲状腺功能亢进患者血清胆固醇含量下降。

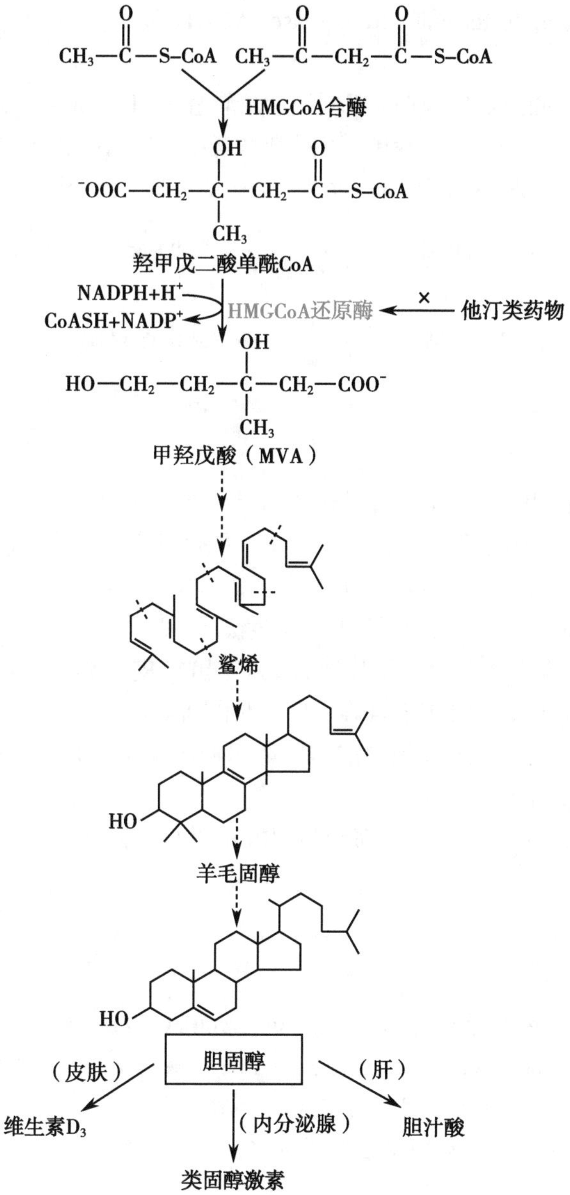

图 6-16　胆固醇合成过程及转化途径

4. 胆固醇的负反馈调节　食物及人体合成的胆固醇均可作为产物对 HMG-CoA 还原酶具有反馈抑制作用，使胆固醇合成减少。但这种反馈调节仅存在于肝细胞内，小肠黏膜细胞内的胆固醇合成不受此影响。

5. 药物　目前公认最有效的降脂药他汀类药物（如洛伐他汀和辛伐他汀、阿托伐他汀等）能竞争性地抑制 HMG-CoA 还原酶，减少体内胆固醇的合成。降脂药考来烯胺则通过抑制胆汁酸的重吸收，使更多的胆固醇转变为胆汁酸而起到降血脂的作用。

二、胆固醇的转化与排泄

（一）胆固醇的酯化

细胞内和血浆中的胆固醇都可以酯化为胆固醇酯。细胞内胆固醇在脂酰 CoA- 胆固醇脂酰转移酶（acyl-CoA cholesterol acyltransferase，ACAT）的催化下，接受脂酰 CoA 的脂酰基生成胆固醇酯。

血浆脂蛋白中的胆固醇在卵磷脂 - 胆固醇脂酰转移酶（lecithin-cholesterol acyltransferase，LCAT）催化下，接受卵磷脂分子上的脂酰基生成胆固醇酯。LCAT 完全由肝细胞合成，然后分泌到血液中发挥作用。所以，肝脏有病变时，LCAT 合成减少，血浆胆固醇酯含量下降（图 6-17）。

$$\text{胆固醇+脂酰CoA} \xrightarrow[\text{(细胞内)}]{\text{ACAT}} \text{胆固醇酯+HSCoA}$$

$$\text{胆固醇+卵磷脂} \xrightarrow[\text{(血浆)}]{\text{LCAT}} \text{胆固醇酯+溶血卵磷脂}$$

图 6-17　胆固醇的酯化

（二）胆固醇的转化与排泄

胆固醇不能为机体提供能量，但可以在体内转化成多种重要的生理活性物质（图 6-16）。

1. 转变成胆汁酸　胆固醇在肝细胞内经过一系列反应可转化为胆汁酸，这是胆固醇在体内代谢的主要去路，也是机体清除胆固醇的主要方式。正常人每天合成 1～1.5g 胆固醇，其中约 2/5 在肝中转变为胆汁酸，随胆汁排入肠道。

2. 转变为类固醇激素　在肾上腺皮质合成醛固酮、皮质醇及少量性激素；在睾丸合成雄激素睾酮；在卵巢和黄体合成雌激素雌二醇和孕酮等。

3. 转变为维生素 D_3　皮肤细胞内的胆固醇可脱氢氧化生成 7- 脱氢胆固醇，再经紫外线照射转变为维生素 D_3。

4. 胆固醇的排泄　在体内，有一部分胆固醇可以直接随胆汁排泄入肠道，经肠菌作用还原为粪固醇，随粪便排出。

> ### 积少成多
>
> 1. 胆固醇合成的主要原料为乙酰 CoA 和 NADPH，限速酶是 HMG-CoA 还原酶。
> 2. 他汀类药物的降脂机制包括 HMG-CoA 还原酶抑制剂；考来烯胺的降脂机制：抑制胆汁酸的重吸收，使更多的胆固醇转变为胆汁酸。
> 3. 胆固醇能够转变成的生理活性物质包括胆汁酸、维生素 D_3、类固醇激素。

做一做：血清总胆固醇含量测定（胆固醇氧化酶法）

血清总胆固醇含量测定是动脉粥样硬化性疾病防治、临床诊断和营养研究的重要指标。血清中总胆固醇（TC）包括游离胆固醇（FC）和胆固醇酯（CE）两部分。正常人血清总胆固醇含量为 2.59～5.17mmol/L，测定方法主要有化学比色法和酶学方法。后者因特异性好，灵敏度高，且既可手动操作，又可进行自动化分析，是目前临床上常用的方法。

【目的】

1. 掌握血清总胆固醇测定的原理和临床意义。

2. 学会血清总胆固醇测定的方法。

3. 养成操作严谨细致的实验态度。

【原理】

本实验采用胆固醇氧化酶法进行测定。血清中胆固醇酯可被胆固醇酯酶水解为游离胆固醇和游离脂肪酸（FFA），胆固醇在胆固醇氧化酶的氧化作用下生成 Δ^4-胆甾烯酮和 H_2O_2，H_2O_2 在 4- 氨基安替比林和酚存在时，经过氧化物酶催化，反应生成红色醌类化合物醌亚胺，其颜色深浅与标本中 TC 含量成正比。

$$胆固醇酯 \xrightarrow{胆固醇酯酶} 游离胆固醇 + 游离脂肪酸$$

$$游离胆固醇 \xrightarrow{胆固醇氧化酶} \Delta^4\text{-胆甾烯酮} + 过氧化氢$$

$$过氧化氢 + 4\text{-氨基安替比林} + 酚 \xrightarrow{过氧化物酶} 醌亚胺（红色）$$

【试剂与器材】

1．试剂　采用胆固醇测定试剂盒，内含有胆固醇标准应用液、酶试剂、酚试剂、蒸馏水。

2．器材　可见分光光度计、试管、试管架、恒温水浴锅、微量加样器。

【操作】

1．试剂加入　取试管 3 支，分别标号，按表 6-5 操作。

表 6-5　血清总胆固醇含量测定操作表

加入物	剂量 /μL		
	空白管	标准管	测定管
血清	—	—	20
胆固醇标准液	—	20	—
蒸馏水	20	—	—
酶工作液	2 000	2 000	2 000

微课：可见分光光度计的使用方法

视频：血清总胆固醇浓度测定

2．水浴　各试管混匀，置 37℃ 水浴，保温 10min。

3．比色　在波长 505nm 处比色，以空白管调零，读取标准管及测定管吸光度。

4．结果计算

$$血清总胆固醇（mmol/L）= \frac{测定管吸光度}{标准管吸光度} \times 胆固醇标准液浓度$$

【注意事项】

1．试管在操作前应保持干燥。

2．用微量加样器吸取液体时注意保持 Tip 头干净，防止试剂污染。

3．操作时应最后加酶试剂，保证各管反应时间一致。

【操作流程及考核评价】

血清总胆固醇含量测定操作流程及考核评价见表 6-6。

表 6-6　血清总胆固醇含量测定操作流程及考核评价

项目		评价内容	分值	扣分	得分
职业素养 （20分）	1．GMP 意识	着装整齐，防护符合要求	5		
		实验态度严谨，实验习惯良好	5		
	2．物品准备	按要求准备试剂、器材，检查实验仪器设备	5		
		实验台面整洁，物品放置合理	5		

续表

项目		评价内容	分值	扣分	得分
操作流程 (60分)	1. 试剂加入	试管编号正确	5		
		移液器的使用：①能旋至正确量程；②吸头尖端浸入液面3mm以下，吸液前先在液体中预润，慢吸慢放；③没有污染Tip头	9		
		试剂加入：①试管中先加入体积小的试剂；②操作迅速	6		
	2. 水浴	摇匀试管	5		
		水浴10min	5		
	3. 比色	仪器调试：①预热至少20min；②能准确调至所需波长；③能用黑体正确检测仪器状态	9		
		比色皿使用：①手拿粗糙面；②液面高度在2/3与4/5处；③用擦镜纸擦拭比色皿外壁液体；④透光面对准光路	12		
		测吸光度：①三只比色皿放置仪器的顺序正确；②滑杆使用准确；③用"100%T"键调空白管吸光度为零	9		
结果分析 (20分)	结果分析	实验结果与预期一致	10		
		能判定结果是否正常	5		
		能进行临床意义分析	5		
总分					

【参考值范围】

正常值：<5.17mmol/L。

临界值（轻度增高）：5.17~6.21mmol/L。

高胆固醇血症：≥6.22mmol/L。

严重高胆固醇血症：≥7.76mmol/L。

【临床意义】

1. 胆固醇增高　常见于动脉粥样硬化、原发性高脂血症（如家族性高胆固醇血症、家族性apoB缺陷症、多源性高胆固醇血症、混合性高脂蛋白血症等）、糖尿病、肾病综合征、胆总管阻塞、甲状腺功能减退、肥大性骨关节炎、老年性白内障和银屑病（牛皮癣）等。

2. 总胆固醇降低　常见于低脂蛋白血症、贫血、败血症、甲状腺功能亢进、肝疾病、严重感染、营养不良、肠道吸收不良、药物治疗过程中的溶血性黄疸及慢性消耗性疾病（如癌症晚期）等。

第五节　血浆脂蛋白的代谢

一、血脂

血浆中所含的脂类称为血脂，主要包括甘油三酯、磷脂、胆固醇、胆固醇酯及游离脂肪酸。血脂的来源有两种：一是外源性脂类，即从食物消化吸收的脂类；二是内源性脂类，由肝、脂肪组织等合成后释放入血。

正常人血脂的含量远不如血糖恒定,易受膳食、性别、年龄、运动及机体代谢状况等诸多因素的影响,波动范围比较大。正常人空腹血脂含量见表6-7。

表6-7 正常成人 12～14h 空腹血脂的组成和含量

组成	血浆含量		空腹时主要来源
	mg/dL	mmol/L	
总脂	400～700		
甘油三酯	10～150	0.11～1.69	肝
总胆固醇	100～250	2.59～6.47	肝
游离胆固醇	40～70	1.03～1.81	
胆固醇酯	70～200	1.81～5.17	
总磷脂	150～250	48.44～80.73	肝
卵磷脂	50～200	16.1～64.6	肝
神经磷脂	50～130	16.1～42.0	肝
脑磷脂	15～35	4.8～13.0	肝
游离脂肪酸	5～20		脂肪组织

血脂测定是临床常规分析的重要指标。血脂水平的测定、分析不仅反映全身脂类代谢的状况,而且广泛应用于高脂血症、动脉粥样硬化(atherosclerosis,AS)和冠心病的防治及其他诸多临床相关疾病的研究。

二、血浆脂蛋白

血脂不溶于水,不能在血液中游离运输。游离脂肪酸与白蛋白组成复合体转运,其余的血脂均以脂蛋白形式运输。

(一)血浆脂蛋白的分类

根据各类血浆脂蛋白含蛋白质及脂质数量的不同,可用电泳法或超速离心法将其分离。

1. 电泳法 是分离血浆脂蛋白最常用的方法。脂蛋白的颗粒大小及表面电荷量各不相同,所以在电场的电泳迁移率不同。经过一定时间的泳动,可将血浆脂蛋白分成 4 条区带,从正极到负极依次为:α- 脂蛋白(α-lipoprotein,α-LP)、前 β- 脂蛋白(pre-β-lipoprotein,Pre-β-LP)、β- 脂蛋白(β-lipoprotein,β-LP)和乳糜微粒(CM)(图 6-18)。

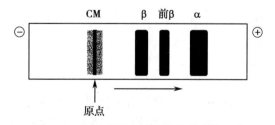

图 6-18 血浆脂蛋白琼脂糖凝胶电泳图谱

2. 超速离心法(又称密度法) 利用脂蛋白密度不同,在一定浓度的盐溶液中进行超速离心时沉降或漂浮的速度不同,可将血浆脂蛋白分为 4 类,密度从高到低依次为:高密度脂蛋白(high density lipoprotein,HDL)、低密度脂蛋白(low density lipoprotein,LDL)、极低密度脂蛋白(very low density lipoprotein,VLDL)和CM。相当于电泳分类法的α-脂蛋白、β-脂蛋白、前β-脂蛋白和乳糜微粒。除上述4类脂蛋白外,还有中间密度脂蛋白(intermediate density lipoprotein,IDL),它是VLDL在血浆向LDL转变时的中间代谢物,密度介于VLDL和LDL之间(图6-19)。

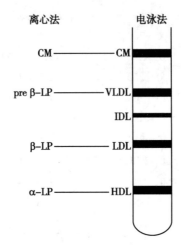

图6-19 密度法分离血浆脂蛋白图

(二)血浆脂蛋白的组成和结构

1. **血浆脂蛋白的组成** 血浆脂蛋白是由蛋白质和各种脂质组成的复合物。脂质成分主要有甘油三酯、磷脂、胆固醇和胆固醇酯;脂蛋白中的蛋白质成分称为载脂蛋白(apolipoprotein,apo)。目前已发现了十几种载脂蛋白,它们除了可以作为脂类的运输载体,还能够调节脂蛋白代谢关键酶的活性,以及参与脂蛋白受体识别、结合及其代谢过程。各类血浆脂蛋白均由甘油三酯(TG)、游离胆固醇(FC)、胆固醇酯(CE)、磷脂(PL)和载脂蛋白构成,但不同的血浆脂蛋白各组分所占比例差别很大(表6-8)。

表6-8 血浆脂蛋白的分类及组成

分类	组成 /%						
	蛋白质	脂类	甘油三酯	磷脂	总胆固醇	游离胆固醇	胆固醇酯
CM	0.5~2	98~99	80~95	5~7	1~4	1~2	3
VLDL	5~10	90~95	50~70	15	15~19	5~7	10~12
LDL	20~25	75~80	10	20	45~50	8	40~42
HDL	50	50	5	25	20	5	15~17

2. **血浆脂蛋白的结构** 成熟的血浆脂蛋白大致呈球形,载脂蛋白、磷脂及胆固醇常以单层分子分布于脂蛋白表层,形成脂蛋白的外壳。磷脂的亲水性头部朝外,疏水的尾巴朝内,赋予了脂蛋白的可溶性特点,便于其在血液中运输(图6-20)。疏水性的甘油三酯和胆固醇酯常集中分布于球的内部构成内核,CM和VLDL的内核主要是甘油三酯,而LDL和HDL的内核主要是胆固醇酯。

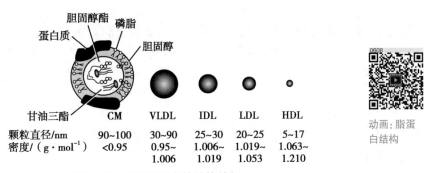

图 6-20 血浆脂蛋白的结构特征

动画:脂蛋白结构

（三）血浆脂蛋白的代谢

1. 乳糜微粒的代谢 CM 是由小肠黏膜细胞吸收食物中脂类后形成的脂蛋白,经淋巴入血,是运输外源性甘油三酯的主要形式。正常人 CM 在血浆中半衰期为 5~15min,因此空腹血浆中检测不到 CM。

小肠黏膜细胞将甘油三酯、磷脂、胆固醇与 apoB48、apoA I、apoA II、apoA IV 结合生成新生的 CM,经淋巴管进入血液循环。血液中新生的 CM 从 HDL 分子中获得 apoC 及 apoE 形成成熟的 CM。肝外组织的毛细血管内皮细胞表面的脂蛋白脂肪酶（lipoprotein lipase, LPL）水解 CM 中的甘油三酯,产生甘油和脂肪酸,脂肪酸可经血液循环进入外周组织利用。CM 颗粒逐渐变小,最后转变成为富含胆固醇酯、apoB48 及 apoE 的 CM 残粒,与肝细胞膜 apoE 受体结合,被肝细胞摄取代谢。

2. 极低密度脂蛋白的代谢 肝细胞合成的甘油三酯、磷脂及胆固醇主要以 VLDL 的形式,经血循环转运至全身其他组织。VLDL 是内源性甘油三酯的运输形式。

肝细胞合成的甘油三酯,加上 apoB100、apoE 以及磷脂、胆固醇等生成 VLDL。VLDL 可直接分泌入血,从 HDL 获得 apoC,后者激活肝外组织毛细血管内皮细胞表面的 LPL（同新生的 CM 一样）。活化的 LPL 使 VLDL 逐步水解,VLDL 颗粒逐渐变小,转变成中间密度脂蛋白（IDL）。IDL 一部分被肝细胞摄取代谢,其余进一步被 LPL 水解,直至内核中的甘油三酯被完全水解掉,只剩下胆固醇酯,VLDL 转变成 LDL。

知识窗

脂肪肝

正常成人肝中脂类的含量占肝重的 3%~5%,其中甘油三酯约占 2%。脂类总量超过 10%,即称脂肪肝。

肝脏是合成脂肪的主要器官,但肝脏不储存脂肪,以 VLDL 的形式运出至肝外组织。形成脂肪肝的常见原因有以下 3 种:①肝功能障碍,合成、释放脂蛋白的功能降低;②肝合成脂肪过多,主要由于高脂肪饮食、高脂血症等导致过多游离脂肪酸输送入肝细胞,肝合成脂肪的原料增多;③合成磷脂的原料不足,导致 VLDL 生成障碍。所以,临床上常用磷脂及其合成原料（丝氨酸、甲硫氨酸、胆碱、肌醇及乙醇胺等）以及有关辅助因子（叶酸、维生素 B_{12}、ATP 及 CTP 等）来防治脂肪肝。

学好基础知识可以帮助同学们将来更好地理解和掌握临床疾病的发病机制、治疗原理等，做到不仅知其然还能知其所以然。正如唐朝名医孙思邈在《大医精诚》一文中所说，医道是"至精至微之事"，"既非神授，何以得其幽微"？习医之人必须"博极医源，精勤不倦"。

3. 低密度脂蛋白的代谢　LDL 由 VLDL 在血浆中转变而来，是正常成人空腹血浆中的主要脂蛋白，约占血浆脂蛋白总量的 2/3。LDL 含胆固醇最多，其功能是将胆固醇从肝细胞转运至肝外组织。

血浆 LDL 可以通过 LDL 受体途径被全身组织细胞摄取、利用。LDL 受体广泛分布于全身各组织的细胞表面，LDL 与 LDL 受体结合后通过胞吞进入细胞，被溶酶体中的酶水解，载脂蛋白被水解为氨基酸，胆固醇酯被水解为游离胆固醇和脂肪酸。游离胆固醇可用于构成细胞膜或类固醇激素的合成，还可反馈抑制细胞内胆固醇的合成。成年人 LDL 正常范围是 2.1~3.1mmol/L，血浆 LDL 增多者易发生动脉粥样硬化。

知识窗

胆固醇的揭秘之旅

早在 18 世纪初，科学家们就从胆石中提取出一种脂类物质，化学家 Hermann Emil Fischer 将其命名为胆固醇。研究显示，高胆固醇的国家几乎伴随着较高的心脏病发病率。胆固醇究竟是以何种方式传送到身体的各个角落，又是怎么对心血管造成重大威胁的呢？20 世纪 40 年代，John Gofman 和 Vito Frank 发现了人体血液中最重要的蛋白之一——脂蛋白。它们穿梭于血液之间，把胆固醇装满并且运到身体内的每一个细胞里。既然人体拥有如此完善的运输机制，为什么胆固醇会堆积在血管里形成血栓呢？Michael Stuart BroenBrown 和 Joseph Leonard Goldstein 通过研究发现，高胆固醇的人体内细胞几乎不接受 LDL 所运载的胆固醇，而正常人的 LDL 却可以从容进入。船和货到了岸却无法卸载，为什么呢？1973 年，二人发现，正常体表细胞可以将 LDL 转入细胞内是利用了细胞表面的一种蛋白受体，而高胆固醇患者细胞膜上很少或几乎没有此种受体。

经过历代科学家几十年的研究和探索，终于发现了高胆固醇患者发生心血管疾病的致病机制。有了这些理论基础，人们才可以研制出降低血管内胆固醇的新药。我们不仅要分享那些已经得到的科学研究成果，更重要的是记住科学家们为了人们健康而流过的汗水和付出的努力。

4. 高密度脂蛋白的代谢　HDL 主要由肝细胞合成，小肠亦可合成。正常人空腹血浆中 HDL 含量约占脂蛋白总量的 1/3，HDL 的作用是将外周组织的胆固醇转运到肝细胞内进行代谢。

新生 HDL 为磷脂双脂层圆盘状结构，其表面的 apoA I 激活血浆 LCAT，使 HDL 分子表面的卵磷脂与游离胆固醇生成溶血卵磷脂和胆固醇酯，胆固醇酯转移到 HDL 双脂层内部，形成内核。在 LCAT 反复作用下，酯化胆固醇进入 HDL 内核逐渐增多，最终转变成为成熟的 HDL。成熟的 HDL 被肝细胞摄取，在肝细胞内降解。

这个过程与 LDL 将肝细胞合成的胆固醇转运到外周组织，供外周组织利用的过程正好相反,故称为胆固醇的逆向转运(reverse cholesterol transport,RCT)。通过此途径,将外周组织中的胆固醇转运到肝细胞内代谢并排出体外,可防止胆固醇在体内堆积。所以 HDL 有抗动脉粥样硬化的作用。

血浆脂蛋白代谢总途径如图 6-21 所示。

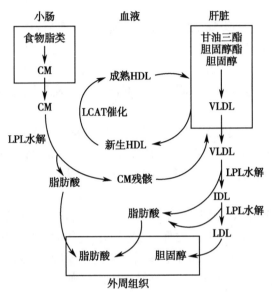

图 6-21　血浆脂蛋白代谢途径

微课:血浆脂蛋白代谢途径

三、血浆脂蛋白代谢异常

(一)高脂血症

高脂血症(hyperlipidemia)是指血浆中甘油三酯或胆固醇浓度异常升高。一般以成人空腹 12~14h 血甘油三酯超过 2.26mmol/L,胆固醇超过 6.21mmol/L,儿童胆固醇超过 4.14mmol/L,为高脂血症标准。血脂在血液中以脂蛋白形式运输,因此高脂血症实际上就是高脂蛋白血症。世界卫生组织(World Health Organization,WHO)分型法将高脂(蛋白)血症分为五型六类,各型特征见表 6-9。

表 6-9　高脂血症分型

分型	血脂变化	脂蛋白变化
I	TG↑↑↑,TC↑	CM↑↑
IIa	TC↑↑	LDL↑
IIb	TC↑↑,TG↑↑	VLDL↑,LDL↑
III	TC↑↑,TG↑↑	IDL↑(电泳出现宽β带)
IV	TG↑↑	VLDL↑
V	TG↑↑↑,TC↑	VLDL↑,CM↑

高脂血症可以分为原发性和继发性两大类。原发性高脂血症是指原因不明或遗传缺陷所造成的高脂血症。例如，参与脂蛋白代谢的关键酶 LPL 基因缺陷造成 CM 清除障碍的 I 型高脂蛋白血症；LDL 受体缺陷造成的家族性高胆固醇血症等。继发性高脂血症是继发于其他疾病，如糖尿病、甲状腺功能减退、肾病综合征、胆石症等，也多见于肥胖、酗酒及肝病患者。

（二）动脉粥样硬化

动脉粥样硬化（AS）是一类动脉壁退行性疾病，其病理基础之一是大量脂质沉积在大、中动脉内膜上，形成粥样斑块，引起局部坏死、结缔组织增生、血管壁纤维化和钙化等病理改变，使血管腔狭窄。冠状动脉若发生这种变化，常引起心肌缺血，导致冠状动脉粥样硬化性心脏病，称为冠心病。近来研究表明，动脉粥样硬化的发生发展过程与血浆脂蛋白代谢密切相关。

流行病学调查表明，血浆 LDL 水平升高与 AS 的发病率呈正相关，而 HDL 的浓度与动脉粥样硬化的发生呈负相关，因此，临床上认为 HDL 是抗动脉粥样硬化的"保护因子"。所以，如患者血液中 LDL 含量升高，再伴随 HDL 含量降低，即是动脉粥样硬化最危险的因素。

研究证明，遗传缺陷与 AS 关系密切。参与脂蛋白代谢的关键酶 LPL 及 LCAT，载脂蛋白 apoCⅡ、apoB、apoE、apoAⅠ和 apoCⅢ，以及 LDL 受体的遗传缺陷均能引起脂蛋白代谢异常和高脂血症的发生。已证实，apoCⅡ基因缺陷则不能激活 LPL，可产生与 LPL 缺陷相似的高脂血症；LDL 受体缺陷则是引起家族性高胆固醇血症的重要原因。

积少成多

1. 4 种血浆脂蛋白的记忆要领见表 6-10。

表 6-10　4 种血浆脂蛋白特征

分类	特点	合成部位	功能
CM	含 TG 最多	小肠黏膜细胞	运输外源性 TG
VLDL		肝脏	运输内源性 TG
LDL	空腹含量最多	血液	运输胆固醇由肝脏至外周组织
HDL		肝脏	运输胆固醇由外周组织至肝脏

2. LDL 和 HDL 与动脉粥样硬化的关系

理一理

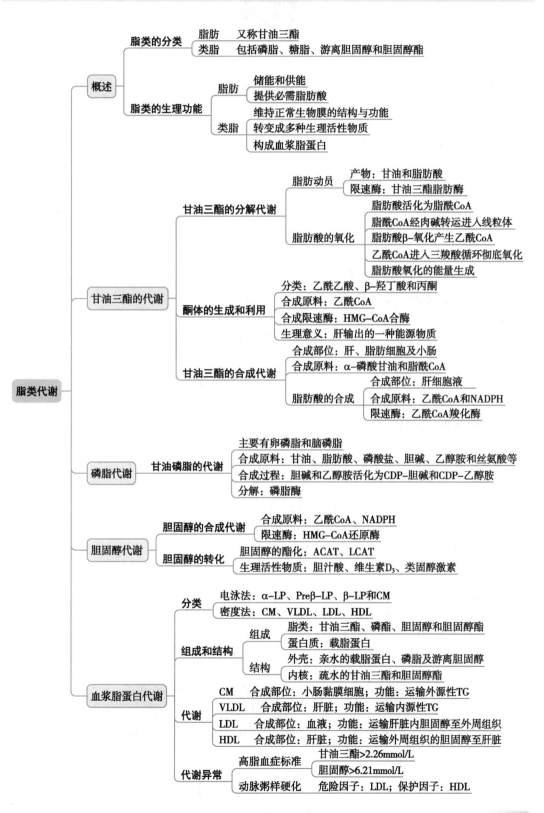

脂类代谢
- 概述
  - 脂类的分类
    - 脂肪 又称甘油三酯
    - 类脂 包括磷脂、糖脂、游离胆固醇和胆固醇酯
  - 脂类的生理功能
    - 脂肪
      - 储能和供能
      - 提供必需脂肪酸
    - 类脂
      - 维持正常生物膜的结构与功能
      - 转变成多种生理活性物质
      - 构成血浆脂蛋白
- 甘油三酯的代谢
  - 甘油三酯的分解代谢
    - 脂肪动员
      - 产物：甘油和脂肪酸
      - 限速酶：甘油三酯脂肪酶
    - 脂肪酸的氧化
      - 脂肪酸活化为脂酰CoA
      - 脂酰CoA经肉碱转运进入线粒体
      - 脂肪酸β-氧化产生乙酰CoA
      - 乙酰CoA进入三羧酸循环彻底氧化
      - 脂肪酸氧化的能量生成
  - 酮体的生成和利用
    - 分类：乙酰乙酸、β-羟丁酸和丙酮
    - 合成原料：乙酰CoA
    - 合成限速酶：HMG-CoA合酶
    - 生理意义：肝输出的一种能源物质
  - 甘油三酯的合成代谢
    - 合成部位：肝、脂肪细胞及小肠
    - 合成原料：α-磷酸甘油和脂酰CoA
    - 脂肪酸的合成
      - 合成部位：肝细胞液
      - 合成原料：乙酰CoA和NADPH
      - 限速酶：乙酰CoA羧化酶
- 磷脂代谢
  - 甘油磷脂的代谢
    - 主要有卵磷脂和脑磷脂
    - 合成原料：甘油、脂肪酸、磷酸盐、胆碱、乙醇胺和丝氨酸等
    - 合成过程：胆碱和乙醇胺活化为CDP-胆碱和CDP-乙醇胺
    - 分解：磷脂酶
- 胆固醇代谢
  - 胆固醇的合成代谢
    - 合成原料：乙酰CoA、NADPH
    - 限速酶：HMG-CoA还原酶
  - 胆固醇的转化
    - 胆固醇的酯化：ACAT、LCAT
    - 生理活性物质：胆汁酸、维生素D₃、类固醇激素
- 血浆脂蛋白代谢
  - 分类
    - 电泳法：α-LP、Preβ-LP、β-LP和CM
    - 密度法：CM、VLDL、LDL、HDL
  - 组成和结构
    - 组成
      - 脂类：甘油三酯、磷脂、胆固醇和胆固醇酯
      - 蛋白质：载脂蛋白
    - 结构
      - 外壳：亲水的载脂蛋白、磷脂及游离胆固醇
      - 内核：疏水的甘油三酯和胆固醇酯
  - 代谢
    - CM 合成部位：小肠黏膜细胞；功能：运输外源性TG
    - VLDL 合成部位：肝脏；功能：运输内源性TG
    - LDL 合成部位：血液；功能：运输肝脏内胆固醇至外周组织
    - HDL 合成部位：肝脏；功能：运输外周组织的胆固醇至肝脏
  - 代谢异常
    - 高脂血症标准
      - 甘油三酯>2.26mmol/L
      - 胆固醇>6.21mmol/L
    - 动脉粥样硬化 危险因子：LDL；保护因子：HDL

理一理

练一练

一、名词解释

1. 必需脂肪酸

2. 脂肪动员

3. 酮体

4. 血浆脂蛋白

二、填空

1. 现已证实_____是致动脉粥样硬化的脂蛋白，_____是抗动脉粥样硬化的脂蛋白。

2. 低密度脂蛋白的功能是将_____从肝脏运往_____。

3. 合成脂肪酸的主要原料是_____和_____。

4. 体内的甘油磷脂主要有_____和_____。

5. 脂肪酸的活化是在_____中进行，然后以_____为载体运入线粒体氧化。

6. 脂肪酸 β- 氧化包括_____、_____、_____、和_____4 个步骤。

7. 1 分子软脂酸经_____次 β- 氧化，彻底分解生成_____分子 ATP。

8. 用超速离心法可将血浆脂蛋白分为_____、_____、_____和_____；分别相当于脂蛋白电泳法分类的_____、_____、_____和_____。

三、案例分析

患者，男性，58 岁。单位体检时发现血清 TC 6.35mmol/L、TG 4.8mmol/L、LDL 4.53mmol/L。患者体形肥胖，自述血压升高 6 年，最高达 180/110mmHg，一直规律服用氨氯地平及美托洛尔治疗，血压控制在 130/80mmHg 左右。诊断：①高血压病 3 级，极高危组；②混合型高脂血症。医嘱：①低盐、低脂饮食，加强运动，控制体重；②抗血小板治疗：阿司匹林；③降压治疗：继续服用，定期检测；④降脂治疗：阿托伐他汀 20mg /d，睡前服用，定期复查血脂。

问题：

1. 高脂血症的诊断依据是什么？

2. 结合本章知识，分析 TC 和 TG 升高易引发何种疾病？

3. 试述阿托伐他汀治疗高脂血症的生化机制以及睡前服用的原理。

思路解析

测一测

拓展阅读

（徐　燕）

第七章　氨基酸代谢

课件

科学发现

乌氨酸循环的研究
——Hans Krebs 和 Kurt Henseleit 的重大发现

1932 年，德国学者 Hans Krebs（1900—1981 年）和 Kurt Henseleit 利用大鼠肝切片，经反复实验，发现在供能的条件下，由氨、CO_2 及相关物质参与下合成尿素。若在反应体系中加入少量的精氨酸、乌氨酸或瓜氨酸可加速尿素的合成，但此三种氨基酸的含量并不减少。为此，Hans Krebs 等最终提出了著名的乌氨酸循环（尿素循环）学说，阐述了人体尿素合成的途径。乌氨酸循环是解除氨毒的主要方式。Hans Krebs 是一位伟大的科学家，他对生物化学的研究充满热爱和执着，其一生中在生物化学领域取得了两项重大成就：一是乌氨酸循环，另一是三羧酸循环（见第五章）。1953 年，他被授予诺贝尔生理学或医学奖，以表彰其对氨基酸代谢和糖代谢研究的突出贡献。Hans Krebs 严谨求实的作风、锲而不舍的科学精神，值得我们学习。

学前导语

氨基酸是人体重要的物质，它不仅是蛋白质合成的原料，还是体内核苷酸、某些激素、神经递质等重要含氮有机物的重要来源。其代谢有合成代谢与分解代谢。本章重点讨论氨基酸的分解代谢。在体内，蛋白质的分解或转化过程均需首先分解为氨基酸，后者进一步进行转化反应或氧化供能。因此，蛋白质分解代谢的中心内容是氨基酸代谢。

学习目标

辨析：必需氨基酸与非必需氨基酸的区别；转氨基作用与氧化脱氨基作用的异同点；氨基酸脱氨基与脱羧基的区别。

概述：血氨的来源与去路；一碳单位的概念及生理意义；乌氨酸循环过程及肝性脑病概念和发病机制。

说出：蛋白质的功能；蛋白质的互补作用；α-酮酸代谢；含硫氨基酸代谢；芳香族氨基酸代谢。

学会：血清丙氨酸转氨酶检测的基本操作；应用氨基酸分解代谢的相关知识分析一

些生理或病理现象,如白化病、苯丙酮尿症、肝性脑病的生化机制。

培养:利用氨基酸代谢知识开展对相关疾病的检验、用药、护理以及膳食指导等的职业能力和素养。

第一节　蛋白质的消化吸收与营养作用

一、蛋白质的消化吸收

高度的种属特异性是蛋白质的特点,因此,食物蛋白质需分解为小分子氨基酸,才能被人体消化吸收,否则会产生过敏反应。一些未被消化吸收的蛋白质可以在肠道细菌的作用下,发生腐败作用,大多随粪便排出体外。

（一）蛋白质的消化

蛋白质经过消化作用,一方面消除了食物蛋白质的抗原性,避免过敏反应的发生;另一方面蛋白质分解为氨基酸有利于人体吸收利用。

1. 食物在胃中分解成多肽和氨基酸　食物蛋白质的消化起始部位是胃,食物进入胃后,蛋白质在胃蛋白酶的作用下,非特异性地分解为多肽和少量氨基酸。胃蛋白酶由胃蛋白酶原经胃酸激活生成,最适 pH 为 $1.5 \sim 2.5$。在婴儿胃液中,胃蛋白酶具有凝乳作用,使乳汁中酪蛋白与 Ca^{2+} 形成凝块,可延长乳汁在胃中的停留时间,有利于乳汁蛋白质的消化。

2. 食物在肠道中分解成寡肽和氨基酸　蛋白质消化的主要部位是小肠,水解蛋白质的酶主要来自胰腺分泌的胰液,其次是小肠黏膜。胰液中含有胰蛋白酶原、糜蛋白酶原、弹性蛋白酶原,这些蛋白酶原可在十二指肠内被肠液中的肠激酶激活而发挥消化作用。消化液中的蛋白酶按水解肽键的位置不同可分为内肽酶和外肽酶两类。内肽酶从多肽链内部水解肽键,如胰蛋白酶、糜蛋白酶、弹性蛋白酶;外肽酶包括氨基肽酶和羧基肽酶,从肽链的 N 或 C 末端开始水解肽键。通过上述酶的作用,食物蛋白质被水解的产物中氨基酸占 1/3,寡肽(主要为二肽和三肽)占 2/3。寡肽的水解主要发生在小肠黏膜细胞内。小肠黏膜细胞内存在氨肽酶和二肽酶两种寡肽酶,氨肽酶从氨基末端逐步水解寡肽获得氨基酸,直至生成二肽,二肽再经二肽酶水解,最终生成氨基酸。

（二）蛋白质的吸收

蛋白质吸收的主要部位在小肠。食物蛋白质的消化产物氨基酸和寡肽,在小肠黏膜细胞被吸收。其吸收方式主要有需载体耗能的主动转运吸收和 γ- 谷氨酰基循环吸收。

（三）蛋白质的腐败作用

食物中绝大部分蛋白质可被彻底消化并吸收。未被消化的蛋白质及未被吸收的消化产物(多肽或氨基酸)在结肠下部被肠道细菌分解,称为蛋白质的腐败作用(putrefaction)。腐败作用的少数产物对人体具有一定的营养作用,如维生素及脂肪酸等。但大多数产物对人体有害,如胺类、氨、酚、吲哚及硫化氢等。正常情况下,上述有害物质大部分可随粪便排出体外,只有小部分被吸收入肝,在肝中经生物转化作用而解毒。腐败产物生成过多或肝功能低下时,则对机体产生毒害作用,其中以胺类和氨的危害最大。

二、蛋白质的需要量

正常情况下,体内蛋白质的合成与分解代谢处于动态平衡状态。正常成人的组织蛋白质每天有 1%～2% 被更新,组织蛋白质降解产生的氨基酸有 3/4 可再被利用合成蛋白质,其余的 1/4 被氧化分解,因此,每天需要从外界摄入一定量的蛋白质以补充消耗。通常用氮平衡来评价机体蛋白质代谢的平衡状态。

（一）氮平衡

氮平衡（nitrogen balance）是指机体每天氮的摄入量与排出量之间的平衡状态,间接反映体内蛋白质代谢状况。机体摄入的氮主要来源于食物中的蛋白质,主要用于体内蛋白质的合成,而排出的氮主要是粪便和尿液中的含氮化合物。人体氮平衡有 3 种情况,即总氮平衡、正氮平衡及负氮平衡。

1. 总氮平衡　即摄入氮 = 排出氮,表明体内蛋白质的合成与分解处于动态平衡,即氮的"收支"平衡,见于正常成人。

2. 正氮平衡　即摄入氮>排出氮,表明体内蛋白质的合成大于分解,见于儿童、孕妇及疾病恢复期的患者。

3. 负氮平衡　即摄入氮<排出氮,表明体内蛋白质的合成小于分解,见于长期饥饿、营养不良、严重烧伤、大量出血及消耗性疾病患者。

（二）生理需要量

根据氮平衡实验计算,当成人食用不含蛋白质的膳食时,60kg 的健康成人每天蛋白质的最低分解量约为 20g。由于食物蛋白质与人体蛋白质在氨基酸组成上具有差异,故食物中蛋白质分解产生的氨基酸不可能全部被利用。为了维持总氮平衡,成人每天蛋白质最低生理需要量为 30～50g。我国营养学会推荐成人每天蛋白质需要量为 80g 左右。

（三）蛋白质的营养价值

1. 必需氨基酸（essential amino acid）　机体需要但体内不能合成,必须由食物提供的氨基酸,称为必需氨基酸。组成蛋白质的 20 种氨基酸,其中 8 种为人体必需氨基酸,它们是缬氨酸、异亮氨酸、亮氨酸、苯丙氨酸、甲硫氨酸、色氨酸、苏氨酸、赖氨酸。其余 12 种氨基酸能在体内合成,不需要由食物供给,称为非必需氨基酸（non-essential amino acid）。精氨酸和组氨酸虽然能够在人体内合成,但合成量少,不能满足机体的需要,尤其是婴幼儿的生理需要,所以有人将这两种氨基酸也归为必需氨基酸。由于酪氨酸和半胱氨酸在体内分别由苯丙氨酸与甲硫氨酸转变而来,当食物中含有充足的酪氨酸和半胱氨酸时,机体可减少对苯丙氨酸和甲硫氨酸的消耗,故称为半必需氨基酸。

2. 蛋白质的营养价值（nutrition value）　是指食物蛋白质在体内的利用率。蛋白质营养价值的高低主要取决于食物蛋白质中必需氨基酸的种类、数量和比例。一般来说,含必需氨基酸的种类、数量、比例越接近人体蛋白质,其营养价值越高;反之营养价值越低。由于动物性蛋白质所含必需氨基酸的种类和比例与人体相近,故营养价值较高。

将几种营养价值较低的蛋白质混合食用,可使彼此间必需氨基酸得到互相补充,从而提高蛋白质的营养价值,称为食物蛋白质的互补作用。例如,谷类蛋白质含赖氨酸较少而含色氨酸较多,豆类蛋白质含赖氨酸较多而含色氨酸较少,二者混合食用时,所含的必需氨基酸恰好互相补充,即可提高蛋白质的营养价值。某些疾病情况下,为保证患者氨基酸的需要,可输入氨基酸混合液,以防止病情恶化。

文档：能有效补充蛋白质的食物

知识窗

合理膳食，健康生活

喝腊八粥是腊八节的习俗。腊八粥，又称"七宝五味粥"，由多样食材熬制而成，包括大米、小米、玉米、薏米、红枣、莲子、花生、桂圆和各种豆类（如红豆、绿豆、黄豆、黑豆等）。"腊八粥"有利于食物蛋白质的互补，从而提高植物蛋白质的营养价值。此外，我们每天不仅需要摄入肉类、蛋类、奶类等食物，还要食用豆类、谷类等食物，这样才能更好地发挥蛋白质的互补作用，提高其营养价值。

现在流行素食主义，素食主义者不食用来自动物身上各部分所制成的食物，包括动物油、动物胶。但从蛋白质互补的角度来说，长期纯素食，很难实现营养均衡，不利于健康。

积少成多

1. 蛋白质是构成组织细胞的重要成分，参与机体的多种生理活动，氧化供能是次要功能。我国营养学会推荐成人每天蛋白质需要量为80g左右。

2. 反映机体蛋白质代谢状态的氮平衡有3种情况：总氮平衡、正氮平衡、负氮平衡。

3. 人体内必需氨基酸有8种：缬氨酸、异亮氨酸、亮氨酸、苯丙氨酸、甲硫氨酸（也称蛋氨酸）、色氨酸、苏氨酸、赖氨酸。记忆口诀：写一两本淡色书来（缬-异-亮-苯-蛋-色-苏-赖）。

4. 蛋白质营养价值的高低主要与食物蛋白质中必需氨基酸的种类、数量和比例有关。

第二节 氨基酸的一般代谢

一、氨基酸代谢概况

体内氨基酸的来源有食物蛋白质中消化吸收的外源性氨基酸、体内组织蛋白质的降解及机体合成的非必需氨基酸。这些氨基酸混合在一起，不分彼此，通过血液循环在各组织之间转运，参与分解代谢和合成代谢，共同构成氨基酸代谢库（amino metabolic pool）。氨基酸不能自由通过细胞膜，所以在体内分布不均，其中肌肉组织中氨基酸含量最多，占总代谢库的50%以上，肝约占10%，肾约占4%，血浆占1%～6%。多数氨基酸在肝中分解，而支链氨基酸的分解代谢主要在骨骼肌中进行。

氨基酸在细胞内的主要功能是合成蛋白质和多肽，也可以转变成胺类和其他含氮化合物，如嘌呤、嘧啶、肌酸等；此外，有一部分氨基酸通过脱氨基作用生成氨和α-酮酸，这是氨基酸分解代谢的主要途径。正常情况下，体内氨基酸的来源和去路处于动态平衡（图7-1）。

微课：氨的
来源与去路

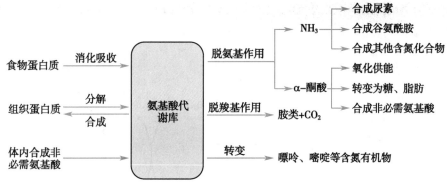

图 7-1 氨基酸代谢概况

二、氨基酸的脱氨基作用

氨基酸脱氨基作用是指氨基酸在酶的催化下，脱去 α- 氨基生成 α- 酮酸的过程，是体内氨基酸分解代谢的主要途径。脱氨基作用主要方式包括氧化脱氨基作用、转氨基作用、联合脱氨基作用、嘌呤核苷酸循环。其中，联合脱氨基是体内主要的脱氨基途径。

（一）氧化脱氨基作用

氧化脱氨基作用是指在酶的催化下，氨基酸脱去氨基同时伴随脱氢氧化的过程。催化该反应最重要的酶是 L- 谷氨酸脱氢酶（L-glutamate dehydrogenase）。L- 谷氨酸脱氢酶为不需氧脱氢酶类，辅酶为 NAD^+ 或 $NADP^+$，在肝、肾、脑等组织中活性很高，而在骨骼肌和心肌中活性很低。该酶专一性强，只能催化 L- 谷氨酸氧化脱氢生成 α- 酮戊二酸和 NH_3，并不能催化其他氨基酸脱氨基，此反应可逆，其反应如下：

$$\begin{array}{ccccc}
\text{COOH} & & \text{COOH} & & \text{COOH} \\
| & & | & & | \\
\text{CH}_2 & \xrightarrow[\text{NAD}^+ \quad \text{NADH} + \text{H}^+]{L\text{-谷氨酸脱氢酶}} & \text{CH}_2 & \xrightleftharpoons[-\text{H}_2\text{O}]{+\text{H}_2\text{O}} & \text{CH}_2 \\
| & & | & & | \\
\text{CH}_2 & & \text{CH}_2 & & \text{CH}_2 \quad + \quad \text{NH}_3 \\
| & & | & & | \\
\text{CHNH}_2 & & \text{C}=\text{NH} & & \text{C}=\text{O} \\
| & & | & & | \\
\text{COOH} & & \text{COOH} & & \text{COOH} \\
L\text{-谷氨酸} & & \text{亚谷氨酸} & & \text{α-酮戊二酸}
\end{array}$$

L- 谷氨酸脱氢酶是一种别构酶，由 6 个相同的分子量为 56kDa 的亚基聚合而成。其别构抑制剂是 ATP 和 GTP，别构激活剂是 ADP 和 GDP。因此，当体内能量不足时，L- 谷氨酸脱氢酶能加速氨基酸进行氧化脱氨基，对体内能量代谢起到一定的调节作用。L- 谷氨酸脱氢酶还是唯一既能利用 NAD^+ 又能利用 $NADP^+$ 的酶。

（二）转氨基作用

转氨基作用是指在氨基转移酶（简称转氨酶）的催化下，α- 氨基酸可逆地将氨基转移给 α- 酮酸，生成相应的 α- 氨基酸，而原来的 α- 氨基酸则转变成相应的 α- 酮酸。这是体内合成非必需氨基酸的重要途径。转氨基作用通式为：

微课：转氨基作用

$$\begin{array}{ccccccc}
\text{R}_1 & & \text{R}_2 & & \text{R}_1 & & \text{R}_2 \\
| & & | & & | & & | \\
\text{CH}-\text{NH}_2 & + & \text{C}=\text{O} & \xrightarrow{\text{转氨酶}} & \text{C}=\text{O} & + & \text{CH}-\text{NH}_2 \\
| & & | & & | & & | \\
\text{COOH} & & \text{COOH} & & \text{COOH} & & \text{COOH}
\end{array}$$

转氨酶的辅酶为含有维生素 B_6 的磷酸吡哆醛或磷酸吡哆胺，通过磷酸吡哆醛与磷酸吡哆胺分子互相转变起着传递氨基的作用（图 7-2）。

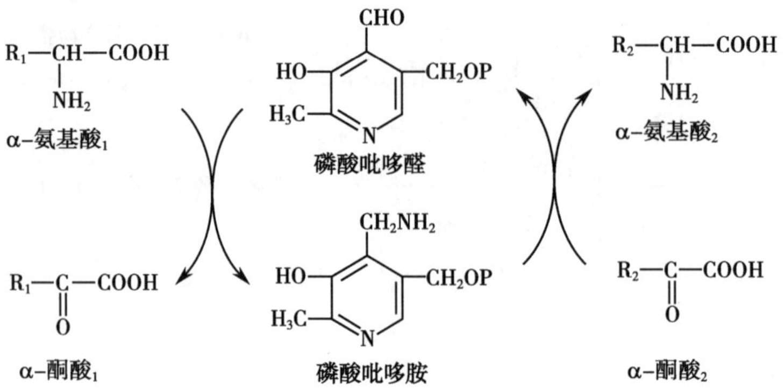

图 7-2 磷酸吡哆醛及磷酸吡哆胺传递氨基作用

转氨酶的种类多，特异性强，除赖氨酸、苏氨酸、脯氨酸及羟脯氨酸外，其余氨基酸均能进行转氨基反应。不同氨基酸的转氨基反应只能由专一的转氨酶催化。转氨酶所催化的反应可逆，反应没有使氨基真正脱掉，只是发生氨基转移。

体内有两种重要的氨基转移酶：一种是谷丙转氨酶（glutamic-pyruvic transaminase，GPT），又称丙氨酸转氨酶（alanine aminotransferase，ALT）；另一种是谷草转氨酶（glutamic-oxaloacetic transaminase，GOT），又称天冬氨酸转氨酶（aspartate aminotransferase，AST）。催化反应如下：

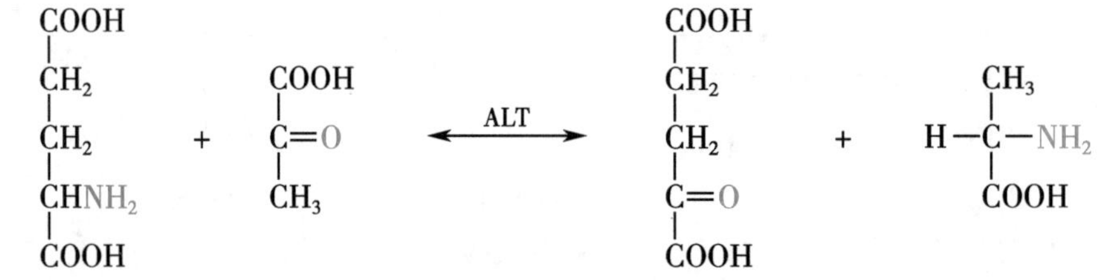

L-谷氨酸　丙酮酸　α-酮戊二酸　丙氨酸

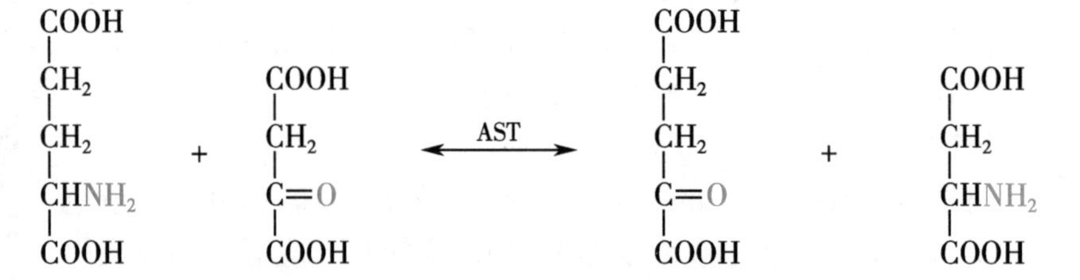

L-谷氨酸　草酰乙酸　α-酮戊二酸　天冬氨酸

转氨酶广泛分布于各种组织细胞中，其中以肝和心肌含量最丰富。不同组织细胞中转氨酶含量有差异（表 7-1）。

表 7-1　正常成人组织中 AST 及 ALT 活性

组织	活性 /(U·g⁻¹ 湿组织)		组织	活性 /(U·g⁻¹ 湿组织)	
	AST	ALT		AST	ALT
心	156 000	7 100	胰腺	28 000	2 000
肝	142 000	44 000	脾	14 000	1 200
骨骼肌	99 000	4 800	肺	10 000	700
肾	91 000	19 000	血清	20	16

做一做：赖氏法定性检测肝脏中丙氨酸转氨酶（ALT）活性

【目的】

验证 ALT 主要存在于肝细胞中。

【原理】

在碱性条件下，ALT 能催化 *L*- 丙氨酸与 α- 酮戊二酸间进行氨基转移反应，生成丙酮酸和 *L*- 谷氨酸。丙酮酸与显色剂 2,4- 二硝基苯肼反应，生成丙酮酸 -2,4- 二硝基苯腙，呈棕红色，颜色的深浅与丙酮酸的生成量有关。

视频：赖氏法定性检测肝脏中丙氨酸转氨酶（ALT）活性

$$L\text{-丙氨酸} + \alpha\text{-酮戊二酸} \xrightarrow{\text{ALT}} \text{丙酮酸} + L\text{-谷氨酸}$$

$$\text{丙酮酸} + 2,4\text{-二硝基苯肼} \xrightarrow{\text{碱性条件}} \text{丙酮酸-2,4-二硝基苯腙}$$

【试剂与器材】

1. 试剂　底物液（含有 *L*- 丙氨酸和 α- 酮戊二酸）、1.0mmol/L 2,4- 二硝基苯肼溶液、0.4mol/L NaOH 溶液。

2. 器材　试管、试管架、记号笔、恒温水浴箱、计时器。

【操作】

1. 制备肝匀浆和肌匀浆　准备新鲜猪肝和猪肉，剪碎，用生理盐水浸洗 2～3 次，分别放入匀浆器，加入生理盐水（重量：体积为 1:3），研磨成匀浆。

2. 取 2 支试管，分别编号，按表 7-2 进行操作。

表 7-2　ALT 定性测定操作步骤

加入物	剂量 / 滴	
	1 号管	2 号管
肝匀浆	2	—
肌匀浆	—	2
底物液	10	10
（混匀，37℃孵育 20min）		
2,4- 二硝基苯肼	10	10
（混匀，37℃孵育 10min）		
NaOH	15	15

混匀,观察两管颜色的深浅,记录实验现象,并分析原因。

各管颜色变化

	1号管	2号管
颜色		
原因		

【注意事项】

1. 制备肝匀浆和肌匀浆时,应采用生理盐水洗涤猪肝和肌肉,不可使用双蒸水。

2. 肝匀浆和肌匀浆在室温可保存2d,在4℃冰箱可保存1周。

3. 加入底物液和2,4-二硝基苯肼溶液后,应充分混匀,使反应完全。

【操作流程及考核评价】

肝中ALT的检测操作流程及考核评价见表7-3。

表 7-3 肝中ALT的检测操作流程及考核评价

项目	评价内容		分值	扣分	得分
职业素养 (20分)	1. GMP 意识	着装整齐,防护符合要求	5		
		实验态度严谨,实验习惯良好	5		
	2. 物品准备	按要求准备试剂、器材,检查实验仪器设备	5		
		实验台面整洁,物品放置合理	5		
操作流程 (60分)	1. 制备肝匀浆和肌匀浆	研磨迅速,充分	10		
	2. 加入试剂	试管编号正确	5		
		滴管使用准确	10		
		按照操作步骤滴加试剂	10		
		废弃物正确丢弃	5		
	3. 混匀	试管摇匀彻底	10		
	4. 水浴	水浴时间充分	10		
结果分析 (20分)	结果分析	能分析每管颜色变化	10		
		能解释异常结果	10		
总分					

转氨酶属于细胞内酶,正常情况下,只有少量的酶逸出细胞进入血液,故血清中转氨酶的活性较低。只有当某种原因导致组织细胞受损或细胞膜通透性增高,大量转氨酶释放入血,造成血清中相应酶活性明显升高。例如,急性肝炎时血清ALT活性显著升高;心肌梗死时血清AST活性显著升高。

知识窗

科学看待转氨酶升高

在肝功能的检查中,转氨酶是一个很重要的指标。有人认为:转氨酶不正常,就是肝功能不正常;转氨酶升高,就是得了肝炎;病毒性肝炎患者转氨酶升高就有传染性,转氨酶越高传染性越强;治疗肝病的目标就是要使转氨酶降至正常等。以上这些认识都存在片面性和不足之处。

当肝细胞受损时，血清中转氨酶会显著升高。但肝细胞不是唯一贮存转氨酶的细胞，肾、肌肉、骨骼肌、胰、肺等也含有不同程度的转氨酶，这些器官发生损伤也会引起血清转氨酶升高。此外，营养不良、酗酒、应用某些药物、剧烈运动等情况均能使转氨酶升高。而认为转氨酶升高，病毒性肝炎患者就有传染性，完全是一种误解。大家只有将理论知识学扎实，才能科学地看待检验结果。

做一做：赖氏法定量检测血清丙氨酸转氨酶（ALT）活性

血清中转氨酶活性测定值可作为某种疾病诊断和观察预后的参考指标。目前，临床上常通过测定 ALT、AST 来判断肝细胞损伤的程度。ALT 的测定方法有多种，如赖氏法、速率法等。其中赖氏法是 ALT 测定的经典方法。

视频：赖氏法定量检测血清丙氨酸转氨酶（ALT）活性

【目的】

1．说出血清 ALT 活性测定的基本原理。

2．学会血清 ALT 活性测定的操作方法。

【原理】

在碱性条件下，ALT 能催化 L- 丙氨酸与 α- 酮戊二酸间进行氨基转移反应，生成丙酮酸和 L- 谷氨酸。丙酮酸与显色剂 2,4- 二硝基苯肼反应，生成丙酮酸 -2,4- 二硝基苯腙，呈棕红色，颜色的深浅与丙酮酸的生成量有关。因此，测量其在 505nm 处的吸光度，即可推算出 ALT 的活性。

$$L\text{-丙氨酸} + \alpha\text{-酮戊二酸} \xrightarrow{\text{ALT}} \text{丙酮酸} + L\text{-谷氨酸}$$

$$\text{丙酮酸} + 2,4\text{-二硝基苯肼} \xrightarrow{\text{碱性条件}} \text{丙酮酸-2,4-二硝基苯腙}$$

【试剂与器材】

1．试剂　0.1mol/L 磷酸盐缓冲液（pH 7.4）、底物液（含 L- 丙氨酸和 α- 酮戊二酸）、1.0mmol/L 2,4- 二硝基苯肼溶液、0.4mol/L NaOH 溶液、2.0mmol/L 丙酮酸标准液。

2．器材　试管、试管架、记号笔、恒温水浴箱、计时器、分光光度计、微量移液器、移液管、坐标纸。

【操作】

1．绘制 ALT 标准曲线

（1）取试管 5 支，分别编号，按表 7-4 进行操作。

表 7-4　ALT 标准曲线绘制操作步骤

加入物	剂量				
	0 号管	1 号管	2 号管	3 号管	4 号管
0.1mol/L 磷酸盐缓冲液 /mL	0.1	0.1	0.1	0.1	0.1
2.0mmol/L 丙酮酸标准液 /mL	0	0.05	0.10	0.15	0.20
底物液	0.5	0.45	0.40	0.35	0.30
2,4- 二硝基苯肼溶液 /mL	0.5	0.5	0.5	0.5	0.5
（混匀，置 37℃水浴 20min）					
0.4mol/L NaOH 溶液 /mL	5.0	5.0	5.0	5.0	5.0
相当于酶活性单位 / 卡门单位	0	28	57	97	150

（2）混匀，放置 5min 后，在波长 505nm 处，以蒸馏水调零，读取各管吸光度，各管吸光度减去"0"号管吸光度即为该标准管的吸光度值。

（3）以吸光度值为纵坐标，卡门单位为横坐标，各标准管的吸光度值对卡门单位作图，即为标准曲线。

2. 测定标本

（1）在测定前，先取适量的底物溶液和待测血清，在 37℃ 水浴 5min 后方可使用。

（2）取试管 5 支，分别编号，按表 7-5 进行操作。

表 7-5 ALT 测定（赖氏法）操作步骤

加入物	剂量 /mL	
	对照管	测定管
血清	0.1	0.1
底物液	—	0.5
（混匀，置 37℃ 水浴保温 30min）		
2,4- 二硝基苯肼溶液	0.5	0.5
底物液	0.5	—
（混匀，置 37℃ 水浴保温 20min）		
0.4mol/L NaOH 溶液	5.0	5.0

室温放置 5min，在波长 505nm 处，以蒸馏水调零，读取各管吸光度。

3. 记录并计算结果 测定管吸光度减去对照管吸光度的差值为标本的吸光度，用该值在标准曲线上查得 ALT 的卡门单位。

参考值范围：5～25 卡门单位。

各管吸光度测定结果

	对照管	测定管
吸光度（A）		
差值（测定管吸光度 - 对照管吸光度）		
相当卡门单位		

【注意事项】

1. 赖氏法以卡门单位报告结果。卡门单位定义：血清 1mL，反应液总体积 3mL，25℃，波长 340nm，比色杯光径 1.0cm，每分钟吸光度下降 0.001A 为一个单位（相当于 0.160 8μmol NADH 被氧化）。由于底物 α- 酮戊二酸和 2,4- 二硝基苯肼浓度不足，以及产物丙酮酸的抑制作用，赖氏法的标准曲线不能延长到 200 卡门单位。

2. 血清中 ALT 活性在室温（25℃）可保存 2d，在 4℃ 冰箱可保存 1 周。

3. 正常血清对照管吸光度值接近试剂空白管（以 0.1mL 蒸馏水代替血清，其他步骤同对照管）。测定成批标本一般不需要每份标本都用自身血清作对照管，以试剂空白代替即可。但酶活性超过参考值的标本应进行复检，复检时，应作自身血清的对照管。

4. 严重脂血、黄疸或溶血血清可能引起吸光度增加,这类标本应作血清标本对照管。

5. 当酶活性超过 150 卡门单位时,应用生理盐水作 5～10 倍稀释样本,测定结果乘以稀释倍数。

6. 加入 2,4- 二硝基苯肼溶液后,应充分混匀,使反应完全。加入氢氧化钠溶液的速度要一致,减少吸光度管间的差异。

7. α- 酮戊二酸、2,4- 二硝基苯肼均为呈色物,称量必须准确,每批试剂空白管的吸光度上下波动应在 0.015(A)以内,否则应检查试剂及仪器等方面的问题。

8. 成批测定时,各管加入血清后,试管架应在 37℃水浴中,以一定时间间隔向各管加入底物缓冲液,每加入一管后即时混匀。以加入第 1 管开始计时,在准确保证酶促反应时间 30min 后,立即以相同间隔时间加入 2,4- 二硝基苯肼溶液,并立即混匀,确保成批测定结果的准确性。

9. 赖氏法重复性差,变异系数(coefficient of variation,CV)为 20% 左右;准确性差,线性范围窄,影响实验结果的因素多,且不易控制,系统误差大。

10. 赖氏法操作简便,实验条件要求低,便于基层医院开展,但不是 ALT 测定的理想方法,有条件的实验室应采用速率法测定。

【操作流程及考核评价】

赖氏法测定血清丙氨酸转氨酶(ALT)操作流程及考核评价见表 7-6。

表 7-6　赖氏法测定血清丙氨酸转氨酶(ALT)操作流程及考核评价

项目	考核内容	评价内容	分值	扣分	得分
职业素养(20分)	1. GMP 意识	着装整齐,防护符合要求	5		
		实验态度严谨,实验习惯良好	5		
	2. 器材和试剂准备	按要求准备试剂、器材,检查实验仪器设备	5		
		实验台面整洁,物品放置合理	5		
操作流程(50分)	1. 标准液测定(标号、加样、混匀、水浴、比色、测定)	试管编号准确	4		
		加样量准确	4		
		试管混匀	4		
		正确使用微量移液器(刻度调节、Tip 头安装、Tip 头移除)	4		
		正确使用移液管	4		
		正确使用分光光度计(参数设置)	5		
	2. 标本的测定(标号、加样、混匀、水浴、比色、测定)	试管编号准确	4		
		加样量准确	4		
		试管混匀	4		
		正确使用微量移液器(刻度调节、Tip 头安装、Tip 头移除)	4		
		准确使用移液管	4		
		准确使用分光光度计(参数设置)	5		

续表

项目	考核内容	评价内容	分值	扣分	得分
结果记录及分析（30分）	1. 标准曲线的绘制	横坐标、纵坐标的选择正确	5		
		标准曲线的绘制正确	5		
	2. 计算结果	标本管吸光度计算	5		
		标本管的卡门单位	5		
	3. 结果分析	结果异常重复测定	5		
		对异常结果解释（饮食、运动、药物、仪器原因等）	5		
总分					

（三）联合脱氨基作用

联合脱氨基作用是指转氨基作用与氧化脱氨基作用联合进行，即转氨酶与 L-谷氨酸脱氢酶联合作用，使氨基酸的 α-氨基脱去并产生游离氨的过程。它是体内氨基酸脱氨基的最主要作用方式。

联合脱氨基作用能使肝、肾等组织中的大部分氨基酸脱去氨基，其反应过程首先是 L-氨基酸与 α-酮酸经转氨基作用生成相应的酮酸及 L-谷氨酸，L-谷氨酸再经 L-谷氨酸脱氢酶作用脱去氨基重新生成 α-酮戊二酸，同时释放游离氨（图 7-3）。

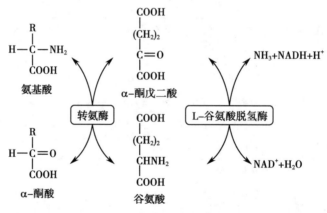

图 7-3　联合脱氨基作用

联合脱氨基作用意义：①除肌肉组织外，联合脱氨基作用是大多数组织的主要脱氨基方式；②联合脱氨基反应过程是可逆的，其逆反应过程也是体内非必需氨基酸合成的重要途径。

（四）嘌呤核苷酸循环

在骨骼肌和心肌组织中，L-谷氨酸脱氢酶的活性很低，因此这些组织中的氨基酸不能通过联合脱氨基作用脱去氨基，而是通过嘌呤核苷酸循环方式（purine nucleotide cycle）脱去氨基。

此种脱氨基方式首先是两步转氨基反应，即氨基酸经氨基转移酶的催化，将氨基转移给 α-酮戊二酸生成谷氨酸，谷氨酸再经 AST 催化将氨基转移给草酰乙酸生成天冬氨酸；然后是嘌呤核苷酸循环反应，即天冬氨酸与次黄嘌呤核苷酸（IMP）缩合生成腺苷酸代琥珀酸，后者裂解生成 AMP 和延胡索酸，AMP 在腺苷酸脱氢酶的催化下脱去氨基重新生成 IMP，并释放出氨。IMP 可再参与循环（图 7-4）。嘌呤核苷酸循环是联系氨基酸代谢和核苷酸代谢的重要途径。

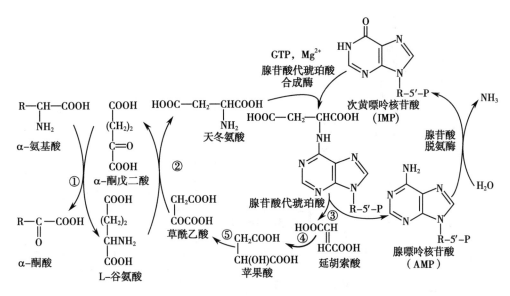

图 7-4　嘌呤核苷酸循环
①：氨基转移酶；②：谷草转氨酶；③：腺苷酸代琥珀酸裂解酶；④：延胡索酸酶；⑤：苹果酸脱氢酶。

三、α- 酮酸的代谢

氨基酸脱氨基后生成的 α- 酮酸，可进一步代谢，主要有以下三方面的代谢途径。

（一）合成非必需氨基酸

α- 酮酸经转氨基作用或联合脱氨基作用的逆反应可合成相应非必需氨基酸。如丙酮酸、草酰乙酸、α- 酮戊二酸分别转变成丙氨酸、天冬氨酸、谷氨酸。

（二）转变成糖或脂肪

各种氨基酸脱氨基后生成的 α- 酮酸可转变成糖或脂肪。根据其转变途径和产物的不同，可将氨基酸分为 3 类：生糖氨基酸（glucogenic amino acid），指可经糖异生途径转变为葡萄糖或糖原的氨基酸；生酮氨基酸（ketogenic amino acid），即指可沿脂肪酸分解代谢途径生成酮体的氨基酸；生糖兼生酮氨基酸（glucogenic and ketogenic amino acid），指能转变为糖又能转变为酮体的氨基酸（表 7-7）。

表 7-7　氨基酸按生糖及生酮性质的分类

类别	氨基酸
生酮氨基酸	亮氨酸、赖氨酸
生糖兼生酮氨基酸	异亮氨酸、苯丙氨酸、色氨酸、酪氨酸、苏氨酸
生糖氨基酸	丙氨酸、精氨酸、天冬氨酸、半胱氨酸、谷氨酸、甘氨酸、脯氨酸、甲硫氨酸、丝氨酸、缬氨酸、组氨酸、天冬酰胺、谷氨酰胺

（三）氧化供能

各种氨基酸脱氨基后生成的 α- 酮酸都可通过不同的途径进入三羧酸循环及生物氧化体系彻底氧化分解成 CO_2 和 H_2O，同时释放能量供机体利用，如图 7-5 所示。

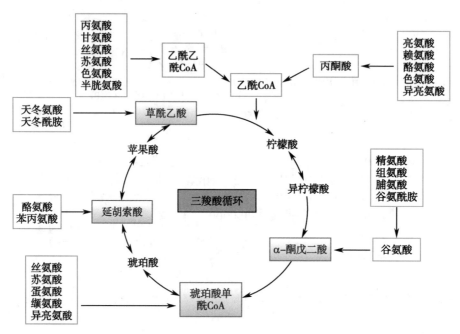

图 7-5　氨基酸进入三羧酸循环的途径

积少成多

1. 氨基酸脱氨基作用的方式有氧化脱氨基作用、转氨基作用、联合脱氨基作用和嘌呤核苷酸循环。其中，联合脱氨基酸作用是肝、肾等器官主要的脱氨基方式，脑和骨骼肌以嘌呤核苷酸循环的方式脱氨。

2. 氧化脱氨基作用是指在酶（L- 谷氨酸脱氢酶）的催化下，氨基酸脱去氨基同时伴随脱氢氧化的过程。转氨基作用是指在氨基转移酶（简称转氨酶）的催化下，α- 氨基酸可逆地将氨基转移给 α- 酮酸，生成相应的 α- 氨基酸，而原来的 α- 氨基酸则转变成相应的 α- 酮酸。

3. 测定血清转氨酶活性，可作为诊断某些疾病和预后测评的评价指标。如急性肝炎时血清 ALT 活性显著升高；心肌梗死时血清 AST 活性显著升高。

4. 生酮氨基酸有亮氨酸、赖氨酸。记忆口诀：同样来（酮 - 亮 - 赖）。

5. 生糖兼生酮氨基酸有异亮氨酸、苯丙氨酸、酪氨酸、色氨酸、苏氨酸。记忆口诀：一本落色书（异 - 苯 - 酪 - 色 - 苏）。

第三节 氨 的 代 谢

体内氨基酸代谢产生的氨以及由肠道吸收的氨进入血液，形成血氨。正常生理状态下，血氨浓度为 $47\sim65\mu mol/L$。氨是有毒物质，能透过细胞膜与血脑屏障，尤其对中枢神经系统的毒害作用尤为明显。当血氨浓度升高，可引起中枢神经功能紊乱，称为氨中毒。机体通过一系列调节机制，维持血氨浓度在正常范围。

一、氨的三个来源

体内氨的来源包括机体代谢产生、肠道吸收和肾小管细胞重吸收。

（一）机体代谢产生的氨

各种含氮化合物（氨基酸、胺类、碱基等）在体内分解代谢产生的 NH_3。其中，氨基酸脱氨基作用产生的 NH_3 是体内氨的主要来源。

（二）肠道吸收的氨

肠道吸收的氨主要有两个来源：一是食物蛋白质经肠道细菌的腐败作用产生的氨；二是血液中尿素扩散入肠道后经细菌尿素酶作用产生的氨。肠道产氨量较多，每天约 4g，主要吸收部位在结肠。NH_3 比 NH_4^+（铵盐）更易透过肠黏膜而被吸收入血，因此肠道 NH_3 的吸收与肠道的 pH 有关。当肠道 pH 偏低时，NH_3 与 H^+ 结合形成 NH_4^+ 不易被吸收而随粪便排出体外；肠道 pH 偏高时，NH_4^+ 趋于转变为 NH_3，使肠道对氨的吸收增强。临床上对高血氨患者采用弱酸性透析液做结肠透析，禁止采用碱性肥皂液灌肠，就是为了减少氨的吸收、促进氨的排泄。

（三）肾小管上皮细胞产生的氨

在肾远曲小管上皮细胞中含活性较高的谷氨酰胺酶，可催化谷氨酰胺水解生成谷氨酸和氨。这部分氨的去向取决于原尿的 pH。若原尿的 pH 偏酸，即酸性尿，这部分氨易分泌到肾小管管腔中，与原尿中的 H^+ 结合形成 NH_4^+，以铵盐的形式随尿排出体外；如果原尿的 pH 偏碱性，即碱性尿，氨容易被肾小管上皮细胞吸收入血，导致血氨升高。因此，临床上对因肝硬化产生腹水的患者，不宜使用碱性利尿药，以防氨的吸收增加而引起血氨升高。

二、氨的两种转运形式

体内各组织产生的有毒性氨需以无毒的形式运输到肝脏中合成尿素解毒，或运至肾脏以铵盐形式随尿排出。氨在血液中主要的运输形式是丙氨酸和谷氨酰胺。

（一）氨通过丙氨酸 - 葡萄糖循环从肌肉运往肝

在肌肉组织中，葡萄糖酵解产生的丙酮酸经转氨基作用生成丙氨酸，丙氨酸释放入血，再经血液运输至肝。在肝中，丙氨酸经联合脱氨基作用生成谷氨酸和丙酮酸，并释放出氨。氨用于合成尿素，丙酮酸经糖异生作用生成葡萄糖。葡萄糖由血液再运输至肌肉，并循糖酵解途径又分解成丙酮酸。这种通过丙氨酸与葡萄糖在肌肉和肝脏中的相互转换作用，实现了 NH_3 从肌肉转运至肝脏的循环，称为丙氨酸 - 葡萄糖循环（alanine-glucose cycle）（图 7-6）。通过这一循环，不仅将肌肉中的氨以无毒的丙氨酸形式运输至肝脏，同时肝脏又为肌肉提供了能通过糖酵解途径生成丙酮酸的葡萄糖。

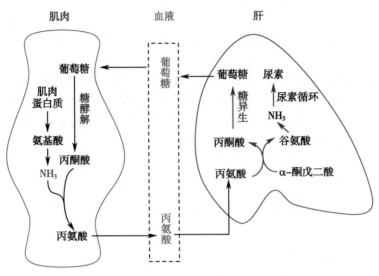

图 7-6 丙氨酸 - 葡萄糖循环

（二）氨通过谷氨酰胺从脑和肌肉等组织运向肝或肾

在脑、肌肉等组织中，氨与谷氨酸在谷氨酰胺合成酶的催化下合成谷氨酰胺，后者经血液运输至肝或肾，再经谷氨酰胺酶水解为谷氨酸和氨，氨在肝中合成尿素，在肾中则以铵盐形式随尿排出。其反应如下：

$$
\begin{array}{c}
\text{COOH} \\
|\\
\text{CH}_2 \\
|\\
\text{CH}_2 \\
|\\
\text{CHNH}_2 \\
|\\
\text{COOH}
\end{array}
\quad
\xrightleftharpoons[\substack{\text{谷氨酰胺酶}\\ \text{NH}_3 \qquad \text{H}_2\text{O}}]{\substack{\text{NH}_3+\text{ATP} \quad \text{谷氨酰胺} \atop \text{合成酶} \quad \text{ADP+Pi}}}
\quad
\begin{array}{c}
\text{CONH}_2 \\
|\\
\text{CH}_2 \\
|\\
\text{CH}_2 \\
|\\
\text{CHNH}_2 \\
|\\
\text{COOH}
\end{array}
$$

L-谷氨酸   谷氨酰胺

谷氨酰胺的合成与分解是由不同酶催化的不可逆反应，其合成需消耗 ATP。谷氨酰胺在脑组织细胞固定和转运氨的过程中起着主要作用，成为脑组织解氨毒的重要方式，临床上氨中毒所致的肝性脑病患者可服用或输入谷氨酸盐以降低血氨浓度。此外，谷氨酰胺还能为体内嘌呤和嘧啶等含氮化合物的合成提供氨基。因此，谷氨酰胺既是氨的解毒产物，也是氨的利用、贮存和运输形式。

谷氨酰胺还可为天冬氨酸提供氨基使其转变成天冬酰胺。正常细胞能合成足量的天冬酰胺供蛋白质合成需要。由于白血病细胞不能或很少能合成天冬酰胺，必须依靠血液从其他器官运输而来。因此，临床上应用天冬酰胺酶催化天冬酰胺水解成天冬氨酸，从而减少血液中天冬酰胺，达到治疗白血病的目的。

$$
\begin{array}{c}
\text{CONH}_2 \\
|\\
\text{CH}_2 \\
|\\
\text{CHNH}_2 \\
|\\
\text{COOH}
\end{array}
\quad
\xrightarrow[\text{H}_2\text{O} \qquad \text{NH}_3]{\text{天冬酰胺酶}}
\quad
\begin{array}{c}
\text{COOH} \\
|\\
\text{CH}_2 \\
|\\
\text{CHNH}_2 \\
|\\
\text{COOH}
\end{array}
$$

天冬酰胺   天冬氨酸

三、氨的四种代谢去路

正常情况下,体内的氨的去路有:①大部分氨在肝中合成尿素,再经血液运输至肾随尿排出体外;②合成非必需氨基酸;③参与其他含氮化合物(如嘌呤、嘧啶等)的合成;④少部分氨在肾小管与 H^+ 结合,以铵盐形式随尿排出。其中,合成尿素是体内氨的主要去路,尿中尿素排出的氮量占排氮总量的80%~90%。

(一)尿素的合成

1. 尿素的合成途径——鸟氨酸循环　尿素为中性、无毒、水溶性强的小分子物质。尿素的合成器官主要是肝,肾和脑组织也可合成少量尿素。在肝脏中,大部分氨合成尿素的途径为鸟氨酸循环(ornithine cycle),也称尿素循环(urea cycle),其过程分为以下4步:

(1)氨基甲酰磷酸的合成:在 Mg^{2+}、ATP 及 N-乙酰谷氨酸(N-acetyl glutamic acid,AGA)存在的条件下,NH_3、CO_2、H_2O 在肝细胞线粒体内的氨基甲酰磷酸合成酶 I (carbamoyl phosphate synthetase I,CPS-I)催化下,合成活泼的高能化合物氨基甲酰磷酸。

$$NH_3 + CO_2 + H_2O + 2ATP \xrightarrow[Mg^{2+},\ N\text{-乙酰谷氨酸}]{\text{氨基甲酰磷酸合成酶}} H_2N\text{--}COO\sim PO_3H_2 + 2ADP + Pi$$

此反应不可逆,消耗 2 分子 ATP,为酰胺键和酸酐键的合成提供能量。CPS-I 是鸟氨酸循环过程中的关键酶,属于变构酶,N-乙酰谷氨酸是此酶的变构激活剂,可使 CPS-I 的构象改变,暴露酶分子中的某些硫基,使酶与 ATP 的亲和力增加。N-乙酰谷氨酸是由乙酰 CoA 和谷氨酸合成。CPS-I 和 AGA 都存在于肝细胞线粒体中。

(2)瓜氨酸的生成:在鸟氨酸氨基甲酰转移酶(ornithine carbamoyl transferase,OCT)的催化下,氨基甲酰磷酸的氨基甲酰基转移到鸟氨酸上,生成谷氨酸和磷酸。此反应不可逆,OCT 也存在于肝细胞线粒体中。瓜氨酸合成后经线粒体内膜上的载体蛋白转运至细胞质进行下一步反应。

(3)精氨酸的生成:此反应在细胞质中完成,分两步进行。首先,在精氨酸代琥珀酸合成酶(argininosuccinate synthetase)的催化下,由 ATP 供能,瓜氨酸与天冬氨酸反应,合成精氨酸代琥珀酸。然后,在精氨酸代琥珀酸裂解酶的催化下,精氨酸代琥珀酸裂解为精氨酸和延胡索酸。精氨酸代琥珀酸合成酶也是鸟氨酸循环过程中的关键酶。

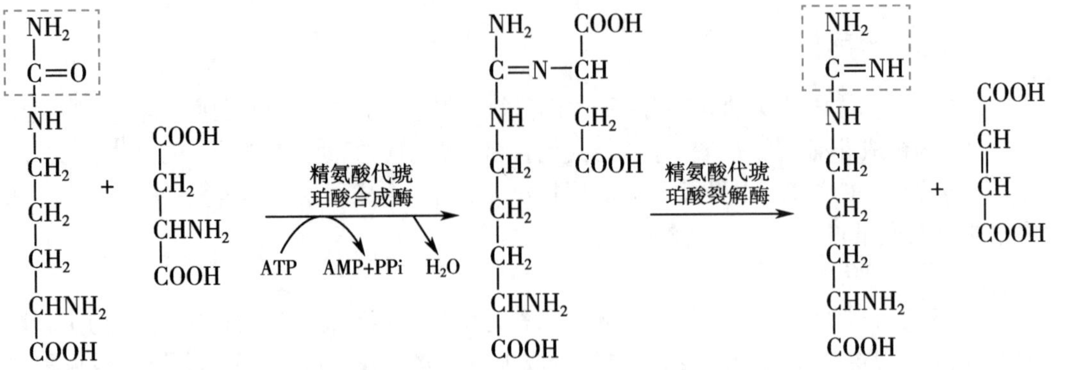

瓜氨酸 天冬氨酸 精氨酸代琥珀酸 精氨酸 延胡索酸

在上述反应过程中,天冬氨酸的氨基为尿素分子的合成提供了第二个氮原子。反应产物精氨酸分子中保留了来自游离 NH_3 和天冬氨酸分子中的氮。由此生成的延胡索酸可经三羧酸循环的反应步骤加水、脱氢转变成草酰乙酸,后者在 AST 催化下接受谷氨酸上的氨基重新生成天冬氨酸,继续参与尿素循环。而谷氨酸的氨基可来自体内多种氨基酸,使体内多种氨基酸的氨基均能以天冬氨酸的形式参与尿素的生物合成,从而减少了有毒的游离 NH_3 的生成。由此可见,体内多种氨基酸的氨基可通过形成天冬氨酸参与尿素的合成。

(4)精氨酸水解生成尿素:在细胞质中,精氨酸由精氨酸酶催化,水解生成尿素和鸟氨酸。鸟氨酸通过线粒体内膜上载体的转运再进入线粒体,参与瓜氨酸的合成。如此反复,完成鸟氨酸循环。尿素则作为代谢终产物排出体外。

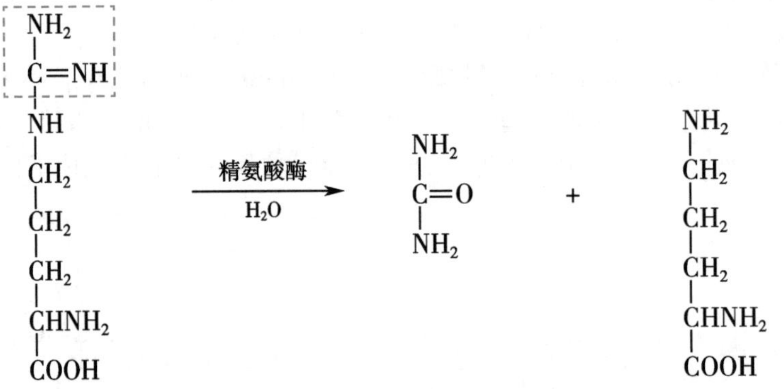

精氨酸 尿素 鸟氨酸

综上所述,尿素合成的总反应式为:

$$2NH_3 + CO_2 + 3H_2O + 3ATP \longrightarrow \underset{NH_2}{\overset{NH_2}{C=O}} + 2ADP + AMP + 4Pi$$

尿素合成在肝细胞的线粒体和细胞质中进行。合成尿素的 2 个氮原子,一个来自各种氨基酸脱氨基作用产生的游离氨,另一个由天冬氨酸提供,而天冬氨酸又可由草酰乙酸通过连续转氨基作用从多种氨基酸获得氨基而生成。尿素合成是一个耗能的过程,每进行一次鸟氨酸循环,2 分子 NH_3 与 1 分子 CO_2 结合生成 1 分子尿素,同时消耗 4 个高能磷酸键(图 7-7)。

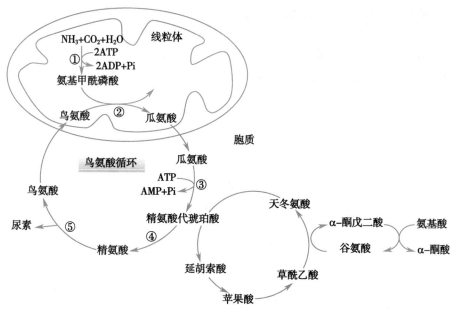

图 7-7　鸟氨酸循环

①：氨基甲酰磷酸合成酶（CPS-I）；②：鸟氨酸氨基甲酰转移酶（OCT）；③：精氨酸代琥珀酸合成酶；
④：精氨酸代琥珀酸裂解酶；⑤：精氨酸酶。

2. 尿素合成的调节

（1）膳食的影响：尿素合成受食物蛋白质的影响。高蛋白质膳食或长期饥饿情况下，蛋白质分解增多，尿素合成速度加快；反之，低蛋白质膳食或高糖膳食时，尿素合成速度减慢。

（2）N-乙酰谷氨酸（AGA）的调节：CPS-Ⅰ是鸟氨酸循环的关键酶。AGA 是 CPS-Ⅰ的别构激活剂，它是由乙酰 CoA 与谷氨酸通过 AGA 合成酶催化生成的。精氨酸又是 AGA 合成酶的激活剂。因此，肝中精氨酸浓度增高时，AGA 的生成加速，尿素合成亦加速。故临床上可利用精氨酸来治疗高氨血症。

（3）精氨酸代琥珀酸合成酶的影响：在尿素合成的酶系中，精氨酸代琥珀酸合成酶的活性最低，是尿素合成启动以后的关键酶，该酶活性的高低可调节尿素合成的速度。

（二）合成非必需氨基酸

氨可与 α-酮戊二酸合成谷氨酸，谷氨酸再与其他 α-酮酸经转氨基作用生成其他非必需氨基酸，如谷氨酰胺、天冬酰胺等。

（三）参与其他含氮化合物的合成

氨提供氮源可参与嘌呤、嘧啶等的合成。

（四）少部分氨在肾小管与 H^+ 结合，以铵盐形式随尿排出

四、高氨血症与肝性脑病

正常生理情况下，血氨的来源和去路保持着动态平衡状态，肝通过合成尿素在维持这种平衡中起着关键作用，使血氨浓度处于较低水平。当肝功能严重损伤时，可导致尿素合成发生障碍，血氨浓度增高，形成高氨血症（hyperammonemia）。此外，尿素合成相关酶的遗传缺陷也可导致高氨血症。高氨血症可引起脑功能障碍，常见的临床症状包括呕吐、厌食、间歇性共济失调、嗜睡甚至昏迷等，称为氨中毒。

　　氨中毒的作用机制尚不完全清楚。一般认为，氨可通过血脑屏障进入脑组织，与脑中 α- 酮戊二酸结合生成谷氨酸，氨也可与谷氨酸进一步反应生成谷氨酰胺。高血氨时，脑中的氨增加，细胞代偿使以上反应加强以便解氨毒，使脑中 α- 酮戊二酸含量减少，导致三羧酸循环减弱，脑细胞中 ATP 生成减少，大脑能量供应不足，引起大脑功能障碍，严重时发生昏迷，称为肝性脑病，又称肝昏迷（图 7-8）。另一种解释是，脑中谷氨酸、谷氨酰胺增多，渗透压增大引起脑水肿所致。

微课：肝性
脑病的发病
机制

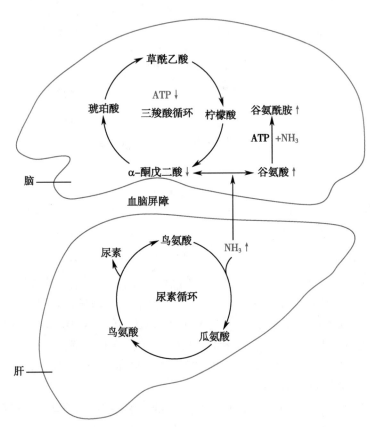

图 7-8　肝性脑病发病机制

　　肝性脑病常见诱因有上消化道出血、大量排钾利尿、放腹水、高蛋白饮食等。因此，从生化角度来讲，降低血氨浓度以及防止氨进入脑组织是治疗肝性脑病的关键。为了降低血氨浓度，临床上要求严重肝病患者控制蛋白质摄入量，减少肠道吸收氨。临床上常采用口服酸性利尿剂、酸性盐水灌肠、静脉滴注或口服谷氨酸盐等降血氨措施。

> **知识窗**
>
> ### 肝性脑病的治疗机制
>
> 　　临床口服酸性利尿剂、酸性盐水灌肠，促进氨从尿液和粪便排出体外；精氨酸代琥珀酸合成酶是尿素合成的限速酶，增加体内精氨酸的量可以增加该酶促反应速度，促进尿素合成，降低血氨浓度；谷氨酸在体内多数组织中都可以结合氨生成谷氨酰胺，解除氨的毒性，故临床上对肝性脑病患者可以口服或静脉滴注谷氨酸盐，以降低血氨的浓度。

案例分析

患者,男性,58 岁。间断性腹胀 5 年,因昏迷 3h 入院。该患者 5 年前无明显诱因出现腹胀不适,偶有乏力,经检查,诊断为丙型肝炎、原发性肝癌。2 年前检查发现肝硬化及腹腔积液。因反复行为异常入院,考虑肝性脑病给予降氨等对症治疗,患者好转后出院。本次入院因昏迷 3h,问话不答。门诊检查丙肝抗体阳性;乙型肝炎六项阴性;血氨 168μmol/L。入院诊断:肝硬化(肝功能失代偿期),肝性脑病。

问题:

1. 分析患者发生昏迷的原因与机制。

2. 结合本案例,简述肝性脑病的治疗的原则与方法以及如何对患者进行膳食指导。

案例解析

积少成多

1. 体内氨的主要来源是氨基酸脱氨基作用产生的氨。

2. 氨在血液中主要的运输形式是丙氨酸和谷氨酰胺。

3. 体内氨的主要去路是合成尿素,合成途径是乌氨酸循环,合成部位是肝细胞的线粒体和细胞质,排泄部位是肾脏。

4. 乌氨酸循环的关键酶是氨基甲酰磷酸合成酶Ⅰ(CPS-Ⅰ)和精氨酸代琥珀酸合成酶。

第四节 个别氨基酸的代谢

由于各种氨基酸的侧链 R 基团不同,氨基酸的分解代谢除共有代谢途径外,有些氨基酸还存在特殊的代谢途径,并具有重要的生理意义。本节仅描述几种重要的氨基酸代谢途径。

图片:个别
氨基酸代谢
导图

一、氨基酸的脱羧基作用

氨基酸的脱羧基作用(decarboxylation)是指在氨基酸脱羧酶的催化下,氨基酸脱去羧基生成 CO_2 和胺类的过程。氨基酸脱羧酶的辅酶为磷酸吡哆醛。生成的胺类物质在体内虽然含量不高,但具有重要的生理功能。胺类物质可在胺氧化酶(amine oxidase)催化下迅速氧化成醛类、NH_3 和 H_2O,醛进一步氧化成羧酸,羧酸可彻底氧化成 CO_2 和 H_2O 或随尿排出体外,从而避免胺类的在体内的蓄积。胺氧化酶属于黄素酶类,在肝中活性最高。

$$\underset{\text{COOH}}{\overset{\text{R}}{\underset{|}{\overset{|}{\text{CH}}}}} - \text{NH}_2 \xrightarrow[\searrow \text{CO}_2]{\text{脱羧酶}} \text{R}-\text{CH}_2-\text{NH}_2 \xrightarrow[\text{单胺氧化酶}]{\overset{\text{O}_2+\text{H}_2\text{O} \quad \text{H}_2\text{O}_2+\text{NH}_3}{}} \text{RCHO} \xrightarrow{+1/2\text{O}_2} \text{RCOOH}$$

$$\qquad\qquad\qquad\qquad\qquad\qquad\quad \text{胺} \qquad\qquad\qquad \text{醛} \qquad\qquad \text{羧酸}$$

（一）谷氨酸脱羧生成 γ- 氨基丁酸

γ- 氨基丁酸（γ-aminobutyric acid，GABA）是 L- 谷氨酸在谷氨酸脱羧酶的作用下脱羧生成。谷氨酸脱羧酶在脑及肾组织中活性很高，因而 GABA 在脑组织中的浓度较高。GABA 为抑制性神经递质，对中枢神经有抑制作用。

$$
\begin{array}{c}
COOH \\
| \\
CH_2 \\
| \\
CH_2 \\
| \\
CHNH_2 \\
| \\
COOH
\end{array}
\quad \xrightarrow{\text{谷氨酸脱酸酶}} \quad
\begin{array}{c}
COOH \\
| \\
CH_2 \\
| \\
CH_2 \\
| \\
CH_2NH_2
\end{array}
\quad + \quad CO_2
$$

L-谷氨酸 　　　　　　　　　　　　　 γ-氨基丁酸

临床上常用维生素 B_6 治疗妊娠呕吐、小儿惊厥及抗结核药物异烟肼所引起的脑兴奋副作用等，都是基于维生素 B_6 是谷氨酸脱羧酶的辅酶磷酸吡哆醛的重要组成成分，可增强谷氨酸脱羧酶的活性，促进 GABA 的生成，从而起到镇静、镇惊及止吐等作用。

（二）组氨酸脱羧生成组胺

组胺（histamine）是组氨酸在组氨酸脱羧酶的催化下脱去羧基生成。组胺酸脱羧酶广泛分布于体内各组织中，在肺、肝、胃黏膜、肌肉及乳腺中含量较高，这些组织产生的组胺，主要贮存在肥大细胞中。

$$
\begin{array}{c}
H_2N-CHCOOH \\
| \\
CH_2
\end{array}
\text{（咪唑环）}
\quad \xrightarrow{\text{谷氨酸脱酸酶}} \quad
\begin{array}{c}
H_2N-CH_2 \\
| \\
CH_2
\end{array}
\text{（咪唑环）}
\quad + \quad CO_2
$$

组氨酸 　　　　　　　　　　　　　 组胺

组胺是一种强烈的血管扩张剂，并能增加毛细血管的通透性。组胺浓度过高可引起血压下降甚至休克。组胺还可使平滑肌收缩，引起支气管痉挛导致哮喘。组胺还能刺激胃黏膜细胞分泌胃蛋白酶及胃酸，故常被用于胃分泌功能的研究。

知识窗

抗组胺药物

过敏性鼻炎患者发病时的典型症状是白天鼻炎、鼻塞、连打喷嚏、鼻涕眼泪直流，晚上因鼻塞呼吸困难而无法入睡。而这些症状的发生是由于人体释放的一种物质——组胺。组胺可引起局部毛细血管扩张及通透性增加、平滑肌痉挛、分泌活动增强，临床表现为局部充血、水肿、分泌物增多、支气管和消化道平滑肌收缩，使呼吸阻力增加。

组胺必须首先与细胞上的组胺受体结合，才能发挥作用。组胺受体有 H_1 和 H_2 两类。一般说的抗组胺药物是指 H_1 受体拮抗剂，可拮抗组胺对毛细血管、平滑肌、呼吸道分泌腺、唾液腺、泪腺的作用，有效缓解过敏性鼻炎的症状。目前，临床上常用的 H_1 受体拮抗剂有马来酸氯苯那敏片（扑尔敏片）和盐酸赛庚啶片等。

（三）色氨酸经羟化后脱羧生成 5- 羟色胺

5- 羟色胺（5-hydroxytryptamine，5-HT）又称血清素，是色氨酸首先在色氨酸羟化酶催化下生成 5- 羟色氨酸，后者再经 5- 羟色氨酸脱羧酶的催化进行脱羧生成。在人体内，5- 羟色胺经单胺氧化酶催化生成 5- 羟色醛，进一步氧化生成 5- 羟吲哚乙酸随尿排出。

5-HT 广泛分布于体内各种组织，如神经组织、胃肠道、血小板及乳腺细胞中。脑组织中的 5-HT 是一种抑制性神经递质，直接影响神经传导，与睡眠、疼痛和体温调节有关，其浓度降低时可引起睡眠障碍、痛阈降低。在外周组织中，5-HT 具有很强的血管收缩作用，可引起血压升高。

（四）半胱氨酸经氧化后脱羧生成牛磺酸

牛磺酸（taurine，Tau）是 L- 半胱氨酸首先氧化成磺酸丙氨酸，再经磺酸丙氨酸脱羧酶催化下脱去羧基生成。反应在肝细胞内进行，牛磺酸是结合胆汁酸的组成成分。现已发现，脑组织中含有较多的牛磺酸，表明它可能对脑组织具有重要的生理功能。

（五）某些氨基酸脱羧生成多胺

多胺（polyamines）是一类长链的脂肪族胺类，分子中含有多个氨基（$-NH_2$）或亚氨基（$-NH-$），主要有腐胺、精脒、精胺等。在体内，某些氨基酸经脱羧基作用可以产生的多胺类物质，如鸟氨酸在鸟氨酸脱羧酶催化下可生成腐胺，然后再转变成精脒及精胺。

鸟氨酸脱酸酶是多胺合成的关键酶。多胺是调节细胞生长的重要物质，它具有促进核酸和蛋白质合成的作用，故可促进细胞分裂增殖。在生长旺盛的组织，如胚胎、再生肝及肿瘤组织等，多胺含量都较高。目前临床上常以测定患者血或尿中多胺的水平作为肿瘤辅助诊断及监测病情变化的生化指标。

二、一碳单位代谢

（一）一碳单位的概念及种类

一碳单位（one carbon unit）是指体内某些氨基酸在分解代谢过程中产生的含有 1 个碳原子的有机基团。一碳单位包括甲基（—CH_3）、亚甲基或甲烯基（—CH_2—）、次甲基或甲炔基（—CH=）、甲酰基（—CHO）及亚氨甲基（—CH=NH）等。HCO_3^-、CO、CO_2 不属于一碳单位。

（二）一碳单位的载体

一碳单位不能游离存在，需要与四氢叶酸（FH_4）结合才能转运并参与代谢。FH_4 是一碳单位的载体，是由叶酸在二氢叶酸还原酶（dihydrofolate reductase）催化，分两步还原反应，在第 5、6、7、8 位加 4 个 H 生成。FH_4 的结构及其生成过程如下：

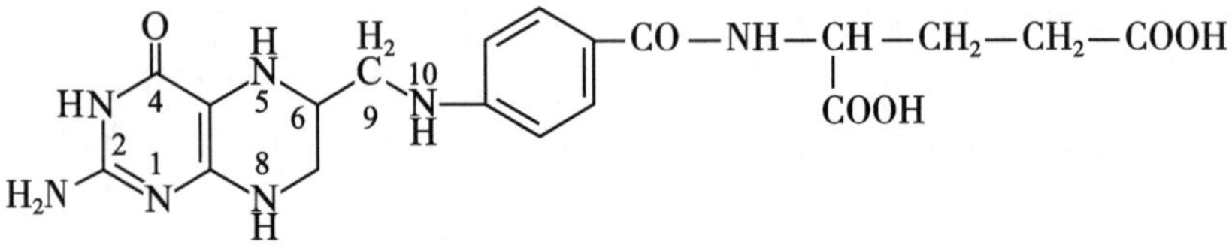

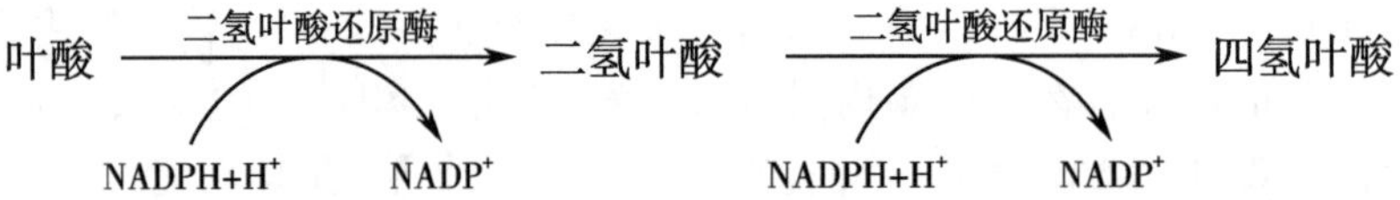

FH_4 分子上第 5 和 10 位氮（N^5、N^{10}）是一碳单位的结合位置，以共价键相连形成四氢叶酸衍生物。常见的有 N^5-甲基四氢叶酸（N^5-CH_3-FH_4）、N^5-亚胺甲基四氢叶酸（N^5-CH=NH-FH_4）、N^5，N^{10}-甲烯基四氢叶酸（N^5，N^{10}-CH_2-FH_4）、N^5，N^{10}-甲炔基四氢叶酸（N^5，N^{10}=CH-FH_4）、N^{10}-甲酰基四氢叶酸（N^{10}-CHO-FH_4）。

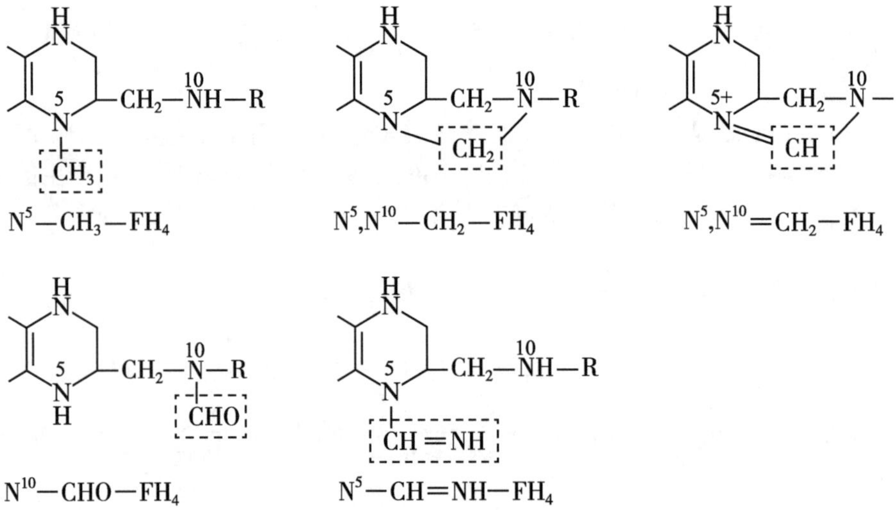

（注：虚线框内部分代表一碳单位）

一碳单位与 FH_4 结合后成为活性一碳单位，参与物质代谢，尤其在核酸的生物合成中占有重要地位。

（三）一碳单位的来源

一碳单位主要来源于丝氨酸、甘氨酸、组氨酸和色氨酸的分解代谢。其中丝氨酸是主要来源。

$$丝氨酸 + FH_4 \xrightarrow{\text{丝氨酸羟甲基转移酶}} 甘氨酸 + N^5,N^{10}\text{-}CH_2\text{-}FH_4$$

$$甘氨酸 + FH_4 \xrightarrow{\text{甘氨酸裂解酶}} CO_2 + NH_3 + N^5,N^{10}\text{-}CH_2\text{-}FH_4$$

$$组氨酸 \longrightarrow 亚氨甲基谷氨酸 \xrightarrow[FH_4]{\text{亚氨甲基转移酶}} 谷氨酸 + N^5\text{-}CH=NH\text{-}FH_4$$

$$色氨酸 \longrightarrow 甲酸 \xrightarrow[FH_4]{N^{10}\text{-}CHO\text{-}FH_4\text{合成酶}} N^{10}\text{-}CHO\text{-}FH_4$$

（四）一碳单位的相互转化

除 $N^5\text{-}CH_3\text{-}FH_4$ 外，其他不同形式的一碳单位之间可以在酶的催化下通过氧化还原反应而互相转变（图 7-9）。$N^5\text{-}CH_3\text{-}FH_4$ 不能由氨基酸代谢直接生成，它是在 $N^5,N^{10}\text{-}$ 甲烯基四氢叶酸还原酶的催化下，由 $N^5\text{-}CH_3\text{-}FH_4$ 还原生成，此反应不可逆。

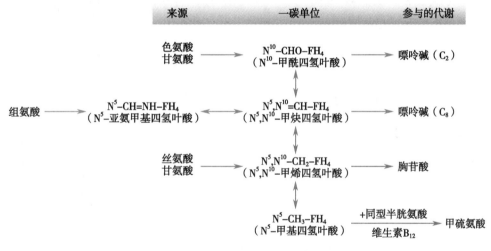

图 7-9　一碳单位的相互转变

（五）一碳单位代谢的生理意义

一碳单位代谢与氨基酸、核酸代谢密切相关，是沟通氨基酸代谢和核苷酸代谢的重要物质，对机体生命活动具有重要意义。

1. 参与体内嘌呤、嘧啶的合成　一碳单位是合成嘌呤和嘧啶的原料，在核酸生物合成中有重要作用，与细胞增殖、组织生长和机体发育等重要过程密切相关。例如，$N^{10}\text{-}CHO\text{-}FH_4$ 和 $N^5,N^{10}=CH\text{-}FH_4$ 分别参与嘌呤碱基中 C_2、C_8 的生成；$N^5,N^{10}\text{-}CH_2\text{-}FH_4$ 为脱氧胸苷酸（deoxythymidine monophosphate，dTMP）的合成提供甲基。

2. 参与 S- 腺苷甲硫氨酸（SAM）合成　$N^5\text{-}CH_3\text{-}FH_4$ 把 -CH$_3$ 传递给同型半胱氨酸生成甲硫氨酸，后者转化为活性 SAM。SAM 为体内许多重要生理活性物质的合成提供甲基。体内约 50 多种物质的合成需要 SAM 提供活性甲基，如胆碱、DNA、RNA、磷脂等。一碳单位代谢障碍可使胆碱合成减少，造成肝内磷脂合成减少，进而可能导致脂肪肝的发生。

3. 联系氨基酸代谢、核酸代谢及重要物质的生物合成代谢 一碳单位代谢障碍或游离 FH_4 不足时，嘌呤和嘧啶合成障碍，核酸的生物合成受到影响，导致细胞增殖、分化和成熟受阻，影响最显著的是红细胞的发育成熟，可引起巨幼细胞性贫血。某些抗肿瘤药物，如叶酸类似物氨甲蝶呤，能够抑制肿瘤细胞 FH_4 的合成，进一步影响一碳单位代谢和核酸合成，起到抗肿瘤作用。磺胺类药物可抑制细菌合成 FH_2，进而抑制细菌生长，叶酸不在体内合成，靠食物供给，故对人体影响不大。

微课：一碳单位代谢

三、含硫氨基酸代谢

体内含硫氨基酸包括甲硫氨酸、半胱氨酸和胱氨酸 3 种，它们在体内代谢是相互联系的。甲硫氨酸可以代谢转变为半胱氨酸，两个半胱氨酸可缩合成胱氨酸，但半胱氨酸和胱氨酸都不能转变成甲硫氨酸，因此甲硫氨基酸属于必需氨基酸。当半胱氨酸和胱氨酸供给充足时，可减少甲硫氨酸的消耗。

（一）甲硫氨酸的代谢

1. 甲硫氨酸与转甲基作用 在甲硫氨酸腺苷转移酶的催化下，甲硫氨酸接受 ATP 提供的腺苷生成 S- 腺苷甲硫氨酸（SAM）。SAM 分子中的甲基活性很高，称为活性甲基，因此 SAM 也被称为活性甲硫氨酸。

$$
\text{甲硫氨酸} + \text{ATP} \xrightarrow[\text{PPi+Pi}]{\text{腺苷转移酶}} \text{S–腺苷甲硫氨酸}
$$

SAM 是体内甲基的主要供体，在不同甲基转移酶（methyl transferase）的催化下，可参与多种甲基化反应，可为许多重要生物活性物质（如胆碱、肌酸、肉碱和肾上腺等）的合成提供甲基。研究发现，体内有 50 余种物质需要 SAM 提供甲基，生成相应甲基化合物（表 7-8）。

表 7-8　SAM 参与的甲基化作用（部分）

甲基接受体	甲基化产物	甲基接受体	甲基化产物
去甲肾上腺素	肾上腺素	RNA/DNA	甲基化 RNA/DNA
胍乙酸	肌酸	蛋白质	甲基化蛋白质
磷脂酰乙醇胺	磷脂酰胆碱	γ- 氨基丁酸	肉碱

2. 甲硫氨酸循环 甲硫氨酸活化为 SAM，将甲基转移给甲基受体后，转变为 S- 腺苷同型半胱氨酸（S-adenosyl homocysteine，SAH），SAH 在裂解酶作用下脱去腺苷生成同型半胱氨酸（homocysteine）。同型半胱氨酸在 N^5- 甲基四氢叶酸转甲基酶催化下，接受 N^5-

CH_3-FH_4 提供的甲基重新生成甲硫氨酸,由此形成一个循环,称为甲硫氨酸循环(methionine cycle)(图 7-10)。

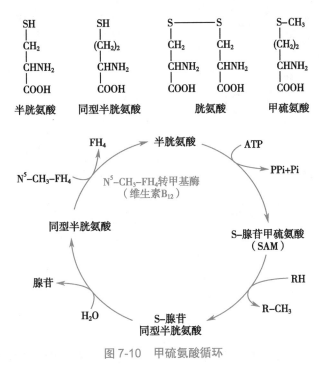

图 7-10 甲硫氨酸循环

　　甲硫氨酸循环的生理意义在于由 N^5-CH_3-FH_4 提供甲基合成甲硫氨酸,后者通过此循环进一步活化成 SAM,为体内进行广泛存在的甲基化反应提供甲基。因此,SAM 是体内甲基的直接供体,N^5-CH_3-FH_4 则可看作是体内甲基的间接供体。

　　在甲硫氨酸循环过程中,同型半胱氨酸接受甲基后生成甲硫氨酸,但体内并不能合成同型半胱氨酸,它只能由甲硫氨酸通过循环转变而来。所以,甲硫氨酸不能在体内合成,必须由食物供给,是营养必需氨基酸。

　　N^5- 甲基四氢叶酸转甲基酶,又称甲硫氨酸合成酶,其辅酶为维生素 B_{12}。此酶催化的反应是目前已知体内能利用 N^5-CH_3-FH_4 的唯一反应。当体内缺乏维生素 B_{12} 时,N^5-CH_3-FH_4 的甲基不能正常转移给同型半胱氨酸,这不仅影响甲硫氨酸的生成,而且也不利于四氢叶酸的再生,使组织中游离四氢叶酸的含量减少,从而影响一碳单位的转运和代谢,导致核酸合成障碍,影响细胞分裂。因此,维生素 B_{12} 不足时可引起巨幼细胞性贫血,也可造成同型半胱氨酸在体内堆积,同型半胱氨酸在血液中浓度增高,可能是动脉粥样硬化和冠心病的独立危险因素。

　　3. 甲硫氨酸为肌酸合成提供甲基　肌酸(creatine)和磷酸肌酸(creatine phosphate)是能量储存与利用的重要化合物。肌酸是以甘氨酸为骨架,由 SAM 提供甲基、精氨酸提供脒基而合成的,合成肌酸的主要器官是肝。在肌酸激酶(CK)催化下,肌酸接受 ATP 的高能磷酸基团生成磷酸肌酸(图 7-11)。磷酸肌酸作为能量的储存形式,在心肌、骨骼肌及脑组织中含量丰富。

　　肌酸激酶由 2 种亚基组成,即 M 亚基(肌型)与 B 亚基(脑型);构成 3 种同工酶,即 CK-MM、CK-MB 和 CK-BB。它们在人体内各组织中的分布不同,CK-MM 主要在骨骼肌,

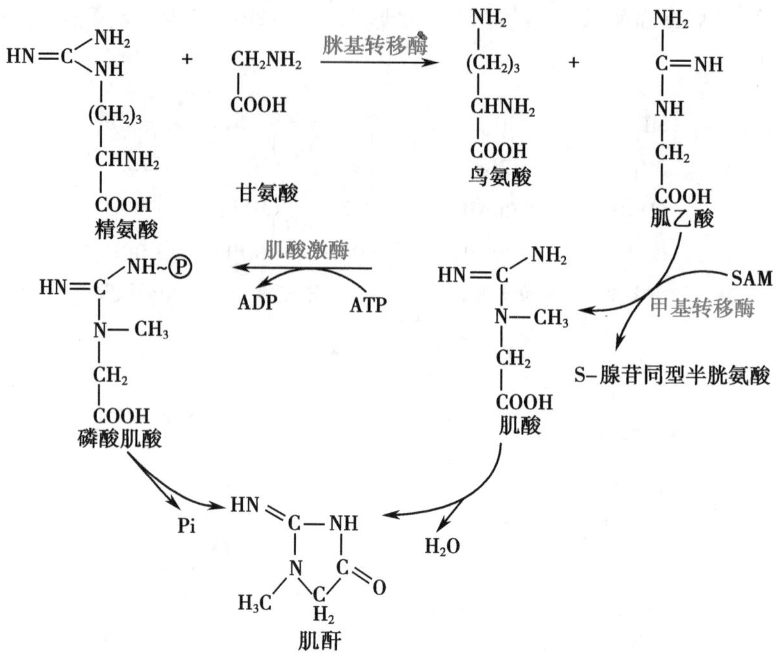

图 7-11 肌酸代谢

CK-MB 主要在心肌,而 CK-BB 主要在脑。当心肌梗死时,血液中 CK-MB 型肌酸激酶的活性增高,因此可作为心肌梗死的辅助诊断指标之一。

肌酸的代谢终产物是肌酐(creatinine)。肌酐主要在肌肉中通过肌酸的非酶促反应生成,随尿排出体外。正常人每天尿中的肌酐排出量是恒定的。当肾功能不全时,肌酐排出受阻,使血液中肌酐浓度升高,因此测定血液中肌酐的含量有助于肾功能不全的诊断。

(二)半胱氨酸和胱氨酸的代谢

1. 半胱氨酸与胱氨酸的互变 半胱氨酸含有巯基(—SH),胱氨酸含有二硫键(—S—S—),二者可相互转变。2 分子的半胱氨酸的巯基通过脱氢缩合,通过二硫键相连生成胱氨酸,胱氨酸又可裂解为 2 分子的半胱氨酸。

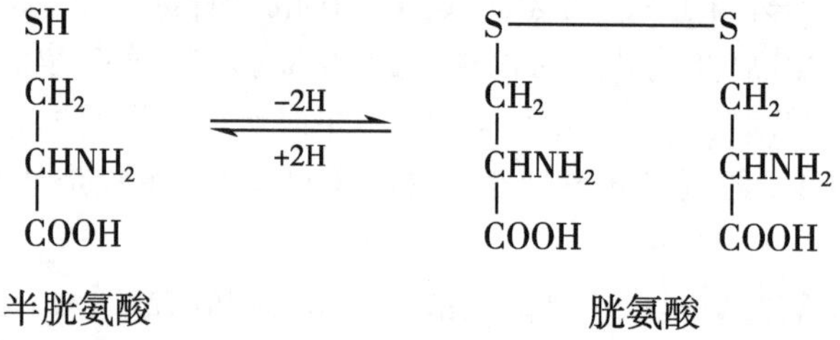

半胱氨酸   胱氨酸

2. 半胱氨酸形成二硫键维持蛋白质空间构象 在许多蛋白质分子中,由 2 个半胱氨酸残基间氧化脱氢形成的二硫键对维持蛋白质空间构象的稳定性起着重要作用。例如,胰岛素的 A 链和 B 链之间是通过 2 个二硫键连接起来的,若二硫键断裂,胰岛素的空间结构就被破坏,即失去其生物学活性。

3. 半胱氨酸侧链上的巯基是酶蛋白的活性基团 体内有许多重要的酶,如琥珀酸脱氢酶、乳酸脱氢酶等，其活性与半胱氨酸的巯基直接有关，故这些酶也被称为巯基酶。某些毒物，如芥子气、重金属盐等，能与酶分子中的巯基结合而抑制酶的活性。

4. 半胱氨酸参与谷胱甘肽（GSH）的生成　谷胱甘肽是机体重要的含 -SH 化合物，由半胱氨酸与谷氨酸、甘氨酸缩合而成，其活性基团就是半胱氨酸残基上的巯基。还原型谷胱甘肽的主要作用是与过氧化物及氧自由基起反应，从而保护生物膜上含巯基的蛋白质及巯基酶等不被氧化。

5. 半胱氨酸可生成活性硫酸根　含硫氨基酸经过氧化分解均能产生硫酸根，但硫酸根的主要来源是半胱氨酸。半胱氨酸可直接脱去巯基和氨基，生成丙酮酸、氨和 H_2S，H_2S 再经过氧化而生成 H_2SO_4。体内硫酸根，一部分以无机盐形式随尿排出，另一部分则经 ATP 活化生成活性硫酸根，即 3′- 磷酸腺苷 -5′- 磷酸硫酸（3′-phospho-adenosine-5′-phospho-sulfsate，PAPS）。PAPS 性质活泼，可提供硫酸根，使某些物质形成硫酸酯。例如，类固醇激素可形成硫酸酯而被灭活，一些外源性的酚类化合物也可以形成硫酸酯而排出体外。这些反应在肝生物转化中有重要意义。此外，PAPS 还可参与硫酸角质素及硫酸软骨素等分子中硫酸化氨基糖的合成。

6. 半胱氨酸参与牛磺酸的生成　半胱氨酸还可经氧化、脱羧生成牛磺酸。牛磺酸不仅参与结合型胆汁酸的代谢，还可以促进大脑的发育。

四、芳香族氨基酸代谢

芳香族氨基酸包括苯丙氨酸、酪氨酸和色氨酸。苯丙氨酸羟化生成酪氨酸是其主要代谢去路，后者进一步代谢生成甲状腺素、儿茶酚胺、黑色素等重要物质。酪氨酸分解代谢的产物是乙酰乙酸及延胡索酸。故苯丙氨酸和酪氨酸都是生糖兼生酮氨基酸。

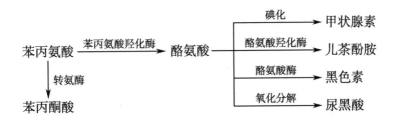

（一）苯丙氨酸的代谢

正常情况下，苯丙氨酸的主要代谢途径是在苯丙氨酸羟化酶的催化下生成酪氨酸，少量苯丙氨酸可经转氨基作用生成苯丙酮酸。苯丙氨酸羟化酶主要存在于肝组织中，是一种单加氧酶，辅酶是四氢生物蝶呤，催化的反应不可逆，故酪氨酸不能转变为苯丙氨酸。

当先天性苯丙氨酸羟化酶缺乏时，苯丙氨酸不能正常转变为酪氨酸，而经转氨酶催化生成苯丙酮酸，导致尿中出现大量苯丙酮酸及其部分代谢产物（苯乳酸及苯乙酸），临床上称为苯丙酮尿症（phenyl ketonuria，PKU）。苯丙酮酸的堆积对中枢神经系统有毒性作用，导致脑发育障碍，造成患者智力低下。治疗原则是早期发现并控制膳食中苯丙氨酸含量。

> **知识窗**
>
> 苯丙酮尿症的症状及治疗
>
> PKU 患儿出生时多表现正常，在 1~6 个月后逐步出现智商降低，并表现出易激惹、呕吐、过度活动或焦躁不安。有些婴儿出现湿疹，身体或衣服可闻到特殊的气味，如"鼠臭味"。患儿 1 岁后运动、语言均有障碍，严重者可出现脑瘫。90% 患者由于黑色素缺乏而皮肤特别白，但又不是白化病，头发呈淡黄或棕色。典型 PKU 的治疗关键是控制饮食中苯丙氨酸的含量，采取低苯丙氨酸的饮食，婴儿期可用人工合成的低苯丙氨酸奶粉喂养。医护人员在治疗或看护苯丙酮尿症患者时，要有耐心、爱心。

（二）酪氨酸的代谢

1. 合成甲状腺素　在甲状腺内，酪氨酸逐步碘化，生成三碘甲状腺原氨酸（T_3）和四碘甲状腺原氨酸（tetraiodothyronine，T_4），两者合称为甲状腺激素，在机体代谢中起着重要的调节作用。临床上，T_3、T_4 是诊断甲状腺疾病的主要指标。

2. 合成儿茶酚胺　儿茶酚胺是酪氨酸经羟化、脱羧后形成的一系列邻苯二酚胺类化合物的总称，包括多巴胺、去甲肾上腺素和肾上腺素。首先，在肾上腺髓质和神经组织中，酪氨酸经酪氨酸羟化酶（tyrosine hydroxylase）催化生成多巴（DOPA）。与苯丙氨酸羟化酶相似，酪氨酸羟化酶也是以四氢生物蝶呤为辅酶的单加氧酶。然后，多巴在多巴脱羧酶的作用下，脱去羧基生成多巴胺（dopamine）。多巴胺是一种神经递质，脑组织中多巴胺生成减少，可导致帕金森病。此外，在肾上腺髓质，多巴胺侧链的 β- 碳原子再被羟化，生成去甲肾上腺素，后者甲基化生成肾上腺素。酪氨酸羟化酶是合成儿茶酚胺的关键酶。

3. 合成黑色素　酪氨酸代谢的另一条途径是合成黑色素。在黑色素细胞中，酪氨酸经酪氨酸酶的催化作用，羟化生成为多巴。后者经过氧化生成多巴醌，再经环化、脱羧等一系列反应，转变为吲哚醌，吲哚醌再聚合成为黑色素。黑色素是毛发、皮肤及眼球的主要色素来源。先天性酪氨酸酶缺乏的患者，因不能合成黑色素，皮肤毛发等发白，称为白化病（albinism）。患者对阳光敏感，易患皮肤癌。

> **知识窗**
>
> 月亮的孩子——白化病
>
> 很多人都想要雪白的皮肤，并为此使出浑身解数。世界上还有一种病可导致浑身皮肤都呈乳白色，他们无论采用什么办法，都无法让自己的肤色变黑、变黄，这种疾病就是白化病。白化病是由于先天性酪氨酸酶缺乏，导致人体不能合成黑色素所引起的一种遗传性疾病。患者通常表现为眼睛、皮肤、毛发部位表现为白色，常伴有眼球震颤、畏光、视力低下等眼部症状。由于怕光，白化病患者夜间出来活动相对舒适，所以被称为

"月亮的孩子"。白化病患者有着与众不同的外貌,人们异样的眼光会给患者心理造成伤害。2014 年,联合国将每年的 6 月 13 日定为国际白化病宣传日,呼吁大家关注白化病,关爱白化病患者。医学生应该宣传白化病知识,消除人们对白化病患者的误解、歧视,给予他们更多的关爱。

4. 酪氨酸的氧化分解代谢 酪氨酸可以在酪氨酸转氨酶的催化下,脱去氨基生成对羟苯丙酮酸,再经氧化转变成尿黑酸。尿黑酸在尿黑酸氧化酶催化下裂解为延胡索酸和乙酰乙酸,二者可分别参与糖代谢和脂肪代谢。所以,苯丙酮酸和酪氨酸都是生糖兼生酮氨基酸。体内尿黑酸氧化酶先天缺陷时,尿黑酸氧化分解受阻,尿中出现大量尿黑酸,称为尿黑酸尿症(alkaptonuria)。尿黑酸在碱性条件下,暴露于空气中即被氧化并聚合成为类似黑色素的物质,从而使尿液显黑色。此外,患者的骨、结缔组织等亦有不正常的色素沉着。

苯丙氨酸与酪氨酸的代谢途径见图 7-12。

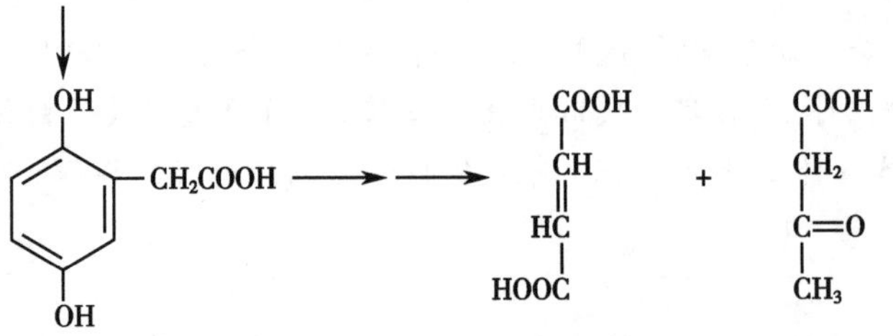

图7-12　苯丙氨酸与酪氨酸的代谢途径

知识窗

多巴胺与帕金森病

1957年，瑞典科学家A rvid Carlasson提出，多巴胺不仅是去甲肾上腺素的前体，也是一种位于脑部的神经递质，与人类的情感情绪密切相关，因此他被称为"人类情感之父"。帕金森病（Parkinson's disease, PD）是一种常见的神经系统变性疾病，老年人多见，其临床表现主要包括静止性震颤、运动迟缓、肌强直和姿势步态障碍。Carlasson的研究成果使人们认识到，帕金森病的起因是脑部缺乏多巴胺，据此可以研制出治疗疾病的有效药物。这一成果使他荣获2000年的诺贝尔生理学或医学奖。

（三）色氨酸的代谢

色氨酸是人体的必需氨基酸，除用于合成蛋白质外，还可进行分解代谢。色氨酸脱去羧基生成5-羟色胺；在肝中，色氨酸经色氨酸加氧酶的催化，生成一碳单位；色氨酸分解可生成丙酮酸和乙酰乙酰CoA，故色氨酸是生糖兼生酮氨基酸；此外，色氨酸分解还可产生极少量的烟酸，这是体内合成维生素的特例，但其合成量少，不能满足机体的需要。

积少成多

1. 氨基酸脱羧酶的辅酶是磷酸吡哆醛，由维生素B_6转化而来。

2. 一碳单位主要来源于丝氨酸、甘氨酸、组氨酸和色氨酸的分解代谢，其中丝氨酸是主要来源；一碳单位的载体为FH_4；一碳单位重要的功能是作为核苷酸合成的原料。

3. 半胱氨酸分解产生活性硫酸根（PAPS）。

4. 体内活性甲基的直接供体为SAM，间接供体为$N^5\text{-}CH_3\text{-}FH_4$。

5. 芳香族氨基酸有酪氨酸、苯丙氨酸、色氨酸。记忆口诀：芳香老本色（芳香-酪-苯-色）。

6. 苯丙氨酸羟化酶缺乏可引起苯丙酮尿症；酪氨酸酶缺乏可引起白化病；尿黑酸氧化酶缺乏可引起尿黑酸尿症。

理一理

氨基酸代谢

- **蛋白质的营养作用**
  - 蛋白质功能　构成细胞组织的重要成分；参与体内多种重要的生理活动；氧化功能
  - 蛋白质的需要量
    - 氮平衡：总氮平衡、正氮平衡、负氮平衡
    - 蛋白质的营养价值　必需氨基酸（8种）；蛋白质的互补作用

- **氨基酸的脱氨基作用**
  - 氧化脱氨基作用
    - 底物：L-谷氨酸；酶：L-谷氨酸脱氢酶；辅酶：NAD^+或$NADP^+$
    - 产物：α-酮戊二酸和NH_3
  - 转氨基作用
    - 底物：α-氨基酸和α-酮酸；酶：转氨酶（辅酶：磷酸吡哆醛或磷酸吡哆胺）
    - 产物：α-酮酸和α-氨基
    - 2种转氨酶：急性肝炎时血清ALT活性显著升高；心肌梗死时血清AST活性显著升高
  - 联合脱氨基作用
    - 底物：L-氨基酸和α-酮酸；酶：转氨酶和L-谷氨酸脱氢酶
    - 产物：α-酮戊二酸和NH_3
  - 嘌呤核苷酸循环
    - 部位：骨骼肌和心肌
    - 底物：L-氨基酸和α-酮酸；酶：转氨酶和AST；产物：IMP和NH_3

- **α-酮酸的代谢**
  - 合成非必需氨基酸；转变为糖或脂肪；氧化供能

- **氨的代谢**
  - 氨的来源　氨基酸脱氨基作用产生的氨（主要）；肠道吸收的氨；肾小管上皮细胞产生的氨
  - 氨的转运
    - 丙氨酸-葡萄糖循环
      - 方向：从肌肉到肝
      - 意义：①将肌肉中氨以无毒的丙氨酸形式运输至肝 ②肝脏为肌肉提供能生成丙酮酸的葡萄糖
    - 谷氨酰胺
      - 方向：从脑和肌肉等组织到肝
      - 酶：谷氨酰胺合成酶、谷氨酰胺酶
      - 意义：是氨的解毒产物，也是氨的利用、贮存和运输形式
  - 氨的去路
    - 合成非必需氨基酸；参与其他含氮化合物的合成；在肾小管与H^+结合，以铵盐形式随尿排出
    - 合成尿素
      - 合成途径：鸟氨酸循环；底物：2分子NH_3和1分子CO_2；
      - 产物：尿素；关键酶：CPS-I和精氨酸代琥珀酸合成酶

- **个别氨基酸的代谢**
  - 氨基酸脱羧基作用　谷氨酸变为γ-氨基丁酸；组氨酸变为组胺；色氨酸变为5-羟色胺；半胱氨酸变为牛磺酸；某些氨基酸变为多胺（腐胺、精脒、精胺）
  - 一碳单位
    - 定义：体内某些氨基酸在分解代谢过程中产生含有一个碳原子的有机基团
    - 种类：—CH_3、—CH_2—、—CH＝、—CHO、—CH＝NH；载体：FH_4；来源：丝氨酸（主要）、甘氨酸、组氨酸、色氨酸
    - 意义：参与体内嘌呤碱基的合成；参与SAM合成
  - 含硫氨基酸代谢　甲硫氨酸代谢：甲硫氨酸+ATP变为SAM，参与甲硫氨酸循环，甲硫氨酸为肌酸合成提供甲基；半胱氨酸和胱氨酸的代谢
  - 芳香族氨基酸代谢
    - 苯丙氨酸代谢
      - 酶：苯丙氨酸羟化酶；产物：苯丙酮酸
      - 苯丙酮酸羟化酶缺乏引起苯丙酮酸尿症
    - 酪氨酸代谢
      - 合成甲状腺素；合成儿茶酚胺（多巴胺、去甲肾上腺素和肾上腺素）；合成黑色素；氧化分解
      - 酪氨酸酶缺乏引起白化病；尿黑酸氧化酶缺乏引起尿黑酸尿症
    - 色氨酸代谢　生成5-羟色胺；生成一碳单位；生成丙酮酸和乙酰乙酰CoA

理一理

练一练

一、名称解释

1. 联合脱氨基作用

2. 必需氨基酸

3. 一碳单位

4. 蛋白质的互补作用

5. 高氨血症

二、填空

1. 体内必需氨基酸有_____、_____、_____、_____、_____、_____、_____、_____。

2. 氨基酸在体内的主要脱氨基方式是_____。

3. 急性肝炎时，血清中_____显著升高；心肌梗死时，血清中_____显著升高。

4. 氨在血液中的运输形式有_____和_____。

5. 能产生一碳单位的氨基酸有_____、_____、_____和_____。其中，主要是_____。

6. 下列疾病分别由于缺乏哪种酶所致：白化病缺乏_____、苯丙酮尿症缺乏_____、尿黑酸病缺乏_____。

三、简答

1. 简述血氨的来源与去路。

2. 简述一碳单位的生理意义。

3. 请从生物化学角度阐明肝性脑病的发病机制。

4. 尿液，俗称"小便"，是从生物体中排出的代谢废物和毒素，是一种液体，一般呈黄色或无色。经研究发现，尿液的主要成分有水、无机盐、尿素、尿酸等。请用本章学习内容，简述尿液中尿素产生的生化机制。

思路解析

测一测

拓展阅读

（刘家秀　赵传祥）

第八章　核酸的结构与功能

课件

科学发现

酵母丙氨酸转移核糖核酸
——中国科学家首次合成完整的核酸分子

核酸和蛋白质是生物体内最重要的物质基础。生命活动主要通过蛋白质来体现，生物的遗传特征则主要由核酸决定。没有核酸和蛋白质，就没有生命。

1981 年，中国科学家在世界上首次人工合成一个完整的核酸分子——酵母丙氨酸转移核糖核酸（yeast alanine transfer RNA），其在蛋白质生物合成中起着氨基酸载体作用。人工合成 tRNA 是研究其结构与功能关系的最直接手段，在生命起源研究上也具有重大意义。这标志着我国在人工合成生物大分子的研究方面居世界前列。随着世界经济和科技的飞速发展，中国在很多方面均处在前列。

学前导语

核酸是生物体遗传信息储存、传递、表达的物质基础，对于研究生命的本质以及揭示生命的奥秘起着至关重要的作用。现在人们利用核酸技术能够对遗传性疾病、传染性疾病等进行诊断、预防和治疗。

学习目标

辨析：mRNA、tRNA、rRNA 的结构特点；DNA 的变性与复性的区别。

概述：DNA 的二级结构特点；核酸的分类及功能；核酸的元素组成；DNA、RNA 的功能；核酸的一般理化性质及紫外吸收性质。

说出：核酸的基本组成单位及基本组成成分；核苷酸的连接方式；体内某些重要核苷酸衍生物。

学会：运用核酸的变性与复性解释分子杂交的原理及其在临床、生活实际中的应用。

培养：尊重伦理道德规范、实事求是的职业道德和职业素质。

核酸（nucleic acid）是存在于细胞中含有磷酸基团的生物大分子，以核苷酸为基本组成单位，用于储存、传递和表达遗传信息。核酸主要有核糖核酸（RNA）和脱氧核糖核酸（DNA）两类。RNA 主要存在于细胞质中，参与 DNA 遗传信息的表达。在少数病毒中，

RNA 也可以作为遗传信息的载体。DNA 主要存在于细胞核中，携带遗传信息，决定细胞核个体的基因型。遗传和变异是生物体最本质和最重要的生命现象，而核酸正是其物质基础。

第一节 核酸的化学组成

一、核酸的基本组成单位

（一）核酸的元素组成

核酸由 C、H、O、N、P 五种元素组成，其中 P 元素的含量在核酸分子中恒定，为 9%～10%，平均含量为 9.5%。因此，可以通过测定样品中核酸的含磷量，推算出核酸的大约含量。

$$100g 样品中的核酸含量（g\%）= 每克样品中的含磷克数 \times 10.5 \times 100$$

（二）核酸分子的基本结构单位——核苷酸

核酸在核酸酶的作用下水解为核苷酸（nucleotide），核苷酸是核酸代谢的基本单位。核苷酸可水解生成磷酸和核苷，核苷可进一步水解生成碱基和戊糖。因此，核苷酸由戊糖、碱基和磷酸组成。

1．戊糖 核酸中的核糖（ribose）主要是含 5 个碳原子的糖，故又称为戊糖，都是 β-D- 型。RNA 分子中是 D- 核糖，DNA 分子中是 D-2- 脱氧核糖。戊糖的结构见图 8-1。

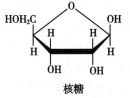

图 8-1 戊糖结构式

（图中标注：核糖 2-脱氧核糖）

2．碱基 是含氮的杂环化合物，分为嘌呤（purine）和嘧啶（pyrimidine）两类。常见的嘌呤碱主要有腺嘌呤（adenine，A）和鸟嘌呤（guanine，G）（图 8-2）。嘧啶碱有胞嘧啶（cytosine，C）、尿嘧啶（uracil，U）和胸腺嘧啶（thymine，T）（图 8-3）。另外，在核酸分子中，特别是 tRNA 分子中还有含量较少的其他碱基，称为稀有碱基（rare bases），如次黄嘌呤、5- 甲基脲嘧啶、二氢尿嘧啶等。

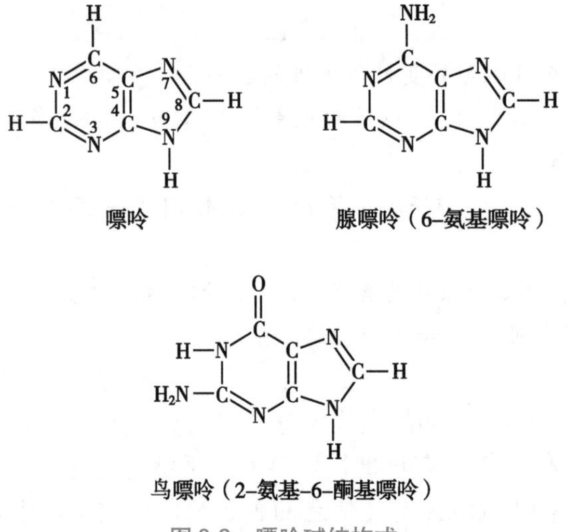

嘌呤 腺嘌呤（6-氨基嘌呤） 嘧啶 胞嘧啶

鸟嘌呤（2-氨基-6-酮基嘌呤） 尿嘧啶 胸腺嘧啶

图 8-2 嘌呤碱结构式 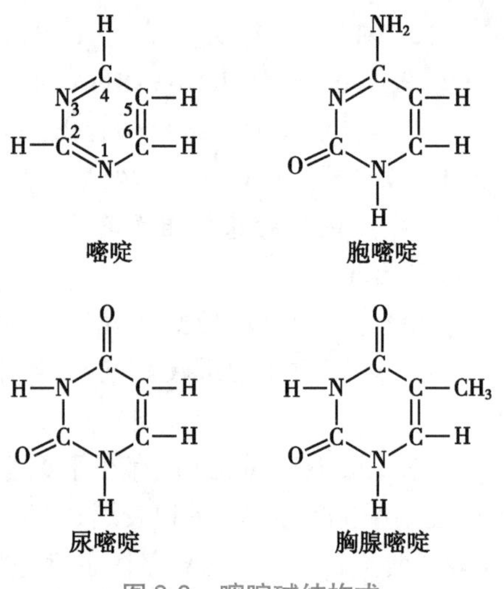   图 8-3 嘧啶碱结构式

DNA 和 RNA 的主要碱基稍有不同：DNA 分子中含有 A、G、C、T 4 种碱基；RNA 分子中含有 A、G、C 以及 U 4 种碱基。

3. 磷酸　核酸分子水解后可得到无机磷酸分子。磷酸结构式是以磷为中心、周围 4 个氧，其中包括 1 个双键氧和 3 个羟基。3 个可解离的氢原子分别与 3 个氧原子结合（图 8-4）。

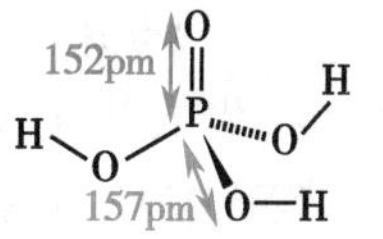

图 8-4　磷酸结构式

由此可见，核糖核酸和脱氧核糖核酸在分子组成方面是有差异的（表 8-1）。

表 8-1　两类核酸的化学组成

组成成分	DNA	RNA
磷酸	H_3PO_4	H_3PO_4
戊糖	D-2- 脱氧核糖	D- 核糖
碱基	A、G、C、T	A、G、C、U

4. 核苷（nucleoside）　是碱基和戊糖脱水以糖苷键连接而成的化合物。糖苷键由戊糖的第一位碳原子上的羟基与嘌呤碱的第 9 位氮原子或嘧啶碱的第 1 位氮原子上的氢脱水缩合生成。戊糖是 D- 核糖的称为"核糖核苷"，是 D-2- 脱氧核糖的称为"脱氧核糖核苷"。

不同的碱基可生成不同的核苷，如核苷中含胞嘧啶的称为"胞苷"，含胞嘧啶的脱氧核苷称为"脱氧胞苷"。核苷与脱氧核苷的结构式见图 8-5。在核苷分子中，为了避免戊糖上碳原子的编号与碱基上的编号相混淆，常在戊糖碳原上标 "'" 以示区别。

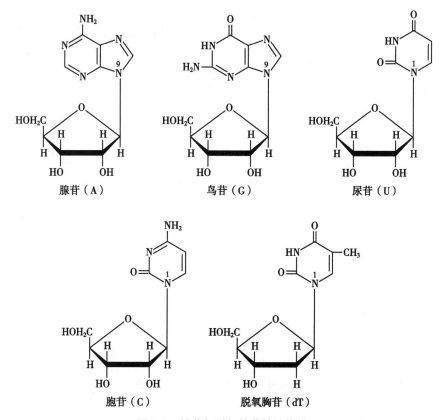

图 8-5　核苷与脱氧核苷的结构式

5. 核苷酸　磷酸与核苷（脱氧核苷）中戊糖基上的自由羟基通过脱水缩合以磷酸酯键相连，生成的化合物是核苷酸（图 8-6）。核糖核苷糖基的自由羟基在 2′、3′、5′ 上，分别形成 2′- 核苷酸、3′- 核苷酸和 5′- 核苷酸。脱氧核糖核苷糖基的自由羟基只在 3′、5′ 上，所以只能形成 3′- 脱氧核苷酸和 5′- 脱氧核苷酸。但生物体内多数是 5′- 核苷酸。

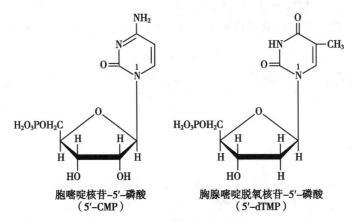

胞嘧啶核苷–5′–磷酸（5′–CMP）　　胸腺嘧啶脱氧核苷–5′–磷酸（5′–dTMP）

图 8-6　核苷酸结构式

核糖核苷酸与磷酸脱水后，形成核糖核苷酸，常简称为核苷酸。如腺嘌呤核糖核苷酸，简称为腺苷酸或腺苷一磷酸（AMP）。脱氧核糖核苷与磷酸脱水后，形成脱氧核糖核苷酸，简称脱氧核苷酸；如腺嘌呤脱氧核糖核苷酸，简称脱氧腺苷酸或脱氧腺苷一磷酸（deoxyadenosine，dAMP）。其他核苷酸的命名依此类推。

就像氨基酸是组成蛋白质的基本单位一样，核苷一磷酸是组成核酸的基本单位，其中，RNA 含有 4 种核苷一磷酸，DNA 含有 4 种脱氧核苷一磷酸。为了便于学习，将核酸中的主要碱基、核苷、核苷酸的名称和代号列表，见表 8-2。

表 8-2　构成核酸的碱基、核苷和核苷酸

核酸	碱基	核苷	5′- 核苷酸
RNA	腺嘌呤 A	腺苷	腺苷酸（AMP）
	鸟嘌呤 G	鸟苷	鸟苷酸（GMP）
	胞嘧啶 C	胞苷	胞苷酸（CMP）
	尿嘧啶 U	尿苷	尿苷酸（UMP）
DNA	腺嘌呤 A	脱氧腺苷	脱氧腺苷（dAMP）
	鸟嘌呤 G	脱氧鸟苷	脱氧鸟苷（dGMP）
	胞嘧啶 C	脱氧胞苷	脱氧胞苷（dCMP）
	胸腺嘧啶 T	脱氧胸苷	脱氧胸苷（dTMP）

胞苷酸（cytidine monophosphate，CMP）；尿苷酸（uridine monophosphate，UMP）；脱氧鸟苷（deoxyguanosine monophosphate，dGMP）；脱氧胞苷（deoxycytidine monophosphate，dCMP）。

二、体内某些重要的核苷酸衍生物

人体内除了一些组成核酸的核苷酸外，还有一些游离核苷酸，它们具有重要的生理功能。

（一）多磷酸核苷

核苷酸分子中可以含有 1 个、2 个或者 3 个磷酸基团，分别是核苷一磷酸（nucleoside

monophosphate，NMP）或脱氧核苷一磷酸（deoxyribonucleoside monophosphate，dNMP）、核苷
二磷酸（nucleoside diphosphate，NDP）或脱氧核苷二磷酸（deoxyribonucleoside diphosphate，
dNDP）、核苷三磷酸（NTP）或脱氧核苷三磷酸（deoxynucleoside triphosphate，dNTP），腺苷三磷
酸（ATP）的结构见图 8-7。核苷二磷酸和核苷三磷酸称为核苷多磷酸。多种 NTP 或 dNTP 都
是高能磷酸化合物，它们在能量的储存和利用中起到重要的作用，并且参与多种物质代谢。

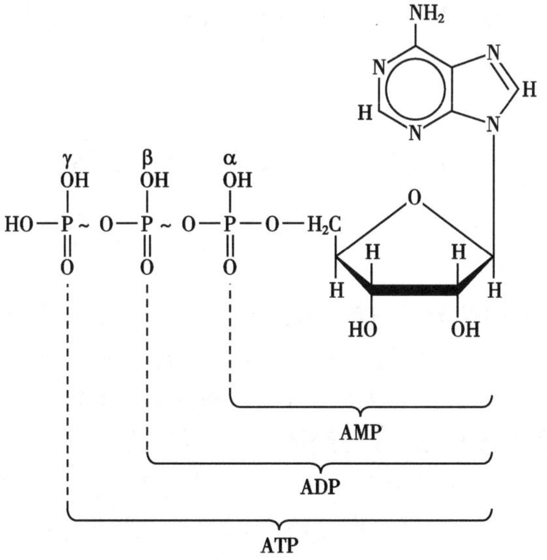

图 8-7　腺苷三磷酸（ATP）的结构

（二）环化核苷酸

核苷酸可在 C-5′ 磷酸的羟基与 C-3′ 上的羟基脱水缩合形成 3′, 5′- 环化核苷酸。例如，
ATP 和 GTP 可分别生成 3′, 5′- 环腺苷酸（cyclic adenosine monophosphate，cAMP）和 3′, 5′-
环鸟苷酸（cyclic guanosinc monophosphate，cGMP）（图 8-8），作为激素的第二信使，介导激
素作用，是胞内信息传递的重要媒介。

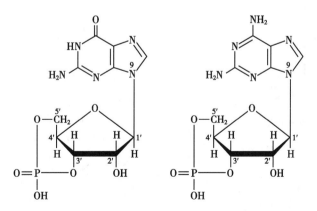

图 8-8　cAMP 和 cGMP

（三）辅酶类核苷酸

核苷酸还是某些重要辅酶的组成成分，如辅酶 I（烟酰胺腺嘌呤二核苷酸，（NAD$^+$）、辅
酶 II（烟酰胺腺嘌呤二核苷酸磷酸，NADP$^+$）；黄素类辅酶有黄素单核苷酸（FMN）、黄素腺嘌

呤二核苷酸（FAD）及辅酶 A（CoA）。这些辅酶在体内参与物质代谢和能量代谢。

> **积少成多**
>
> 1. 核酸组成元素有 C、H、O、N、P。
> 2. DNA 分子的碱基有 A、G、C、T；RNA 分子的碱基有 A、G、C、U。
> 3. 多磷酸核苷酸（NDP、NTP）、环化核苷酸（cAMP、cGMP）、辅酶类核苷酸（NAD^+、$NADP^+$、FMN、FAD、CoA）。

第二节　核酸的分子结构

一、核酸的一级结构

核酸的一级结构是指核酸分子中核苷酸（或脱氧核苷酸）的排列顺序。在核酸分子中，核苷酸之间通过 3′, 5′- 磷酸二酯键连接起来，即一个核苷酸 3′ 位碳原子上的羟基与另一个核苷酸 5′ 位碳原子上的磷酸羟基经脱水缩合而形成的磷酸酯键。多个核苷酸通过 3′, 5′- 磷酸二酯键连接形成线性大分子的多核苷酸链。多核苷酸链有严格的方向性，它们的两个末端分别是 5′- 末端（游离的 5′- 磷酸基）和 3′- 末端（游离 3′- 羟基）。把 5′- 末端作为多核苷酸链的头写在左边，将 3′- 末端作为尾写在右边，按 5′ → 3′ 的方向书写。其结构及简写方式从复杂到简写如图（图 8-9）所示。

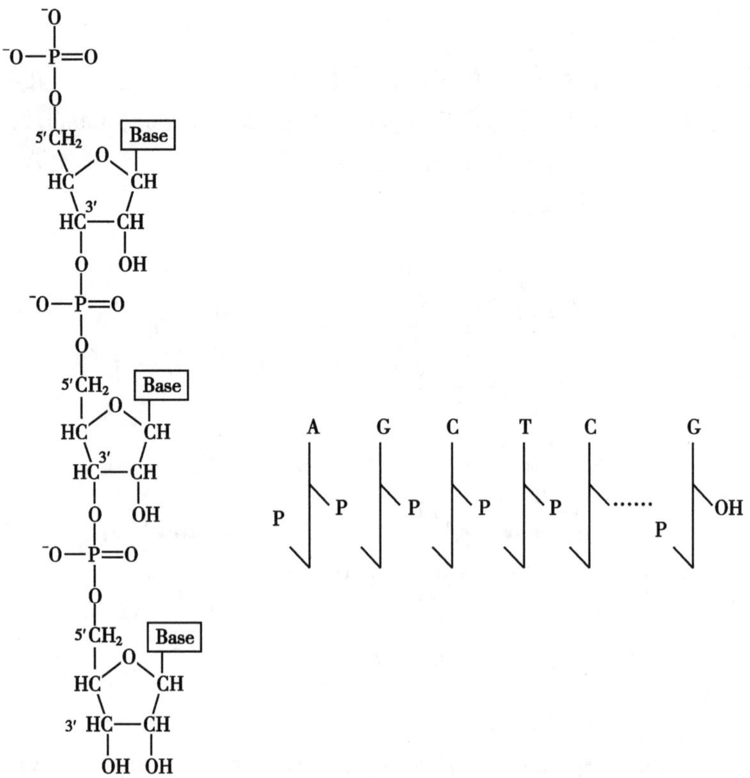

图 8-9　DNA 一级结构的连接方式

一级结构是核酸的基本结构。构成 DNA 的 4 种脱氧核苷酸是 dAMP、dGMP、dCMP、dTMP，构成 RNA 的 4 种核苷酸是 AMP、GMP、CMP、UMP。核酸分子中的核糖（或脱氧核糖）与磷酸共同构成骨架结构，不参与信息的储存和表达，对遗传信息的携带和传递靠核苷酸中的碱基排列顺序变化而实现。自然界基因的长度在几十甚至几万个碱基之间，因为碱基排列方式不同而提供的 DNA 编码能力几乎是无限的。

二、核酸的空间结构

（一）DNA 的空间结构与功能

1. DNA 的二级结构　1953 年，美国人 James Dewey Watson 和英国人 Francis Harry Compton Crick 两位青年科学家在总结前人研究成果的基础上，提出了 DNA 分子二级结构的"双螺旋结构模型"，这一举世公认的结构模型揭示了生物界遗传性状得以世代相传的分子奥秘，揭开了现代分子生物学发展的序幕，对生物学和遗传学做出巨大贡献。DNA 双螺旋结构模型（图 8-10）要点如下：

动画：DNA
双螺旋结构

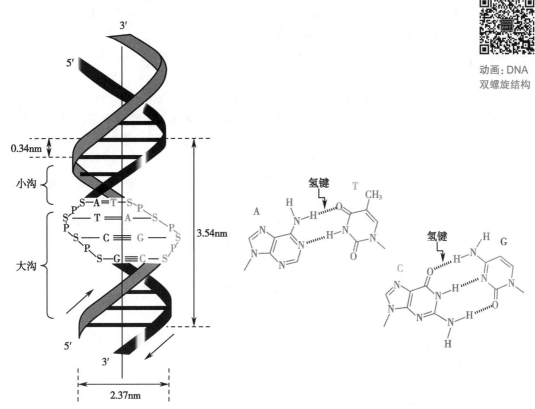

图 8-10　DNA 的双螺旋结构示意图与氢键的形成

（1）DNA 分子是由两条方向相反、互相平行的多聚脱氧核苷酸链围绕共同的中心轴构成的双螺旋结构，其中一条链走向是从 5′ → 3′，另一条链是 3′ → 5′。两条链呈右手螺旋延伸。在这两条多聚脱氧核苷酸链中，磷酸戊糖链是骨架结构，位于螺旋的外侧，碱基则位于螺旋的内侧，两条链的碱基通过氢键结合。

（2）DNA 的两条链是互补链，两条链的碱基间通过氢键结合，且固定配对。即腺嘌呤与胸腺嘧啶配对，形成两个氢键（A=T）；鸟嘌呤与胞嘧啶配对，形成 3 个氢键（G≡C）。这种配对规律也称为碱基互补原则。相互配对的碱基称为互补碱基,DNA 分子的两条链则称为互补链。根据碱基互补原则,如果确定了 DNA 一条多聚脱氧核苷酸链的序列,就可以推知另一条的序列。碱基互补原则在遗传信息的传递和表达中有着非常重要的意义,如 DNA 复制、转录、逆转录等之所以能够进行,就是以碱基互补原则为基础的。

(3)DNA 双螺旋结构的直径为 2nm,相邻两个碱基对平面之间的垂直距离为 0.34nm。因此,沿中心轴每旋转一周有 10 个碱基对(base pair),螺距为 3.4nm。相邻的两个碱基对之间的相对旋转角度是 36°。从外观上看,DNA 双螺旋结构的表面存在大沟(major groove)和小沟(minor groove)。目前认为,这些沟状结构与蛋白质和 DNA 间的识别有关。

(4)疏水作用力和氢键维系 DNA 双螺旋结构的稳定。DNA 分子中互补碱基之间的氢键是稳定的横向结合力,而相邻两个碱基平面在旋转过程中相互重叠产生了疏水性的碱基堆积力,两种力量共同维系着 DNA 双螺旋结构的稳定,并且碱基堆积力在双螺旋结构的稳定中起主要作用。

2. DNA 的超级结构　生物界的 DNA 分子是十分巨大的信息分子,不同物种间的 DNA 大小和复杂程度差别很大。一般来讲,进化程度越高的生物体,其 DNA 的分子构成越大,越复杂。DNA 的长度要求其形成紧密折叠旋转的方式,才能够存在于小小的细胞核内。因此,DNA 在形成双链螺旋式结构的基础上,在细胞内还将进一步折叠形成更加紧密的超级结构。

(1)原核生物 DNA 的超级结构:绝大部分原核生物的 DNA 都是共价封闭的环状双螺旋,这种双螺旋还需进一步螺旋化,形成超螺旋结构以保证其可以较致密的形式存在于细胞内(图 8-11)。超螺旋结构有两种方向,与 DNA 双螺旋方向相同的称为正超螺旋,相反的称为负超螺旋。其中,负超螺旋最常见。

(2)真核生物 DNA 的超级结构:真核生物染色质 DNA 是线性双螺旋结构,其超级结构以核小体(nucleosome)形式存在。核小体由 DNA 和组蛋白共同构成。组蛋白分子共有 5 种,分别称为 H_1、H_2A、H_2B、H_3 和 H_4。核小体的核心由 2 分子的组蛋白 H_2A,H_2B,H_3 和 H_4 共同构成,称为组蛋白八聚体(又称核心组蛋白)。DNA 双螺旋分子缠绕在这一核心上构成了核小体的核心颗粒(core particle)。两个核心颗粒之间的 DNA(60bp)和组蛋白 H_1 结合形成串珠样的结构(图 8-11),也成为染色质纤维,使 DNA 的长度压缩了约 7 倍。

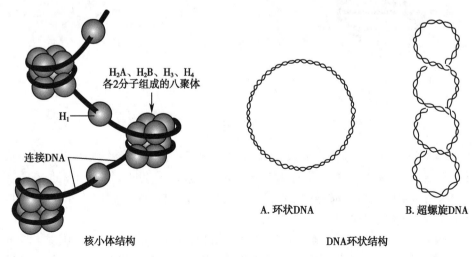

图 8-11　核小体结构及 DNA 环状结构示意图

3. DNA 的功能　DNA 的基本功能是生物遗传信息的载体,携带遗传信息,并作为基因复制和转录的模板,通过 DNA 的碱基序列决定蛋白质中氨基酸顺序。

知识窗

遗传物质 DNA

美国科学家 Tex Avery 等人从光滑型(S 型)肺炎双球菌中分别提取 DNA、蛋白质和多糖,并将上述第一种物质单独放入粗糙型(R 型)肺炎双球菌的培养基中,结果发现只有 DNA 能使部分 R 型菌转化成 S 型菌,且提取的 DNA 越纯,转化率越高。随后,噬菌体侵染细菌实验通过同位素示踪法:用同位素 35S 标记一部分噬菌体的蛋白质,用 32P 标记噬菌体的 DNA,然后用它去分别侵染细菌,从而准确地证明了 DNA 是遗传物质。

(二)RNA 的空间结构与功能

RNA 是由 4 种核糖核苷酸(AMP、GMP、CMP 和 UMP)通过 3′,5′- 磷酸二酯键聚合形成的链状大分子,而且通常以单链形式存在。其中含有一些稀有碱基,单链自身回折,部分区域可进行碱基互补配对(A 与 U 配对、G 与 C 配对,但并不十分严格),形成局部的双螺旋结构。非互补区则形成环状突起,称为"茎环"结构或发夹结构。这是常见 RNA 的二级结构的形式,在此基础上可以进一步折叠形成三级结构。

RNA 在细胞核中合成,在细胞质中发挥作用。RNA 与 DNA 相比,种类、大小和结构都表现出了多样化,其功能也都不相同。

1. 信使 RNA(messenger RNA,mRNA)　是指导蛋白质合成的模板。转录细胞核内编码蛋白质信息的 DNA 碱基排列顺序,并携带至细胞质,指导蛋白质的合成。mRNA 分子大小各不相同,其初级产物是核内非均一 RNA(heterogeneous nuclear RNA,hnRNA)。hnRNA 在细胞核内存在时间极短,经过剪接成为成熟的 mRNA。真核细胞 mRNA 分子 5′- 末端以 7- 甲基鸟嘌呤核苷三磷酸(m^7GpppN)为起始结构,称为帽结构。mRNA 分子的 3′- 末端是一段 100~200 个腺苷酸连接而成的多聚腺苷酸结构,称为多聚(A)尾(polyA)(图 8-12)。这种多聚 A 尾和 5′- 帽结构共同负责将 mRNA 从细胞核内转运到细胞质,维持 mRNA 的稳定性和调控翻译起始。从 mRNA 分子 5′- 末端的第一个 AUG 开始,每 3 个相邻核苷酸为一组,组成三联体密码或密码子,每 3 个密码子代表多肽链上的 1 个氨基酸。mRNA 分子上核苷酸的序列就决定了蛋白质分子中氨基酸的序列。

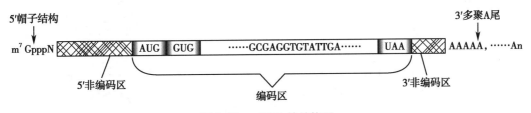

图 8-12　mRNA 的结构图

真核生物 mRNA 结构特点如下:①细胞内 mRNA 种类很多,分子量大小不一,由几百甚至几千个核苷酸构成。②5′- 末端有帽结构。mRNA 的帽子结构可保护 mRNA 免受核酸酶从 5′ 端的降解作用,并在翻译起始中具有促进核蛋白体与 mRNA 结合,加速翻译起始速度的作用。③3′- 末端有 polyA 结构。polyA 结构是在 mRNA 转录完成后,由 polyA 转移酶催化加入的。在细胞内，polyA 结构与 polyA 结合蛋白相结合形成复合物。目前认为，这种 3′- 末端多聚 A 尾结构和 5′- 末端帽结构共同负责 mRNA 从核内向细胞质转移，维系 mRNA 稳定性以及调控翻译的起始。去除 polyA 结构和帽结构是细胞内 mRNA 降解的重要步骤。

2. 转运 RNA（transfer RNA，tRNA）　功能是在蛋白质生物合成中作为活化氨基酸的载体。tRNA 按照 mRNA 上的遗传密码，将氨基酸运输到核蛋白体。tRNA 占细胞内 RNA 总量的 15%，分散于细胞液中，具有较好的稳定性。tRNA 种类较多，有 100 多种，每一种都有特定的碱基组成和空间结构，但它们也具有相同之处。

（1）含有稀有碱基：RNA 分子的主要碱基是 A、G、C、U，tRNA 分子中还含有一些稀有碱基，包括二氢尿嘧啶（dihydrouracil，DHU）、假尿嘧啶（ψ）、次黄嘌呤（I）和甲基化的嘌呤（mG、mA）等。这些稀有碱基占碱基总量的 10%～20%，都是转录后修饰而成的。

（2）有"三叶草"样二级结构和倒"L"形三级结构：tRNA 具有一些互补的碱基序列，可以形成局部的双螺旋结构，不配对的单链部分膨出形成环结构或发夹结构，导致 tRNA 的二级结构呈现出三叶草形（图 8-13）。在三叶草的柄部，5′- 末端的 7 个核苷酸与 3′- 末端的序列形成氨基酸接纳茎，又称氨基酸臂。3′- 末端序列都是 CCA-OH。在蛋白质生物合成时，tRNA 的 3′- 末端的羟基可与活化的氨基酸结合。在三叶草的顶部有反密码环，由 7 个核苷酸组成，中间 3 个相邻的核苷酸构成反密码子，可以碱基互补配对原则去识别 mRNA 上的遗传密码，使所携带的氨基酸正确进入多肽链合成的场所。在两侧的发夹结构含有稀有碱基，分别称为 TψC 环和 DHU 环。在 TψC 环的一侧还有一个可变环，各种 tRNA 核苷酸残基数目不等，主要就是因可变环的大小不同，因此是 tRNA 分类的重要标志。tRNA 二级结构中的 DHU 环和 TψC 环在氢键的作用下空间上相距很近，因此所有 tRNA 的三级结构呈倒 L 形（图 8-14）。

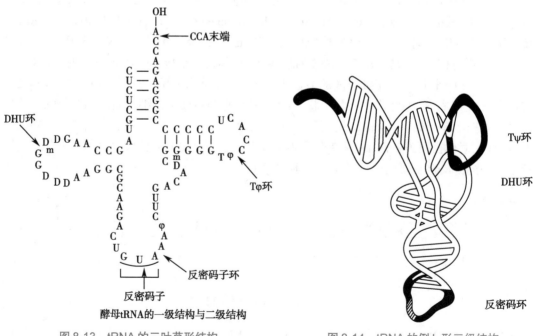

图 8-13　tRNA 的三叶草形结构

图 8-14　tRNA 的倒 L 形三级结构

3. 核糖体 RNA（rRNA）　是细胞内含量最多的 RNA，占 RNA 总重量的 80% 以上。rRNA 分子也是单链，局部有双螺旋区域，具有复杂的空间结构，它为蛋白质生物合成提供场所。rRNA 与核糖体蛋白（ribosomal protein）结合构成核糖体。

原核生物有 3 种 rRNA，按分子量的大小分别是 5S、16S、23S（S 是沉降系数），它们分别与不同的核糖体蛋白质结合组成核糖体的大亚基和小亚基。真核生物有 4 种 rRNA，分别为 5S、5.8S、18S 和 28S，也以相似方式构成核糖体的大亚基和小亚基。大亚基和小亚基进一步组装成核糖体，为蛋白质生物合成提供环境。

除上述 3 种 RNA 以外，细胞内还存在着许多其他种类的小分子 RNA，被统称为非编码 RNA，如核小 RNA（snRNA）、核仁小 RNA（snoRNA）、催化小 RNA（small catalyticRNA）、细胞质小 RNA（scRNA）和小片段干扰 RNA（siRNA）等。这些 RNA 各自具有非常重要的生理作用，是现代生物学研究的新领域。

> **积少成多**
>
> 1. 核酸一级结构是核酸分子中核苷酸（或脱氧核苷酸）的排列顺序。
> 2. DNA 的双螺旋结构特点为：两条链方向相反、互相平行；两条链的碱基间通过氢键结合（A＝T、G≡C）；疏水作用力和氢键是维持 DNA 双螺旋结构稳定的主要作用力。
> 3. mRNA 是指导蛋白质合成的模板，其 5′- 末端具有帽结构、3′- 末端具有多聚 A 尾；tRNA 的功能是在蛋白质生物合成中作为活化氨基酸的载体，其二级结构为"三叶草"状，三级结构为倒"L"形；rRNA 是蛋白质合成的场所，具有复杂的空间结构。

第三节　核酸的理化性质

一、核酸的一般性质

核酸是两性电解质，含有酸性的磷酸和碱性的碱基。因磷酸的酸性较强，因而核酸分子通常表现为酸性。生理条件下，核酸分子中的磷酸基团解离呈多价阴离子状态。核酸为线性大分子，有非常高的黏度，因 RNA 分子比 DNA 分子小，所以其黏度比 DNA 小很多。DNA 和 RNA 都是极性化合物，微溶于水，不溶于乙醇、氯仿、乙醚等有机溶剂。

二、核酸的紫外吸收性质

嘌呤碱和嘧啶碱都含有共轭双键。所以碱基、核苷、核苷酸和核酸在紫外波段有较强烈的吸收特征性的紫外吸收光谱。DNA 钠盐在 260nm 附近有最大吸收值（图 8-15）。利用这一性质可以对核酸、核苷酸、核苷、和碱基进行定量及定性测定，这在核酸的研究中很有用处。

实验室中最常用的是定量测定少量的 DNA 或 RNA。对待测样品是否纯品可用紫外分光光度计读出 260nm 与 280nm 的吸光度（absorbance，A）值，因为蛋白质的最大吸收在 280nm 处，因此从 A_{260}/A_{280} 的比值即可判断样品的纯度。纯 DNA 的 A_{260}/A_{280} 应为 1.8，纯 RNA 应为 2.0。样品中如含有杂蛋白及苯酚，A_{260}/A_{280} 比值即明显降低。不纯的样品不能用紫外吸收法作定量测定。

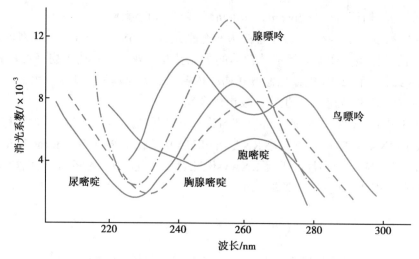

图 8-15 各种碱基的紫外吸收光谱(pH 7.0)

三、核酸的变性、复性和分子杂交

(一) 变性

核酸的变性(denaturation)是指 DNA 双螺旋之间的氢键断裂变成单链,或者 RNA 局部氢键断裂变成线性单链结构的过程。变性作用是核酸的重要理化性质。引起核酸变性的因素有很多,如加热、酸或碱、有机溶剂、尿素等。温度升高引起的称为热变性,由酸或碱引起的称为酸变性或碱变性。聚丙烯酰胺凝胶电泳法中测定 DNA 序列常用尿素作为变性剂。在琼脂糖凝胶电泳法中分离、鉴定 RNA 的分子大小常用甲醛作为变性剂。

在核酸变性中,DNA 变性研究最多,DNA 变性最常用的是热变性。将 DNA 的稀盐溶液加热到 $80\sim100℃$ 时,双螺旋结构就发生解体,两条链打开,碱基堆积力破坏,螺旋内部的碱基就暴露出来(图 8-16),使得变性后的 DNA 对 260nm 紫外光的吸光度比变性前明显升高(增加),这种现象称为增色效应(hyperchromic effect)。这是判断 DNA 是否变性的一个指标。常用增色效应跟踪 DNA 的变性过程,了解 DNA 的变性程度。

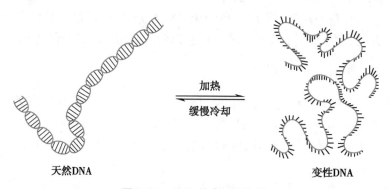

图 8-16 DNA 的变性与复性

DNA 变性的特点是爆发式的。当病毒或细菌 DNA 分子的溶液在缓慢加热的过程中进行变性时,检测溶液的 A_{260} 值,以温度对应紫外吸收值作图得到的曲线称为熔解曲线或解链曲线(图 8-17)。

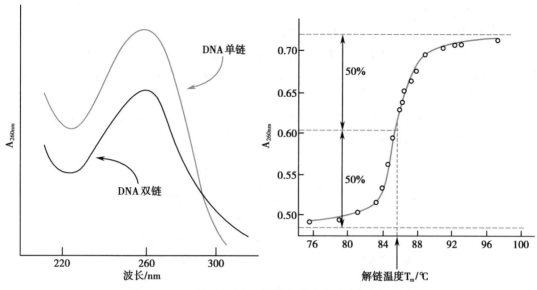

图 8-17　DNA 解链过程中的增色效应和对应的解解曲线

　　熔解曲线表明，DNA 的变性过程是在一个相当窄的温度范围内完成的，是爆发式的。通常将其紫外吸收增加值达到最大变化值一半时的温度，称为 DNA 的熔解温度（melting temperature，Tm）。在此温度时，50% 的 DNA 双链被打开。DNA 的 Tm 值一般为 70～85℃。DNA 的 Tm 值大小与下列因素有关：

　　1. DNA 的均一性　均一性越高的 DNA 样品，熔解过程越是发生在一个很小的温度范围内。

　　2. G≡C 的含量　含量越高，Tm 值越高，二者呈正比关系。这是因为 G≡C 对比 A═T 对更为稳定。所以，测定 Tm 值可推算出 G≡C 对的含量。其经验公式为：G≡C%＝（Tm−69.3）×2.44。

　　3. 介质中的离子强度　一般来说，离子强度较低的介质中，DNA 的熔解温度较低，熔解温度的范围较宽。而在较高的离子强度的介质中，情况则相反。所以 DNA 制品应保存在较高浓度的缓冲液或溶液中（常在 1mol/L NaCl 中保存）。RNA 分子中有局部的双螺旋区，所以 RNA 也可发生变性，但 Tm 值较低，变性曲线也不会那么陡。

　　（二）复性

　　变性的 DNA 在适当条件下，两条解离的互补单链可重新配对结合，恢复双螺旋结构，或局部恢复双螺旋结构，这一现象称为复性（renaturation）。因加热而变性的 DNA 经过缓慢冷却后可复性，这一过程称为退火（annealing）。但骤然冷却时，DNA 不能复性。用同位素标记的双链 DNA 片段进行分子杂交时，为获得单链的杂交探针，要将装有热变性 DNA 溶液的试管直接插入冰浴，使溶液在冰浴中骤然冷却至 0℃。由于温度降低，单链 DNA 分子失去碰撞的机会，因而不能复性，保持单链变性的状态，这种处理过程叫"淬火"（quench）。

　　DNA 复性后 A_{260} 值减小这一现象称为低色效应（hypochromic effect），见图 8-17。引起低色效应的原因是碱基状态的改变，DNA 复性后其碱基又藏于双螺旋内部，碱基对又呈堆积状态，这样就会使碱基吸收紫外光的能力减弱。实验室常用低色效应的大小来测定 DNA 的复性过程以衡量复性的程度。

（三）分子杂交

将不同来源的 DNA 混合，经热变性后再使其复性。若这些异源的 DNA 之间在某些区域具有互补的序列，复性时能形成 DNA-DNA 异源双链，或将变性的单链 DNA 与 RNA 经复性处理形成 DNA-RNA 杂合双链，这种过程称为分子杂交（molecular hybridization），见图 8-18。核酸的杂交在分子生物学和分子遗传学的研究中应用非常广泛，许多重大的问题都是用分子杂交技术来解决的。例如，Southern 印迹、斑点印迹、Northern 印迹、PCR 扩增及基因芯片等核酸检测方法都是利用核酸分子杂交的原理。

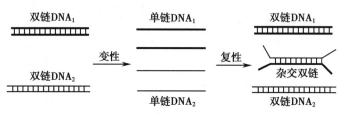

图 8-18 核酸分子复性与杂交示意图

知识窗

DNA 指纹技术

DNA 指纹指具有完全个体特异的 DNA 多态性，其个体识别能力足以与手指指纹相媲美，因而得名。1984 年英国莱斯特大学的遗传学家 Jefferys 及其合作者首次将分离的人源小卫星 DNA 用作基因探针，意思是它同人的指纹一样是每个人所特有的。DNA 指纹的图像在 X 线胶片中呈一系列条纹，很像商品上的条形码。DNA 指纹图谱，开创了检测 DNA 多态性（生物的不同个体或不同种群在 DNA 结构上存在着差异）的多种多样的手段，如限制性内切酶酶切片段长度多态性（RFLP）分析、串联重复序列分析、随机扩增多态性 DNA（randomly amplified polymorphic DNA，RAPD）分析等。各种分析方法均以 DNA 的多态性为基础，产生具有高度个体特异性的 DNA 指纹图谱，由于 DNA 指纹图谱具有高度的变异性和稳定的遗传性，且仍按简单的孟德尔方式遗传，成为目前最具吸引力的遗传标记。

积少成多

1. 核酸的吸收波长为 260nm。

2. 核酸的变性是 DNA 双螺旋之间的氢键断裂，双链解开变成单链，或者 RNA 局部氢键断裂变成线性单链结构的过程。

3. 引起核酸变性的因素有加热、酸或碱、有机溶剂、尿素等。由温度升高引起的称为热变性，由酸或碱引起的称为酸变性或碱变性。

4. 紫外吸收增加值达到最大变化值一半时的温度，称为 DNA 的熔解温度（Tm）。DNA 的 Tm 值一般在 70～85℃。

—— 理 一 理 ——

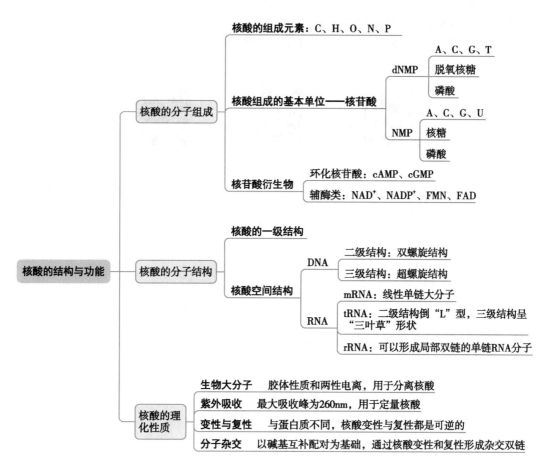

理一理

—— 练 一 练 ——

一、名词解释

1. 核酸的一级结构

2. DNA 变性

3. 分子杂交

二、填空

1. RNA 主要分为_____、_____和_____3 种类型。

2. DNA 的基本结构单位是_____。

3. DNA 的基本组成单位是_____、_____、_____和_____。

4. tRNA 的二级结构为＿＿＿＿＿＿形状,三级结构为＿＿＿＿＿＿形状。

5. DNA 和 RNA 中的碱基分别是＿＿＿＿＿＿和＿＿＿＿＿＿。

三、简答

1. 简述 DNA 的组成和结构的特点。

2. 试比较 DNA 和 RNA 在组成、结构、功能上的不同之处。

3. 简述 DNA 变性的特性。

思路解析　　　　　　测一测　　　　　　拓展阅读

（杜　江）

第九章　核苷酸代谢

0901

课件

科学发现

痛风的由来
——中国古代与西医的经典交接

早在公元前 5 世纪医学文献中就有关于痛风的记载。我国医学对痛风这一疾病的认识可追溯至《内经》中关于痹证的记载：因气血阻滞、经络逆乱所致的关节疼痛。张仲景曾于《金匮要略·中风历节病脉证并治》中提到"历节病，不可屈伸，疼痛"，同时他还提出了此病的病理机制及治疗方法。痛风病名由金元时期四大名医之一的朱丹溪在 1347 年著述《格致余论》一书中首次提出。

1679 年，荷兰著名生物学家 Leeuwen hoek 用显微镜观察痛风患者关节腔积液时，发现了大量针样的结晶体，后来科学家证实为尿酸钠结晶。1899 年德国的 Freudweiler 在试验中发现，如果将尿酸钠结晶注入动物关节腔内，将引起急性关节炎。1961 年 McCarty 和 Hollander 应用偏光显微镜观察痛风石时发现，痛风石的主要成分为尿酸钠结晶。经过科学研究证实，痛风与嘌呤代谢紊乱和 / 或尿酸排泄减少所致的高尿酸血症直接相关。

学前导语

核苷酸是核酸的基本结构单位，人体内的核苷酸主要由机体细胞自身合成，不属于营养必需物质。核苷酸可由核酸酶水解产生，或通过利用体内原料合成。本章主要从代谢角度介绍人体细胞利用各种原料合成嘌呤和嘧啶核苷酸的过程，以及嘌呤和嘧啶核苷酸的分解代谢过程。其分解及合成过程异常与某些疾病的发生及治疗密切相关，一些嘌呤、嘧啶、氨基酸、叶酸类似物可通过竞争性机制抑制核酸的合成，称为抗代谢物，在肿瘤的治疗中发挥重要作用。

学习目标

辨析：嘌呤核苷酸和嘧啶核苷酸从头合成的原料；核苷酸从头合成和补救合成的定义；嘌呤核苷酸和嘧啶核苷酸分解代谢的终产物。

概述：脱氧核苷酸的生成；核苷酸从头合成和补救合成的代谢过程。

说出：嘌呤核苷酸和嘧啶核苷酸的抗代谢物与肿瘤治疗的关系。

学会：应用核苷酸代谢过程来解释痛风等疾病的发病机制。

培养：用生物化学的知识解释临床疾病的发病机制。

第一节　核苷酸的合成

核苷酸的合成主要包含嘌呤核苷酸、嘧啶核苷酸以及脱氧核苷酸的合成。第一条为从头合成途径，利用氨基酸、一碳单位、二氧化碳和磷酸核糖等简单物质为原料，合成核苷酸；第二条为补救合成途径，利用体内现成的碱基或核苷为原料，经过比较简单的反应合成核苷酸。这两条合成途径在不同组织中不同，如肝脏等组织主要进行从头合成，而脑、骨髓等组织则可进行补救合成。

核苷酸的合成是细胞内最为复杂的活动之一，它是一个涉及数百种分子参与的复杂耗能过程，所消耗的能量占细胞内所有生物合成反应总耗能的90%，生命体的多种生命活动如生长发育、对环境的适应及组织修复等，都与核苷酸的分解代谢有关，很多药物就是通过干扰病菌的翻译过程而发挥作用的。

一、嘌呤核苷酸的合成

嘌呤核苷酸主要由一些简单的化合物合成而来，这些前身物有天冬氨酸、甘氨酸、谷氨酰胺、CO_2及一碳单位（甲酰基及次甲基，由四氢叶酸携带）等（图9-1）。嘌呤核苷酸的合成存在从头合成和补救合成两条途径，人体内细胞以磷酸核糖、氨基酸、一碳单位和CO_2等简单物质为原料（图9-1）经过一系列酶促反应合成嘌呤核苷酸，称为从头合成途径；利用体内游离的嘌呤或嘌呤核苷，经过简单的反应过程，合成嘌呤核苷酸，称为补救合成途径或重新利用途径。

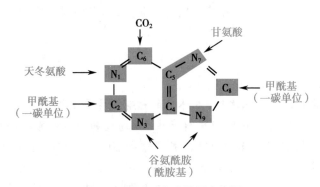

图 9-1　嘌呤碱合成的元素来源

（一）嘌呤核苷酸从头合成

除某些细菌外，几乎所有生物体都能通过嘌呤核苷酸的从头合成途径合成嘌呤碱。放射性核素示踪实验证明，合成嘌呤碱的前身物均为简单物质，合成嘌呤环的各元素来源包括氨基酸、CO_2及甲酰基等。嘌呤核苷酸的从头合成在细胞质中进行，其过程是逐步合成嘌呤环。

1. 合成部位　肝是体内从头合成嘌呤核苷酸的主要器官，其次是小肠黏膜及胸腺等。

2. 合成原料　同位素示踪法证明，甘氨酸、天冬氨酸、二氧化碳、谷氨酰胺及一碳单位是嘌呤核苷酸中嘌呤环的合成原料。合成核苷酸所需要的核糖 -5- 磷酸则来自糖的磷酸戊糖途径。

3. 合成过程　嘌呤核苷酸从头合成的主要特点是,在磷酸核糖的基础上,把一些简单的原料逐步接上去而成嘌呤环。其过程是在细胞液中进行的,反应步骤比较复杂,可分为两个阶段:首先合成次黄嘌呤核苷酸(IMP),然后 IMP 再转变成腺嘌呤核苷酸(AMP)与鸟嘌呤核苷酸(GMP)。

(1)次黄嘌呤核苷酸(IMP)的合成(图 9-2):通过 11 步酶促反应先合成 IMP。第一步是核糖 -5- 磷酸在酶的催化下,生成 5′- 磷酸核糖 1′- 焦磷酸(5-phosphoribosyl-1-pyrophosphate,PRPP),由于 PRPP 可参与各种核苷酸的合成,故此步反应是核苷酸合成代谢中的关键步骤。接着,在 PRPP 的基础上经过 10 步酶促反应生成 IMP。

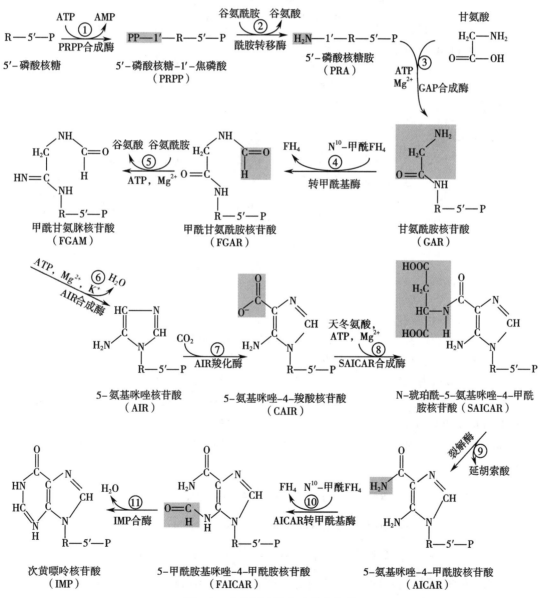

图 9-2　次黄嘌呤核苷酸从头合成

（2）IMP 转变生成 AMP 和 GMP（图 9-3）：上一阶段生成的 IMP 并不堆积在细胞内，而是迅速转变为 AMP 和 GMP。AMP 与 IMP 的差别仅是 6 位酮基被氨基取代。

IMP 生成 AMP：天冬氨酸的氨基与 IMP 相连生成腺苷酸代琥珀酸，由腺苷酸代琥珀酸合成酶催化，GTP 水解供能。腺苷酸代琥珀酸在腺苷酸代琥珀酸裂解酶作用下脱去延胡索酸生成 AMP。

IMP 生成 GMP：IMP 由 IMP 脱氢酶催化，以 NAD^+ 为受氢体，氧化生成黄嘌呤核苷酸（xanthosine monophosphate，XMP）；XMP 再由 GMP 合成酶催化，由 ATP 水解供能，谷氨酰胺提供氨基生成 GMP。

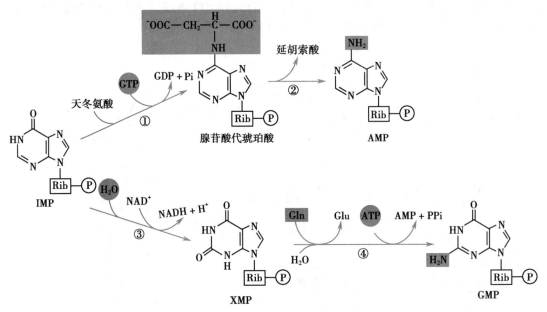

图 9-3　由 IMP 合成 AMP 及 GMP

①：腺苷酸代琥珀酸合成酶；②：腺苷酸代琥珀酸裂解酶；③：IMP 脱氢酶；④：GMP 合成酶。

（二）嘌呤核苷酸补救合成

大多数细胞更新其核酸（尤其是 RNA）过程中，要分解核酸产生核苷和游离碱基。细胞利用游离碱基或核苷重新合成相应核苷酸的过程称为补救合成。

其一，细胞利用现成嘌呤碱或嘌呤核苷重新合成嘌呤核苷酸。补救合成过程比较简单，消耗能也少。有两种酶参与嘌呤核苷酸的补救合成：腺嘌呤磷酸核糖转移酶（adenine phosphoribosyl transferase，APRT）和次黄嘌呤鸟嘌呤磷酸核糖转移酶（hypoxanthine guanine phosphoribosyl transferase，HGPRT）。PRPP 提供磷酸核糖，它们分别催化 AMP、IMP 和 GMP 的补救合成。

$$腺嘌呤 + PRPP \xrightarrow{APRT} AMP + PPi$$

$$次黄嘌呤 + PRPP \xrightarrow{HGPRT} IMP + PPi$$

$$鸟嘌呤 + PRPP \xrightarrow{HGPRT} GMP + PPi$$

其二，人体内嘌呤核苷的重新利用通过腺苷激酶催化的磷酸化反应，使腺嘌呤核苷生成腺嘌呤核苷酸。生物体内除腺苷激酶外，不存在作用其他嘌呤核苷的激酶。

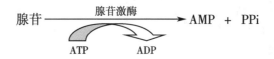

Lesch-Nyhan 综合征

嘌呤核苷酸的补救合成十分重要,一方面在于可以节省能量和一些氨基酸的消耗;另一方面,体内某些组织器官,如脑、骨髓等,由于缺乏从头合成嘌呤核苷的酶体系,只能进行嘌呤核苷酸的补救合成。因此,对这些组织器官来说,补救合成途径具有更重要的意义。

例如,由于基因缺陷而导致次黄嘌呤鸟嘌呤磷酸核糖转移酶(HGPRT)完全缺失的患儿,表现为莱施奈恩综合征或称 lesch-Nyhan 综合征,这是一种 X 染色体连锁的隐性遗传病,俗称自毁容貌症,主要见于男性。由于 HGPRT 缺乏,使次黄嘌呤和鸟嘌呤不能转变为 IMP 和 GMP,而降解为尿酸。患者表现为尿酸升高及神经异常,如脑发育不全、智力低下、攻击和破坏性行为、常咬伤自己的嘴唇、手和足趾。

二、嘧啶核苷酸的合成

嘧啶核苷酸的合成与嘌呤核苷酸一样,体内嘧啶核苷酸的合成也是两条途径,一条是从头合成,另一条是补救合成。嘧啶核苷酸的从头合成与嘌呤核苷酸不同,嘧啶环的元素来源于谷氨酰胺、CO_2 和天冬氨酸,其特点是首先将这些原料合成嘧啶环,然后与 PRPP 反应生成嘧啶核苷酸。

(一)嘧啶核苷酸的从头合成

1. 合成部位 肝是嘧啶核苷酸的从头合成主要器官,反应过程在细胞液中进行。

2. 合成原料 嘧啶环比嘌呤环结构相对简单,所以嘧啶核苷酸的从头合成所需的原料也较少。放射性核素示踪实验证明,嘧啶核苷酸中嘧啶碱合成的原料来自谷氨酰胺和天冬氨酸等(图9-4)。

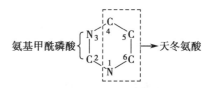

图 9-4 嘧啶碱合成的元素来源

3. 合成过程

(1)谷氨酰胺、CO_2 在细胞液中由 ATP 供能,在氨基甲酰合成酶Ⅱ催化下,生成氨基甲酰磷酸。后者又在天冬氨酸氨基甲酰转移酶催化下,将氨基甲酰基转移到天冬氨酸的氨基上,生成氨甲酰天冬氨酸。氨甲酰天冬氨酸脱水环化,生成二氢乳清酸,再脱氢生成乳清酸(嘧啶衍生物)。

(2)尿嘧啶核苷酸(UMP)和胞嘧啶核苷酸(CMP)合成:乳清酸与 PRPP 作用生成乳清酸核苷酸,后者脱羧即成尿苷酸。

尿苷酸是所有其他嘧啶核苷酸的前体。由尿嘧啶核苷酸转变成胞嘧啶核苷酸是在核苷三磷酸水平上进行的。UMP 经相应的激酶催化而生成 UDP 和 UTP,由谷氨酰胺提供氨基,使 UTP 转变为 CTP(图9-5)。

4. 嘧啶核苷酸从头合成的调节

(1)在真核细胞中嘧啶核苷酸合成的前三个酶,即氨基甲酰磷酸合成酶Ⅱ天冬氨酸氨基甲酰转移酶和二氢乳清酸酶,位于分子量约为 200kDa 的同一条多肽链上,因此是一种多功能酶。

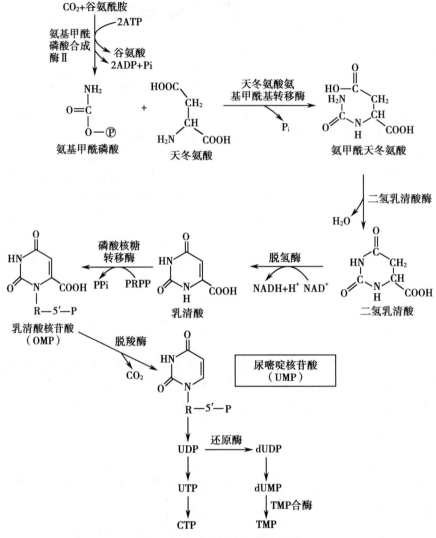

图 9-5　嘧啶核苷酸的合成代谢

（2）在细菌中，天冬氨酸氨基甲酰转移酶是嘧啶核苷酸从头合成的主要调节酶。但是，哺乳类动物细胞中，嘧啶核苷酸合成的调节酶则主要是氨基甲酰磷酸合成酶Ⅱ，它受 UMP 抑制。这两种酶均受反馈机制的调节。此外，哺乳类动物细胞中，天冬氨酸嘌呤核苷酸合成起始和终末的两种多功能酶还可受到阻遏或去阻遏的 PRPP 调节。核素掺入实验表明，嘧啶与嘌呤的合成有着协调控制关系，两者的合成速度通常是平行的。由于 PRPP 合成酶是嘧啶与嘌呤两类核苷酸合成过程中共同需要的酶，所以它可同时接受嘧啶核苷酸及嘌呤核苷酸的反馈抑制。

（二）嘧啶核苷酸补救合成

嘧啶核苷酸的补救途径，可通过磷酸核糖转移酶催化，使各种嘧啶碱接受 PRPP 供给的磷酸核糖基直接生成嘧啶核苷酸；也可在核苷磷酸化酶催化下，嘧啶碱先与核糖 -1- 磷酸反应生成嘧啶核苷，再在嘧啶核苷激酶催化下，被磷酸化生成核苷酸。

脱氧胸苷可通过胸苷激酶催化生成 dTMP。此酶在正常肝中活性很低，而再生肝中酶活性升高。在恶性肿瘤中该酶活性也明显升高，并与恶性程度有关。

$$\text{嘧啶} + \text{PRPP} \xrightarrow{\text{嘧啶磷酸核糖转移酶}} \text{磷酸嘧啶核苷} + \text{PPi}$$

三、脱氧核苷酸的合成

DNA 由各种脱氧核苷酸组成。细胞分裂旺盛时,脱氧核苷酸含量明显增加,以适应合成 DNA 的需要。脱氧核苷酸包括嘌呤脱氧核苷酸和嘧啶脱氧核苷酸。生物体内的脱氧核苷酸的合成一般通过还原反应,这种还原反应多发生在核苷二磷酸的水平上。在核糖核苷酸还原酶(也称核苷二磷酸还原酶)的作用下,核糖核苷二磷酸转变为相应的脱氧核糖核苷二磷酸。

与嘌呤脱氧核苷酸的生成一样,嘧啶脱氧核苷酸(dUDP、dCDP)也是通过相应的二酸嘧啶核苷的直接还原而生成的,上述 dNDP 再磷酸化生成脱氧核苷三磷酸(图 9-6)。

除脱氧尿苷三磷酸(deoxyuridine triphosphate,dUTP)外,其他均可作为

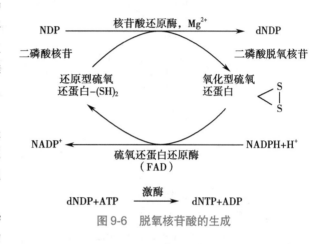

图 9-6 脱氧核苷酸的生成

DNA 合成的原料。但脱氧胸苷三磷酸(deoxythymidine triphosphate,dTTP)则不能按照上述途径转变过来,它先由脱氧尿苷酸(deoxyuridine monophosphate,dUMP)甲基化成 dTMP,再连续两次磷酸化而来。

四、核苷酸抗代谢物

某些物质在结构上与氨基酸、叶酸、碱基或核苷类似,能够竞争性地抑制或干扰核苷酸合成代谢的某些步骤。这些物质统称为核苷酸抗代谢物,通常具有抗肿瘤的作用。

1. 嘌呤类似物 临床上应用较多的嘌呤类似物包括 6- 巯基嘌呤(6-mercaptopurine,6-MP)、6- 巯基鸟嘌呤、8- 氮杂鸟嘌呤等,其中 6-MP 在临床上应用最广泛。6-MP 的化学结构与次黄嘌呤类似,唯一不同的是分子中 C_6 上的羟基被巯基取代。

6-MP 在体内经磷酸核糖化生成 6-MP 核苷酸,并以这种形式抑制 IMP 转变为 AMP 及 GMP 的反应。6-MP 能直接通过竞争性抑制,影响次黄嘌呤 - 鸟嘌呤磷酸核糖转移酶,使 PRPP 分子中的磷酸核糖不能向鸟嘌呤及次黄嘌呤转移,阻止了补救合成途径。此外,由于 6-MP 核苷酸结构与 IMP 相似,可以反馈抑制 PRPP 酰胺转移酶进而干扰磷酸核糖胺的形成,阻断嘌呤核苷酸从头合成(图 9-7)。所以临床上常用 6-MP 治疗急性白血病、淋巴肉瘤等。

2. 嘧啶类似物 主要是 5- 氟尿嘧啶(5-fluorouracil,5-FU),其结构与胸腺嘧啶相似。

5-FU 本身并无生物学活性,必须在体内转变成脱氧氟尿嘧啶核苷一磷酸(deoxyfluorouracil monophosphate,FdUMP)及氟尿嘧啶核苷三磷酸(fluorouracil triphosphate,FUTP)后,才能发挥作用。FdUMP 与 dUMP 有相似的结构,是胸苷酸合酶的抑制剂,可以阻断 dTMP 的合成。FUTP 可以 FUMP 的形式掺入 RNA 分子,异常核苷酸的掺入破坏了 RNA 的结构与功能(图 9-8)。在临床上,5-FU 常被用于治疗肝癌、胃癌、结肠癌及乳腺癌等。

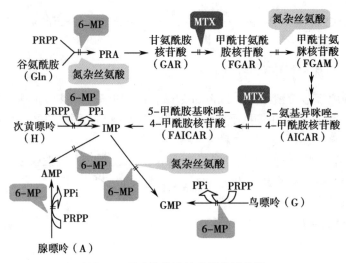

图 9-7　嘌呤核苷酸抗代谢物的作用

|| 表示抑制。

3．氨基酸与叶酸类似物　氨基酸类似物（如氮杂丝氨酸等）的化学结构类似谷氨酰胺，可抑制谷氨酰胺参与核苷酸的合成，从而抑制核酸的合成，对某些肿瘤的生长有抑制作用。叶酸类似物（如氨甲蝶呤、氨基蝶呤等）的化学结构与叶酸相似，能竞争性抑制二氢叶酸还原酶的活性，抑制四氢叶酸的合成，干扰一碳单位在核苷酸合成中的作用，影响 AMP、GMP 和 dUMP 的合成，以致

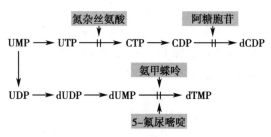

图 9-8　嘧啶核苷酸抗代谢物的作用

|| 表示抑制。

核酸合成受阻，临床上常用来治疗各种急性白血病和绒毛膜上皮细胞癌。

上述核苷酸抗代谢药作为抗癌药物，由于其作用缺乏特异性，既能抑制肿瘤细胞的生长，也能抑制正常细胞的繁殖，故对增殖速率较旺盛的某些正常组织亦有杀伤性，因而有较大的毒副作用。

积少成多

1．嘌呤核苷酸和嘧啶核苷酸的合成都包括从头合成和补救合成两条途径。

2．嘌呤核苷酸从头合成是利用氨基酸、一碳单位、CO_2 和磷酸核糖等简单物质为原料，合成嘌呤核苷酸；嘧啶核苷酸的从头合成是首先合成嘧啶环，然后与 PRPP 反应生成嘧啶核苷酸。

3．利用体内游离的嘌呤或嘌呤核苷，经过简单的反应过程，合成嘌呤核苷酸，称为补救合成途径。

4．脱氧核苷酸的合成是通过氧化还原反应完成的。

5．核苷酸抗代谢物在结构上与氨基酸、叶酸、碱基或核苷类似，它们能够竞争性地抑制或干扰核苷酸合成代谢的某些步骤，通常具有抗肿瘤的作用。

第二节　核苷酸的分解代谢

生物体内广泛存在核苷酸酶,可使核苷酸水解为核苷与磷酸。核苷再经核苷磷酸化酶作用,水解为自由的嘌呤碱或嘧啶碱及核糖 -1- 磷酸,后者在磷酸核糖变位酶的催化下变成核糖 -5- 磷酸。核糖 -5- 磷酸既可以经磷酸戊糖途径代谢,也可参与 PRPP 的合成。嘌呤或嘧啶则可参与核苷酸的补救合成,也可进一步代谢。

微课:核苷酸的分解代谢(痛风)

一、嘌呤核苷酸的分解代谢

嘌呤核苷酸的分解代谢主要在肝、小肠及肾中进行,分解产物有嘌呤碱、磷酸、戊糖(或磷酸戊糖)。戊糖或磷酸戊糖既可以参与体内的磷酸戊糖途径,也可以继续参与新核苷酸的合成;嘌呤碱则在体内继续分解,并最终随尿排出。人体内嘌呤碱分解代谢的终产物是尿酸。鸟嘌呤核苷酸(GMP)先经核苷磷酸化酶的作用分解生成鸟嘌呤,后者经鸟嘌呤脱氨酶的催化脱去氨基,生成黄嘌呤,再进一步在黄嘌呤氧化酶催化下生成尿酸(图 9-9)。AMP分解产生次黄嘌呤,后者在黄嘌呤氧化酶的作用下氧化成黄嘌呤,最终生成尿酸。黄嘌呤氧化酶是尿酸生成的关键酶,遗传性缺陷或严重的肝脏损伤可导致该酶的缺乏。黄嘌呤氧化酶缺陷的患者可表现为黄嘌呤尿、黄嘌呤肾结石、低尿酸血症等症状。尿酸呈酸性,在体液中以尿酸和尿酸盐的形式存在。

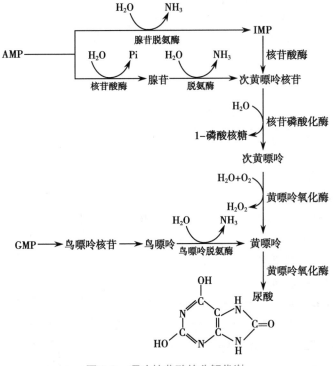

图 9-9　嘌呤核苷酸的分解代谢

尿酸是人体内嘌呤分解代谢的终产物,正常人血浆中尿酸含量为 0.12～0.36mmol/L。尿酸可随尿排出体外,但由于尿酸的水溶性较差,当进食高嘌呤饮食、体内核酸大量分解(如白血病、恶性肿瘤等)致尿酸生成过多或肾病使尿酸排泄受阻,导致高尿酸血症。长期高尿酸血症可引起关节及周围软组织尿酸盐晶体沉积,进而出现反复发作的急性关节和软组织炎症、痛风石沉积、慢性关节炎和关节损坏。临床上 5%～15% 高尿酸血症患者会发展为痛风。痛风是一种单钠尿酸盐沉积所致的晶体相关性关节病,与嘌呤代谢紊乱和 / 或尿酸排泄减少所致的高尿酸血症直接相关,属一类代谢性风湿病。痛风多见于成年男性,其原因尚不完全清楚,可能与嘌呤核苷酸代谢缺陷有关。

临床上常用别嘌呤醇(allopurinol)治疗痛风。别嘌呤醇与次黄嘌呤结构类似,只是分子中 N 与 C 互换了位置,故可抑制黄嘌呤氧化酶,减少尿酸的生成(图 9-10)。同时,别嘌呤醇在体内经代谢转变与 5- 磷酸核糖 -1- 焦磷酸盐(PRPP)反应生成别嘌呤醇核苷酸,消耗PRPP,使嘌呤核苷酸的合成减少。

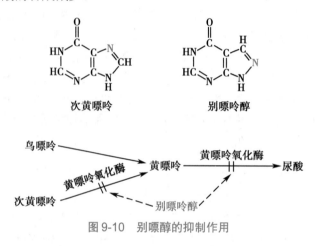

图 9-10 别嘌醇的抑制作用

知识窗

原发性痛风和继发性痛风

痛风可分为原发性痛风和继发性痛风。

原发性痛风是在排除其他疾病的基础上,由于先天性嘌呤代谢紊乱和 / 或尿酸排泄障碍所引起的。现发现因两种酶活性异常可导致原发性痛风的发生。①PRPP 合成酶活性异常升高而导致 PRPP 浓度升高,高浓度的 PRPP 导致过多的嘌呤核苷酸产生,嘌呤核苷酸分解代谢产生了过高的尿酸;②HGPRT 活性降低:鸟嘌呤向鸟嘌呤核苷酸和次黄嘌呤核苷酸转变减少,两种嘌呤不能被再利用合成核苷酸或被清除而使终产物尿酸升高。尿酸浓度超过肾的排泄能力,导致尿酸在软骨组织、关节等处积累,连锁反应导致痛风和少数神经方面的疾病。

继发性痛风主要是由于一些疾病导致血尿酸产生增多和 / 或尿酸排泄减少引起的。例如,骨髓增生性疾病,包括白血病、淋巴瘤、癌症等会导致细胞增殖加速,使尿酸产生增多。肾脏疾病,包括慢性肾小球肾炎、铅中毒、肾盂肾炎等,导致肾滤过功能减退,减少排出尿酸。还有一些药物也会引起继发性痛风,如噻嗪类利尿药、呋塞米、乙胺丁醇等,通过抑制肾小管排泄尿酸引起痛风。

案例分析

　　患者,男性,40 岁。两年来因全身关节疼痛伴低热反复就诊,均被诊断为"风湿性关节炎"。经抗风湿和激素治疗后,疼痛现象稍有好转。2 个月前,因疼痛加剧,经抗风湿治疗不明显前来就诊。

　　查体:体温 37.5℃,双足第一跖趾关节肿胀,左侧较明显,局部皮肤有脱屑和瘙痒现象,双侧耳郭触及绿豆大的结节数个,白细胞 $9.5×10^9/L$,尿酸 780μmol/L。

　　初步诊断:痛风。

　　问题:

　　1. 该患者初步诊断为痛风的主要依据是什么?

　　2. 试用所学的生化知识解释患者痛风的发病机制。

案例解析

二、嘧啶核苷酸的分解代谢

　　嘧啶核苷酸的分解代谢是先去除磷酸和核糖生成嘧啶碱,嘧啶碱在肝内降解。降解产物易溶于水,这点与嘌呤碱不同,嘌呤碱的代谢产物尿酸仅微溶于水。嘧啶环中的脲基碳以 CO_2 形式从呼吸排出,并产生 β- 丙氨酸(有生理意义,为鹅肌肽、肌肽及泛酸的成分)及 β- 氨基异丁酸(经代谢进入三羧酸循环)(图 9-11)。

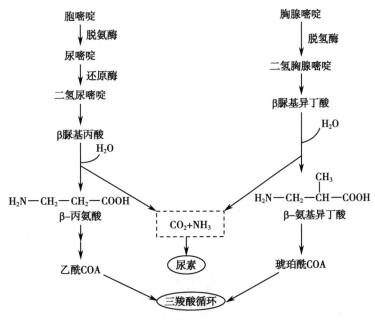

图 9-11　嘧啶核苷酸的分解代谢

积少成多

1. 嘌呤核苷酸的分解代谢主要在肝、小肠及肾中进行，代谢终产物是尿酸。尿酸在血液中增高常导致痛风，临床上治疗痛风常采用别嘌醇，其机制是通过抑制黄嘌呤氧化酶而抑制尿酸的生成。

2. 嘧啶核苷酸的分解代谢是先去除磷酸和核糖生成嘧啶碱，嘧啶碱在肝内降解，代谢终产物是 β- 丙氨酸和 β- 氨基异丁酸。

理一理

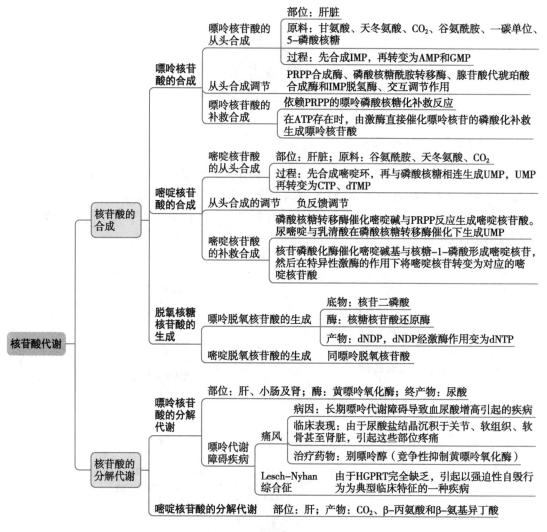

理一理

练一练

一、名词解释

1. 补救合成途径

2. 从头合成途径

二、填空

1. 嘌呤碱分解代谢的终产物是_____。

2. 嘌呤核苷酸从头合成的原料是_____、_____、_____、_____及_____等简单物质。

三、简答

1. 简述嘌呤核苷酸从头合成的原料来源和合成过程的特点。

2. 简述嘧啶核苷酸从头合成的原料来源和合成过程的特点。

3. 简述别嘌呤醇治疗痛风的原理。

思路解析

测一测

拓展阅读

（肖顺华）

第十章　核酸的生物合成

课件

科学发现

乙型肝炎疫苗的研制
——中国基因工程的启航

目前,预防乙型肝炎病毒主要以注射乙型肝炎疫苗为主,而乙型肝炎疫苗的研制主要是通过基因工程的方法实施的。李载平院士是我国基因工程领域的开拓者,20世纪70年代后期,由他领衔的课题组是国内第一个"基因工程分子生物学研究"团队,展开了乙型肝炎病毒重组DNA和基因工程的研究。首先成功克隆了乙型肝炎病毒adr亚型基因组DNA;用化学法对padrI基因组进行了全顺序分析,实现了我国在基因组克隆和DNA测序上零的突破;阐明了adr亚型内还有基因组的多态性,提出了可能有致病性不同的乙型肝炎病毒存在;开创了重组乙型肝炎表面抗原痘苗系统,为我国基因工程事业和乙型肝炎病毒研究做出了卓越的贡献。

中国应用基因工程技术成功研制的乙型肝炎疫苗不仅为我国防治乙型病毒性肝炎做出了杰出贡献,而且也为世界医学的发展提供了中国智慧。科技无国界,只有合作才能共赢。我们要加强国际间合作交流,善于学习新技术新方法,为人类健康保驾护航。

学前导语

DNA和RNA的合成是生物化学和分子生物学的交叉内容,研究核酸在生命活动过程中各种化学变化是分子生物学的基础。分子生物学通过研究DNA、RNA等生物分子的结构、功能和生物合成等方面来阐明生命现象的本质,并将分子生物学的研究成果应用到分子预防、诊断治疗等医学领域。

学习目标

辨析:DNA复制和逆转录、逆转录和转录的区别;DNA聚合酶与RNA聚合酶的功能差异;引物和探针的区别;PCR技术与分子杂交技术的区别。

概述:DNA复制和RNA逆转录的过程和特点;RNA生物合成的过程;重组DNA的过程;PCR反应的步骤。

说出:DNA损伤类型;转录后的加工和修饰的具体方式;DNA重组技术的应用;Southern印迹、Northern印迹、PCR技术、基因芯片、基因测序等常用分子技术的主要应用。

学会：利用 DNA 复制解释生活中的遗传现象；利用逆转录知识解释 RNA 病毒容易变异的现象；利用 DNA 损伤与修复知识解释遗传的稳定性和肿瘤的发生等生命现象；利用分子杂交、PCR 技术和基因芯片等知识进行分子检验。

培养：通过对核酸合成方式和分子生物学常用技术的学习，养成面对问题勤于思考的习惯和面对成果精益求精的职业态度。

核酸包括 DNA 与 RNA，其中 DNA 是主要的遗传物质。DNA 链上的碱基排列顺序贮藏着生物的遗传信息，遗传信息不都具有生物学功能，只有基因具有生物学功能。基因（gene）是指能够编码蛋白质或转录为 mRNA 等具有特定功能产物的、携带有遗传信息的功能性片段。基因的功能包括：①利用 4 种碱基的不同排列顺序来荷载遗传信息；②通过复制将亲代 DNA 所有的遗传信息准确、忠实地传递给子代 DNA，在传递过程中，体内外的物理、化学及生物因素导致随机发生的基因突变，又进一步推动着物种的进化；③作为基因表达的模板，使其所携带的遗传信息通过各种 RNA 和蛋白质在细胞内有序合成而表现出来。一个细胞或一种生物的整套遗传物质则称为基因组（genome）。基因组 DNA 的遗传信息传递遵循中心法则。20 世纪 70 年代 Howard Temin 和 David Baltimore 分别从致癌 RNA 病毒中发现逆转录酶，以 RNA 为模板指导 DNA 的合成，遗传信息的传递方向和上述转录过程相反，故称为逆转录，并发现某些病毒中的 RNA 也可以进行复制，这样就对中心法则提出了补充和修正。修正与补充后的中心法则见图 10-1。

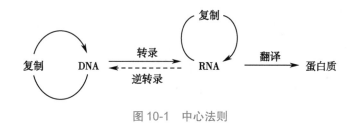

图 10-1　中心法则

第一节　DNA 的生物合成

一、DNA 的复制

生物体内或细胞内进行的 DNA 合成主要包括 DNA 复制、DNA 修复合成和逆转录合成 DNA 等过程。DNA 复制（DNA replication）是指以 DNA 为模板合成 DNA 的过程，是基因组的复制过程。在这个过程中，亲代 DNA 作为合成模板，按照碱基配对原则合成子代 DNA 分子，其化学本质是酶促脱氧核苷酸聚合反应。DNA 的忠实复制以碱基配对规律为分子基础，酶促修复系统可以校正复制中可能出现的错误。原核生物和真核生物 DNA 复制的规律和过程非常相似，但具体细节上有许多差别，真核生物 DNA 复制过程参与的分子更为复杂和精确。

（一）复制的特点

DNA 复制的主要特点包括半保留复制和半不连续复制。

1. 半保留复制　DNA 生物合成的半保留复制规律是遗传信息传递机制的重要发现之

一。在复制时，一条亲代双链 DNA 解开为两股单链，各自作为模板，依据碱基配对规律，各自合成序列互补的子链 DNA，新合成的两条子代双链 DNA 中均保留了亲代一条链，这种复制方式称为 DNA 半保留复制（DNA semi-conservative replication）。

1958 年，Matthew Meselson 和 Franklin William Stahl 用实验证实自然界的 DNA 复制方式是半保留复制（图 10-2）。他们利用细菌能够以 $^{15}NH_4Cl$ 为氮源合成 DNA 的特性，将细菌在含 NH_4Cl 的培养液中培养若干代（每一代约 20min），此时细菌 DNA 全部是含 ^{15}N 的"重"DNA；再将细菌放回普通的 $^{14}NH_4Cl$ 培养液中培养，新合成的 DNA 则有 ^{14}N 的掺入；提取不同培养代数的细菌 DNA 做密度梯度离心分析，因 ^{15}N-DNA 和 ^{14}N-DNA 的密度不同，DNA 因此形成不同的致密带。结果表明，细菌在重培养基中生长繁殖时合成的 ^{15}N-DNA 是 1 条高密度带；转入普通培养基培养 1 代后得到 1 条中密度带，提示合成的 DNA 为 ^{15}N-DNA 链与 ^{14}N-DNA 链的杂交分子；在第二代时可见中密度和低密度 2 条带，表明它们分别为 ^{15}N-DNA 链 /^{14}N-DNA 链、^{14}N-DNA 链 /^{14}N-DNA 链的组成的分子。随着在普通培养基中培养代数的增加，低密度带增强，而中密度带保持不变。这一实验结果证明，亲代 DNA 复制后，是以半保留形式存在于子代 DNA 分子中的。

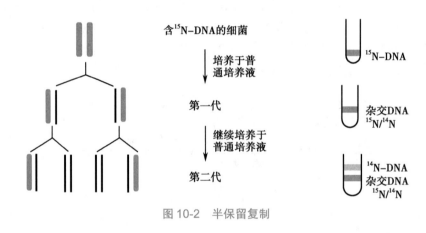

图 10-2　半保留复制

半保留复制规律的阐明，对于理解 DNA 的功能和物种的延续性有重大意义。依据半保留复制的方式，子代 DNA 中保留了亲代的全部遗传信息，亲代与子代 DNA 之间碱基序列的高度一致。

2. 半不连续复制　DNA 双螺旋结构的特征之一是两条链的反向平行，DNA 合成酶只能催化 DNA 链从 5′ → 3′ 方向的合成，故子链沿着模板复制时，只能从 5′ → 3′ 方向延伸。在同一个复制叉上，解链方向只有一个，此时一条子链的合成方向与解链方向相同，可以边解链，边合成新链。然而，另一条链的复制方向则与解链方向相反，如果等待 DNA 全部解链再开始合成，这样的等待在细胞内显然是不现实的。

1968 年，冈崎（R. Okazaki）用电子显微镜结合放射自显影技术观察到，复制过程中会出现一些较短的新 DNA 片段，后人证实这些片段只出现于同一复制叉的一股链上。由此提出，子代 DNA 合成是以半不连续的方式完成的，从而克服 DNA 空间结构对 DNA 新链合成的制约（图 10-3）。

在 DNA 复制过程中，沿着解链方向生成的子链 DNA 的合成是连续进行的，这股链称为前导链（leading strand）；另一股链因为复制方向与解链方向相反，不能连续延长，只能

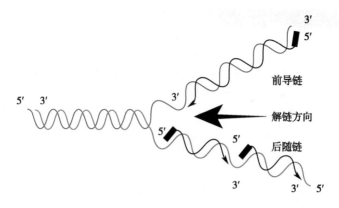

图 10-3 半不连续复制

随着模板链的解开，逐段地从 5′ → 3′ 生成引物并复制子链。DNA 这种一条链连续复制，另一条链边解链边分段复制的方式称为半不连续复制（semidiscontinuous replication）。模板被打开一段，起始合成一段子链；再打开一段，再起始合成另一段子链，这一不连续复制的链称为后随链（lagging strand）。前导链连续复制而后随链不连续复制的方式称为半不连续复制。在引物生成和子链延长上，后随链都比前导链迟一些，两条互补链的合成是不对称的。沿着后随链的模板链分段合成的新 DNA 片段被命名为冈崎片段（Okazaki fragments）。

> **知识窗**
>
> 双向复制与复制子
>
> 　　原核生物的基因组是一个环状双链 DNA 分子，分子量相对较小，存储的遗传信息不多，只有一个复制起点。细胞增殖时，复制从起点开始，向两侧进行单点双向复制。
>
> 　　真核生物的基因组庞大而复杂，由多条线性染色体组成，细胞增殖时染色体均需要复制。每个染色体含有多个复制单元——复制子，每个复制子含有一个起点，每个起点又进行双向复制。每一个复制子作为一个模块，通过模块间协同极大地提高了真核生物 DNA 复制的速度，缩短了复制的时间。
>
> 　　我们不仅要学习原核和真核细胞复制的不同特点，更要从中学会面对复杂问题分段处理问题的方法。

（二）复制的体系

DNA 复制是继双螺旋模型确立后的又一重大发现，复制过程除了需要 DNA 模板和脱氧核苷酸外，还需要多种酶的参与。

1. DNA 聚合酶　又称 DNA 指导的 DNA 聚合酶（DNA dependent DNA polymerase，DDDP）。研究人员在大肠杆菌提取液中发现了 3 种 DNA 聚合酶，分别称为 DNA 聚合酶Ⅰ、Ⅱ、Ⅲ。它们都是以 DNA 为模板催化 DNA 合成的酶。

DNA 聚合酶Ⅰ是由 polA 编码的一条单链多肽，其功能有：①催化 DNA 沿 5′ → 3′ 方向延长；②具有 3′ → 5′ 外切酶的活性；③具有 5′ → 3′ 外切酶活性。DNA 聚合酶Ⅰ能够去除复制过程中的 RNA 引物，填补空隙，并对复制过程中的错误进行校对，主要参与 DNA 复制和损伤中出现的空缺进行填补。

Klenow 片段

DNA 聚合酶Ⅰ是由 Arthur Kornberg 发现的第一种聚合酶，其二级结构主要是 α- 螺旋，只能催化延长约 20 个核苷酸。用特异性的蛋白酶可以将其水解为大小两个片段。小片段具有 5′→3′ 方向的外切酶活性；大片段称为 Klenow 片段，具有 DNA 聚合酶活性和 3′→5′ 外切酶的活性。Klenow 片段是实验室常用的工具酶，用于 DNA 合成和分子生物学研究。

DNA 聚合酶Ⅱ由 polB 编码，其功能有：①催化 DNA 沿 5′→3′ 方向延长；②具有 3′→5′ 外切酶的活性。当复制过程被损伤的 DNA 阻碍时，能够通过 DNA 修复后重启复制叉。DNA 聚合酶Ⅱ是在 DNA 聚合酶Ⅰ和 DNA 聚合酶Ⅲ缺失的情况下暂时起作用的酶，对 DNA 模板特异性不高，在 DNA 损伤的模板上也能催化合成互补链，故参与 DNA 损伤的应急状态修复。

DNA 聚合酶Ⅲ由 polC 编码，聚合酶活性远高于 DNA 聚合酶Ⅰ，是复制延长中起主要作用的酶。DNA 聚合酶Ⅲ催化反应速度最快，每分钟能催化 9 000 个核苷酸聚合。在大肠杆菌体内，大多数新的 DNA 链的合成都是由聚合酶Ⅲ所催化的。DNA 聚合酶Ⅲ也有 3′→5′ 核酸外切酶的活性，能切除错配的核苷酸，阻止了变异。

在真核细胞中的 DNA 聚合酶至少有 15 种，常见的主要有 α、β、γ、δ、ε 5 种。DNA 聚合酶 α 是合成复制过程中的引物；DNA 聚合酶 β 具有核酸外切酶活性，切除错配的碱基后，填补空隙，主要参与 DNA 损伤修复；DNA 聚合酶 γ 存在于线粒体内，参与线粒体 DNA 的复制；DNA 聚合酶 δ 参与 DNA 后随链的合成，DNA 聚合酶 ε 参与 DNA 前导链的合成。

2. 引物酶（primase）　是一种特殊的 RNA 聚合酶。在 DNA 复制过程中，需要合成一小段 RNA 作为引物（primer），此 RNA 引物的碱基与 DNA 模板是互补的。DNA 聚合酶不能催化两个游离的 dNTP 之间形成磷酸二酯键，只能催化核酸片段 3′-OH 与 dNTP 聚合。引物酶属于 RNA 聚合酶，不需要 3′-OH 末端便可催化 NTP 的聚合，故复制起始合成的短链 RNA 引物为 DNA 聚合酶提供了 3′-OH 末端。

3. 解旋和解链酶类　细胞内 DNA 复制时必须先解开 DNA 的超螺旋与双螺旋结构。解链酶、拓扑异构酶、单链结合蛋白可完成该作用。

4. DNA 连接酶　催化以氢键结合于模板 DNA 链的两个 DNA 片段连接起来，但并没有连接单独存在的 DNA 单链的作用。DNA 连接酶不但是 DNA 复制所必需的，而且也是在 DNA 损伤的修复及重组 DNA 中不可缺少的酶。

高保真性与纠错机制

DNA 复制具有高度的保真性，其错配的概率约 10^{-10}。半保留复制是亲代与子代 DNA 信息传递高保真性的基础，错配修复是 DNA 复制高保真性的保障。

半保留复制中，高保真的 DNA 聚合酶利用严格的碱基互补配对原则，是保证子代 DNA 链与亲代 DNA 链保持一致的第一道防线。受到内外理化因素的影响，在复制过程中也会出现碱基错配的情况。为了纠正错误，高等生命进化出了 DNA 损伤修复系统，通过多种途径对错配加以纠正，防止错配信息传递，进一步提高了复制的保真性。

从中我们要认识到，当错误难以避免时，要建立纠错机制，避免一错再错。

（三）复制的过程

原核生物染色体 DNA 和质粒等都是共价环状闭合的 DNA 分子，复制过程具有共同的特点，但并非绝对相同，下面以大肠杆菌 DNA 复制为例，学习原核生物 DNA 复制的过程和特点。

1. 起始　DNA 复制的起始先要解开 DNA 双螺旋，这主要靠解链酶和拓扑异构酶使 DNA 先解开一段双链，形成复制点，由于每个复制点的形状像一个叉子，故称复制叉（replication fork）。由于单链结合蛋白的结合，引物酶以解开 DNA 双链的一段 DNA 为模板，以核苷三磷酸为底物，按 5′→3′ 方向合成一小段 RNA 引物（5～100 个核苷酸）。引物 3′-OH 末端就是合成新的 DNA 的起点。

知识窗

固定起点

复制是从基因组上的固定起点进行的。大肠杆菌有一个跨度为 245bp 的固定起点，称为 oriC。碱基序列分析发现这段 DNA 上有 5 组由 9bp 组成的串联重复序列（是 DnaA 结合位点）和 3 组由 13bp 组成的富含 AT 的串联重复序列。真核生物 DNA 复制是多起点复制，其序列较 oriC 复杂，如酵母 DNA 复制起点是由 11bp 组成的富含 AT 的序列，称为自主复制序列。

2. 延伸　在 RNA 引物的 3′-OH 末端，DNA 聚合酶Ⅲ催化 4 种脱氧核苷三磷酸，分别以 DNA 的两条链为模板，同时合成两条新的 DNA 链。DNA 分子的两条链是反向平行的，而新链的合成方向必须按 5′→3′ 方向进行，因此，新合成的链中前导链合成方向与复制叉前进方向一致，故合成能顺利的连续进行；而后随链合成方向与复制叉前进方向相反，不能连续合成的，需要分段合成冈崎片段。当冈崎片段延长至一定长度，直到前一个 RNA 引物的 5′-末端为止，然后在 DNA 聚合酶Ⅰ的作用下，水解除去 RNA 引物，并依据模板的碱基顺序，填补降解引物后留下的空隙。

3. 终止　复制叉中，前导链可以不断地延长，后随链是分为冈崎片段来延长的。在 DNA 聚合酶Ⅰ的作用下，冈崎片段的引物被切除，并由 DNA 聚合酶Ⅰ催化填补空隙，此时第一个片段的 3′-OH 端和第二个片段的 5′-P 端仍是游离的，DNA 连接酶在这个复制的最后阶段起作用，把片段之间所剩的小缺口通过生成磷酸二酯键而接合起来，成为真正连续的子链（图 10-4）。

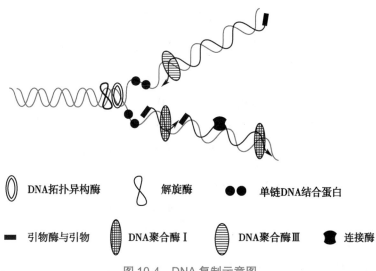

　　　　　DNA拓扑异构酶　　　　解旋酶　　　　●● 单链DNA结合蛋白

　　━ 引物酶与引物　　　　DNA聚合酶Ⅰ　　　　DNA聚合酶Ⅲ　　　　连接酶

图 10-4　DNA 复制示意图

二、逆转录

RNA 病毒的基因组是 RNA 而不是 DNA，其复制方式是逆转录（reverse transcription），因此也称为逆转录病毒。逆转录是指以 RNA 为模板合成 DNA 的过程，逆转录的信息流动方向（RNA → DNA）与转录过程（DNA → RNA）相反，是一种特殊的复制方式。1970年，Howard Temin 和 David Bahimore 分别从 RNA 病毒中发现能催化以 RNA 为模板合成双链 DNA 的酶，称为逆转录酶，全称是依赖 RNA 的 DNA 聚合酶（RNA dependent DNA polymerase，RDDP）。

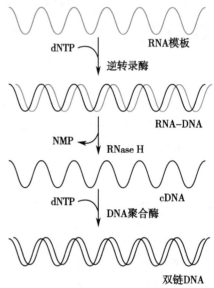

从单链 RNA 到双链 DNA 的生成可分为 3 步（图10-5）：首先，逆转录酶以病毒基因组 RNA 为模板，通常以赖氨酸的 tRNA 为引物催化 dNTP 聚合生成 DNA 互补链，产物是 RNA/DNA 杂化双链。其次，杂化双链中的 RNA 被逆转录酶中有 RNase 活性的组分水解，感染细胞内的 RNase H 也可水解 RNA 链。最后，RNA 分解后剩下的单链 DNA 再用作模板，由逆转录酶催化合成第二条 DNA 互补链。

在逆转录过程中，逆转录酶有 3 种活性，即 RNA 指导的 DNA 聚合酶活性、DNA 指导的 DNA 聚合酶活性和 RNase H 活性，合成反应也按照 5′ → 3′ 延长的规律。逆转录酶缺乏 3′ → 5′ 的外切酶活性，因此缺乏校正功能，导致逆转录后合成的 DNA 出错率较高，相应的病毒变异更容易发生。

图 10-5　逆转录示意图

RNA 病毒在宿主细胞中，通过逆转录合成的双链 DNA，在病毒自身携带的整合酶帮助下，双链 DNA 可以插入到宿主细胞的基因组中，称为前病毒。病毒需要增殖时，可以通过前病毒的转录完成。

知识窗

HIV 病毒与整合酶

人类免疫缺陷病毒（human immunodeficiency virus，HIV）是获得性免疫缺陷综合征（简称艾滋病）的病原体，其借助膜蛋白 gp120 与 T 细胞表面的 CD4 分子特异性结合，通过包膜与 T 细胞膜融合进入细胞，释放出 HIV 的 RNA、逆转录酶、整合酶等物质。在 HIV 逆转录酶和 T 细胞 DNA 聚合酶的作用下，HIV 的 RNA 转为双链 DNA。双链 DNA 在 HIV 整合酶的催化下插入 T 细胞的 DNA，成为前病毒，通过 T 细胞中前病毒的转录不断产生新的 HIV 病毒颗粒，感染其他 CD4 阳性的 T 细胞。

整合酶抑制剂是治疗艾滋病的一种方法。通过抑制整合酶，可以阻止病毒 DNA 整合到细胞基因组中，为彻底清除病毒降低了难度。

三、DNA 的损伤与修复

在长期的生命演进过程中，生物体时刻受到来自内、外环境中各种因素的影响，DNA

的改变不可避免。各种体内外因素所导致的 DNA 组成与结构的变化称为 DNA 损伤（DNA damage）。DNA 损伤的诱发因素众多，一般可分为体内因素与体外因素。后者包括辐射、化学毒物、药物、病毒感染、植物以及微生物代谢产物等。值得注意的是，体内因素与体外因素的作用有时是不能截然分开的。许多体外因素通过诱发体内因素，引发 DNA 损伤。然而，不同因素所引发的 DNA 损伤的机制往往是不相同的。

（一）DNA 损伤的诱发因素

1. 体内因素

（1）DNA 复制错误：在 DNA 复制过程中，碱基的异构互变、4 种 dNTP 之间浓度的不平衡等均可能引起碱基的错配，即产生非 Watson-Crick 碱基对。尽管绝大多数错配的碱基会被 DNA 聚合酶的校对功能所纠正，但依然不可避免地有极少数的错配被保留下来，DNA 复制的错配率约 $1/10^{10}$。

此外，复制错误还表现为片段的缺失或插入。特别是 DNA 上的短片段重复序列，在真核细胞染色体上广泛分布，导致 DNA 复制系统工作时可能出现"打滑"现象，使得新生成的 DNA 上的重复序列拷贝数发生变化。DNA 重复片段在长度方面有高度多态性，在遗传性疾病的研究中有重大价值。亨廷顿病、脆性 X 综合征（fragile X syndrome）、肌强直性营养不良（myotonic dystrophy）等神经退行性疾病均属于此类。

> **知识窗**
>
> #### 舞蹈症与复制插入
>
> 亨廷顿病，俗称舞蹈症，是一种常染色体显性遗传性神经退行性疾病。主要病因是患者第四号染色体上的 *HTT15* 基因发生变异，产生了变异的蛋白质，影响神经细胞的功能。患者一般在中年发病，表现为舞蹈样动作，随着病情进展逐渐丧失说话、行动、思考和吞咽的能力，病情会持续发展 10～20 年，并最终导致死亡。
>
> 正常人亨廷顿基因（*HTT15*）中 CAG 重复拷贝数不超过 38 个，DNA 复制时，在某些理化因素的影响下，聚合酶出现"打滑"现象，已经复制过的模板重复作为模板进行复制，如同插入重复序列，导致子代 CAG 拷贝数增加。这种复杂错误若不能纠正，将稳定遗传给子代，当 CAG 拷贝数超过 39 个就将导致舞蹈症。
>
> 从中我们可以看到，量变到一定程度就引起质变。同样，平凡人每天只要进步一点点，长时间累积下来，就有机会蜕变为优秀的人才。

（2）DNA 自身的不稳定性：DNA 结构自身的不稳定性是 DNA 自发性损伤中最频繁和最重要的因素。当 DNA 受热或所处环境的 pH 发生改变时，DNA 分子上连接碱基和核糖之间的糖苷键可自发发生水解，导致碱基的丢失或脱落，其中以脱嘌呤最为普遍。另外，含有氨基的碱基还可能自发脱氨基反应，转变为另一种碱基，即碱基的转变，如 C 转变为 U，A 转变为 I（次黄嘌呤）等。

（3）机体代谢过程中产生的活性氧：机体代谢过程中产生的活性氧（ROS）可以直接作用于碱基，如修饰鸟嘌呤，产生 8- 羟基脱氧鸟嘌呤等。

2. 体外因素　某些物理及化学因素，如紫外线、电离辐射、化学诱变剂等，都能使 DNA 在复制过程中发生突变，这一过程叫 DNA 损伤。其实质就是 DNA 分子上碱基改变造成 DNA 结构和功能的破坏。主要因素如下：

（1）紫外线：照射引起 DNA 分子中相邻的胸腺嘧啶碱基之间形成二聚体，从而使 DNA 的复制和转录受到阻碍。

（2）某些化学诱变剂：例如碱基的类似物 5- 溴尿嘧啶和 2- 氨基嘌呤可掺入 DNA 分子中，引起特异的碱基转换突变，干扰 DNA 的复制，还可引起 HGPRT 缺陷。

（3）抗生素及其类似物：如放线菌素 D、阿霉素等，能嵌入 DNA 双螺旋的碱基对之间干扰 DNA 的复制及转录。

此外还有脱氨基物质、烷化剂、亚硝酸盐等均可阻碍 DNA 的正常复制和转录。

（二）DNA 损伤的修复

1. 光修复　可见光能激活光复活酶，催化胸腺嘧啶二聚体分解为单体。光复活酶几乎存在于所有的生物细胞中（图 10-6）。

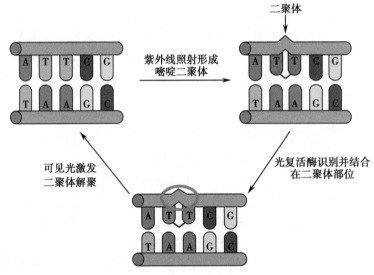

图 10-6　嘧啶二聚体与光修复

2. 切除修复　是人体细胞内 DNA 的主要修复机制，需要特异的核酸内切酶、DNA 聚合酶 I 和 DNA 连接酶等参与（图 10-7）。

3. 重组修复　当 DNA 损伤范围较大，复制时损伤部位不能作为模板指导子链的合成，即在子链上形成缺口。这时可以通过重组作用，将另一股正常的母链填补到该缺口，而正常母链上又出现了缺口，但因有正常子链作为模板可在 DNA 聚合酶 I 和连接酶的作用下，使母链完全复原。

4. SOS 修复　在原核细胞中，当 DNA 严重损伤时，RecA 蛋白被激活，促发 LexA 的自水解酶活性，当 LexA 阻遏蛋白因水解而从 RecA 基因，以及"SOS"相关的可诱导基因的操纵序列上解离下来后，一系列原本受 LexA 抑制的基因得以表达，参与 SOS 修复活动。需要指出的是，SOS 反应诱导的产物可参与重组修复、切除修复、错配修复等各种途径的修复过程。

DNA 分子结构的任何异常改变都可看作 DNA 损伤。生物体内有修复系统可使受损伤的 DNA 得以修复，以保持机体的正常功能和遗传的稳定性。如果损伤未能修复，可以导致生物体某些功能的缺失或死亡，也可以通过 DNA 的复制将变异传给子代 DNA，造成基因突变。基因突变在物种的变异和进化上有十分重要的意义,基因突变也是分子病和细胞癌变的重要原因。

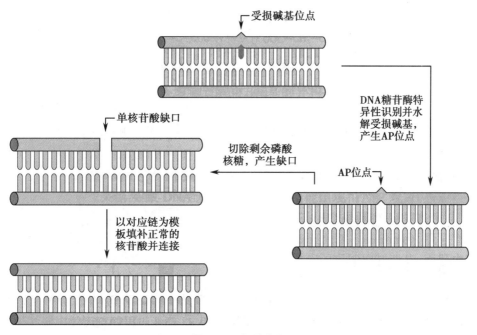

图 10-7　切除修复

1. DNA 复制的特点是半保留复制和半不连续复制。

2. DNA 复制是以 DNA 为模板合成互补的 DNA 子链。逆转录是以 RNA 为模板合成互补的 DNA 子链。

3. DNA 复制过程分为起始、延伸、终止 3 个阶段,延伸过程中不连续合成的 DNA 即为冈崎片段。

4. 逆转录酶不具备校正功能,所以 RNA 病毒更容易发生变异。

5. DNA 损伤后,生物体可以利用多种方式进行修复;若未能修复,生物体将发生变异或死亡。

第二节　RNA 的生物合成(转录)

生物体以 DNA 为模板合成 RNA 的过程称为转录(transcription)。通过转录,生物体的遗传信息由 DNA 传递给 RNA。

DNA 分子上的遗传信息是决定蛋白质氨基酸顺序的原始模板,通过转录产生的 mRNA 是蛋白质合成的直接模板,指导合成 mRNA 的 DNA 区段称为结构基因;转录的产物还有 tRNA、rRNA、snRNA 和 microRNA 等多种 RNA,它们不是翻译的模板,但参与蛋白质的合成。前者具有编码蛋白质的功能，所以也叫编码 RNA；与前者相对应，后者称为非编码 RNA。

转录与复制有相似之处，如合成方向都是 $5' \rightarrow 3'$，核苷酸都以磷酸二酯键连接，但仍有不同（表 10-1）。

表 10-1　DNA 复制与转录的区别

	复制	转录
模板	DNA 中的两条链	DNA 中的模板链
原料	4 种 dNTP	4 种 NTP
聚合酶	DNA 聚合酶	RNA 聚合酶
碱基配对	A-T、G-C	A-U、A-T、G-C
引物	需要，RNA 引物	不需要
产物	子代双链 DNA	mRNA、tRNA、rRNA
方式	半保留复制，半不连续复制	不对称转录

一、转录的模板和酶

转录是遗传信息表达的第一步。生物界中绝大多数生物是以 DNA 为模板，在 RNA 聚合酶催化下，以 4 种核苷酸为原料转录合成 RNA。少数生物以 RNA 为模板，通过复制也可以合成 RNA。转录是 RNA 合成的主要方式。

（一）DNA 模板

模板 DNA 的组成决定着 RNA 的碱基排列顺序。在体内 DNA 双链中仅有一条链或其中某个片段作为模板，称为不对称转录。作为模板的链称为模板链，与模板互补的链称为编码链。

（二）RNA 聚合酶

RNA 聚合酶又称为 DNA 指导的 RNA 聚合酶（DNA dependent RNA polymerase，DDRP）。原核细胞只有一种 RNA 聚合酶，由 5 种亚基（$\alpha_2\beta'\beta\omega\sigma$）组成全酶。σ 亚基功能是辨认起始点，脱离了 σ 亚基的剩余部分 $\beta'\beta\alpha_2$ 称为核心酶。

真核细胞 RNA 聚合酶有 3 种，分别为 RNA 聚合酶Ⅰ、Ⅱ、Ⅲ。它们专一地转录不同的基因，产生不同的产物。

二、转录的过程

（一）起始阶段

转录是在 DNA 模板的特殊部位开始的，此部位称为启动子，位于转录起始点上游。σ 亚基无催化作用，与模板 DNA 启动子结合，能识别转录起始位点。当 RNA 聚合酶滑动到起始位点后，RNA 聚合酶与模板之间形成疏松复合物。进入互补的第一、二个核苷三磷酸，在 RNA 聚合酶的催化下形成 $3',5'$- 磷酸二酯键，同时释放出焦磷酸，通常 RNA 链由 ATP 或 GTP 起始，所以 ATP 或 GTP 就成为 RNA 链的 $5'$- 端。

（二）延长阶段

当第一个 $3',5'$- 磷酸二酯键形成时，σ 因子便脱落下来。RNA 链的延伸即完全由核心酶催化。核心酶沿 DNA 模板链的 $3' \to 5'$ 方向移动,按碱基配对原则合成 RNA 链,RNA 链的延伸是按 $5' \to 3'$ 方向进行的。在转录过程中,核心酶沿 DNA 模板链的 $3' \to 5'$ 方向推进,待转录的 DNA 双螺旋循序松解,转录完毕的 DNA 双链又形成螺旋结构。同时,在 DNA 模板链上正在延伸的 RNA 链从 5′- 末端开始逐步地从 DNA 模板链上游离出来(图 10-8)。

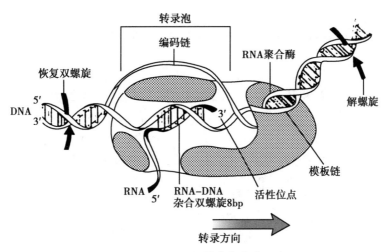

图 10-8　RNA 的生物合成

(三)终止阶段

待核心酶沿模板 $3' \to 5'$ 方向滑行到终止信号时,转录即终止。原核生物转录终止有 2 种类型。一类是不依赖 ρ 因子的终止:由于终止区域富含 CG 碱基重复序列,使新合成的 RNA 链形成发夹样结构,阻止 RNA 聚合酶的滑动,RNA 链的延伸即终止;另一类是依赖 ρ 因子的转录终止:ρ 因子进入终止区域,能与 RNA 链结合,它能利用 ATP 水解释放的能量使 RNA 链释放。转录终止后,核心酶从 DNA 模板上脱落下来,与 σ 因子结合重新形成全酶,开始一条新的 RNA 链合成。

三、转录后的加工和修饰

原核生物除 tRNA 外,RNA 分子从基因模板转录后就可以转运到核糖体上参与蛋白质的合成。真核生物则不同,几乎所有 RNA 转录的初级产物都需经过一系列加工后才成为有生物活性的 RNA 分子。这一变化称转录后的加工,加工过程包括链的断裂、拼接和化学修饰。

(一)mRNA 前体的加工

真核生物 mRNA 的前体是核非均一 RNA(hnRNA),转录后加工包括对其 5′- 端和 3′- 端的首尾修饰以及对 hnRNA 的剪接等。

1. 首、尾的修饰　真核生物 mRNA 的 5′- 末端加"帽"是在核内进行的,通过鸟苷酸转移酶作用连接鸟苷酸,再进行甲基化修饰,形成 5′m⁷GpppG"帽子"结构(图 10-9)。mRNA 3′- 末端的多聚腺苷酸(polyA)也是转录后加上去的,先由特异的核酸外切酶切去 3′- 末端一些核苷酸,然后在核内多聚腺苷酸聚合酶催化下,在 3′- 端形成为 100～200 个 A 的 polyA。

微课:mRNA
的加工修饰

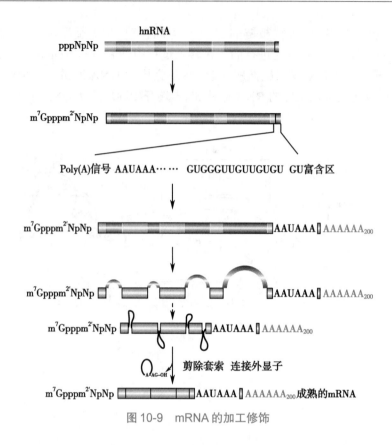

图 10-9　mRNA 的加工修饰

2. hnRNA 的剪接　哺乳动物细胞核内的 hnRNA 分子中的核苷酸序列有 50%～75% 不出现在细胞质的 mRNA 分子中，此部分插入序列无表达活性，称为内含子，在转录后加工中被切除；有表达活性的结构基因序列称为外显子，在转录加工中相关的外显子拼接起来，成为具有翻译功能的模板。

（二）tRNA 前体的加工

转录后的 tRNA 前体需经过剪接、修饰等加工过程才能成熟，成为具有特定生物活性的 tRNA。其加工过程主要有以下步骤。①剪切：分别在 5′- 端和 3′- 端切去一定的核苷酸序列以及 tRNA 反密码环的部分插入序列；②甲基化反应：A → A^m，G → G^m；③还原反应：尿嘧啶（U）还原为二氢尿嘧啶（DHU）；④脱氨基反应：腺嘌呤（A）→次黄嘌呤（I）；⑤碱基转位反应：U → Φ（假尿嘧啶核苷酸）；⑥3′- 端切去多余碱基后，加上 CCA-OH，形成 tRNA 柄部结构。

（三）rRNA 前体的加工

真核细胞中 rRNA 前体为 45S rRNA，经加工生成 28S、18S 与 5.8S rRNA。它们在原始转录中的相对位置是 28S rRNA 位于 3′- 末端，18SrRNA 靠近 5′- 末端，5.8S rRNA 位于两者之间。另外，由 RNA 聚合酶Ⅲ催化合成的 5S rRNA，经过修饰与 28S rRNA 和 5.8S rRNA 及有关蛋白质一起装配成核糖体的大亚基，而 18S rRNA 与有关蛋白质一起装配成核糖体的小亚基，然后通过核孔转移到细胞质中。rRNA 前体作为蛋白质合成的场所，参与蛋白质的合成。

积少成多

1. 转录的产物是 RNA，由 RNA 聚合酶催化，无须引物参与。

2. 转录的特点是不对称转录，产物可分为编码 RNA 和非编码 RNA。

3. 真核生物的 mRNA 需要进行加工修饰，原核和真核生物的 tRNA 和 rRNA 加工修饰后才具有功能。

第三节　核酸分子生物学常用技术

分子生物学技术现已广泛渗透到生命科学和医学等多个学科中，在阐明疾病的发病机制、疾病的诊断、药物生产等领域取得了令人瞩目的成就，对医学的发展起着巨大的推动作用。

一、重组 DNA 技术

不同来源的 DNA 分子可以通过末端共价连接（磷酸二酯键）而形成重新组合的 DNA 分子，这一过程称为 DNA 重组（DNA recombination）。在 DNA 重组过程中，从细胞中提取 DNA，并在体外进行剪切而获得所需的 DNA 片段（目的基因），将载体 DNA 与目的基因片段连接起来再导入宿主细胞，并对目的基因片段做选择性扩增或表达。其中重组 DNA 随宿主细胞增殖而进行复制，目的基因也随之扩增的过程称为基因克隆（gene clone）；基因在宿主细胞内的克隆、表达特定的蛋白或多肽产物，或定向改造细胞乃至生物个体的特性所用的方法及相关的工作统称为基因工程（genetic engineering）。

（一）工具酶

基因工程中所用到的酶统称为工具酶。基因工程中所用到的工具酶主要有以下几种：

1. 限制性内切酶　能够识别并切割特异的双链 DNA 序列中磷酸二酯键的核酸内切酶称为限制性核酸内切酶（restriction endonuclease，RE），简称限制性内切酶（表 10-2）。RE 可以将外来的 DNA 切断，即能够限制异源 DNA 的侵入并使之失去活力，但对自身的 DNA 却无损害作用，这样可以保护细胞原有的遗传信息。

表 10-2　常用限制性内切酶

RE	识别位点	RE	识别位点
*Apa*I	GGGCC▾C	*Sma*I	CCC▾GGG
	C▴CCGGG		GGG▴CCC
*Bam*HI	G▾GATCC	*Sau*3AI	GTAC▾
	CCTAG▴G		▴GTAC
*Eco*RI	G▾AATTC	*Not*I	GC▾GGCCGC
	CTTAA▴G		CGCGGG▴CG

限制性内切酶是在原核生物中发现的，按酶来源的属、种名而命名，取属名的第一个字母与种名的头两个字母组成的 3 个斜体字母作略语表示；如有株名，再加上一个字母，其后再按发现的先后写上罗马数字。如 *Eco*R I 是大肠杆菌 RY13 菌株中第一个被分离出来的酶，取属名的第一个字母 E，种名的头两个字母 *co*，菌株名 R，发现的次序 I。

大部分限制性内切酶识别的 DNA 序列具有回文结构特征,通常是 4～6 个碱基对,切割后的 DNA 多为黏性末端。*EcoR* I 等多数内切酶是错位切割双链 DNA,产生 5′ 磷酸基和 3′ 羟基末端。不同的限制性内切酶识别和切割的特异性不同,结果有 3 种不同的情况:

(1) 3′ 黏性末端:靠近 3′ 末端切割产生的黏性末端,如以 *Pst* I 为例。

$$5'\cdots CTGCA{}^{\blacktriangledown}G\cdots 3' \qquad\qquad 5'\cdots CTGCA \qquad G\cdots 3'$$
$$3'\cdots G{}_{\blacktriangle}ACGTC\cdots 5' \qquad\longrightarrow\qquad 3'\cdots G \qquad ACGTC\cdots 5'$$

(2) 5′ 黏性末端:靠近 5′ 末端切割产生的黏性末端,如以 *EcoR* I 为例。

$$5'\cdots G{}^{\blacktriangledown}AATTC\cdots 3' \qquad\qquad 5'\cdots G \qquad AATTC\cdots 3'$$
$$3'\cdots CTTAA{}_{\blacktriangle}G\cdots 5' \qquad\longrightarrow\qquad 3'\cdots CTTAA \qquad G\cdots 5'$$

(3) 平端:识别位点的中间位置切割产生的末端,如以 Hpa I 为例。

$$5'\cdots GTT{}^{\blacktriangledown}AAC\cdots 3' \qquad\qquad 5'\cdots GTT \qquad AAC\cdots 3'$$
$$3'\cdots CAA{}_{\blacktriangle}TTG\cdots 5' \qquad\longrightarrow\qquad 3'\cdots CAA \qquad TTG\cdots 5'$$

2. DNA 聚合酶(DNA polymerase)　作为工具酶的 DNA 聚合酶主要有大肠杆菌 DNA 聚合酶 I、T4 DNA 聚合酶和 Taq DNA 聚合酶等。

主要用途包括:①利用它的 $5' \rightarrow 3'$ 聚合活性,合成 ds-cDNA 第二条链;②对 DNA 的 3′ 端进行填补或末端标记;③*E.coli* DNA 聚合酶 I 用于缺口平移,制作 DNA 标记探针;④DNA 聚合酶 I 和 T4 DNA 聚合酶可用于 DNA 序列测定;⑤Taq DNA 聚合酶用于聚合酶链反应(PCR)。

3. DNA 连接酶　基因工程中常用的连接酶主要是 T4 连接酶,DNA 连接酶可催化 DNA 分子中相邻的 5′- 磷酸基末端与 3′- 羟基末端之间形成磷酸二酯键,使 DNA 切口封合。

4. 逆转录酶　是依赖 RNA 的 DNA 聚合酶,主要用于:①真核 mRNA 逆转录成 cDNA,构建 cDNA 文库;②对于 5′- 端突出的双链 DNA 片段,进行 3′- 端填补和标记,制备 DNA 探针;③DNA 序列测定。

总之,选择合适的限制性内切酶从 DNA 链上切割所需要的目的基因,使分离所得的基因具有黏性末端,使用同种限制性内切酶切割质粒 DNA,使其切口具有与目的基因相同互补的黏性末端,在一定条件下,将目的基因与载体用 DNA 连接酶连接起来,构成 DNA 重组体。

（二）载体

载体(vector)是携带目的外源 DNA 片段,实现外源 DNA 在受体细胞中的无性繁殖或表达有意义的蛋白质所采用的一些 DNA 分子。理想的基因工程载体有以下要求:①能在宿主细胞中复制繁殖;②容易进入宿主细胞;③具有多克隆位点,多个限制性内切酶的单一酶切位点构建在一段特异性核苷酸序列称为多克隆位点(multiple cloning sites,MCS);④容易从宿主细胞中分离纯化;⑤有容易被识别筛选的标志。常用的载体主要有质粒、λ 噬菌体、黏粒、病毒等(图 10-10)。

1. 质粒(plasmid)　是细菌中存在的独立于染色质以外的、能自主复制的、并与细菌或细胞共存的遗传成分(图 10-11),多为双链共价闭合环形 DNA,可自然形成超螺旋细菌 DNA 结构。质粒大小为 2～300kb。

目前,已有一系列的质粒已经商品化,被广泛用于 DNA 分子克隆。质粒一般只能容纳小于 10kb 的外源 DNA 片段,主要用作亚克隆载体。一般认为,外源 DNA 片段越长,越难插入,越不稳定,转化效率越低。

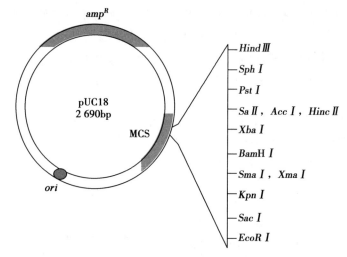

图 10-10 pUC18 质粒载体图谱

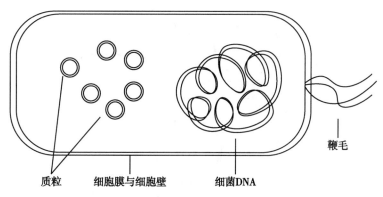

图 10-11 大肠杆菌内的质粒

2. 噬菌体（bacteriophage，phage） 是感染细菌的一类病毒。因为它寄生在细菌中并能溶解细菌，所以称为噬菌体。有的噬菌体基因组较大，如 λ 噬菌体和 T 噬菌体；有的噬菌体基因组较小，如 M13、fl、fd 噬菌体等。其中，感染大肠杆菌的 λ 噬菌体改造的载体应用最为广泛。λ 噬菌体由头和尾构成，感染时，λ 噬菌体的 DNA 进入大肠杆菌后，以其两端各有 12 个碱基互补的单链末端（cos 末端）环化成环状双链，可以两种不同的方式繁殖。①溶菌性方式：溶菌性噬菌体感染细菌后，连续增殖，直到细菌裂解，释放出的噬菌体又可感染其他细菌；②溶原性方式：溶原性噬菌体感染细菌后，可将自身的 DNA 整合到细菌的染色体中去，和细菌的染色体一起复制。

3. 黏粒（cosmid） 是将 λ 噬菌体的 cos 区与质粒组合的装配型载体。质粒提供了复制的起始点、酶切位点、抗生素抗性基因，而 cos 区提供了黏粒重组外源 DNA 大片段后的包装基础。黏粒本身 4～6kb，可借 cos 区位点将多个黏粒串联成为一个长链或大环。真核基因 29～45kb 的大片段插入两个相邻黏粒的限制酶切位点，借 λ 噬菌体的包装系统对两个 cos 位点之间的 DNA 片段进行体外包装。体外包装好的颗粒感染宿主菌后，能像 λ 噬菌体一样环化、复制。由于黏粒可克隆 DNA 大片段，可用作建立真核基因组文库的载体。

4. 病毒（virus） 感染人或哺乳动物的病毒，可改造用作动物细胞的载体。所以病毒载体更多地用于真核表达系统,如腺病毒、痘病毒、逆转录病毒和猴空泡病毒等。

总之,质粒和噬菌体常用于以原核细胞为宿主的基因克隆,在与其宿主菌共同培育中可大量产生。经破碎细菌、密度梯度离心等方法,可以取得纯化的载体 DNA。动物病毒常用于真核细胞为宿主的分子克隆,以满足真核基因表达或基因治疗的需要。

（三）DNA 重组过程

重组 DNA 的基本步骤包括"切、连、转、筛、表"五大环节:①获取目的基因、载体和酶切;②将目的基因和载体进行连接;③将重组的 DNA 转入受体细胞;④DNA 重组体的筛选和鉴定;⑤DNA 重组体的扩增、表达和其他研究(图 10-12)。

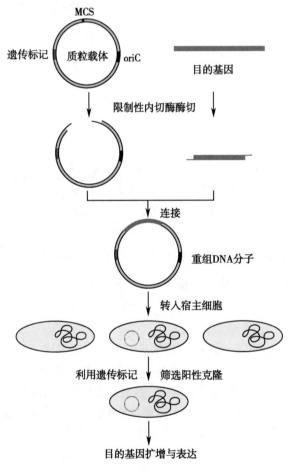

图 10-12　DNA 重组基本步骤

1. 目的基因的分离获取　应用重组 DNA 技术获得某一感兴趣的基因或 DNA 序列,或获得感兴趣基因的表达产物—蛋白质。这些令人感兴趣的基因或 DNA 序列就是目的基因。获取目的基因大致有如下几种途径:

（1）化学合成:如果已知某种基因的核苷酸序列,或根据某种基因产物的氨基酸序列推导出编码该多肽链的核苷酸序列,可利用 DNA 合成仪合成目的基因。

（2）细胞提取:利用限制性核酸内切酶将已分离的细胞染色体 DNA 切割成许多片段,其中含有令人感兴趣的基因片段。

（3）cDNA 文库：以 mRNA 为模板，经逆转录酶催化合成 cDNA，将 cDNA 的混合体与载体进行连接，使每一个 cDNA 分子都与一个载体分子拼接成重组 DNA。将所有的重组 DNA 分子都引入宿主细胞并进行扩增，得到细胞混合体就称为 cDNA 文库（cDNA library）。完成 DNA 重组后可通过杂交筛选获得特定的 cDNA 克隆。

（4）DNA 扩增：知道目的基因 5′ 与 3′ 端的核苷酸序列，可设计合适的引物，在具备其他相关条件下，采用聚合酶链反应扩增特异性目的基因。

通过以上方式获得目的基因后，通常进行酶切，产生特定的黏性末端，以便与载体酶切后的黏性末端互补配对。

2. 目的基因与载体的连接　将目的基因或序列插入载体，主要通过 DNA 连接酶和双链 DNA 黏性末端序列互补结合，可以在体外重新连接成人工重组体。体外连接的方法主要有：①黏性末端连接；②同聚物加尾连接；③平末端连接；④人工接头连接。

黏性末端连接：如果用同一种限制性内切酶切开载体和目的 DNA 分子，或者载体 DNA 和目的 DNA 虽然用不同的酶处理，但能产生相同的黏性末端，DNA 片段之间就很容易按照碱基配对关系进行连接，互补的碱基以氢键相结合。在 T4 DNA 连接酶的作用下，其末端以磷酸二酯键相连接，成为环状 DNA 重组体（图 10-13）。

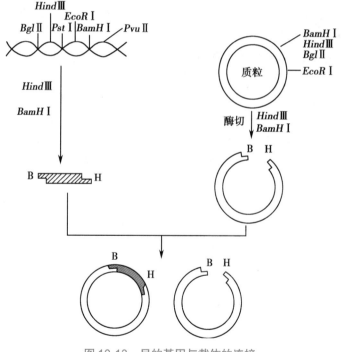

图 10-13　目的基因与载体的连接

3. 重组 DNA 导入宿主细胞　将重组 DNA 或其他外源 DNA 导入宿主细胞，常用的方法有以下两种：

（1）转化（transformation）：是指将质粒或其他外源 DNA 导入处于感受态的宿主细胞，并使其获得新的表型的过程。转化常用的宿主细胞是大肠杆菌。大肠杆菌悬浮在 $CaCl_2$ 溶液中，并置于低温（0～5℃）环境下一段时间，钙离子使细胞膜的通透性增加，从而具有摄取外源 DNA 的能力，这种细胞称为感受态细胞（competent cell）。

（2）感染（infection）：是指以噬菌体整合到宿主菌或病毒进入宿主细胞中繁殖的过程。用经人工改造的噬菌体或病毒的外壳蛋白将重组 DNA 包装成有活力的噬菌体或病毒，就能以感染的方式进入宿主细菌或细胞。

4. 阳性克隆的筛选和鉴定 导入重组体的细胞经培养后得到的众多菌落或噬菌斑，应加以筛选，以便鉴定出重组 DNA 分子确实含有目的基因，并进一步扩增、表达。经筛选鉴定后，获得的含有重组 DNA 的克隆菌称为阳性克隆。DNA 重组体的筛选鉴定可用以下方法：

（1）表型筛选：如果克隆载体携带有某种抗药性标志基因，例如氨苄西林抗性（amp^r）和四环素抗性（tet^r）基因，将此重组体导入细菌后，则细菌变成有耐药性，在培养基中加入氨苄西林和四环素，未转化的细菌被杀死，已转化的生长形成菌落，这样就可以区分重组体和非重组体。如果将目的基因插入质粒 tet^r 基因之中，由于 tet^r 基因被分为两段而失去作用，将此重组成功的质粒导入细菌，则细菌只耐受氨苄西林，因而在含氨苄西林的培养基中生长良好，在含四环素的培养基中不能生长。

（2）分子杂交：把根据抗药性判断的阳性菌落转移到硝酸纤维膜上，用放射性同位素标记目的基因制成的"探针"与纤维膜上的菌落杂交，经放射自显影可直接筛选并鉴定目的基因。

（3）免疫学方法：如果目的基因的蛋白质产物是已知的，可通过特异抗体与目的基因表达产物相互作用进行筛选。免疫学方法特异性强、灵敏度高，尤其适用于选择不为宿主细胞提供任何选择性标志的基因。

5. 克隆基因的表达 利用重组 DNA 技术可实现目的基因或 cDNA 在细胞中的表达，即合成 mRNA 和蛋白质的过程称为克隆基因的表达。

大肠杆菌是最常用的原核表达体系，酵母、昆虫细胞或哺乳类动物细胞是常用的真核表达体系。真核细胞中表达有两种情况：①以细胞的培养物作为受体细胞；②以整个真核生物作为受体，例如把克隆基因导入动物或植物体内，这称为转基因动物或转基因植物。

原核与真核细胞中的表达有很大的差别，大肠杆菌表达蛋白质的方法简单、迅速、经济而又适合大规模生产工艺，所以应用很广泛。由于缺乏转录后加工机制，大肠杆菌只能表达克隆的 cDNA，而不宜表达真核基因组 DNA；大肠杆菌表达真核蛋白质不能形成适当的折叠或糖基化修饰；表达的蛋白质常形成不溶性的包涵体，欲使其具有活性尚需经复性等处理。相反，真核表达体系，尤其是哺乳类动物细胞如 COS 细胞（猿猴肾细胞）和 CHO 细胞（中国仓鼠卵巢细胞）是当前较理想的蛋白质表达体系。

（四）基因工程在医学中的应用

基因工程让人们改造基因的意愿成为现实，与人们的生活密切相关。在制药、诊断、治疗等方面，基因工程都发挥着重要作用。

> **知识窗**
>
> ### 胰岛素与基因工程
>
> 胰岛素是人体分泌的 51 个氨基酸组成的蛋白质，具有降低血糖的功能，常用于糖尿病的治疗，主要通过基因工程的方法制备。
>
> 中国胰岛素药物可分为三代，包括第一代的动物源胰岛素、第二代的重组人胰岛素及第三代的重组胰岛素类似物。1965 年，中国科学家成功合成牛结晶胰岛素，掌握了人

工合成动物源胰岛素的技术；之后，利用基因工程技术在中国仓鼠卵巢细胞或酵母中表达出高纯度的人胰岛素，掌握了第二代重组人胰岛素技术。目前，我国科学家不断研究创新，通过基因工程技术改变胰岛素链上某些部位的氨基酸，从而研制出更适合人体生理需要的胰岛素类似物，迫使国外进口的第三代胰岛素降价。技术创新不仅打破了国外技术垄断，还降低了胰岛素的价格，减轻了广大糖尿病患者的经济负担。

1. 生物制药　以重组 DNA 技术为基础的生物制药工业已经成为当今世界一项重大产业，目前有近 20 种具有生物活性的蛋白质、多肽产品，如干扰素，生长因子、白细胞介素、生长素、胰岛素、单克隆抗体以及乙型肝炎疫苗等产品已成功表达，并投入市场，进入临床应用，为相关疾病的预防、诊断、治疗开拓了良好前景。

2. 基因诊断　又称 DNA 诊断，是指依托于 DNA 重组技术，从 DNA 水平检测人类疾病的突变基因或病原体基因，从基因型诊断表现型的方法。

（1）遗传病的诊断：用 DNA 重组技术对基因组 DNA 进行分析，以判断某种遗传病是否存在基因缺陷，尤其是对隐性遗传病携带者做出诊断及产前诊断，预防有遗传病风险的胎儿出生。

（2）肿瘤的基因监测：用基因诊断技术检测癌基因、抑癌基因及肿瘤转移相关基因，为肿瘤发生、临床分型、治疗及预后提供资料。

（3）传染性疾病诊断：病原体都有特定的基因组 DNA，可根据其基因序列设计出特异引物，通过 PCR 检测特异的扩增带，对病原微生物进行检测、鉴定，用于临床诊断。

3. 基因治疗　是试图以正常外源基因替代矫正缺陷基因，调控缺陷基因的表达，从而治疗基因缺陷所致疾病，或治疗由于癌基因激活或抑癌基因失活所致肿瘤等疾病。

4. 基因预防　是用分子生物学技术，开展产前染色体诊断、隐性遗传病携带者测试、单基因紊乱症候前诊断及对遗传易感性基因的监测，达到诊断技术与治疗、预防结合，从根本上杜绝遗传性疾病的发生。

二、核酸杂交技术

互补的核苷酸序列（DNA-DNA、DNA-RNA、RNA-RNA 等）通过碱基配对形成非共价键，从而形成稳定的同源或异源双链分子的过程称为核酸杂交。这一技术可广泛用于遗传病的基因诊断、疾病的相关分析、基因连锁分析、性别分析和亲子鉴定等方面。

（一）探针

探针（probe）是标记有利于检测的特殊物的已知核酸序列的 DNA 或 RNA，用于互补核苷酸序列或基因序列的检测。理想的探针具有以下特点：①要加以标记，带有示踪物，便于杂交后检测，鉴定杂交分子；②应是单链，若为双链用前需先变性为单链；③具有高度特异性，只与靶核酸序列杂交；④探针长度一般是十几个碱基到几千个碱基不等，小片段探针较大片段探针杂交速率快，特异性强，但 15～30bp 的寡核苷酸探针，带有的标记物少，其灵敏度较低；⑤标记的探针应具有高灵敏度、稳定、标记方法简便、安全等。常用的探针标记物是放射性核素、地高辛、生物素或荧光染料。

（二）核酸杂交的基本方法

1. Southern 印迹杂交（Southern blot）　指 DNA 和 DNA 的杂交，是检测 DNA 的方法。

其原理是将经限制性内切酶消化和变性后电泳分离的待测 DNA 片段转印到一种固相支持物（硝酸纤维素膜）上，然后与标记的 DNA 探针杂交并显色（图 10-14）。

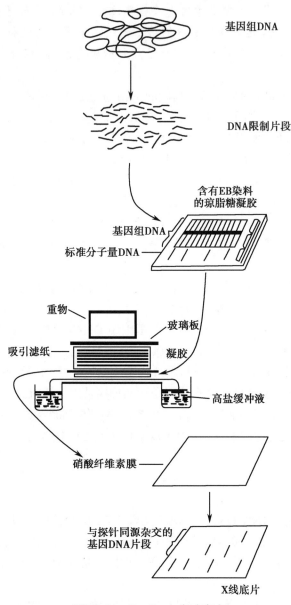

基因组DNA

DNA限制片段

含有EB染料的琼脂糖凝胶

基因组DNA

标准分子量DNA

重物

玻璃板

吸引滤纸

凝胶

高盐缓冲液

硝酸纤维素膜

与探针同源杂交的基因DNA片段

X线底片

图 10-14　Southern 印迹杂交

　　利用 Southern 印迹杂交技术可进行克隆基因的酶切图谱分析、基因组中特定基因的定性和定量、基因突变分析及限制性片段长度多态性（restriction fragment length polymorphism，RFLP）分析等，进而在分子克隆、遗传病诊断、法医学、肿瘤的基因水平研究和器官移植等方面发挥重要作用。

　　2. Northern 印迹杂交（Northern blot）　是指将待测 RNA 样品经电泳分离后转移到固相支持物上，然后与标记的核酸探针（通常是 DNA 探针）进行杂交，是检测 RNA（主要是mRNA）的方法。其基本原理和基本过程与 Southern 印迹杂交基本相同。

Northern 印迹杂交主要用于检测各种基因转录产物的大小、转录的量及其变化。

3. 斑点及狭缝印迹杂交　将 RNA 或 DNA 变性后直接点样于硝酸纤维素膜或尼龙膜上,再与探针杂交,称为斑点印迹(dot blot)。若采用狭缝点样器加样后杂交,其印迹为线状,称为狭缝印迹杂交。斑点印迹杂交具有简单、快速的优点,可在同一张膜上进行多个样品的检测。

斑点印迹杂交主要用于基因组中特定基因及其表达的定性及定量研究。

4. 原位杂交　核酸保持在细胞或组织切片中,经适当方法处理细胞或组织后,将标记的核酸探针与细胞或组织中的核酸进行杂交,称为原位杂交(in situ hybridization)。原位杂交不需要从组织或细胞中提取核酸,对组织中含量极低的靶序列有很高的灵敏度,并可完整地保持组织与细胞的形态,更能准确地反映组织细胞的相互关系及功能状态。

微课: 原位杂交

原位杂交主要应用于染色体数量突变和结构突变所致遗传病的诊断,如染色体增加或减少,染色体片段的缺失、增加。

案例分析

患者,女性,28 岁。孕 16 周 +3d。抽血检查,甲胎蛋白(α-fetoprotein, AFP)、β- 人绒毛膜促性腺激素(β-human chorionic gonadotropin, β-HCG)、游离雌三醇(unconjugated estriol, uE3)3 项指标均异常。行羊膜腔穿刺,抽取约 20mL 羊水,送遗传室检查。荧光原位杂交结果表明,送检样本细胞中存在 3 条 21 号染色体。

问题:

1. 胎儿是否健康,为什么?

2. 案例中使用的探针是否只能识别 21 号染色体?

案例解析

三、聚合酶链反应

聚合酶链反应(PCR)可将微量目的 DNA 片段大量扩增,具有高敏感、高特异、高产率、可重复以及快速简便等优点。它已迅速成为分子生物学研究中应用最为广泛的方法。

(一)PCR 的基本原理

PCR 技术的理论基础是 DNA 复制。即在体外,以拟扩增的 DNA 分子为模板,以人工合成的一对分别与模板 DNA 两条链的 3′- 末端和 5′- 末端相互补的寡核苷酸片段为引物,在 DNA 聚合酶的作用下,以脱氧核苷三磷酸(dNTPs)为原料,按照半保留复制的机制沿着模板链延伸,直至完成 DNA 新链合成。如此循环可将微量目的 DNA 片段扩增至 100 万倍以上(图 10-15)。

(二)PCR 的反应体系

组成 PCR 反应体系的基本成分包括模板 DNA、人工合成的特异性引物、耐热 DNA 聚合酶、dNTP 以及含有 Mg^{2+} 的缓冲液。

（三）PCR 基本反应过程

PCR 基本反应过程包括 3 个阶段：

1．变性　模板 DNA 一般在 95℃下变性，使 DNA 双螺旋解开形成单链 DNA。

2．退火　将反应温度降至 55℃，引物与模板 DNA 链按碱基配对规律相结合，即退火。由于加入的引物分子数远远超过模板的分子数，从而减少了 DNA 自身复性的概率。

3．延伸　将反应温度升至 72℃，在 DNA 聚合酶作用下，该酶催化 4 种 dNTPs 从引物的 3'- 端按 5' → 3' 方向延伸合成每条模板的互补链，完成一次循环，DNA 拷贝数增加一倍。

如此，按"变性 - 退火 - 延伸"循环反复进行，所产生的 DNA 以指数方式增加，按理论计算，进行 n 次循环，拷贝数就增加 2^n 倍，如经过 20 次循环，其理论拷贝数为 $2^{20} \approx 100$ 万个。

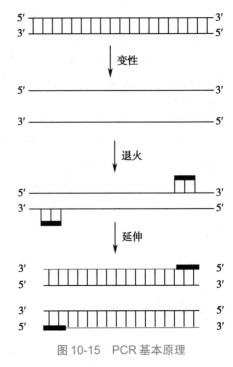

图 10-15　PCR 基本原理

（四）PCR 的应用

1．在传染病诊断中的应用　PCR 技术高度敏感，是 DNA 或 RNA 微量分析的最好方法，对于传染病病原体（如乙型肝炎、结核等疾病）核酸检测，采用 PCR 技术进行扩增较传统的微生物培养、血清学鉴定更为简便、快速。

2．在肿瘤基因监测中的应用　肿瘤的发生与多种癌基因的激活和抑癌基因的灭活有关。其遗传学分子基础主要是相关基因突变、重排、缺失和扩增等。PCR 技术为检测这些异常 DNA 提供了重要手段。

3．在遗传病诊断中的应用　临床上，因基因突变导致某一段 DNA 长度发生明显改变，可以通过扩增发生突变的 DNA 进行电泳，根据电泳条带的差异进行疾病的诊断，如地中海贫血、苯丙酮酸尿症、血友病、镰刀型贫血症等疾病。

4．在法医鉴定中的应用　从犯罪现场中获得的微量标本如血斑、头发、精液、唾液、细胞和尿等，应用 PCR 技术高效扩增样本中的微量核酸，再结合限制性片段长度多态性、基因测序等方法为法医学上个体鉴定、性别鉴定、亲子认定等工作提供了可靠的物证。

四、基因芯片技术

基因芯片（gene chip）也称为 DNA 微阵列，是指表面有序固定且高度密集排列序列明确核酸的微型支持物。基本原理是将大量已知寡核苷酸（探针）按特定的排列方式固化在固相支持物表面，按碱基互补配对的原则，与荧光标记的特异的核酸（待测样品）分子杂交形成双链，利用计算机读取杂交信号并进行分析，即可得出样品分子的数量和序列信息。基因芯片主要用于定性或定量测量存在于生物体内的核酸，该技术之所以可行的一个重要原理就是碱基之间的互补配对作用，以及互补的核苷酸单链间的杂交作用（图 10-16）。

微课：基因芯片

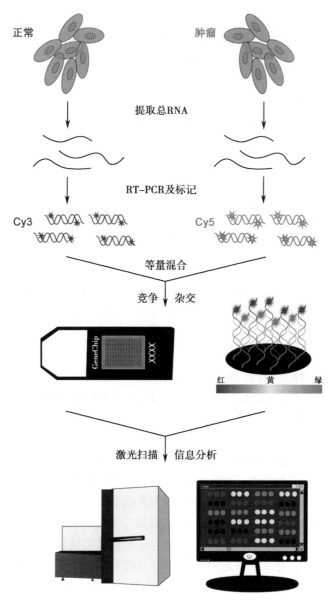

图 10-16　基因芯片原理示意图

（一）基因芯片与核酸杂交

基因芯片技术和传统的 Southern 杂交、Northern 杂交等技术一样，均基于核酸之间的互补结合特性开发，但是传统技术只能针对单个基因来分析，而微阵列技术则开启了高通量模式。基因芯片可同时分析大量的基因，高密度基因芯片在 $1cm^2$ 面积内排列 20 000 个基因用于分析，实现基因信息的大规模检测，解决了传统的核酸印迹杂交操作复杂、操作序列数量少等缺点。基因芯片技术的突出特点在于其高度的并行性、多样化、微型化和自动化。

（二）基因芯片的分类

基因芯片技术的分类方法很多，最常用的是按载体上所点探针的长度分为两种。

1. cDNA 芯片　由 Mark Schena 建立，是将特定的 cDNA 经 PCR 扩增后借助机械手直接点到基片上。

2. 寡核苷酸芯片　由 Stephen Fodor 首先报道,用照相平板印刷术和固相合成技术在基片上生成寡核苷酸,分为长寡核酸芯片和短寡核苷酸芯片,与 cDNA 芯片制作的一个主要不同点是多一步转录获得 cRNA 的过程。

(三)基因芯片在医学上的应用

1. 在临床诊断与检测中的应用　基因芯片所需样品和剂量极小,而且快速省时、无污染、诊断结果精确,又适合自动化操作,很适合疾病诊断与检测。目前,已将寡核苷酸微阵列应用于细菌性急性上呼吸道传染病、病毒性疾病、炎症、癌症、神经系统疾病等方面的诊断与检测。

2. 在寻找药物作用靶点中的应用　所谓"寻找药物作用靶点"是指在基因组范围内对 DNA 进行测序和基因表达分析,从蛋白质或核酸中找出最佳的药物作用靶点,进行药物筛选。

3. 在医学研究中其他方面的应用　基因芯片在医学研究中其他方面已有广泛应用,如遗传病的遗传机制研究及诊断、病原体及分型诊断、耐药性检测、药物筛选、各类实质性器官移植和骨髓移植中受体的配型、自身免疫病、毒理学研究等方面。

五、基因测序

基因测序也称为 DNA 测序,即核酸 DNA 分子一级结构的测定,是现代分子生物学一项重要的技术。目前应用的快速序列测定技术是 1977 年 Sanger 提出的双脱氧末端终止法和 Maxam-Gilbert 提出的化学降解法,以及具有高通量、自动化特点的二代测序。

(一)双脱氧末端终止法

双脱氧末端终止法(the chain termination method)是 Frederick Sanger 等在加减法测序的基础上发展而来的。其原理是:利用大肠杆菌 DNA 聚合酶Ⅰ,以单链 DNA 为模板,并以与模板事先结合的寡聚核苷酸为引物,根据碱基配对原则将脱氧核苷三磷酸(dNTP)底物的 5′- 磷酸基团与引物的 3′-OH 末端生成 3′,5′- 磷酸二酯键。通过这种磷酸二酯键的不断形成,新的互补 DNA 得以从 5′ → 3′ 延伸。Sanger 引入双脱氧核苷三磷酸(ddNTP)作为链终止剂。ddNTP 比普通 dNTP 在 3′ 位置缺少一个羟基(2′, 3′-ddNTP)(图 10-17),可以通过其 5′ 三磷酸基团掺入正在增长的 DNA 链中,但由于缺少 3′-OH,不能同后续的 dNTP 形成 3′,5′ 磷酸二酯键而终止。

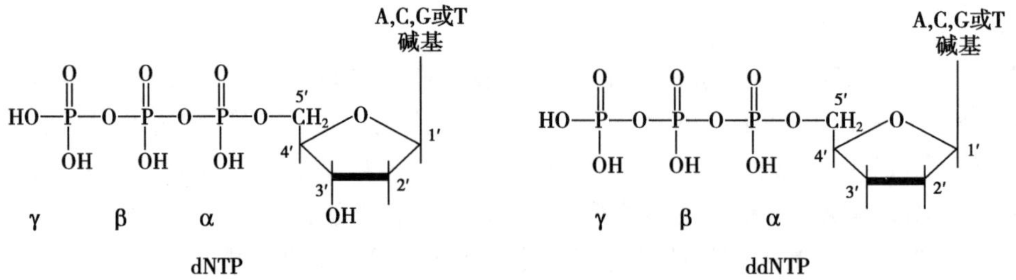

图 10-17　ddNTP 与 dNTP 的结构比较

这样,在 4 组独立的酶反应体系中,加入被同位素标记的引物和一种 ddNTP 碱基,每一组独立酶反应体系中的产物是一系列长度不等但 3′- 末端均以 ddNTP 结尾的 DNA 片段。

将产物进行聚丙烯酰胺凝胶电泳后,通过放射自显影显示电泳快慢。根据电泳快慢,从胶片上直接读取 DNA 的核酸序列(图 10-18)。

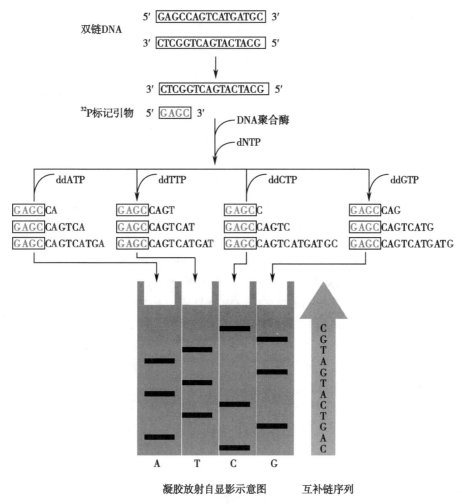

图 10-18　双脱氧末端终止法测序原理示意图

（二）Maxam-Gilbert 化学降解法

在双脱氧末端终止法发展的同时,1977 年 Alan Maxam 和 Walter Gilbert 等提出了化学降解法。将一个 DNA 片段的 5′- 端磷酸基作放射性标记,从共同起点(放射性标记末端)延续到发生终止化学降解的位点,分别采用不同的化学方法修饰和裂解特定碱基,从而产生一系列以特定碱基结尾的长度不一而 5′端被标记的 DNA 片段,这些片段群通过与双脱氧末端终止法类似的电泳、显影、读取等操作,同样测得 DNA 序列(图 10-19)。

（三）二代测序

随着科学的发展,传统的 Sanger 测序已经不能完全满足研究的需要。对模式生物进行基因组重测序,以及对一些非模式生物的基因组测序,都需要费用更低、通量更高、速度更快的测序技术。第二代测序技术(next-generation sequencing,NGS)应运而生。第二代测序技术的核心是边合成边测序(sequencing by synthesis),即通过捕捉新合成的末端的标

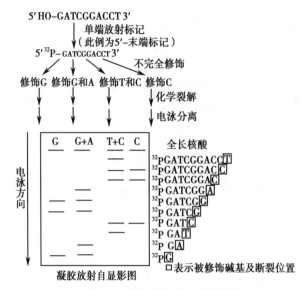

图 10-19　化学降解法测序原理示意图

记来确定 DNA 的序列。NGS 原理与链终止法测序原理相同,只是用不同的荧光色彩标记 ddNTP,如 ddATP 标记红色荧光,ddTTP 标记绿色荧光,ddCTP 标记蓝色荧光,ddCTP 标记黄色荧光。由于每种 ddNTP 带有各自特定的荧光颜色,当 DNA 聚合酶合成互补链时,每添加一种 ddNTP 就会释放出不同的荧光,通过电泳将各个荧光标记片段分开,同时激光检测器同步扫描,激发的荧光经光栅分光,以区分代表不同碱基信息的不同颜色的荧光,并在 CCD(charge-coupled device)摄像机上同步成像。一个样品的 4 个测序反应产物可在同一泳道内电泳,从而降低测序泳道间迁移率差异对精确性的影响。电脑可对电泳过程中的仪器运行情况进行同步检测,结果能以电泳图谱荧光吸收峰图或碱基排列顺序等多种方式输出(图 10-20)。

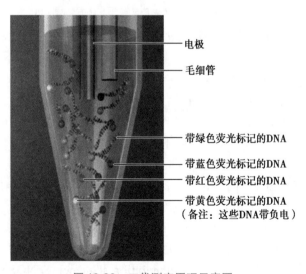

图 10-20　二代测序原理示意图

（四）基因测序在临床诊断和治疗中应用

1. 指导用药 基因测序是开展个体化治疗的基础，只有确定突变的癌基因，才能实施针对该基因的治疗方案。非小细胞肺癌患者易发生表皮生长因子受体（epidermal growth factor receptor，EGFR）基因突变，通过基因测序后确定发生了 EGFR 基因突变，就可以利用靶向药物治疗（如阿法替尼、厄洛替尼），以获得理想的疗效。

2. 疗效预测 赫赛汀（Herceptin）是一种抗人类表皮生长因子受体 2（human epidermal growth factor receptor-2，HER2）单克隆抗体，可选择性作用于 HER2，从而干扰癌细胞的生物学进程，抑制癌细胞的增生。临床上主要用于治疗转移性乳腺癌，以及手术后 HER2 阳性乳腺癌患者。研究发现，赫赛汀对 *PIB3CA* 基因突变人群的疗效欠佳。*PIK3CA* 基因突变检测可为乳腺癌患者的用药疗效预测提供参考依据。

3. 单核苷酸多态性（single nucleotide polymorphism，SNP） 是指在基因组水平上由于单个核苷酸位置上存在转换或颠换等变异所引起的 DNA 序列多态性。染色体的某个位点上存在单个碱基的变化如果在人群中的频率超过 1%，则认为是单核苷酸多态性。

人类的许多疾病如血友病、苯丙酮尿症等直接和 SNP 相关，还有许多疾病是多个 SNP 和环境因素共同作用导致的，SNP 进而决定人类疾病的易感性和药物反应的差异性。因此，SNP 在分子诊断临床检验、法医学、病原检测、遗传疾病和新药研发等方面具有重要价值。

4. 病原微生物鉴定 近年来，对于传染病，病原微生物基因组测序逐渐成为临床微生物领域的重要工具与手段。可以进行病原体快速鉴定（特别是对未知或者无法培养的病原），通过病原体基因组变异，研究病原体随时间的变异情况，有助于疫情起源追踪和疫情监测。常用的宏观基因组学测序策略是对检测标本的所有核酸进行测序，包含宿主和病原（包括细菌、病毒、真菌、寄生虫等），不需要对病原微生物基因组有先验知识，因此可以快速应答新发传染病威胁和突发传染性疫情的检测与监测。

积少成多

1. 限制性内切酶将目的 DNA 切开获得黏性末端，载体上多克隆位点是若干种酶切位点的聚集区，酶切后产生的黏性末端目的基因和载体可以互补配对。

2. 重组 DNA 技术包括"切、连、转、筛、表"5 个环节，利用重组 DNA 技术不仅可以进行生物制药还可以进行基因治疗。

3. 与探针进行杂交的核酸具有与探针互补的序列，即两者具有相同的基因，可用于染色体的检测。

4. PCR 反应包括变性、退火、延伸 3 个基本步骤，具有高效的扩展能力，医学上用于微量核酸的检测。

5. 基因芯片本质也是核酸杂交，因其具有高通量的特点，常用于基因筛选。

6. 基因测序方法有多种，基于双脱氧末端终止法的二代测序因具有高通量、自动化等特点广受欢迎。

理一理

核酸的生物合成
- DNA的生物合成
  - DNA的复制
    - 概念：以DNA为模板合成DNA的过程
    - 特点：前导链连续，后随链半不连续
    - 聚合酶：DNA聚合酶，具有校正功能
    - 过程：起始、延伸、终止
    - 冈崎片段：DNA聚合酶Ⅲ分段合成的DNA片段
    - DNA聚合酶Ⅰ：水解冈崎片段引物，合成DNA
    - 原料与产物：以dNTP为原料，DNA为产物
  - 逆转录
    - 概念：以RNA为模板合成DNA的过程
    - 聚合酶：逆转录酶，缺乏校正功能
    - 原料与产物：以dNTP为原料，cDNA为产物
  - DNA的损伤与修复
    - 损伤：DNA组成或结构的变化
    - 因素：体内和体外的因素均可导致
    - 方式：4种修复方式中切除修复为主
    - 结果：修复失败导致生物变异或死亡
- RNA的生物合成
  - 转录的模板与酶
    - 概念：以DNA为模板合成RNA的过程
    - 特点：不对称转录
    - 聚合酶：原核生物RNA聚合酶是5聚体
    - 原料与产物：NTP作为原料，RNA是产物
  - 转录的过程
    - 起始：RNA聚合酶的σ亚基识别转录起始点
    - 延伸：按照碱基互补配对合成RNA
    - 终止：依赖ρ因子和RNA发女结构终止
  - 转录后加工修饰
    - mRNA修饰：帽子结构和多聚A尾巴修饰
    - mRNA剪接：剪去内含子，连接外显子
    - tRNA：中间化学修饰产生稀有碱基。
    - rRNA：前体加工后生产3种小rRNA
- 核酸分子常用技术
  - DNA重组
    - 概念：异源DNA连接在一起形成新的DNA
    - 基因克隆：目的基因在宿主细胞内扩增
    - 限制性内切酶：识别并切割特异DNA的酶
    - 多克隆位点：若干种酶切位点的聚集区
    - 重组过程：主要包括"切、连、转、筛、表"环节
  - 核酸杂交
    - 概念：通过碱基互补配对形成杂交双链的过程
    - 探针：序列已知可以被标记的核苷酸
    - 应用：医学上主要用于染色体的检测
  - PCR技术
    - 概念：体外大量扩增目的DNA片段的技术
    - 过程：变性、退火、延伸
    - 应用：医学上可用于微量核酸的检测
  - 基因芯片
    - 概念：有序固定且密集排列已知核酸的微型支持物
    - 特点：高通量，即可以同时检测多种核酸
    - 应用：可用于各种基因的筛选
  - 基因测序
    - 分类：末端终止法、化学降解法、二代测序
    - 应用：二代测序原理同末端终止法，但费用低、高通量、自动化程度高，广泛应用

理一理

练一练

一、名词解释

1. 复制

2. 基因组

3. 逆转录

4. 转录组

5. DNA 损伤

6. 质粒

7. MCS

8. 探针

二、填空

1. 在 DNA 复制中，引物是＿＿＿＿＿，逆转录的引物通常是＿＿＿＿＿。

2. 复制的特点是＿＿＿＿＿，转录的特点是＿＿＿＿＿。

3. 冈崎片段的引物可被＿＿＿＿＿水解产生空隙，在＿＿＿＿＿的催化下合成新的 DNA 片段填充空隙。

4. RNA 聚合酶沿 DNA 模板链＿＿＿＿＿方向移动，RNA 链则按＿＿＿＿＿方向延长。

5. RNA 聚合酶具有＿＿＿＿＿亚基，具有识别转录起点功能的亚基是＿＿＿＿＿。

6. 转录终止有 2 种方式，一种是＿＿＿＿＿，另一种是＿＿＿＿＿。

三、简答

1. 比较复制和转录的异同。

2. 简述逆转录的过程。

3. 简述基因重组的基本过程。

思路解析

测一测

拓展阅读

（刘　超　杨曹骅）

第十一章　蛋白质的生物合成

1101

课件

科学发现

独立自主，自力更生，勇攀科学高峰
——中国人工合成牛胰岛素

　　牛胰岛素是由 21 个氨基酸组成的 A 链和 30 个氨基酸组成的 B 链通过两对二硫键连接形成的具有双链结构的蛋白质。20 世纪 50 年代，蛋白质的研究成为世界生物化学领域的热点。1959 年，由中国科学院上海生化所、上海有机所以及北京大学化学系组成的研究团队开展了"人工合成牛胰岛素"的研究。研究人员在生活艰苦、条件简陋的情况下经过短短数月的奋斗，就实现了天然胰岛素的折合，解决了人工合成牛胰岛素的第一个关键问题，随后成功合成了牛胰岛素的 A、B 肽链。1965 年 9 月，人工牛胰岛素成功合成。

　　1966 年 4 月，我国参与研究的科学家受邀参加华沙欧洲生化联合会议，并向全世界宣布这一伟大成果。人工牛胰岛素的合成，标志着人类在认识生命、探索生命奥秘的征途中迈出了关键性的一步，促进了生命科学的发展，开辟了人工合成蛋白质的时代。我国科学家怀着高度的使命感和强烈的民族责任心，无畏困难，勇于创新，成功合成了有活性的牛胰岛素，在我国基础研究，尤其在生物化学研究领域及世界医学发展史上具有巨大的意义和影响。

学前导语

　　蛋白质的生物合成是以 mRNA 为模板，在一系列分子参与下，以活化的氨基酸为原料合成蛋白质的过程。生物体通过基因表达调控对基因表达谱及表达量做出调整，从而适应生物在生长、发育的不同阶段对蛋白质种类和含量的需求，癌基因和抑癌基因就是调节细胞生长分化的基因。蛋白质芯片为蛋白质功能研究提供了新的方法，利用蛋白质芯片技术可对靶蛋白质进行定性和定量分析。

学习目标

　　辨析：3 种 RNA 的生物学功能差异；原核基因调控与真核基因调控的差异；癌基因与抑癌基因在调控细胞周期进程的差异。

　　概述：遗传密码的概念及特点、起始密码及终止密码；核糖体循环的概念及过程；

原核生物与真核生物核糖体的组成特点；氨基酸的活化过程及蛋白质生物合成的翻译过程；分子伴侣与信号序列的概念与作用。

说出：蛋白质新生肽链产物的后加工；解释抗生素的研制和临床应用。

学会：应用蛋白质的生物合成过程来解释抗生素的作用机制及临床应用。

培养：通过学习部分抗生素的抑菌机制与蛋白质合成代谢的关系，培养学生具有良好的科研思维，探究生命奥秘，加强基础知识与临床疾病的联系。

第一节 蛋白质生物合成

蛋白质的生物合成过程也称作"翻译"，是中心法则的最后一个环节。其本质是将mRNA分子中的4种核苷酸序列编码的遗传信息（核酸语言），解读为蛋白质一级结构中20种氨基酸的排列顺序（蛋白质语言）。蛋白质的生物合成过程发生在细胞质内，原核生物在转录mRNA过程的同时进行翻译过程，而真核生物转录生成的mRNA必须穿出细胞核膜进入细胞质才能进行翻译过程。蛋白质的生物合成过程主要包括起始、延长和终止3个阶段。新合成的蛋白质多肽链通常不具备生物活性，需经过各种加工、修饰并折叠为正确的三维构象，然后靶向运输至合适的亚细胞部位才能行使其功能。

蛋白质的生物合成是细胞内最为复杂的活动之一，它是一个涉及数百种分子参与的复杂耗能过程，所消耗的能量占细胞内所有生物合成反应总耗能的90%，生命体的多种生命活动如生长发育、对环境的适应及组织修复等，都与蛋白质的生物合成有关，很多药物就是通过干扰抑制病菌的翻译过程而发挥作用。

一、蛋白质生物合成体系

参与蛋白质生物合成的物质包括原料氨基酸、模板mRNA、特异的"搬运工"tRNA、蛋白质合成的装配场所核糖体，以及有关的酶与蛋白质因子、ATP或GTP、无机离子等。

（一）mRNA与遗传密码

mRNA是蛋白质生物合成的直接模板。模板mRNA的分子中具有"模板"作用的部分序列称为开放阅读框（open reading frame，ORF），位于开放阅读框两侧的结构分别称为5′-端非翻译区和3′-端非翻译区。

模板mRNA分子中，沿着5′ → 3′方向，开放阅读框中每3个相邻核苷酸为一组，在蛋白质合成时代表一种氨基酸或肽链合成起始、终止信息，称为密码子（codon）或三联体密码（triplet code）。构成mRNA的4种核苷酸经排列组合后可以产生64个密码子（表11-1），其中61个可编码作为蛋白质合成原料的20种基本氨基酸，3个为终止密码子（UAA、UAG、UGA），不编码任何氨基酸，只作为多肽链合成的终止信号。密码子AUG除代表甲硫氨酸外，还是肽链合成的起始信号，故AUG又被称为起始密码子。

遗传密码具有以下重要特点：

1. 方向性 组成密码子的核苷酸在mRNA中的排列是有一定方向的。蛋白质翻译过程中，从起始密码子开始，沿着mRNA 5′-端至3′-端方向逐一阅读，直至出现终止密码子为止，与此相应多肽链的合成从氨基端（N-端）向羧基端（C-端）延伸。mRNA阅读框5′-端至3′-端的核苷酸方向决定了多肽链的合成方向是从N-端到C-端的氨基酸排列顺序（图11-1A）。

表 11-1　遗传密码表

第1位核苷酸(5′-端)	第2位核苷酸				第3位核苷酸(3′-端)
	U	C	A	G	
U	苯丙氨酸	丝氨酸	酪氨酸	半胱氨酸	U
	苯丙氨酸	丝氨酸	酪氨酸	半胱氨酸	C
	亮氨酸	丝氨酸	终止密码子	终止密码子	A
	亮氨酸	丝氨酸	终止密码子	色氨酸	G
C	亮氨酸	脯氨酸	组氨酸	精氨酸	U
	亮氨酸	脯氨酸	组氨酸	精氨酸	C
	亮氨酸	脯氨酸	谷氨酰胺	精氨酸	A
	亮氨酸	脯氨酸	谷氨酰胺	精氨酸	G
A	异亮氨酸	苏氨酸	天冬酰胺	丝氨酸	U
	异亮氨酸	苏氨酸	天冬酰胺	丝氨酸	C
	异亮氨酸	苏氨酸	赖氨酸	精氨酸	A
	甲硫氨酸*	苏氨酸	赖氨酸	精氨酸	G
G	缬氨酸	丙氨酸	天冬氨酸	甘氨酸	U
	缬氨酸	丙氨酸	天冬氨酸	甘氨酸	C
	缬氨酸	丙氨酸	谷氨酸	甘氨酸	A
	缬氨酸	丙氨酸	谷氨酸	甘氨酸	G

*：位于 mRNA 起始部位的 AUG 为肽链合成的起始信号。原核生物的 mRNA 中起始 AUG 代表甲酰甲硫氨酸，真核生物的起始 AUG 代表甲硫氨酸。

2．连续性　mRNA 的密码子之间没有间隔核苷酸，即从起始密码子 AUG 开始，密码子沿着 mRNA 5′-端开始向 3′-端方向阅读，直至终止密码子出现，这种现象称为密码子的连续性。因为密码子的连续性，开放阅读框架中如果插入或缺失非 3 的倍数的核苷酸，会引起 mRNA 可读框发生移动，称为移码（frame shift）。移码导致后续的氨基酸编码序列改变，从而引起编码的蛋白质彻底丧失或改变原有功能，称为移码突变（frameshift mutation）（图 11-1B）。若连续插入或缺失 3 个核苷酸，则只会在多肽链产物中增加或缺失 1 个氨基酸残基，但不会导致可读框移位。

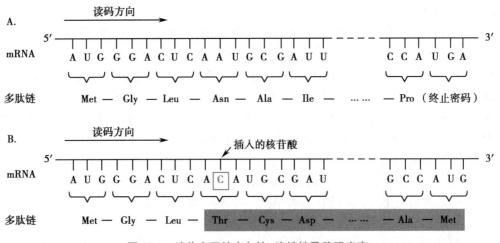

图 11-1　遗传密码的方向性、连续性及移码突变

A．氨基酸的排列顺序对应于 mRNA 中密码子的排列顺序；B．核苷酸插入导致移码突变。

3. 简并性　64 个密码子中只有 61 个编码氨基酸,而氨基酸有 20 多种,因此出现了 2 个或 2 个以上密码子编码同一种氨基酸的现象,称作密码子的简并性(degeneracy)。例如,UUU、UUC 都是编码苯丙氨酸的密码子,UCU、UCC、UCA、UCG、AGU 和 AGC 都是编码丝氨酸的密码子。编码同一种氨基酸的各密码子称为简并性密码子,也称为同义密码子。多数情况下,同义密码子的前两位碱基相同,仅第 3 位碱基有差异,即密码子的特异性主要由前两位核苷酸决定,如苏氨酸的密码子是 ACU、ACC、ACA、ACG。这意味着密码子第 3 位核苷酸的改变往往不改变其编码的氨基酸,合成的蛋白质具有相同的一级结构。这种密码子的简并性对于减少基因突变对蛋白质功能的影响,具有一定的生物学意义。

微课:分子病

案例分析

　　患者,女性,29 岁。近半个月余出现身体疲乏疼痛、呼吸困难并伴有发热症状,否认近期有外伤和过度运动,否认过去有类似疼痛发作。体格检查发现:黄疸,心脏有杂音,心率增快。实验室检查:血液中血红蛋白(Hb)含量为 82g/L;红细胞数量减少,形态呈梭形或月牙形。

　　问题:
　　1. 结合本章知识,说一说该患者可能患有哪种疾病?
　　2. 说一说该病发生的生化机制。

案例解析

　　4. 摆动性　mRNA 上的密码子(第 3 位碱基)与 tRNA 上的反密码子(第 1 位碱基)反向平行配对时,有时并不严格遵循碱基配对原则,出现摆动性,称为摆动配对。例如,反密码子中第 1 位碱基常出现次黄嘌呤(I),它与密码子第 3 位的 A、C、U 均可形成氢键而结合,但是反密码子中第 2、3 位碱基与密码子第 2、1 位碱基的配对却是非常严格的。密码子的摆动性能使一种 tRNA 识别 mRNA 的多种简并性密码子。

　　5. 通用性　遗传密码具有通用性,从病毒、细菌到人类都几乎使用同一套遗传密码。遗传密码的通用性进一步为地球上的生物来自同一起源的进化论提供了有力证据,也使得利用细菌等生物来制造人类蛋白质成为可能。但是,在某些动物细胞的线粒体及植物细胞的叶绿体中,遗传密码的通用性存在某些例外。例如在哺乳动物线粒体内,UGA 除了代表终止信号外,也代表色氨酸;AUA 不再代表异亮氨酸,而是作为甲硫氨酸的密码子。

　　(二) tRNA 与氨基酰 -tRNA

　　作为蛋白质合成原料的 20 种氨基酸,翻译时由其各自特定的 tRNA 负责转运至核糖体。tRNA 通过其特异的反密码子与 mRNA 上的密码子相互配对,将其携带的氨基酸在核糖体上准确"对号入座"。目前已经发现的 tRNA 多达数十种,每一种氨基酸可由 2~6 种 tRNA 特异结合(与密码子的简并性相适应),但每一种 tRNA 只能特异地转运某一种特定的氨基酸。通常在 tRNA 的右上角标注氨基酸的英文缩写,以代表其特异转运的氨基酸,如

tRNA^{Tyr} 表示这是一种特异转运酪氨酸的 tRNA。

tRNA 上有两个重要功能部位：一个是 3'- 末端的氨基酸臂，该结构是 tRNA 的氨基酸臂的 -CCA 末端的腺苷酸 3'-OH；另一个是 mRNA 结合部位，与 mRNA 结合的部位是 tRNA 反密码环上的反密码子。参与肽链合成的氨基酸首先与相应的 -tRNA 结合形成各种氨基酰 -tRNA，再运载到核糖体，通过其反密码子与 mRNA 中对应的密码子互补结合，从而按照 mRNA 的密码顺序依次转入氨基酸形成多肽链。

（三）rRNA 与核糖体

合成肽链时，mRNA 与 tRNA 的相互识别、肽键形成、肽链延长等过程全部在核糖体上完成。核糖体又称核蛋白体，是由 rRNA 与多种蛋白质共同构成的超分子复合体，是一个类似于移动的多肽链"装配厂"，沿着模板 mRNA 链从 5' → 3' 方向移动。核糖体由大、小两个亚基组成。小亚基上除有结合模板 mRNA 的位点外，还存在 3 个接受和释放 tRNA 的位点，如接受氨基酰 -tRNA 的"受位"（或称氨基酰位，amino-acyl site，A 位）、结合肽酰 -tRNA 的"给位"（或称肽酰位，peptidyl site，P 位）以及释放不含氨基酸的 tRNA 的"空位"（或称出口位，exit site，E 位）。原核生物和真核生物的核糖体上均存在 A 位、P 位和 E 位这 3 个重要的功能部位（图 11-2）。

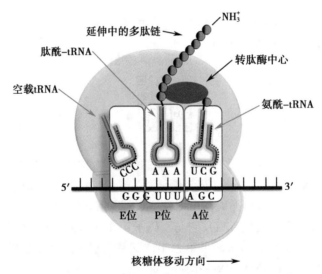

图 11-2 核糖体在翻译过程中的功能部位

（四）蛋白质生物合成的重要酶类

1. 氨基酰 -tRNA 合成酶 具有绝对特异性，在细胞液内 ATP 存在时，催化氨基酸活化以及与相应的 tRNA 识别结合。在细胞液内有 20 种以上的氨基酰 -tRNA 合成酶，这些酶的绝对特异性是保证蛋白质生物合成准确性的关键因素。

2. 转肽酶 是核糖体大亚基的组分，其作用是使"P 位"上肽酰 -tRNA 的肽酰基转移到"A 位"氨基酰 -tRNA 的氨基上，催化肽酰基与氨基缩合形成肽键。

3. 转位酶 催化核糖体沿着模板 mRNA 链从 5' → 3' 方向移动一个密码子的距离，使下一个密码子定位于"A 位"。

（五）其他因子

蛋白质生物合成需要由 ATP 或 GTP 供能，需要 Mg^{2+}、肽酰转移酶、氨酰 -tRNA 合成酶等多种分子参与反应。此外，起始、延长及终止各阶段还需要多种因子参与。①起始因子（initiation factor，IF）：原核生物和真核生物的起始因子分别用 IF 和 eIF 表示；②延长因子（elongation factor，EF）：原核生物和真核生物的延长因子分别用 EF 和 eEF 表示；③终止因子（release factor，RF，又称释放因子）：原核生物和真核生物的终止因子分别用 RF 和 eRF 表示。

二、蛋白质生物合成的过程

蛋白质生物合成过程是从 mRNA 链的起始密码子 AUG 开始沿着 $5' \to 3'$ 方向逐一读码，直到出现终止密码子，合成的肽链从起始甲硫氨酸开始，从 N 端到 C 端延长，直至终止密码子前一位密码子所编码的氨基酸。

（一）氨基酸的活化

参与肽链合成的氨基酸需要与相应的 tRNA 结合，形成各种氨基酰 -tRNA。该过程是由氨基酰 -tRNA 合成酶（aminoacyl-tRNA synthetase）所催化的耗能反应。氨基酸与特异的 tRNA 结合形成氨基酰 -tRNA 的过程称为氨基酸的活化。

mRNA 密码子与 tRNA 反密码子间的识别主要由 tRNA 决定，而与氨基酸无关，"搭错车"的氨基酸将依据 tRNA 的种类进入多肽链导致合成出错，因此氨基酸与 tRNA 连接的准确性是正确合成蛋白质的关键。氨基酸与 tRNA 连接的准确性由氨基酰 -tRNA 合成酶决定。该酶对底物氨基酸和 tRNA 都具有高度特异性。目前发现，氨基酰 -tRNA 合成酶至少有 23 种，分别与组成蛋白质的各种氨基酸一一对应，并能准确识别相应的 tRNA。在组成蛋白质的常见 20 种氨基酸中，除了赖氨酸有两种氨基酰 -tRNA 合成酶与其对应，其他氨基酸各自对应一种氨基酰 -tRNA 合成酶，另外还有识别磷酸化丝氨酸和吡咯酪氨酸的氨基酰 -tRNA 合成酶。

每个氨基酸活化为氨基酰 -tRNA 时需消耗 2 个来自 ATP 的高能磷酸键，其总反应式如下：

$$\text{氨基酸} + \text{tRNA} + \text{ATP} \xrightarrow{\text{氨基酰 -tRNA 合成酶}} \text{氨基酰 -tRNA} + \text{AMP} + \text{PPi}$$

氨基酰 -tRNA 合成酶所催化反应的主要步骤包括：①氨基酰 -tRNA 合成酶催化 ATP 分解为焦磷酸与 AMP；②AMP、酶、氨基酸三者结合为中间复合体（氨基酰 -AMP- 酶），其中氨基酸的羧基与磷酸腺苷的磷酸以酐键结合，形成相应的氨基酰 -tRNA，AMP 以游离方式释放出来。

活化后的氨基酸用前缀氨基酸三字母代号表示，例如 Lys-tRNA^Lys 代表 tRNA^Lys 的氨基酸臂上已经结合酪氨酸。

原核生物中起始氨基酰 -tRNA 需要甲酰化，即甲酰甲硫氨酰 -tRNA。真核生物中起始氨基酰 -tRNA 不需要甲酰化，即甲硫氨酰 -tRNA。

此外，氨基酰 -tRNA 合成酶还有校对活性，其能将错误结合的氨基酸水解释放，再替换上正确的氨基酸，以校正合成过程中的错配，从而保证氨基酸和 tRNA 结合反应的误差小于 10^{-4}。

（二）肽链合成——核糖体循环

蛋白质生物合成的早期研究中，原核生物大肠埃希菌蛋白质生物合成过程研究得较为清楚。真核生物的肽链合成过程与原核生物的肽链合成过程基本相似，只是反应更复杂，涉及的蛋白质因子更多。原核生物多肽链的合成过程包括起始、延长、终止 3 个阶段。这 3 个阶段都发生在核糖体上，所以也将核糖体上缩合多肽链的过程称为广义上的核糖体循环。

1. 起始　指核糖体大小亚基、模板 mRNA 以及具有起始作用的甲酰甲硫氨酰 -tRNA 组装成翻译起始复合物（translation initiation complex）的过程。此过程需要 GTP、3 种 IF 和 Mg^{2+} 的参与。

（1）核糖体大小亚基的分离：在起始因子（IF）帮助下，核糖体大小亚基发生分离，为结合 mRNA 和甲酰甲硫氨酰 -tRNA 做好准备。IF 的作用是稳定大、小亚基的分离状态，如没有 IF 存在，大、小亚基极易重新聚合。

（2）mRNA 在小亚基定位结合：小亚基与 mRNA 结合时，可准确识别可阅读框的起始密码子 AUG，而不会结合内部 AUG，从而准确地翻译出所编码的多肽链。保证这一结合准确性的机制是：mRNA 起始密码子 AUG 上游存在一段被称为核糖体结合位点（ribosome-binding site, RBS）的序列。该序列距 AUG 上游约 10 个核苷酸，通常为 -AGGAGG-（也称 shine-dalgarno 序列，S-D 序列），可被 16SrRNA 通过碱基互补而精确识别，从而将核糖体小亚基准确定位于 mRNA。

（3）起始氨酰 -tRNA 的结合：在 IF-2、GTP 和 Mg^{2+} 的参与下，甲酰甲硫氨酰 -tRNA 识别并以氢键定位结合于小亚基 P 位的 mRNA 序列上的起始密码子 AUG，这一过程促进 mRNA 的准确就位。此时，A 位被 IF-1 占据，不与任何氨酰 -tRNA 结合。

（4）核糖体大亚基结合：核糖体小亚基、mRNA 和甲酰甲硫氨酰 -tRNA 结合完成后，继续与核糖体大亚基结合，同时 IF-2 结合的 GTP 水解释能，促使 3 种 IF 释放，形成有完整核糖体、mRNA 和甲酰甲硫氨酰 -tRNA 三者共同组成的翻译起始复合物。此时，核糖体大亚基的 P 位结合起始密码子 AUG 相对应的甲酰甲硫氨酰 -tRNA，而 A 位空置，对应 mRNA 上 AUG 后的下一组密码子，为相应的氨基酰 -tRNA 进入做好准备。

2. 延长　在起始复合物的基础上，核糖体沿着 mRNA 的 5' 端向 3' 端方向移动，依据密码子的排列顺序逐个翻译氨基酸，并且由 N 端向 C 端合成多肽链。肽链上每增加一个氨基酸残基，都要经过一轮"进位—成肽—转位"过程。这个过程除 3 种 RNA 以外，还需要多种延长因子和 GTP。

（1）进位：也称为注册，是指根据 mRNA 的指导，相应的氨基酰 -tRNA 识别 mRNA 上的密码子进入并结合到核糖体 A 位的过程。翻译起始复合物的 A 是空置的，并对应可阅读框的第二个密码子，进入 A 位的氨酰 -tRNA 的种类即由该密码子决定，相应的氨基酰 -tRNA 通过其上的反密码子与该密码子配对进入 A 位。这一过程需要延长因子 EF-T、GTP 和 Mg^{2+} 的参与。

核糖体对氨酰 -tRNA 的进位有校正作用。肽链生物合成以很高的速度进行，延长阶段的每一过程都有时限。在此时限内，只有正确的氨酰 -tRNA 能迅速发生反密码子 - 密码子互补配对而进入 A 位。反之，错误的氨酰 -tRNA 因反密码子 - 密码子不能配对结合而从 A 位解离。这是维持肽链生物合成的高度保真性机制之一。

（2）成肽：指核糖体 A 位和 P 位上的 tRNA 所携带的氨基酸缩合成肽的过程。在起始复合物中，P 位上的起始 tRNA 所携带的甲酰甲硫氨酸与 A 位上新进位的氨酰 -tRNA 的 α- 氨基缩合形成二肽。第一个肽键形成后，二肽酰 -tRNA 占据核糖体 A 位，而卸载了氨基酸的 tRNA 仍在 P 位。成肽过程由肽酰转移酶（peptidyl transferase）催化，该酶的化学本质不是蛋白质，而是 RNA，因此肽酰转移酶是一种核酶（ribozyme）。该过程需要 Mg^{2+}、K^+ 的参与。

（3）转位：也称为移位，是指在核糖体大亚基转位酶的催化下，核糖体沿 mRNA 向 3′ 端移动一个密码子的距离，进而阅读下一个密码子的过程。转位的结果是：①P 位上的 tRNA 所携带的氨基酸或肽在成肽后交给 A 位上的氨基酸，P 位上卸载的 tRNA 转入后进入 E 位，进而从核糖体上脱落；②成肽后位于 A 位的肽酰 -tRNA 向前移动到 P 位；③A 位得以空出，且准确定位在 mRNA 的下一个密码子，为下一个氨基酰 -tRNA 的进位作好准备。

经过第二轮的"进位—成肽—转位"过程，P 位上出现三肽酰 -tRNA，A 位空置并对应第 4 个氨基酰 -tRNA 进位。重复此过程，则有四肽酰 -tRNA、五肽酰 -tRNA 等陆续出现于核糖体 P 位，A 位空闲，接受下一个氨酰 -tRNA 进位。这样，核糖体从 mRNA 的 5′ 端向 3′ 端移动阅读密码子，"进位—成肽—转位"过程循环进行，每循环一次向肽链的 C- 端添加一个氨基酸残基，肽链沿着 N 端向 C 端的方向不断延长。

在肽链的延长阶段，每生成 1 个肽键，都需要水解 2 分子 GTP（进位和转位各 1 分子）获取能量，即消耗 2 个高能磷酸键。若出现错误的氨基酸进入肽链，同样也需要消耗能量来水解清除；此外，氨基酸活化为氨酰 -tRNA 时需要消耗 2 个高能磷酸键。因此在蛋白质合成过程中，每生成 1 个肽键，至少需要消耗 4 个高能磷酸键。

3. 终止　肽链上每增加 1 个氨基酸残基，都需要经历一次"进位—成肽—转位"过程，如此往复，直到核糖体移至 A 位出现 mRNA 的终止密码（UAA，UAG，UGA）时，此时不能被任何一个氨基酰 -tRNA 所识别进位，只有释放因子（RF）能予以辨认并进入 A 位。RF 的结合可诱发核糖体构象改变，将肽酰转移酶转变为酯酶，水解 P 位上肽酰 -tRNA 中肽链与 tRNA 之间是酯键，新生肽链随之释放，同时 mRNA、tRNA 及 RF 从核糖体脱落，核糖体大小亚基分离。mRNA 模板、各种蛋白因子及其他组分都可被重新利用。

无论在原核细胞还是真核细胞内，1 条 mRNA 模板链上都可附着 10～100 个核糖体。这些核糖体依次结合起始密码子并沿着 mRNA 5′ → 3′ 方向移动，同时进行同一条肽链的合成。多个核糖体结合在 1 条 mRNA 模板链上所形成的聚合物称为多聚核糖体（polyribosome）。多聚核糖体的形成可以使肽链高速度、高效率地进行（图 11-3）。

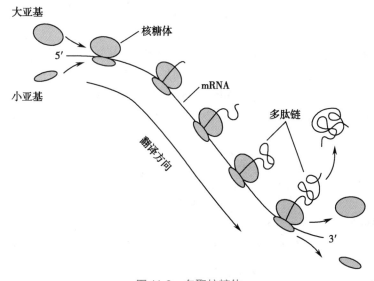

图 11-3　多聚核糖体

（三）翻译后的加工

从核糖体上释放的新生多肽链还不具备生物活性，它们必须经过复杂的加工和修饰才能转变成具有天然构象的功能蛋白质，这一过程称为翻译后的加工修饰（post-translational processing）。常见的加工修饰方式包括多肽链的折叠、一些肽段的切除、一级结构的修饰、辅助因子的结合、亚基的聚合等。蛋白质合成后还需要被输送到合适的亚细胞部位才能行使各自的生物学功能。有的蛋白质驻留于细胞质，有的被运输到细胞器或镶嵌入细胞膜，还有的被分泌到细胞外。蛋白质合成后在细胞内被定向输送到其发挥作用部位的过程称为蛋白质的靶向输送（protein targeting）或蛋白质分拣（protein sorting）。

1. 新生肽链的折叠　新生的多肽链有许多疏水基团暴露在外，具有分子内或分子间聚集的倾向，使蛋白质不能形成正确的空间构象。这种结构混乱的肽链聚集体产生过多会对细胞有致命的影响。细胞中大多数天然蛋白质折叠并不是自发完成的，其折叠过程需要其他酶或蛋白质的辅助，这些辅助性蛋白质可以指导新生肽链按照特定方式正确折叠，它们被称为分子伴侣（molecular chaperone）。目前研究的比较清楚的是热激蛋白70（heat shock protein 70，Hsp70）家族和伴侣蛋白（chaperonin）。此外，一些蛋白质形成正确空间构象还需要异构酶（isomerase）的参与。已发现两种异构酶可以帮助细胞内新生肽链折叠为功能蛋白质：一种是蛋白质二硫键异构酶（protein disulfide isomerase，PDI），它可以帮助肽链内或肽链间二硫键的正确形成；另一种是肽脯氨基酰顺 - 反异构酶（peptide prolyl cis-trans isomerase，PPI），它可以使肽链在各脯氨酸残基弯折处形成正确折叠。这些都是蛋白质形成正确空间构象和发挥功能的必要条件。

2. 肽链水解加工　新生肽链的水解是肽链加工的重要形式。新生肽链 N- 端的甲硫氨酸残基，在肽链离开核糖体后，大部分即由特异的蛋白水解酶切除。原核细胞中约半数成熟蛋白质的 N- 端经脱甲酰基酶切除 N- 甲酰基而保留甲硫氨酸，另一部分被氨基肽酶水解而去除 N- 甲酰甲硫氨酸。真核细胞分泌蛋白质和跨膜蛋白质的前体分子的 N- 端都含有信号肽（signal peptide）序列，由 13～36 个氨基酸残基组成，在蛋白质成熟过程中需要被切除。有些情况下，C- 端的氨基酸残基也需要被酶切除，从而使蛋白质呈现特定功能。另外，还有许多蛋白质在初合成时是分子量较大的没有活性的前体分子，如胰岛素原、胰蛋白酶原等。这些前体分子也需经过水解作用切除部分肽段，才能成为有活性的蛋白质分子或功能肽。

3. 氨基酸残基的化学修饰　直接参与肽链合成的氨基酸约有 20 种，合成后某些氨基酸残基的侧链基团发生化学修饰，这样就显著增加了肽链中的氨基酸种类。已发现蛋白质中存在 100 多种修饰性氨基酸。这些修饰可改变蛋白质的溶解度、稳定性、亚细胞定位以及细胞中其他蛋白质的相互作用等，从而使蛋白质的功能具有多样性（表 11-2）。

表 11-2　体内常见的蛋白质化学修饰

化学修饰类型	被修饰的氨基酸残基
磷酸化	丝氨酸、苏氨酸、酪氨酸
N- 糖基化	天冬酰胺
O- 糖基化	丝氨酸、苏氨酸
羟基化	脯氨酸、赖氨酸

化学修饰类型	被修饰的氨基酸残基
甲基化	赖氨酸、精氨酸、组氨酸、天冬酰胺、天冬氨酸、谷氨酸
乙酰化	赖氨酸、丝氨酸
硒化	半胱氨酸

4. 亚基的聚合　在生物体内，许多具有特定功能的蛋白质由 2 条以上肽链构成，各肽链之间通过非共价键或二硫键维持一定空间构象，有些还需与辅基聚合才能形成具有活性的蛋白质。由 2 条以上肽链构成的蛋白质，在亚基相互聚合时所需要的信息蕴藏在肽链的氨基酸序列之中，而且这种聚合过程往往又有一定顺序，前一步骤的聚合往往促进后一步骤的进行。例如，成人血红蛋白由 2 条 α 链、2 条 β 链及 4 个血红素分子组成。α 链合成后从核糖体自行脱落，与尚未从核糖体释放的 β 链相结合，将 β 链带离核糖体，形成游离的 αβ 二聚体。此二聚体再与线粒体内生成的 2 个血红素相结合，最后才形成一个由 4 条肽链（$\alpha_2\beta_2$）和 4 个血红素构成的有功能的血红蛋白分子。

5. 翻译后的靶向输送　蛋白质在细胞质合成后，还必须被靶向输送至其发挥功能的亚细胞区域，或分泌到细胞外。所有需靶向输送的蛋白质，其一级结构都存在分拣信号，可引导蛋白质转移到细胞的特定部位。这类分拣信号又称为信号序列（signal sequence），是决定蛋白质靶向输送特性的最重要结构。有的信号序列存在于肽链的 N- 端，有的存在于 C- 端，有的在肽链内部；有的输送完成后切除，有的保留。现代生物信息学技术可通过基因的结构推测其编码的蛋白质在细胞内的可能定位（表 11-3）。

表 11-3　蛋白质的亚细胞定位分拣信号

蛋白质种类	信号序列	结构特点
分泌蛋白质和膜蛋白质	信号肽	由 13～36 个氨基酸残基组成，位于新生肽链 N- 端
核蛋白质	核定位序列	由 4～8 个氨基酸残基组成，通常包含连续的碱性氨基酸（Arg 或 Lys）
内质网蛋白质	内质网滞留信号	肽链 C- 端的 Lys-Asp-Glu-Leu 序列
核基因组编码的线粒体蛋白质	线粒体前导肽	由 20～35 个氨基酸残基组成，位于新生肽链 N- 端
溶酶体蛋白质	溶酶体靶向信号	甘露糖 -6- 磷酸（Man-6-P）

积少成多

1. mRNA 是蛋白质合成的直接模板，tRNA 是氨基酸的转运工具，核糖体是蛋白质的加工场所。

2. 密码子共有 64 个，其中 61 个编码氨基酸，1 个起始密码子（AUG），3 个终止密码子（UAA、UAG、UGA）。

3. 密码子具有方向性、连续性、简并性、摆动性和通用性等特点。

4. 蛋白质生物合成过程包括氨基酸的活化、核糖体循环和翻译后的加工修饰 3 个过程。

5. 核糖体循环包括起始、延长、终止 3 个阶段。其中，在延长阶段，多肽链每添加一个氨基酸残基都要重复一次"进位—成肽—转位"的过程。

第二节　基因表达调控

原核生物和真核生物体系在基因结构及细胞结构的差异使得它们的基因表达方式有所差异。原核细胞没有细胞核，DNA 所携带的遗传信息转录和翻译发生在同一空间，并以偶联的方式进行。真核细胞具有细胞核，使得转录和翻译在时空上表现出特异性。但是，原核生物和真核生物的基因表达都遵循一些共同的规律。

1957 年，Francis Harry Compton Crick 揭示了遗传信息从 DNA 传递蛋白质的规律——中心法则后，科学家们一直在探索究竟何种机制调控着遗传信息的传递。最早发现的基因表达调控系统是乳糖操纵子（lac operon）学说，它是 1961 年 Francois Jacob 和 Jacpues Lucien Monod 在研究大肠埃希菌乳糖代谢的调节机制时提出的，由此开创了基因表达调控研究的新纪元。基因在特定组织、特定时间的表达是如何被调控的，一直是分子生物学的研究重点。人们通过基因表达调控研究了解到人体如何从一个受精卵及其具有的一套遗传基因组，最终形成具有不同形态和功能的多组织、多器官的个体。因此，了解基因表达调控是揭示生命奥秘和指导临床实践不可或缺的重要内容。

一、基因表达调控概述

（一）基因表达调控的概念

基因表达（gene expression）即基因转录及翻译的过程，是基因所携带的遗传信息表现为表型的过程，包括基因转录成 mRNA 和 mRNA 翻译成多肽链，并装配加工成最终蛋白质产物的过程。基因表达过程的任一环节，包括基因激活、转录水平、转录后水平、翻译水平及翻译后水平都可以被调控。

（二）基因表达调控的原理

原核细胞或真核细胞同时表达的基因只占基因组的一小部分，而且这些基因表达的水平高低差异很大。有些基因表达较少受环境的影响，在一个生物体的几乎所有细胞中持续表达，称作管家基因（house keeping gene）；另一些基因表达极易受环境的影响，称作奢侈基因（luxury gene）。其中，在特定环境信号的刺激下，相应基因被激活，使表达产物增加的基因称作可诱导基因；相反，对环境信号应答时被抑制表达的基因称作可阻遏基因。基因表达调控有利于物种适应环境、维持生长和增殖、维持个体发育与分化，是病毒、原核生物和真核生物必不可少的过程。通过基因表达的调控，可以使细胞在需要时表达相应的蛋白质以增加机体的适应性。在多细胞生物体内，基因调控驱动细胞的分化和形态发生，从而形成不同的细胞类型，虽然这些细胞具有相同的基因型，遵循相同的基因组序列，却因此而拥有不同的基因表达谱，从而产生不同的蛋白质或具有不同的超微结构来适合细胞的各种功能，这就是差别基因表达（differential gene expression）。在细胞分化过程中，奢侈基因按一定顺序表达，其本质是开放某些基因、关闭某些基因，能被表达的基因占基因总数的 5%～10%。

原核生物与真核生物在基因的表达调控上存在着很大的差别。以转录调控为例，在原核生物中，转录调控使细胞能够快速适应不断变化的外部环境。营养物质存在与否或营养物质的类型决定原核生物所表达的基因数量和类型，由此，基因表达与否必须以某种方式被快速调节。而在真核生物中，转录调控往往涉及许多转录因子间、蛋白因子与 DNA 间的相互作用。

（三）基因表达调控的特性

主要包括两种特性：

1. 时间特异性　指按功能需要，某一特定基因的表达严格按照一定的时间顺序发生。例如，编码甲胎蛋白（AFP）的基因在胎儿肝细胞中活跃表达，从而合成大量的甲胎蛋白；在成年后这一基因的表达水平很低，故检测不到 AFP。但是当肝细胞发生癌变时，编码 AFP 的基因又被重新激活，大量 AFP 被合成。因此，血浆中 AFP 的水平可以作为肝癌早期诊断的一个重要指标。

2. 空间特异性　指多细胞生物个体在特定生长发育阶段，同一基因在不同组织器官表达活性不同。例如，编码胰岛素的基因只在胰岛的 β 细胞中表达合成胰岛素；编码胰蛋白酶的基因在胰岛细胞中几乎不表达，而在胰腺腺泡细胞中有高水平的表达。

二、基因表达调控方式

无论是原核生物还是真核生物，基因表达调控体现在基因表达的全过程中，但是原核生物的细胞结构比较简单，其基因组的转录和翻译可以在同一空间内完成，并且时间上的差异不大。真核生物的基因组结构复杂得多，加之个体内细胞间广泛存在的信号通信网络，其基因表达调控的多样性和复杂性远非原核生物所比拟。

（一）原核基因表达调控

原核生物在转录水平的调控主要取决于起始速度，大多数原核生物的基因表达调控单位主要是通过操纵子机制实现。操纵子由结构基因、调控序列和调节基因三部分组成。

1. 结构基因　由数个功能关联的基因串联排列，共用一个启动子和一个转录终止序列，因此转录后的 mRNA 是一条携带了几条多肽链编码信息的 mRNA，这种产物也称为多顺反子（polycistron）mRNA。

2. 调控序列　包括启动子和操纵元件。启动子是 RNA 聚合酶结合的部位，是决定基因表达效率的关键元件。操纵元件是一段能被特异阻遏蛋白识别和结合的 DNA 序列。当操纵序列结合阻遏蛋白时，会阻碍 RNA 聚合酶与启动子的结合，或使 RNA 聚合酶不能沿DNA 向前一段，阻遏转录，介导负调节。

3. 调节基因　编码能够与操纵元件结合的阻遏蛋白，其可识别、结合特异的操纵元件，抑制基因转录。

原核生物的基因表达调控以最早发现的 *E.coli* 的乳糖操纵子作为典型的操纵子调控模式。乳糖代谢酶基因的表达特点是：在环境中没有乳糖时，这些基因处于关闭状态；只有当环境中有乳糖时，这些基因才被诱导开放，合成代谢乳糖所需要的酶。*E.coli* 的乳糖操纵子的控制区包括一个启动子（P）、一个调节基因（I）、一个操纵元件（O）。I 基因具有独立的启动子（PI），编码一种阻遏蛋白，后者与 O 元件结合，使操纵子受阻遏而处于关闭状态。在启动子 P 上游还有一个 CAP 结合位点。由 P 序列、O 序列和 CAP 结合位点共同构成乳糖操纵子的调控区。信息区含有 *lacZ*、*lacY*、*lacA* 3 个结构基因，分别编码 β- 半乳糖苷酶（β-galactosidase）、通透酶（permease）和乙酰基转移酶（acetyltransferase）。3 个酶的编码基因由同一个调控区调节，实现基因表达产物的协同表达（图 11-4）。

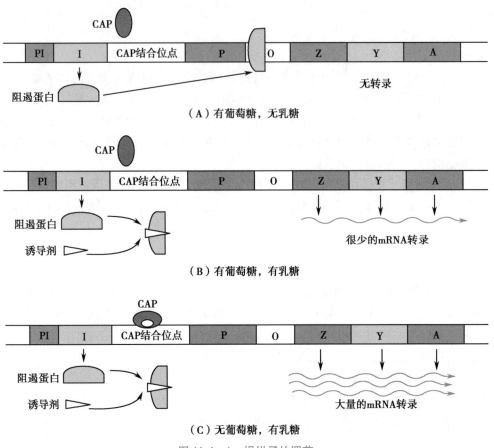

图 11-4　*lac* 操纵子的调节

（二）真核基因表达调控

真核基因表达调节与原核基因表达调节一样有转录水平和转录后的调控，并以转录水平的调控为主。在基因的上游和下游存在着许多特异的调控元件，相应的蛋白因子与之结合调控基因的转录。真核生物基因表达调控是通过特异的蛋白因子与特异的 DNA 序列相互作用来实现。这些特异的 DNA 序列称为顺式作用元件（cis-acting element），而特异的蛋白因子则称为反式作用因子（trans-acting factor，TAF）。顺式作用元件按照功能可分为启动子（promoter）、增强子（enhancer）和沉默子（silencer）。启动子是转录过程中，RNA 聚合酶特异性识别和结合的 DNA 序列。增强子是能增加同它连锁的基因的转录频率的 DNA 序列。沉默子是能结合特异蛋白因子，对基因转录起阻遏作用的 DNA 序列。

以 RNA 聚合酶Ⅱ启动基因转录表达为例，首先是由特异的 TAF 和 TATA 盒结合蛋白（TATA box binding protein，TBP）形成复合物 TFⅡ-D，识别并与特定基因的核心启动子（TATA 盒）结合；TFⅡ-A 再结合到此复合物上，解除 TAF 对组装的抑制作用，然后 TFⅡ-B、TFⅡ-F/RNA 聚合酶Ⅱ、TFⅡ-E、TFⅡ-H 和 TFⅡ-H 和 TFⅡ-J 等依次结合，完成前起始复合物（preinitiation complex，PIC）的组装，同时特异的转录激活因子与增强子结合，促进组装并形成转录起始复合物，最后转录合成 mRNA 前体（图 11-5）。

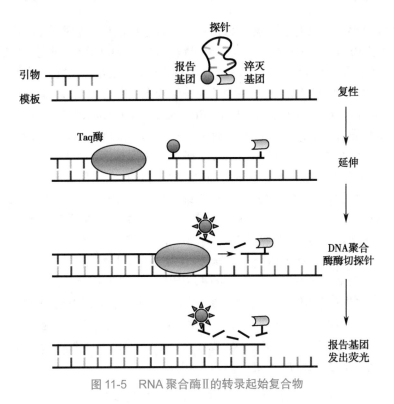

图 11-5　RNA 聚合酶Ⅱ的转录起始复合物

案例分析

　　患者，男性，46 岁。食用雨后采摘的蘑菇后，出现恶心、呕吐、腹痛、血样便等症状，进而发展为昏迷，入院后病情加重，出现皮肤淤血和内脏出血，肝衰竭。

　　问题：

　　结合 RNA 聚合酶Ⅱ的催化转录过程，从分子机制解释该患者可能患有哪种疾病？

案例解析

三、癌基因、抑癌基因与肿瘤的发生

　　正常机体内组织细胞的生长、增殖、分化、衰老及死亡会受到多种基因的严格调节和控制，从而确保机体正常生命活动的正常运行。肿瘤在体内的发生正是基因发生异常导致细胞癌变、增殖失去控制引起的，这也是癌细胞区别于正常细胞的一个显著特征。

（一）癌基因与原癌基因

　　癌基因（oncogene）是导致细胞发生恶性转化和诱发癌症的基因。绝大多数癌基因是细胞内正常原癌基因（proto-oncogene）突变或表达水平异常升高转变而来的。原癌基因及其表达产物是细胞正常生理功能的重要组成部分，原癌基因所编码的蛋白质在正常条件下不具备致癌活性，原癌基因只有发生突变活化后才具有致癌活性，转变为癌基因。20世纪70年代中期，研究人员提出，肿瘤的发生是由于细胞中的原癌基因在致癌因素作用下激活或突变为癌基因。原癌基因在进化上高度保守，从单细胞酵母、无脊椎生物到脊椎生物乃至人类的正常细胞都存在着这些基因。许多原癌基因在结构上具有相似性，功能上也高度相关。

某些病毒也含有癌基因，早在1910年，Francis Peyton Rous首次发现病毒可导致鸡肉瘤，提出了病毒导致肿瘤的观点。该病毒后来被命名为劳斯肉瘤病毒（Rous sarcoma virus，RSV）。在深入研究RSV的致癌分子机制时，研究人员发现了一个特殊的基因 src，将这一基因导入正常细胞可使之发生恶性转化。病毒癌基因是存在于病毒基因组中的一段基因，当受到外界条件激活时，可诱导该基因在宿主细胞内恶性增殖。正常细胞内存在的一些与病毒癌基因具有同源序列的基因，称为细胞癌基因。这类基因在正常细胞基因组中，是可以表达的，其表达产物有促进细胞生长、增殖、分化等功能。但是当受到某些外界环境激活时，这些细胞癌基因的结构和表达会出现异常，促使细胞恶性增殖。

目前，已知的癌基因有100多种。部分癌基因参与编码生长因子、生长因子受体和蛋白激酶，在生长信号的传递和细胞分裂中发挥作用。一部分癌基因编码DNA结合蛋白而参与基因表达或复制的调控。按照癌基因的产物可将其分为若干类型，包括以src为代表的酪氨酸激酶类，以ras为代表的G蛋白类，以myc为代表的核蛋白类，以sis为代表的生长因子类，以reb为代表的生长因子受体类等（表11-4）。

表 11-4　细胞癌基因的分类与功能

类别	癌基因	编码的蛋白质
跨膜生长因子受体	erb B	EGF 受体
	neu（erbB-2、her-2）	EGF 受体相似物
	fms、ros、kit、ret、sea	M-CSF 受体
膜结合的酪氨酸蛋白激酶	Src 族（src、fgr、yes、lck、nck、fym、fes、fps、lym、tkl）、abl	
可溶性酪氨酸蛋白激酶	met、trk	
细胞质丝氨酸/苏氨酸蛋白激酶	raf（mil、mht）mos、cot、pI-1	
非蛋白激酶受体	mas	血管紧张素受体
	erb	甲状腺素受体
信息传递蛋白类	H-ras、K-ras、N-ras	
生长因子类	sis	PDGF-2
	Int-2	PGF 同类物
核类转录因子类	c-myc、N-myc、L-myc、Lyl-1	转录因子
	fos、jun	转录因子 AP-1
	tcR	T 细胞抗原受体的 β 链
	rel	
	met、bcl-1、bcl-2、mym、ets、ski、b-Lym、akt	NF-κB 相关蛋白

EGF：表皮生长因子（epidermal growth factor）；M-CSF：巨噬细胞集落刺激因子（macrophage colony stimulating factor）；PDGF-2：血小板源生长因子2（platelet-derived growth factor-2）；FGF：成纤维细胞生长因子（fibroblast growth factor）；NF-κB：核因子κB（nuclear factor-κB）。

原癌基因在物理、化学及生物因素的作用下发生突变，表达产物的质和量的变化、表达方式在时空上的改变，都有可能使细胞脱离正常的信号控制，获得不受控制的异常增殖能力而发生恶性转化。从正常的原癌基因转变为具有使细胞发生恶性转化的癌基因的过程称为原癌基因的活化,这种转变属于功能获得突变(gain-of-function mutation)。原癌基因的活化机制有4种(图11-6),分别是:①基因突变常导致原癌基因编码蛋白质的活性持续性激活;②基因扩增导致原癌基因过量表达;③染色体易位导致原癌基因表达增强或产生新的融合基因;④获得启动子或增强子导致原癌基因表达增强。

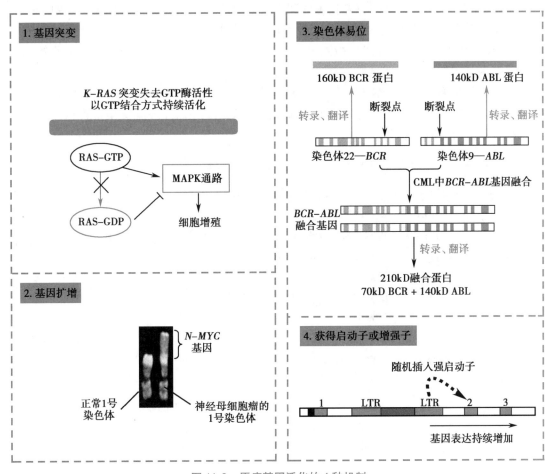

图 11-6 原癌基因活化的 4 种机制

知识窗

肿瘤细胞内的突变基因

肿瘤细胞恶性增生的原因之一是基因突变导致细胞在没有生长信号刺激的前提下就分裂增殖,不再受到正常细胞增殖信号的调控。这些突变基因包括 *ras*、*src*、*raf*、*fos*、*jun* 等。最初,这些基因是以突变形式在肿瘤细胞或致癌病毒中被发现,之后的研究表明,正常细胞未见突变的野生型基因。诱导正常细胞原癌基因激活的突变形式很多,常见的有插入突变、染色体重排或扩增、点突变和缺失等。

(二)抑癌基因

抑癌基因(tumor suppressor gene)也称肿瘤抑制基因,是防止或抑制癌症发生的基因。

抑癌基因的发现源于 20 世纪 60 年代 Henry Harris 的杂合细胞致癌性研究。1969 年 Henry Harris 将正常细胞与肿瘤细胞进行融合，融合产生的杂交细胞不再表现出肿瘤细胞的特性，但是杂交的后代细胞内特定的染色体丢失，会导致杂交的后代细胞又重新表现出肿瘤细胞的特点，这提示正常细胞中有能抑制肿瘤发生的基因，即抑癌基因。与原癌基因活化诱发癌变的作用相反，抑癌基因的部分或全部失活可显著增加癌症发生风险。

随着 20 世纪 70 年代基因克隆技术的建立，*RB*、*TP53* 等一系列抑癌基因得以克隆和鉴定。最初在某种肿瘤中发现的抑癌基因并不意味着其与别的肿瘤有关；恰恰相反，在多种组织来源的肿瘤细胞中，往往可以检测出同一抑癌基因的突变、缺失、重排、表达异常等，这正说明抑癌基因的变异构成某些共同的致癌途径。抑癌基因产物的功能多种多样，目前已经鉴定出一些抑癌基因的产物（表 11-5）。总体来说，抑癌基因对细胞增殖起着负性调控的作用，其编码的功能有：抑制细胞增殖、抑制细胞周期进程、调控细胞周期检查点、促进凋亡和参与 DNA 损伤修复。

表 11-5　常见的抑癌基因及其编码产物

基因名称	染色体定位	相关肿瘤	作用
TP53	17p13.1	多种肿瘤	转录因子 P53
RB	13q14.2	视网膜母细胞瘤、骨肉瘤	转录因子 P105RB
PTEN	10q23.3	胶质瘤、膀胱癌、前列腺癌、子宫内膜癌	
P16	9p21	肺癌、乳腺癌、胰腺癌、食管癌、黑色素瘤	P16 蛋白
P21	6p21	前列腺癌	抑制 CDK1、CDK2、CDK4、CDK6
APC	5q22.2	结肠癌、胃癌	G 蛋白，参与信号转导
DCC	18q21	结肠癌	表面糖蛋白（细胞黏着因子）
NF1	7q12.2	神经纤维瘤	GTP 酶激活剂
NF2	22q12.2	神经鞘膜瘤、脑膜瘤	连接膜与细胞骨架的蛋白
VHL	3q25.3	小细胞肺癌、宫颈癌、肾癌	转录调节蛋白
WT1	11p13	肾母细胞瘤	转录因子

抑癌基因的失活和原癌基因的激活一样，在肿瘤发生中起着非常重要的作用，但癌基因的作用是显性的，而抑癌基因的作用往往是隐性的。原癌基因的两个等位基因只要激活一个就能发生促癌作用，而抑癌基因则往往需要两个等位基因同时失活才会导致其抑癌功能完全丧失。抑癌基因失活的常见方式有 3 种：①基因突变导致抑癌基因编码的蛋白质功能丧失或降低，最典型的例子是抑癌基因 *TP53* 的突变，目前发现 *TP53* 基因在超过 1/2 以上的人类肿瘤中发生了突变；②杂合性丢失导致抑癌基因彻底失活，例如当某些原因导致正常的 *RB* 等位基因丢失即杂合性丢失时，抑癌基因 *RB* 将彻底失活，失去抑癌作用，从而导致视网膜母细胞瘤；③启动子区甲基化导致抑癌基因表达抑制。例如，约 70% 的散发肾癌患者中存在抑癌基因 *VHL* 启动子区甲基化失活现象；在家族性腺瘤息肉所致的结肠癌中，*APC* 基因启动子区因高度甲基化使转录受到抑制，导致 *APC* 基因失活，进而引起 β- 连环蛋白在细胞内的积累，从而促进癌变发生。

基因组"卫士"与细胞周期关卡"守卫"

TP53 基因是迄今为止发现的与人类肿瘤相关性最高的基因,50%～60%或以上的人类肿瘤与 *TP53* 基因变异有关。*TP53* 基因定位于人体染色体 17p13,编码有 393 个氨基酸组成的蛋白 P53,具有转录因子活性。过去,人们一直把它当成一种癌基因,直至 1989 年才知道起癌基因作用的是突变的 P53,后来证实野生型 P53 是一种抑癌基因。野生型 P53 蛋白在维持细胞正常生长、抑制恶性增殖中起着重要的作用,因而被冠以"基因组卫士"称号。

RB 基因是 1986 年世界上第一个被克隆并完成序列测定的抑癌基因,最初发现于儿童的视网膜母细胞瘤(retinoblastoma),故称为 *RB* 基因。*RB* 基因定位于人染色体 13q14,编码 RB 蛋白。RB 蛋白的主要功能也是细胞周期关卡,通过维持分子本身的去磷酸化或低磷酸化使细胞处于 G1 期,抑制细胞的增殖,从而脱离细胞周期而进入分化途径。*RB* 基因的缺失使得细胞丧失该关卡的"守卫",细胞周期进程失控,细胞异常增殖。

(三)肿瘤的发生

肿瘤的发生、发展是多个原癌基因和抑癌基因突变累积的结果,经过起始、启动、促进和癌变阶段逐步演化而产生。

1. 肿瘤发生发展涉及多种相关基因突变　在基因水平上,或通过外界致癌因素,或由于细胞内环境的恶化,突变基因数目增多,基因组变异逐步扩大;在细胞水平上则要经过永生化、分化逆转、转化等多个阶段,细胞周期失控细胞的生长特性逐步得到强化。结果是从增生、异型变、良性肿瘤、原位癌发展到浸润癌和转移癌。例如,结肠癌的发生发展过程涉及数种基因的变化(图 11-7):①上皮细胞过度增生阶段,涉及家族性腺瘤性息肉(familial adenomatous polyposis,FAP)基因、结肠癌变(mutated in colorectal carcinoma,MCC)基因的突变和缺失;②早期腺瘤阶段,与 DNA 的低甲基化有关;③中期腺瘤阶段,涉及 *K-RAS* 基因突变;④晚期腺瘤阶段,涉及结肠癌缺失(deleted in colorectal cancer,DCC)基因的丢失;⑤腺癌阶段:涉及 *TP53* 基因的缺失;⑥转移癌阶段:涉及非转移蛋白 23(non-metastatic protein 23,NM23)基因的突变、血管生长因子基因表达增高等。

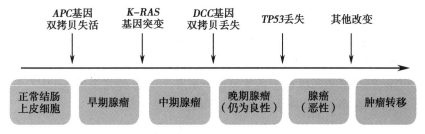

图 11-7　从基因角度认识结肠癌的发生和发展

2. 原癌基因和抑癌基因是调控细胞周期进程的重要基因　细胞周期调控体现在细胞周期驱动和细胞周期监控两个方面,后者的失控与肿瘤发生发展的关系最为密切。细胞周期调控机制由 DNA 损伤感应机制、细胞生长停滞机制、DNA 修复机制和细胞命运决定机制等构成。细胞一旦发生 DNA 损伤或复制错误,将会启动 DNA 损伤应激机制,经各种信号转导途径使细胞停止生长,修复损伤的 DNA。如果 DNA 损伤得到完全修复,细胞周期可进入下一个时期,正常完成一个分裂周期;倘若 DNA 损伤修复失败,细胞凋亡机制将被启动，损伤细胞进入凋亡，从而避免 DNA 损伤带到子代细胞，维持组织细胞基因组的稳定性，避免肿瘤发生的潜在可能。

肿瘤细胞的最基本特征是细胞的失控性增殖，而失控性增殖的根本原因是细胞周期调控机制的破坏，包括驱动机制和监控机制的破坏。监控机制破坏可发生在损伤感应、生长停滞、DNA 修复和凋亡机制的任何一个环节上，结果将导致细胞基因组不稳定，突变基因数量增加，这些突变的基因往往就是癌基因和抑癌基因。同时，很大一部分的原癌基因和抑癌基因又是细胞周期调控机制的组成部分。因此，在肿瘤发展过程中，监控机制的异常会使细胞周期调控机制进一步恶化，并导致细胞周期驱动机制的破坏，细胞周期的驱动能力异常强化，细胞进入失控性生长状态，从而使细胞出现癌变性生长。

3. 原癌基因和抑癌基因是调控细胞凋亡的重要基因　细胞除了生长、增殖和分化之外，还存在死亡现象，如程序性细胞死亡或凋亡。有些抑癌基因的过量表达可诱导细胞发生凋亡，而与细胞生存相关的原癌基因的激活则可抑制凋亡，细胞凋亡异常与肿瘤的发生、发展密切相关（图 11-8）。现已明确，细胞凋亡在肿瘤发生、胚胎发育、免疫反应、肿瘤免疫逃逸、神经系统发育、组织细胞代谢等过程中起重要作用。

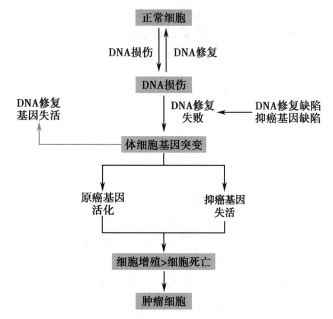

图 11-8　促进正常细胞向肿瘤细胞转化的因素

知识窗

乳腺癌易感基因

某女性的母亲和姨妈罹患乳腺癌和卵巢癌，与癌症病魔斗争多年依然失去了宝贵的生命。该女性母亲和姨妈都携带有致癌基因 *BRCA1*，该女性也遗传有这一基因，患乳腺癌及卵巢癌的危险概率分别是 87% 和 50%。

BRCA1 和 *BRCA2* 是乳腺癌易感基因 1 和基因 2，属于抑癌基因，一旦突变将导致抑癌功能的丢失，乳腺癌、卵巢癌等肿瘤发病率就会明显升高。

积少成多

1. 癌基因是导致细胞发生恶性转化和诱发癌症的基因。

2. 抑癌基因是一类防止或抑制癌症发生的基因。

3. 肿瘤的发生、发展是多个原癌基因和抑癌基因突变累积的结果，经过起始、启动、促进和癌变阶段逐步演化而产生。

第三节 蛋白质芯片技术

蛋白质芯片（protein chip）是将高度密集排列的蛋白质分子作为探针点阵固定在固相支持物上，当与待测蛋白质样品反应时，可捕获样品中的靶蛋白质，再经检测系统对靶蛋白质进行定性和定量分析的一种技术。

蛋白芯片技术的研究对象是蛋白质，其原理是对固相载体进行特殊的化学处理，再将已知的蛋白分子产物固定其上（如酶、抗原、抗体、受体、配体、细胞因子等），根据这些生物分子的特性，捕获能与之特异性结合的待测蛋白（存在于血清、血浆、淋巴、间质液、尿液、渗出液、细胞溶解液、分泌液等），经洗涤、纯化，再进行确认和生化分析。最常用的蛋白质探针是抗体。在用蛋白质芯片做检测时，首先要将样品中的蛋白质标记上荧光分子，经过标记的蛋白质一旦结合芯片上就会产生特定的信号，通过激光扫描系统来检测信号。

蛋白芯片主要有蛋白质微阵列、微孔板蛋白质芯片、三维凝胶块芯片三类。

1. 蛋白质微阵列　哈佛大学的 Gavin Macbeath 和 Stuart L Schreiber 等报道了通过点样机械装置制作蛋白质芯片的研究，将针尖浸入装有纯化的蛋白质溶液的微孔中，然后移至载玻片上，在载玻片表面点上 1nL 的溶液，然后机械手重复操作，点不同的蛋白质。利用此装置大约固定了 10 000 种蛋白质，并用其研究蛋白质与蛋白质间，蛋白质与小分子间的特异性相互作用。Macbeath 和 Schreiber 首先用一层牛血清白蛋白（bovine serum albumin, BSA）修饰玻片，防止固定在表面上的蛋白质变性。由于赖氨酸广泛存在于蛋白质的肽链中，BSA 中的赖氨酸通过活性剂与点样的蛋白质样品所含的赖氨酸发生反应，使其结合在基片表面，并且一些蛋白质的活性区域露出。这样，利用点样装置将蛋白质固定在 t3SA 表面上，制作成蛋白质微阵列。

2. 微孔板蛋白质芯片　Mendoza 等在传统微滴定板的基础上，利用机械手在 96 孔的每一个孔的平底上点样成同样的 4 组蛋白质，每组 36 个点（4×36 阵列），含有 8 种不同抗原和标记蛋白，可直接使用与之配套的全自动免疫分析仪，测定结果。这种技术适合蛋白质的大规模、多种类的筛选。

3. 三维凝胶块芯片　是美国阿贡国家实验室和俄罗斯科学院恩格尔哈得分子生物学研究所开发的一种芯片技术。三维凝胶块芯片实质上是在基片上点布以 10 000 个微小聚苯烯酰胺凝胶块，每个凝胶块可用于靶 DNA、RNA 和蛋白质的分析。这种芯片可用于筛选抗原抗体、酶动力学反应的研究。

蛋白质芯片技术具有快速和高通量等特点，它可以对整个基因组水平的上千种蛋白质同时进行分析，是蛋白质组学研究的重要手段之一，已经广泛应用于蛋白质表达谱、蛋白质功能、蛋白质间的相互作用的研究。在临床疾病的诊断和新药开发的筛选上有很大的应用潜力。

积少成多

1. 蛋白质芯片是可对靶蛋白质进行定性和定量分析的一种技术。蛋白芯片技术的研究对象是蛋白质，最常用的蛋白质探针是抗体。

2. 蛋白质芯片技术在临床疾病和新药开发及筛选的领域有很大的应用。

理一理

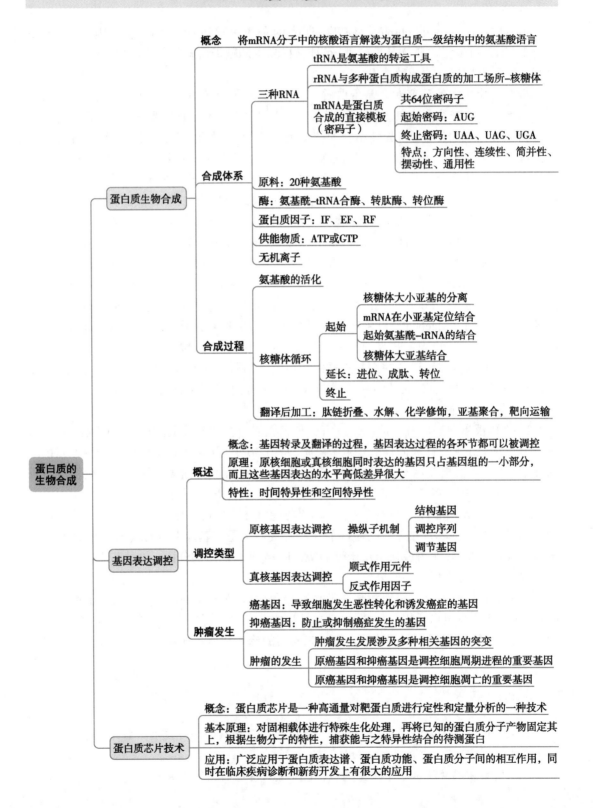

理一理

练一练

一、名词解释

1. 密码子

2. 核糖体循环

3. 抑癌基因

4. 蛋白质芯片

二、填空

1. 沿着 $5' \rightarrow 3'$ 方向，每3个相邻核苷酸组成一个三联体，称为一个_____。

2. 终止密码有3个，分别是_____、_____、_____。

3. _____是蛋白质合成的直接模板，_____是氨基酸的特异"搬运工具"，_____参与蛋白质的"装配机器"核糖体的装配。

4. 翻译过程肽链的延长可分为3个步骤，即_____、延长和_____。

5. 基因表达过程的任一环节，包括_____、_____、转录后水平、_____和_____都可以被调控。

三、简答

1. 简述遗传密码的特点。

2. 试述蛋白质翻译后的加工修饰方式有哪些？

思路解析

测一测

拓展阅读

（赵玉强）

第十二章　组学与系统生物医学

课件

科学发现

人类基因组图谱
——疾病防治的根本依据

2003 年 4 月 15 日,中、美、英、日、法、德六国的科学家经过 13 年共同努力,绘制完成了人类基因组序列图,人类基因组计划(HGP)被提前实现,迎来了探索基因结构与功能的后基因组时代。解读大量生物遗传密码,了解生命的起源、生命体生长发育的规律,认识种属之间和个体之间存在差异的起因、疾病产生的机制以及长寿与衰老等生命现象,为人类预防、诊断、治疗疾病提供了依据。

人类基因组计划被誉为生命科学的"阿波罗登月计划",我国是唯一参与该计划的发展中国家,负责 3 号染色体 3 000 万个碱基对的测定,这是我国综合国力提升和科技研究飞速发展的体现,在世界生物科学技术舞台上具有重要的地位。

学前导语

遗传信息传递的中心法则揭示了生物遗传信息的传递具有方向性和整体性。人类基因组图谱的绘制、生物科技和生物信息学的迅猛发展,加快了人类对生命科学奥秘的探索进度,推动了后基因组时代的到来。基因组学、转录物组学、蛋白质组学、代谢组学及其整合的系统生物医学在人类探知生命本质和疾病产生机制,以及疾病的防控、诊断和治疗中发挥了重要作用。

学习目标

辨析:基因组学、功能基因组学和比较基因组学的区别。

概述:生物遗传信息传递的方向性和整体性特点;系统生物医学及其临床应用。

说出:基因组学、转录物组学、蛋白质组学和代谢组学(含糖组学、脂质学)的概念及之间的关系;DNA 元件百科全书(ENCODE)计划;分子医学、精准医学、转化医学的概念;转录物组学的分析技术;蛋白质组学相关技术。

学会:运用分子生物学知识,合理解释基因组学、转录物组学、蛋白质组学和代谢组学的优缺点及其在系统生物医学中的作用。

培养:通过组学和系统生物医学的学习,了解生物医学的复杂性和多样性,建立整合医学的理念。

随着人类基因组计划（HGP）的完成，生命科学进入了迅猛发展的后基因组时代。后基因组以研究和揭示基因组的功能及调控机制为目标，着重研究基因组的多样性，包括基因组的表达调控与蛋白质产物的功能等，将为人们深入理解人类基因组遗传变迁，基因结构与功能的关系，个体发育，细胞增殖、分化和凋亡机制，信息传递和作用机制，疾病发生、发展的机制以及各种生命科学问题提供科学基础。

生物遗传信息的传递和表达具有方向性和整体性。遗传信息通常由 DNA 经转录合成 mRNA 后，再翻译合成蛋白质，发挥其生物学功能。某一种类个体的系统集合就称为组学（omics），对应遗传信息基因或蛋白，相应组学分别称为基因组学（genomics）、转录物组学（transcriptomics）、蛋白组学（proteinomics）、代谢组学（metabonomics）等（图 12-1）。生物信息学的发展为组学研究提供了重要方法。系统生物医学是系统生物学在医学上的应用，是在各种组学发展的基础上，采用系统生物学原理与方法研究疾病发生发展规律，揭示人体的生理和病理机制，从而对疾病进行有效的评估、预防、诊断和治疗。系统生物医学的发展必将推动医学科技的革命。

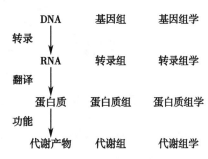

图 12-1　遗传信息的方向性和组学的关系

第一节　组　　学

一、基因组学

从分子生物学角度，基因组是指生物体所有遗传物质的总和，其本质就是 DNA 或 RNA，包括编码 DNA 和非编码 DNA、线粒体 DNA 和叶绿体 DNA。一个生物体的基因组最终图谱就是其全部 DNA 序列。研究这些基因以及基因间的关系的科学称为基因组学（genomics），根据研究目的不同通常又分为结构基因组学（structural genomics）、功能基因组学（functional genomics）和比较基因组学（comparative genomics）。结构基因组学是以全基因组测序为目标，通过基因组作图和序列测定，确定基因组的组织结构、基因组成及基因定位的基因组学。比较基因组学是基于基因组图谱和测序基础上，对已知的基因和基因组结构进行比较，来了解基因的功能、表达机制和物种进化的学科。功能基因组学是利用结构基因组所提供的信息和产物，发展和应用新的实验手段，通过在基因组或系统水平上全面分析基因的功能，使得生物学研究从对单一基因或蛋白质的研究转化为对多个基因或蛋白质同时进行系统研究的科学。

（一）结构基因组学揭示基因组序列信息

结构基因组学的主要内容是分析人类自身 DNA 的序列和结构，通过基因组作图和大规模序列测定等方法，构建高分辨的人类基因组图谱，即遗传图谱（genetic map）、物理图谱（physical map）、转录图谱（transcription map）和序列图谱（sequence map）。通常运用遗传作图和物理作图绘制人类基因组草图；从互补 DNA 分子所测得部分序列的短段 DNA（通常为 300～500bp），即为表达序列标签（expressed sequence tag，EST），借助 EST 绘制转录图谱；以 F 质粒（F-plasmid）为载体，建立细菌人工染色体（bacterial artificial chromosome，BAC）克隆库和鸟枪法测序等构建序列图谱。在基因作图的基础上，通过 BAC 克隆系的构建和鸟枪法测序（shotgun sequencing），就可完成全基因组的测序工作，再运用生物信息学手段，将测序片段拼接成全基因组序列（图 12-2）。

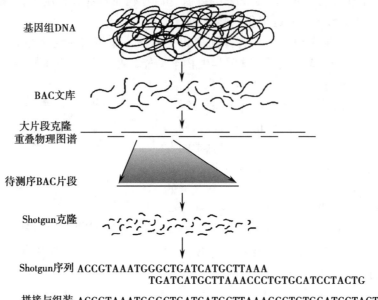

| 基因组DNA |
| BAC文库 |
| 大片段克隆
重叠物理图谱 |
| 待测序BAC片段 |
| Shotgun克隆 |

Shotgun序列 ACCGTAAATGGGCTGATCATGCTTAAA
　　　　　　 TGATCATGCTTAAACCCTGTGCATCCTACTG

拼接与组装 ACCGTAAATGGGCTGATCATGCTTAAACCCTGTGCATCCTACTG

图 12-2　BAC 文库构建与全基因组鸟枪法测序流程示意图

（二）比较基因组学鉴别基因组的异同性

比较基因组学是通过对系统发育中的代表性物种之间的全方位基因和基因家族的比较分析，构建系统发育的遗传图谱，来揭示基因、基因家族的起源和功能及其在进化过程中复杂化和多样化的机制。通过比较可以阐明物种进化关系，同时依据基因的同源性预测相关基因的功能。比较基因组学可在物种间和物种内进行，前者称为种间比较基因组学，后者则称为种内比较基因组学，两者均采用局部比对算法的搜索工具（basic local alignment search tool，BLAST）等序列比对工具。

1. 种间比较基因组学阐明物种间基因组结构的异同　通过比较不同亲缘关系物种的基因组序列，可以鉴别出编码序列、非编码序列及特定物种独有的基因序列。而比对基因组序列，可以了解不同物种在基因构成、基因序列和核苷酸组成等方面的异同，从而为基因定位、基因功能预测和阐明生物系统发生进化关系提供数据。

2. 种内比较基因组学阐明群体内基因组结构的变异和多态性　同种群体内不同个体基因组存在大量的变异和多态性，这种基因组序列的差异构成了不同个体与群体对疾病的易感性和对药物、环境等因素不同反应的分子遗传学基础。例如，单核苷酸多态性（SNP）差异可揭示不同个体的疾病易感性和对药物的反应性，有助于判定不同人群对疾病的易感程度并指导个体化用药。

（三）功能基因组学系统探讨基因的活动规律

功能基因组学的主要研究内容包括基因表达分析及其调控模式、突变检测和基因功能发现等，其从整体水平上研究一种组织或细胞在同一时间或同一条件下所表达基因的种类、数量、功能，或同一细胞在不同状态下基因表达的差异。它可以同时对多个表达基因或蛋白质进行研究,使得生物学研究从以往的单一基因或单一蛋白质分子研究转向多个基因或蛋白质的系统研究。功能基因组学主要包括以下方面:鉴定 DNA 序列中的基因;同源搜索设计基因功能;实验性设计基因功能;描述基因表达模式。

1. 全基因组扫描鉴定 DNA 序列中的基因　通过计算机技术进行全基因组扫描,鉴定内含子与外显子之间的衔接,寻找开放阅读框,确定多肽链编码序列,进行新基因预测、蛋白质功能预测及疾病基因的发现。

2. 通过 BLAST 等程序同源搜索设计基因功能　同源基因在进化过程中来自共同的祖先,因此通过核苷酸或氨基酸序列的同源性比较,来推测基因组内相似基因的功能。可使用美国国家生物技术信息中心(National Center for Biotechnology Information,NCBI)的 BLAST 进行同源搜索涉及序列比较分析。

3. 通过实验验证设计基因功能　通过设计一系列实验来验证基因的功能,包括转基因、基因过表达、基因敲除(减)及基因沉默等方法,结合所观察到的表型变化来验证基因功能。因为生命活动的重要功能基因在进化上是保守的,所以可以采用合适的模式生物进行实验。

4. 通过转录物组和蛋白质组描述基因表达模式　通过研究基因转录和翻译过程来描述基因的表达模式及调控。

(四)ENCODE 计划旨在识别人类基因组所有功能元件

1. ENCODE 计划是 HGP 的延续和深入　HGP 揭示人类基因中仅有约 3% 为编码序列,这些序列分散在人的基因组序列中,另有 97% 左右的非蛋白质编码序列。为找出人类基因组中所有功能组件,系统建立人类基因组中的功能元件,其中包括在蛋白质水平和 RNA 水平上的元件,以及当基因激活时,控制细胞和环境的调控元件,精准探索人类的生命过程和疾病的发生、发展机制,美国国家人类基因组研究所在 2003 年 9 月发起了 DNA 元件百科全书(Encyclopedia of DNA Elements,ENCODE)计划。ENCODE 计划的研究对象和策略见图 12-3。

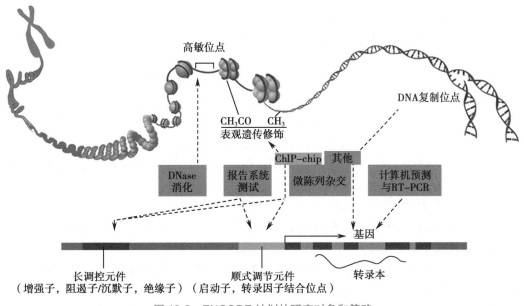

图 12-3　ENCODE 计划的研究对象和策略

2. ENCODE 计划已取得重要阶段性成果 ENCODE 计划联盟有关 1 640 组覆盖整个人类基因组的数据分析报告认为：人类基因组序列的 80.4% 具有各种类型的功能，而并非之前认为的大部分是"垃圾"DNA；人基因组中有关的 SNP，大部分疾病的表型与转录因子相关。此发现有助于深入理解基因表达调控的规律，并发现和鉴定与疾病相关的遗传学风险因子。

知识窗

"垃圾"DNA

"垃圾"DNA 是遗传学家 Susumu Ohno 于 1972 年提出的，用来表示基因组中 95%～98% 的不编译任何蛋白质或酶的 DNA。他认为，既然几乎所有具体的生理功能都要蛋白质来完成，那么不编码蛋白质的 DNA 应该是没有用的，便将其称为"垃圾"DNA。随着人类基因组计划的实施，科学家通过研究发现，所谓的"垃圾"DNA，并非垃圾，其在生物物种演变和机体的功能精细调节中发挥不可代替的作用，目前了解的功能主要包括调节基因活动、合成调节 RNA、调控胚胎发育、修复损伤 DNA、影响疾病发展、促进细胞分裂等。生物越复杂，携带的"垃圾 DNA"的比例就越多，正是这些没有编码的 DNA，促进高等生物进化为复杂的机体。对于"垃圾"DNA 的研究说明，揭示生命科学的奥秘还有很长的路要走，需要热爱科学的人不断去探索。

二、转录物组学

转录物组（transcriptome）指生命单元所能转录出来的全部转录本，包括 mRNA、tRNA、rRNA 和其他非编码 RNA。因此，转录物组学是在整体水平上研究细胞中基因转录的情况及转录调控规律的学科。与基因组相比，转录物组最大的特点是受到内外多种因素的调节，因而是动态可变的，可揭示不同物种、不同个体、不同细胞、不同发育阶段和不同生理或病理状态下基因差异表达的信息。

（一）转录物组学全面分析基因表达谱

转录物组学为大规模基因表达谱分析和功能注释。大规模表达谱是生物体（组织、细胞等）在某一特定状态下基因表达的整体信息。利用整体性基因表达分析技术，可以同时监测成千上万个基因在不同状态（如生理病理发育不同时期、诱导刺激等）下的表达变化，从而推断基因间的相互作用，揭示基因与疾病发生、发展的内在关系。

（二）转录物组研究采用整体性分析技术

研究转录物组的主要技术有：微阵列（microarray）、基因表达系列分析（serial analysis of gene expression，SAGE）和大规模平行信号测序系统（massively parallel signature sequencing，MPSS）和转录组测序（RNA-seq）技术等。

1. 微阵列是大规模基因组表达谱研究的主要技术 微阵列或 DNA 芯片可以同时测定成千上万个基因的转录活性，甚至可以对整个基因组的基因表达进行对比分析，因而成为基因组表达谱研究的主要技术。

2. SAGE 在转录物水平研究细胞或组织基因表达模式 SAGE 的基本原理是用来自 cDNA3′- 端特定位置 9～10bp 长度的序列所含有的足够信息鉴定基因组中的所有基因。利用锚定酶（anchoring enzyme，AE）和位标酶（tagging enzyme，TE）这两种限制性内切酶切割

DNA 分子的特定位置(靠近 3′- 端),分离 SAGE 标签,并将这些标签串联起来,然后对其进行测序,从而全面提供生物体基因表达谱信息,也用于定量比较不同状态下组织或细胞的所有差异表达基因。

3. MPSS 是以序列测定为基础的高通量基因表达谱分析技术　MPSS 的原理是采用能够特异识别每个转录子信息的序列信号(sequence signature,16～20bp)来定量地大规模平行测定相应转录子的表达水平。将 mRNA 一端测出的一个包含 10～20bp 的特异序列信号用作检测指标,这样每一序列信号在样品中的频率(拷贝数)就代表了与该序列信号相应的基因表达水平。MPSS 所测定的基因表达水平是以计算 mRNA 拷贝数为基础的,是一个数字表达系统。只要将目的样品和对照样品分别进行测定,通过严格的统计检验,就能测定表达水平较低、差异较小的基因,而且不必预先知道基因的序列。

4. RNA-seq 技术　是采用类似 SAGE 技术和 MPSS 技术理念的新一代高通量基因组测序技术,可以测定单细胞或细胞全部转录产物序列,通过序列比对得到最后的转录组。RNA-seq 技术可得到大量的用微阵列或芯片难以得到的转录可变剪接序列,对低表达基因的检测更加准确,而且可以定量确定转录水平。

三、蛋白质组学

蛋白质是生命的组成者和生物功能的主要执行者。蛋白质组学(proteomics)是以所有的蛋白质为研究对象,分析细胞内动态变化下蛋白质组成、表达水平与修饰状态,了解蛋白质之间的相互作用与联系,并在整体水平上阐明蛋白质调控的活动规律。

(一)蛋白质组学的研究内容

蛋白质组学的研究主要涉及两个方面:一是蛋白质组表达模式的研究,即结构蛋白质组学(structural proteomics);二是蛋白质组功能模式的研究,即功能蛋白质组学(functional proteomics)。由于蛋白质的种类和数量总是处在一个新陈代谢的动态过程中,同一细胞在不同周期、不同的生长条件下,所表达的蛋白质是不同的,动态变化增加了蛋白质组研究的复杂性。

1. 蛋白质鉴定

(1)蛋白质种类和结构鉴定:利用二维电泳和多维色谱并结合生物质谱蛋白质印迹、蛋白质芯片等技术,对蛋白质进行全面的种类和结构鉴定研究。蛋白质种类和结构鉴定是蛋白质组研究的基础。

(2)翻译后修饰的鉴定:翻译后修饰是蛋白质功能调控的重要方式,很多 mRNA 表达产生的蛋白质需经历翻译后修饰,如磷酸化、糖基化等。因此,研究蛋白质翻译后修饰对阐明蛋白质的功能具有重要意义。

2. 蛋白质功能确定

(1)蛋白质基本功能的鉴定:蛋白质功能研究包括蛋白质定位研究;基因过表达或基因敲除(减)技术分析蛋白质活性;分析酶活性和确定酶底物;细胞因子的生物学作用分析,配体受体结合分析等。

(2)蛋白质相互作用的研究:细胞中的各种蛋白质分子往往形成蛋白质复合物,共同执行各种生命活动。蛋白质 - 蛋白质相互作用是维持细胞生命活动的基本方式。目前研究蛋白质相互作用常用的方法有酵母双杂交、亲和层析、免疫共沉淀、蛋白质交联荧光共振能量转移等。

（二）蛋白质组学研究的常用技术

目前蛋白质组研究的主要技术路线是基于双向凝胶电泳（two-dimensional gel electrophoresis，2-DE）分离为核心和基于液相色谱（liquid chromatography，LC）分离为核心的两条技术路线。其中，质谱（mass spectroscopy，MS）是研究路线中不可缺少的技术。

1. 2-DE-MALDI-MS 分离鉴定蛋白质

（1）2-DE 分离蛋白质：原理是蛋白质在高压电场作用下，利用蛋白质分子等电点的不同进行等电聚焦（isoelectric focusing，IEF）电泳，使蛋白质分离；再通过 SDS- 聚丙烯酰胺凝胶电泳（SDS-polyacrylamide gel electrophoresis，SDS-PAGE），对已分离的蛋白质按照分子量大小再次进行分离（图 12-4）。2-DE 是分离蛋白的基本方法，目前的分辨率可达到 10 000 个蛋白质点。

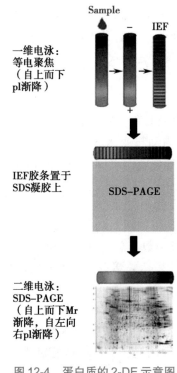

图 12-4　蛋白质的 2-DE 示意图
一维：IEF；二维：SDS-PAGE。

（2）MALDI-MS 鉴定 2-DE 胶内蛋白质点：MS 是通过测定样品离子的质荷比（m/z）来进行成分和结构分析的方法。2-DE 胶内蛋白质点的鉴定常采用基质辅助激光解吸附离子化（matrix-assisted laser desorption ionization，MALDI）技术。MALDI 作为一种离子源，通常用飞行时间（time of flight，TOF）作为质量分析器，所构成的仪器称为基质辅助激光解吸电离飞行时间质谱（MALDI-TOF-MS）。MALDI 的基本原理是将样品与小分子基质混合共结晶，当用不同波长的激光照射晶体时，基质分子所吸收能量转移至样品分子，形成带电离子并进入 MS 进行分析，飞行时间与（m/z）1/2 成正比。MALD-TOF-MS 适合微量样品（amol～fmol）的分析。

利用肽质量指纹图谱（peptide mass fingerprinting，PMF）和数据库搜索匹配质谱技术鉴定蛋白质。混合蛋白质酶解后的多肽混合物直接通过（多维）液相色谱分离，然后进入 MS 进行分析。质谱仪通过选择多个肽段离子进行 MS/MS 分析，获得有关序列的信息，并通过数据库搜索匹配进行鉴定，蛋白质组分析技术路线图见图12-5。

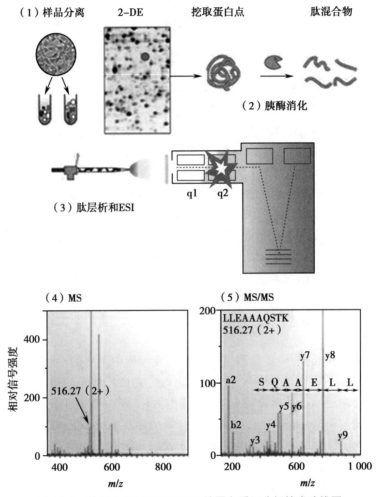

图12-5　基于2-DE-MALDI-MS 的蛋白质组分析技术路线图

MS 谱获得蛋白质的 PMF；MS/MS 可测定蛋白质的部分氨基酸序列。

案例分析

患者，男性，79 岁。以"食管中段占位"收入院治疗，完善相关检查后，在全麻下行"ERAS 胸腹腔镜食管癌根治术＋空肠造瘘术"，术程顺利，术后予抗炎、补液等对症治疗。术后 2d，患者出现双肺感染，病情较重，转入重症监护病房（intensive care unit, ICU）后进行了痰细菌培养和呼吸道病原体核酸检测。实验室在接收患者痰标本约 17h 后，即利用 MALDI-TOF MS 质谱技术检测出肺炎克雷伯菌，并报告临床。随后的 13 项呼吸道病原菌核酸检测和血培养均佐证了结果，遂依质谱和药敏结果调整抗生素治疗方案，用药后患者体温下降，病情有所好转。

问题：

结合蛋白组学相关内容，说一说利用 MALDI-TOF MS 质谱技术检测病原菌的优势？

案例解析

2. LC-ESI-MS 通过液相层析技术分离鉴定蛋白质　基于 LC-ESI-MS 的蛋白质组研究技术通常称为鸟枪法策略，其特点是先对目标蛋白质混合进行选择性酶解，获得肽段混合物，然后进行二维液相分离；利用纳升级液相层析（nano-LC）、电喷雾串联质谱（electrospray ionization，ESI）及质谱技术（nano-LC-ESI-MS），实现对复杂肽段混合物的在线分离、柱上富集与同步序列测定，一次分析可以鉴定 1 000 以上的蛋白质，其特异性高，但速度较慢。

3. 蛋白质组学研究的其他方法　MALDI-TOF-TOF 质谱仪法是利用仪器将 MALDI-TOF 肽质量指纹谱分析的高通量与碰撞诱导解离（collision-induced dissociation，CID）获得的丰富碎片信息相结合，对同一样品相进行肽质量指纹谱分析，接着进行串联质谱分析，使得在微量样品水平上对蛋白质的鉴定在数秒内完成。此外，还有双向荧光差异凝胶电泳、稳定同位素标记技术和化学标记 iTRAQ 分析方法。

微课：质谱技术在临床检验中的应用简介

四、代谢组学

代谢组学（metabonomics）就是测定一个生物或细胞中所有的小分子组成，描绘其动态变化规律，建立系统代谢图谱，并确定这些变化与生物过程联系的科学。与转录物组学和蛋白组学相比，代谢组学有其自身特点：①关注内源化合物；②对生物体系的小分子化合物进行定性、定量研究；③小分子化合物水平的升降提示疾病、毒性、基因修饰或环境因子的影响；④小分子内源性化合物的研究可以被用于疾病诊断和药物筛选。

（一）代谢组学的研究内容

代谢组学分为 4 个层次。①代谢物靶标分析（metabolite target analysis）：对某个或某几个特定组分进行分析；②代谢谱分析（metabolic profiling analysis）：对一系列预先设定的目标代谢物进行定量分析；③代谢组学：对某一生物或细胞所有代谢物进行定性和定量分析；④代谢指纹分析（metabolic fingerprinting analysis）：对代谢物整体进行高通量的定性分析。

代谢组学的研究对象以生物体液为主，如血样、尿样等，也可对完整的组织样品、组织提取液或细胞培养液等进行研究。血样中的内源性代谢产物丰富，有利于观测体内代谢水平的全貌和动态变化过程。虽然尿样所含的信息量相对有限，但样品采集不具损伤性，磁共振波谱（nuclear magnetic resonance spectroscopy，NMRs）甚至可不直接接触样品。

（二）代谢组学的主要分析工具

由于代谢物的多样性，常需采用多种分离和分析手段，其中 NMRs、色谱及 MS 等技术是最主要的分析工具（图 12-6）。

1. NMRs　是当前代谢组学研究中的主要技术。代谢组学中常用的 NMR 谱是氢谱

（¹H-NMR）、碳谱（¹³C-NMR）及磷谱（³¹P-NMR）。

2．MS　是按质荷比（m/z）进行对各种代谢物进行定性或定量分析，可得到相应的代谢产物谱。

3．色谱 - 质谱联用技术　可使样品的分离、定性、定量一次完成，具有较高的灵敏度和选择性。目前常用的联用技术包括气相色谱质谱（gas chromatography-mass spectroscopy，GC-MS）联用和液相色谱质谱（liquid chromatography-mass spectroscopy，LC-MS）联用。

微课：磁共振波谱技术介绍

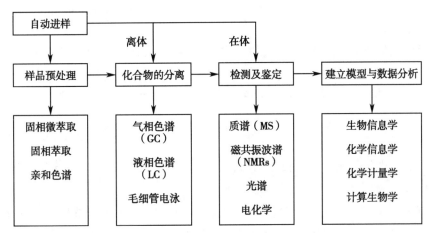

图 12-6　代谢组学研究的常用方法及流程

（三）代谢组学研究的应用前景

代谢组学所关注的是代谢循环中小分子代谢物的变化情况及其规律，反映的是内、外环境刺激下细胞、组织或机体的代谢应答变化。疾病导致体内发生病理变化，代谢产物也发生相应的改变。因此，开展疾病代谢组研究有助于了解疾病发生、发展的机制，可以为疾病诊断、预后和治疗提供评判标准；为阐明毒物中毒机制和发展个体化用药提供理论依据；对代谢网络中的酶功能进行有效的整体性分析；还可用于中药作用机制、复方配伍、毒性和安全性等方面的研究，为中药现代化提供技术支撑。

五、其他组学

（一）糖组学

生物有机体所有细胞均含有不同类型的聚糖，它们不仅决定细胞的类型和状态，也参与了细胞许多生物学行为，如细胞发育、分化，肿瘤转移，微生物感染，免疫反应等。糖组学（glycomics）是基因组学和蛋白质组学等的后续和延伸，是以聚糖为研究对象，对糖链组成及其功能进行研究的一门学科，包括研究糖与糖之间、糖与蛋白质之间、糖与核酸之间的联系和相互作用。糖组学可分为结构糖组学（structural glycomics）和功能糖组学（functional glycomics）两个分支。前者应用色谱分离与质谱鉴定技术，以糖的捕获技术为重点，后者则以微阵列芯片技术为重点。糖组学研究的重点包括：编码糖蛋白的基因；糖基化的位点；聚糖结构；糖基化的作用。糖组学研究的主要策略包括：分析物种生物所产生的所有聚糖；以糖肽为研究对象确认编码糖蛋白的基因；结合有效的理化和生化性质，研究糖蛋白糖链的性质。

目前，除肝炎、流感相关糖组学研究外，已有多种血清糖蛋白作为乳腺癌和结直肠癌等肿瘤标记物的报道；糖基化差异也可用于构建特异的多糖类癌症疫苗。所以，糖组学的研究能够为阐明疾病的发生机制、诊断标记物的筛选及药物靶标的发现提供依据。

（二）脂质组学

脂质组学（lipidomics）是对生物体、组织或细胞中的脂质组成及其在蛋白表达和基因调控中的变化进行系统研究的一门新兴学科。脂质组学研究常用的技术有薄层色谱（thin-layer chromatography，TLC）、气相色谱 - 质谱联用（GC-MS）、电喷雾质谱（ESI/MS）、液相色谱质谱联用（LC/MS）、高效液相色谱（high-performance liquid chromatography，HPLC）芯片 - 质谱联用（HPLC-Chip/MS）等。

脂质组学实际上是代谢组学的重要组成部分，脂质代谢异常可引发诸多疾病，包括糖尿病、肥胖症、癌症以及神经退行性疾病等，随着人们生活水平的提高和生活方式的改变，脂质的分析量化对研究疾病发生机制和诊疗手段，以及医药研发有非常重要的生物学意义。

积少成多

1. 基因组学是阐明整个基因组结构、功能以及基因之间相互作用的科学，主要包括结构基因组学、功能基因组学和比较基因组学。

2. ENCODE 计划是 HGP 的延续与深入，主要目的是识别人类基因组中所有的功能元件，特别是非编码序列的功能和转录调控元件。

3. 转录物组学是在整体水平上研究细胞中基因转录情况及转录调控规律的学科；研究转录物组的主要技术有 microarray、SAGE、MPSS 和 RNA-seq 技术等。

4. 蛋白质组学是通过分析细胞内动态变化下蛋白质的组成、表达水平与修饰状态，从而了解蛋白质之间的相互作用与联系，并在整体水平上阐明蛋白质调控的活动规律，主要包括蛋白质组表达模式和功能模式的研究。

5. 二维电泳和多维色谱是分离蛋白质组的有效方法，生物质谱、MALDI-TOF-TOF 质谱仪是蛋白质组鉴定的主要工具。

6. 代谢组学是测定一个生物或细胞中所有的小分子组成，描绘其动态变化规律，并确定这些变化与生物过程联系的科学。代谢组学有着自身的研究特点。磁共振、色谱及质谱是代谢组学的主要分析工具。

7. 糖组学的研究能够为阐明疾病的发生机制、诊断标记物的筛选及药物靶标的发现提供依据；脂质组学对疾病发生机制、疾病诊疗手段以及医药研发具有重要的生物学意义。

第二节　系统生物医学及其应用

后基因组时代，基因组学、转录物组学、蛋白质组学等，尤其是代谢组学的发展，促进了系统生物医学（systems biomedicine）的诞生。系统生物医学实质是采用系统论方法研究生物医学，也就是系统生物学的医学应用研究。随着分子医学的深入、精准医学的开展以及转化医学的发展等，有望从分子水平突破对疾病的传统认识，从而彻底改变和革新现有的临床诊疗模式，做到对疾病的精准检测和精准治疗。

一、系统生物医学

系统生物医学是系统生物学在医学应用研究领域的分支，它以临床医学的问题为导向、临床样本为研究对象，采用组学、生物信息学建模和分子生物学技术等集成化、系统化、高通量化的研究策略，并运用各组学不同层次的全局性研究方法，辅以影像学等手段的一门科学。系统生物医学是以整体性研究为特征的一种整合科学，其最终目标是了解生物系统的所有组分、运行机制及系统水平的协同行为。

（一）系统生物医学的特点

系统生物医学从全方位、多层次（分子、细胞器、细胞、组织、器官、个体/基因型、环境因子、种群、生态系统等）的角度，系统性揭示机体所有组成成分（基因、mRNA、蛋白质等）的构成，以及在特定条件下各成分之间的相互关系及效应。

（二）系统生物医学的应用

系统生物医学的发展，使生命科学由过去描述式的科学转变为现代定量描述和预测的科学。当前系统生物医学理论与技术已经在预测医学（predictive medicine）、预防医学（preventive medicine）和个性化医学（personalized medicine）中得到应用。例如，应用代谢组学的生物指纹预测肿瘤的诊断以及治疗过程的监控；应用 SNP 预测患者对药物的应答，包括拮抗、协同或无效。

二、分子医学

分子医学（molecular medicine）是从分子水平阐述疾病状态下基因组的结构、表达产物、功能及其表达调控规律，建立高效预测、预防、诊断和治疗的一门学科。疾病基因组学、转录物组学、蛋白质组学、代谢组学等是分子医学的基础。

（一）疾病基因组学阐明发病的分子基础

疾病基因组学研究包括疾病基因（或相关基因）和疾病易感性两个方面。定位克隆（positional cloning）技术的发展极大地推动了疾病基因或相关基因的发现和鉴定。该技术将疾病相关基因位点定位于某一染色体区域后，根据该区域的基因、EST 或模式生物所对应的同源区的已知基因等有关信息，直接进行基因突变筛查，从而可确定疾病相关基因。例如，在全基因组 SNP 制图基础上，筛选和鉴定与疾病相关的 SNP，从而阐明各种疾病易感人群的遗传学背景，为疾病的诊断和治疗提供新的理论基础。

（二）疾病转录物组学阐明疾病发生机制并推动新诊治方式的进步

疾病转录物组学是通过比较研究正常和疾病条件下、疾病不同阶段基因表达的差异情况，从而为阐明复杂疾病的发生发展机制，筛选新的诊断标志物，鉴定新的药物靶点，发展新的疾病分子分型技术，以及开展患者个体化治疗提供理论依据。例如近年研究表明，多种疾病（包括肿瘤）与微小干扰核糖核酸（microRNA，miRNA）等密切相关，检测血清中 miRNA 表达谱可指示某些疾病的发生。

（三）疾病蛋白质组学发现和鉴别药物新靶点

疾病相关蛋白质组学研究可以发现和鉴定在疾病条件下表达异常的蛋白质，这类蛋白质可作为药物候选靶点，同时通过对疾病发生的不同阶段进行蛋白质变化分析，发现一些疾病不同时期的蛋白质标志物，这不仅对药物发现具有指导意义，还可为疾病的早期精准诊断和治疗提供理论依据。许多疾病与信号转导异常有关，因而信号分子和途径可以作为治疗药物设计的靶点。

（四）医学代谢组学提供新的疾病代谢标志物

与基因组学和蛋白质组学相比，代谢组学研究侧重于代谢物的组成、特性与变化规律。借助 NMRs，尤其是质谱等技术，通过对某些代谢产物进行分析，并与正常人的代谢产物比较，可发现和筛选出不同疾病新的生物标志物，对相关疾病做出早期预警，并建立新的有效的疾病诊断方法。

三、精准医学

精准医学（precision medicine）是以个体化医疗为基础，应用基因组学、蛋白组学等相关技术，通过对大样本人群和特定疾病类型进行生物标记物的分析与鉴定，最终实现对疾病和特定患者进行个体化精确治疗，同时还融入人文、伦理、经济、社会等元素，实现医源性损害最小、医疗耗费最少、疗效最佳的目的。精准医学研究的短期目标是癌症治疗，长期目标是健康管理。

知识窗

我国的精准医学研究

精准医学研究已成为新一轮国家科技竞争和引领国际发展潮流的战略制高点。我国于 2016 年正式启动国家重点研发计划"精准医学研究"重点专项，以常见、高发、重大疾病及若干罕见病为切入点，构建百万人级自然人群国家大型健康队列和特定疾病队列，多层次精准医疗知识库体系和生物医学大数据共享平台，突破新一代生命组学技术和大数据分析技术，建立创新性的大规模研发疾病的预警、诊断、治疗与疗效评价的生物标志物、靶标、制剂的实验及分析技术体系，为显著提升人口健康水平，减少无效和过度医疗，避免有害医疗，遏制医疗费用支出快速增长提供科技支撑。

四、转化医学

转化医学（translational medicine）基于现代医学模式的转变，强调以临床问题为导向，开展基础 - 临床联合攻关，将基因组学等各种分子生物学研究成果迅速有效地转化为可在临床实际应用的理论、方法、技术和药物。转化医学的核心是基础研究向临床研究的转化，在实验室和病床（bench to bedside，B2B）之间架起一条快速通道。

积少成多

1. 系统生物医学是系统性揭示机体所有组成成分的构成，以及在特定条件下这些组分间的相互关系及效应的学科研究。

2. 分子医学是从分子水平阐述疾病状态下基因组的结构、表达产物、功能及其表达调控规律的学科，主要应用于疾病发生机制的阐明、新诊疗方式的探索、药物新靶点的发现和鉴别、疾病代谢标志物的研究等。

3. 精准医学是依据个人基因信息制订最佳的个性化治疗方案，以期达到疗效最大化和不良反应最小化。

4. 转化医学是以临床问题为导向，将基础医学等研究成果迅速有效地转化为可在临床实际应用的理论、方法、技术和药物。

理一理

组学与系统生物医学
- 组学
  - 基因组学
    - 概念：研究生物体所有基因及其之间关系的科学
    - 依研究目的不同
      - 结构基因组学　揭示基因组序列信息
      - 比较基因组学　鉴别基因组的相似性和差异性
      - 功能基因组学　系统探讨基因的活动规律
      - ENCODE　识别人类基因组所有功能元件
  - 转录组学
    - 概念：在整体水平上研究细胞编码基因转录情况及转录调控规律的科学
    - 方法　整体性分析技术
      - 微阵列
      - 基因表达系列分析
      - 大规模平行信号测序系统
      - RNA-seq技术
    - 核心　转录组测序、单细胞转录组分析
  - 蛋白质组学
    - 概念：阐明细胞内蛋白组成、表达水平与修饰状态、相互的作用与联系及调控规律
    - 常规技术　二维电泳、液相分离、质谱技术
  - 代谢组学
    - 测定细胞小分子组成及动态变化规律；建立系统代谢图谱；确定与生物过程的联系
    - 研究方法　磁共振、色谱及质谱
    - 应用前景
      - 提供疾病诊断、预后和治疗的评判标准
      - 判定毒物、药物的代谢规律，为个体化用药提供理论依据
      - 发现已知酶的新活性并发掘未知酶的功能
      - 为中药现代化等提供技术支撑
  - 其他组学
    - 糖组学
      - 概念：以聚糖为研究对象，对糖链组成及其功能研究的一门科学
      - 作用：研究生命体聚糖多样性及其生物学功能
    - 脂组学
      - 概念：研究生物体中的脂质组成及其在蛋白表达、基因调控中变化的学科
      - 作用：促进脂质生物标志物的发现，有助于疾病诊疗
- 系统生物医学及其应用
  - 系统生物医学
    - 概念：系统生物学的医学应用研究
    - 应用　预测医学、预防医学、个性化医学
  - 分子医学
    - 概念：从分子水平阐述疾病状态下基因组结构、功能及表达调控；发展预防和诊疗手段
    - 应用
      - 疾病基因组学阐明发病的分子基础
      - 疾病转录物组学阐明疾病发生机制并推动新诊治方式的进步
      - 疾病蛋白质组学发现和鉴别药物新靶点
      - 医学代谢组学提供新的疾病代谢物标志物
  - 精准医学　概念：依据个人基因组信息制定最佳的个性化治疗方案
  - 转化医学　将分子生物学研究成果转化为临床应用的理论、技术、方法和药物的学科

理一理

练一练

一、名词解释

1. 组学

2. 表达序列标签（EST）

3. 转录物组学

4. 蛋白质组

5. 代谢组学

二、填空

1. 基因组学根据研究目的不同通常分为_____、_____和_____。

2. 人类基因组图谱包括_____、_____、_____和_____。

3. 研究转录物组的主要技术有_____、_____、_____和_____等。

4. _____、_____和_____和大规模数据处理是蛋白质组研究的常规技术。

5. 代谢组学的主要分析工具有_____、_____和_____。

三、简答

1. 糖组学研究主要策略有哪些？

2. 代谢组学有何自身特点？

3. 为什么要重视转化医学？

思路解析

测一测

拓展阅读

（姜玉章）

第十三章　血液生物化学

血红蛋白

——血液中 O_2 和 CO_2 的载体

血红蛋白是 $\alpha_2\beta_2$ 构成的四聚体。从生物化学与分子生物学的发展历史来看，血红蛋白具有特殊重要的地位。最早提出血红蛋白一词的科学家是德国病理学家 Emil Ponfick。1874 年，他解释因血型不符输血导致溶血的患者出现酱油色尿的现象。20 世纪 50 年代，英国蛋白质晶体学家 Max Ferdinand Perutz 利用 X 射线技术阐明了血红蛋白的空间结构，并阐述了协同效应与变构现象。1962 年，Max Ferdinand Perutz 获得诺贝尔化学奖。血红蛋白结构的研究为生物学家更深入了解血红蛋白运输 O_2 和 CO_2 的机制提供了理论基础。

Science 杂志每年都要选一种对近代化学和生物学特别重要的物质作为"年分子(Molecule of the Year)"，血红蛋白被荣誉地评为"20 世纪分子"。纵观血红蛋白的研究，成果都是从点滴积累而来，并在此基础上逐渐形成了完整而成熟的理论体系。在求学路上知识的积累亦是如此，不可一蹴而就，需要积少成多，逐步沉淀。

血液循环于全身，联系着体内各组织器官，同时又通过呼吸、消化、排泄等系统保持着个体与外界环境的联系。因此，血液在沟通内外环境、维持内环境的相对稳定(如 pH、渗透压、各种化学成分的浓度等)、物质的运输(如营养物、代谢调节物、代谢中间物、代谢末产物)、异物的免疫防御以及血液凝固等方面都起着重要的生理作用。

辨析：血清和血浆的区别；红细胞中糖酵解、2,3-BPG 支路和磷酸戊糖通路在维持红细胞结构和功能上的生理意义。

概述：血液的基本化学组成；血浆蛋白及非蛋白氮的分类及功能；血浆蛋白质的组成及功能。

说出：血液成分；红细胞代谢的特点。

学会：运用血液基本组成和血浆蛋白的组成、功能等知识认识临床相关疾病的发生机制。

培养：通过血液生化理论的学习，能将理论知识联系临床实际，学以致用。

血液是在心脏和血管系统里流动的红色、不透明、具有黏性的液体,由血浆和血细胞(红细胞、白细胞、血小板)两部分组成。离体血液加适当的抗凝剂后经离心使血细胞沉降,所得的浅黄色上清液为血浆(plasma),占全血容积的55%～60%。离体血液在不加抗凝剂的情况下静置,其凝固后析出的淡黄色透明液体,称为血清(serum)。

正常人体的血液总量占体重的7%～8%,相对密度为1.050～1.060,主要取决于血液中的血细胞数量和蛋白质含量,其中血浆占全血容积的55%～60%,有形成分占40%～45%,含水量为77%～81%。

溶解于血液的化学成分可分为无机物和有机物两大类,具体见表13-1。

表13-1　正常人血液的主要化学成分

种类	主要化学成分
无机物	
水和无机盐	重要的阳离子有 Na^+、K^+、Ca^{2+}、Mg^{2+} 等;阴离子有 Cl^-、HCO_3^-、HPO_4^{2-} 和 SO_4^{2-} 等
有机物	
血浆蛋白质	共1 500余种,人血浆内蛋白质总浓度为65～85g/L
非蛋白含氮化合物	包括尿素、尿酸、肌酸、肌酸酐、氨和胆红素等
其他成分	糖类、脂肪

第一节　血浆蛋白质

一、血浆蛋白质的组成

血浆蛋白是血浆中各种蛋白质的总称,包括很多分子大小不同和结构功能有差异的蛋白质,总含量65～85g/L,是血浆主要的固体成分。目前已知的血浆蛋白质有500多种,在血浆内的含量差别很大,多达每升数十克,少到每升毫克甚至微克水平。目前常用的分类方法是按照分离方法和生理功能分类。

（一）按分离方法分类

1. 盐析法　临床检验中用盐析法将血浆蛋白质分为白蛋白(albumin,A)、球蛋白(globulins,G)、纤维蛋白原3类。正常成人血浆中白蛋白含量为40～55g/L,球蛋白含量为20～30g/L,两者比值(A/G)为1.5～2.5,纤维蛋白原正常含量为2～4g/L。

2. 电泳法　用琼脂糖凝胶电泳或醋酸纤维素薄膜电泳可将血浆蛋白质分为白蛋白、α_1-球蛋白、α_2-球蛋白、β-球蛋白和 γ-球蛋白5种成分。所谓白蛋白、α_1-球蛋白、α_2-球蛋白、β-球蛋白和 γ-球蛋白等实际上都是一种族类名称,每一族中又含有多种蛋白质。用聚丙烯酰胺凝胶电泳和免疫电泳等能分出更多种。

（二）按生理功能分类

根据血浆蛋白的生理功能不同可将其分为以下几类(表13-2)。

表13-2　血浆蛋白按生理功能的分类

种类	血浆蛋白
载体蛋白	白蛋白、脂蛋白、转铁蛋白、铜蓝蛋白等
免疫防御系统蛋白	IgG、IgM、IgA、IgD、IgE 和补体 C1～C9 等

种类	血浆蛋白
凝血和纤溶蛋白	凝血因子Ⅶ、凝血因子Ⅷ、凝血酶原、纤溶酶原等
酶	卵磷脂、胆固醇酰基转移酶等
蛋白酶抑制剂	α_1-抗胰蛋白酶、α_2巨球蛋白等
激素	促红细胞生成素、胰岛素等
参与炎症应答的蛋白	C-反应蛋白、α_2酸性糖蛋白等

二、血浆蛋白质的特点

(一)绝大多数蛋白质在肝脏合成

例如,白蛋白、纤维蛋白原等均在肝脏合成。有少量蛋白质由其他组织细胞合成,如γ-球蛋白由浆细胞合成。

(二)除白蛋白外,几乎所有血浆蛋白质均为糖蛋白

这些糖蛋白含有 N- 或 O- 连接的寡糖链。一般认为,这些寡糖链具有许多重要作用,如血浆蛋白质合成后的定向转移,细胞的生物信息识别功能等。

(三)多种血浆蛋白质呈现遗传多态性(polymorphism)

在人群中,如果某一蛋白质具有多态性,说明它至少有两种表型。研究血浆蛋白质的多态性对遗传学、人类学和临床医学均具有重要意义。

(四)每种血浆蛋白质均有特异的半衰期

各种血浆蛋白质具有差异较大的半衰期,如白蛋白的半衰期为20d,而结合珠蛋白的半衰期为5d左右。

(五)血浆蛋白质水平的改变往往与疾病相关

在组织损伤及急性炎症时,某些血浆蛋白质的水平会升高或降低,称为急性时相反应蛋白(acute phase protein,APP)。

三、血浆蛋白质的功能

各种血浆蛋白质的功能各不相同,人们对其进行了广泛的研究,现将主要功能概述如下。

(一)维持血浆胶体渗透压

血浆胶体渗透压只占总渗透压的极小部分。但是对血管内外的血浆和组织液的交换和分布影响极大。血浆胶体渗透压的大小,取决于血浆蛋白质的浓度。血浆蛋白质中白蛋白浓度最高且分子较小,所以血浆胶体渗透压的75%～80%由白蛋白维持。任何病因引起的血浆总蛋白质含量减少,或血浆总蛋白量虽属正常,但白蛋白浓度明显降低时,血浆胶体渗透压下降,可导致过多水分潴留于组织间隙而产生水肿。

(二)调节血液 pH

正常血浆的 pH 为 7.4±0.05,而血浆蛋白质的等电点大多 pH 在 4.0～7.3,因此血浆中的蛋白质多数以负离子的形式存在,是血液中缓冲碱的一部分,能结合细胞代谢所产生的 H^+,在维持体液的正常 H^+ 浓度中发挥作用。

(三)营养作用

在生命活动过程中,组织细胞中的蛋白质经常不断地进行新陈代谢。血浆蛋白质在体

内分解产生的氨基酸可参与氨基酸代谢池,用于组织蛋白质的合成,或转变为其他含氮化合物,维持体内蛋白质的动态平衡。在血浆中的蛋白质中,以白蛋白对组织细胞的营养具有较高的价值,这不仅是由于白蛋白含量最高,还由于白蛋白含有较多的必需氨基酸,能提供齐全的、均衡的氨基酸来源。肝脏每天可以合成 14～17g 白蛋白,源源不断地补充到血液中,以维持营养需求。

(四)运输作用

血浆蛋白质分子表面分布有众多亲脂性结合位点,脂溶性物质可与其结合而被运输。例如,脂溶性维生素 A 与视黄醇结合蛋白结合,再与前白蛋白形成视黄醇 - 视黄醇结合蛋白 - 前白蛋白复合物而运输。血浆蛋白质还能与易被细胞摄取和易随尿液排出的小分子物质结合,从而防止它们经肾随尿排泄而丢失。此外,血浆中还有皮质激素传递蛋白、转铁蛋白和铜蓝蛋白等,这些载体蛋白除结合运输血浆中的某种物质外,还参与调节被运输物质的代谢。

(五)免疫作用

免疫球蛋白(immunoglobulin, Ig)在体液免疫中发挥至关重要的作用。它能识别特异性抗原并与之结合,形成的抗原抗体复合物能激活补体系统,产生溶菌和溶细胞现象。

(六)其他功能

血浆蛋白质还具有很多其他的功能。例如,血浆中的凝血因子、抗纤溶物质在血液中相互作用保持血液畅通。当血管损伤时,即发生血液凝固,以防止血液丢失。再比如,血清中的各种酶发挥催化作用等。

知识窗

巨球蛋白血症

巨球蛋白血症表现为血液中出现异常增多的 IgM。巨球蛋白血症分为原发性巨球蛋白血症和继发性巨球蛋白血症。原发性巨球蛋白血症患者出现原因不明的单克隆 IgM 增多,是一种源于能分化为成熟浆细胞的 B 淋巴细胞的恶性增生性疾病,表现特征为老年发病、贫血、出血倾向及高黏滞综合征。实验室检查可见血液中出现大量单克隆 IgM,骨髓中有淋巴样浆细胞浸润。而继发性巨球蛋白血症是继发于其他疾病的单克隆或多克隆 IgM 增多。最新研究成果显示,血清 β_2- 微球蛋白、血红蛋白、白蛋白和年龄等因素对巨球蛋白血症患者的预后有很大的影响作用。该病最常见的死因是进行性的淋巴增殖、感染及心力衰竭,少数患者死于脑血管意外,肾衰或消化道出血。

积少成多

1. 血浆蛋白质按盐析法分为白蛋白、球蛋白、纤维蛋白原 3 类;用醋酸纤维素薄膜电泳可分为白蛋白、α_1- 球蛋白、α_2- 球蛋白、β- 球蛋白和 γ- 球蛋白 5 种成分。

2. 血浆蛋白质具有维持血浆胶体渗透压、维持血液 pH、运输、免疫、营养、凝血、催化等多种功能。

第二节 非蛋白含氮化合物

除蛋白质以外的含氮物质称为非蛋白含氮化合物,在血液中主要是尿素,还有尿酸、肌酸、肌酐、胆红素、氨等。临床上把这些化合物中所含的氮总称为非蛋白氮(non protein nitrogen,NPN)。正常人血液中 NPN 含量为 20~35mg/dL。这些含氮化合物中绝大多数是蛋白质和核酸的分解代谢终产物,由血液运输到肾而排出体外,当肾功能严重损害时,因排出受阻而使血液中 NPN 升高。临床上常通过测定血液中 NPN 含量以了解肾的排泄功能。

微课:非蛋白含氮化合物

一、尿素

尿素(urea)为体内蛋白质的终末代谢产物,是非蛋白含氮化合物中含量最多的一种物质,尿素氮的含量约占 NPN 总量的 1/2,血清尿素的浓度取决于机体蛋白质的分解代谢速度、食物中蛋白质摄取量及肾脏的排泄能力。正常人血尿素含量为 2.9~8.2mmol/L,尿素可自由通过肾小球滤过膜滤入原尿,约 50% 可被肾小管重吸收。在食物摄入及体内分解代谢比较稳定的情况下,其血浓度取决于肾脏的排泄能力。因此,血尿素浓度在一定程度上可反映肾小球滤过功能。

二、尿酸

尿酸(uric acid,UA)为嘌呤核苷酸代谢的终产物,主要从肾脏排泄。血浆中尿酸能被肾小球滤过,原尿中的尿酸 98%~100% 被近端肾小管重吸收,同时一部分又被远端肾小管所分泌,最后从终尿中排出的尿酸占滤过量的 6%~12%。因此,血尿酸的浓度受肾小球滤过功能、肾小管重吸收及分泌功能的影响。血清尿酸测定对痛风诊断最有帮助。当体内嘌呤化合物分解过多或经肾排出障碍时,高尿酸血症或痛风患者的血液中尿酸均可升高。

三、肌酸

肌酸是由精氨酸、甘氨酸和蛋氨酸在体内合成的产物,正常人血液中含量为 228.8~533.8μmol/L,肌萎缩等广泛性肌病时,血液中肌酸增多,尿中排出也增加。肌酐是由肌酸脱水或由磷酸肌酸脱磷酸生成的产物,是肌酸代谢的终产物。肌酐全部由肾排出,因血液中肌酐含量不受食物蛋白质多少的影响,故临床检测肌酐含量更能正确地了解到肾脏的排泄功能。

积少成多

非蛋白氮多为蛋白质和核酸的分解代谢终产物,包括尿素、尿酸、肌酐等。临床上常通过测定血液中非蛋白氮含量以了解肾的排泄功能。

第三节 红细胞代谢

成熟红细胞呈"双凹面圆盘"状,其内的蛋白质有 95% 为血红蛋白。红细胞内不含有细胞核、内质网、线粒体、高尔基体、核蛋白体等细胞器,由此决定了红细胞具有独特的生理功能和代谢特点。

一、红细胞的代谢特点

循环血液中的成熟红细胞,在完成与氧的结合、运输和释放的主要功能时,并不直接消耗能量;红细胞失去了细胞核和核糖体,保留下来的生物合成能力很小,用于生物合成的能量消耗也是极有限的;由于失去了线粒体,丙酮酸不能通过三羧酸循环代谢,丧失了这个高效率的产能过程。成熟红细胞的能量代谢比其他组织细胞和幼稚红细胞低,但成熟红细胞中的糖代谢却很活跃,循环中的红细胞每天大约从血浆中摄取30g葡萄糖进行代谢。

成熟红细胞的代谢通路主要是糖酵解通路、磷酸戊糖途径以及特有的2,3-二磷酸甘油酸(2,3-BPG)支路,葡萄糖通过这些代谢过程释出能量(ATP),产生还原力(NADH、NADPH)和一些重要的代谢物(如2,3-BPG和磷酸戊糖等),对红细胞有效行使其功能并在循环血液中维持大约120d的生命过程极为重要(表13-3)。

表13-3 红细胞中葡萄糖代谢两个主要通路的功能

糖酵解通路的功能 (葡萄糖→乳酸、丙酮酸)	磷酸戊糖途径的功能 (葡糖-6-磷酸→CO_2、戊糖等)
ADP → ATP(泵 Na^+、K^+ 和 Ca^{2+})	
NAD^+ → NADH(还原高铁血红蛋白)	$NADP^+$ → NADPH(还原 GSSG 及蛋白质)
1,3-BPG → 2,3-BPG(调节 Hb 对 O_2 的结合)	己糖→戊糖(提供合成核苷酸的底物)

(一)糖酵解

循环红细胞每天利用葡萄糖约30g,其中90%~95%经糖酵解通路和2,3-BPG支路被利用,成熟红细胞没有线粒体氧化途径,糖酵解是其获得能量的基本过程。红细胞中生成的ATP主要用于下述方面以维持红细胞的形态、结构和功能。

1. 维持红细胞膜上"钠泵"(Na^+,K^+-ATP 酶)的运转 保持红细胞内高 K^+ 和低 Na^+ 状态,从而保持红细胞双凹盘状外形。如果红细胞内缺乏 ATP,则钠泵功能受阻,Na^+ 进入红细胞内多于 K^+ 排出,红细胞内吸入更多水分变成球形,容易溶血。

2. 维持红细胞膜上钙泵(Ca^{2+}-ATP 酶)的生理功能 钙泵将红细胞内 Ca^{2+} 泵入细胞外,维持红细胞内低钙状态;缺乏 ATP 时,Ca^{2+} 进入细胞内超过钙泵的能力,将使细胞内 Ca^{2+} 积聚。Ca^{2+} 沉积在细胞膜上,使红细胞膜丧失其柔韧性,变得僵硬不易变形,这样的红细胞不能通过直径比它更小的毛细血管腔(如脾窦),容易引起溶血或被吞噬。

3. 维持红细胞脂质的不断更新 ATP 缺乏时,膜脂质更新受阻,红细胞膜变形能力降低,易被破坏。

4. 启动糖酵解通路,活化葡萄糖 糖酵解的起始阶段是消耗 ATP 的,红细胞内 ATP 降低时,葡萄糖的磷酸化受阻,糖酵解不能启动,ATP 水平将更少。

5. 用于谷胱甘肽和 NAD^+ 等的生物合成 成熟的红细胞中谷胱甘肽和 NAD^+ 等的生物合成,需要消耗少量ATP,这些在红细胞代谢中都有重要意义。

红细胞糖酵解通路中生成的还原性 NADH 除用于丙酮酸还原成乳酸外,还参与高铁血红蛋白的还原。

(二)2,3-BPG支路

在糖酵解通路中,1,3-二磷酸甘油酸(1,3-BPG)在3-磷酸甘油酸激酶催化下生成3-

磷酸甘油酸,并使 ADP 磷酸化成 ATP。在红细胞内 1,3-BPG 也可以由二磷酸甘油酸变位酶催化转变成 2,3-BPG,2,3-BPG 再由二磷酸甘油酸磷酸酶催化水解生成 3- 磷酸甘油酸,这样又回到了糖酵解通路,构成了红细胞中所特有的 2,3-BPG 支路(图 13-1)。由于磷酸酶活性很低,致使 2,3-BPG 生成大于分解,红细胞内 2,3-BPG 的浓度较糖酵解其他中间产物的有机磷酸酯浓度高出数十倍甚至数百倍,几乎与 Hb 浓度相等。现已知道,红细胞内 2,3-BPG 的重要功能是和 Hb 相互作用并降低 Hb 对 O_2 的亲和力,调节其携带氧的功能。

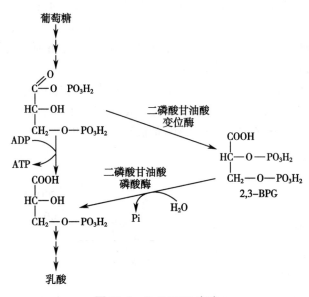

图 13-1　2,3-BPG 支路

(三)磷酸戊糖通路

红细胞利用的葡萄糖有 5%～10% 通过磷酸戊糖通路进行代谢,磷酸戊糖通路的主要功能是产生另一种形式的还原力 -NADPH+H^+,NADPH 在红细胞的氧化还原系统中起重要作用,它能对抗氧化剂,保护细胞膜蛋白、Hb 及酶蛋白的巯基不被氧化,从而维持红细胞的正常功能。

1.NADPH 和谷胱甘肽代谢　具体见第五章"糖代谢"。

2.高铁血红蛋白的还原　由于各种氧化作用,红细胞内经常有少量高铁血红蛋白(MHb)产生,由于红细胞中存在有一系列酶促及非酶促的还原 MHb 的系统,正常红细胞内 MHb 只占 Hb 总量的 1%～2%。MHb 分子中铁为三价,不能携带氧,如果 MHb 不能及时还原,以致在血液中过多,则妨碍运氧能力并可出现发绀等症状。

红细胞内含有 NADH-MHb 还原酶和 NADPH-MHb 还原酶,二者都能催化 MHb 还原生成 Hb。另外,GSH 和抗坏血酸也能直接还原 MHb。后一反应中生成的脱氢抗坏血酸也可被 GSH 还原再生成抗坏血酸。上述各还原系统中,以 NADH-MHb 还原酶催化的反应最为重要,NADH 约占总还原能力的 60%。

二、血红蛋白的合成与调节

Hb 是由珠蛋白与血红素合成,血红素不但是 Hb 的辅基,也是其他一些蛋白质,如肌红蛋白、过氧化氢、过氧化物酶等的辅基,这些蛋白质统称血红素蛋白。几乎所有生物的大多数组织细胞中都有血红素合成,且合成血红素的通路也是相同的。在人的红细胞系统中,血红素的合成和珠蛋白的合成一样,都发生在骨髓中的幼红细胞和网织红细胞阶段,进入循环的成熟红细胞不再合成血红素。

（一）血红素的生物合成

用标记的甘氨酸喂饲动物或在体外培养的有核红细胞（鸡或鸭红细胞）中加入标记甘氨酸,其示踪实验表明,血红素合成的原料是甘氨酸、琥珀酰 CoA、Fe^{2+} 等简单的小分子物质。首先,合成血红素的直接前体——原卟啉Ⅸ,再螯合 Fe^{2+},生成血红素。体内血红素的合成要受多种因素的调节和影响。血红素合成是在细胞的线粒体开始,由甘氨酸和琥珀酰 CoA 合成 δ- 氨基 -γ- 酮戊酸,后者进入细胞液,合成尿卟啉原、粪卟啉原,又回到线粒体,合成血红素。合成过程大致可分为以下 4 个步骤:

1. δ- 氨基 -γ- 酮戊酸的合成　在线粒体内,由甘氨酸与三羧酸循环生成的琥珀酰 CoA 缩合生成 δ- 氨基 -γ- 酮戊酸（δ-aminolevulinic acid,ALA）。催化此反应的酶是 ALA 合酶,ALA 合酶的辅酶为磷酸吡哆醛。该酶是血红素合成的限速酶,受血红素的反馈调节（图 13-2）。

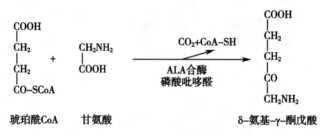

图 13-2　δ- 氨基 -γ- 酮戊酸的合成

2. 胆色素原（卟胆原）的生成　线粒体内生成的 ALA 转运至细胞液,在细胞液中的 ALA 脱水酶的催化下,2 分子 ALA 脱水缩合生成 1 分子胆色素原（porphobilinogen,PBG）。ALA 脱水酶为含锌的金属酶,对铅敏感。在铅中毒时,该酶活性明显被抑制（图 13-3）。

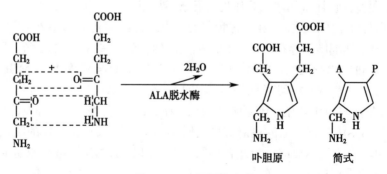

图 13-3　卟胆原的生成

3. 尿卟啉原和粪卟啉原的合成　细胞液中,4 分子卟胆原在卟胆原脱氨酶（PBG deaminase）催化下,头尾连接,生成线状四吡咯。后者在尿卟啉原Ⅲ同合酶的催化下,线状四吡咯环化,生成尿卟啉原Ⅲ。线状四吡咯不稳定,若无尿卟啉原Ⅲ同合酶催化,可自行环化生成尿卟啉原Ⅰ。由于尿卟啉原Ⅲ同合酶活性很高,在生理状况下,尿卟啉原Ⅰ生成极少,只有当此酶缺陷或不足时,才有大量的尿卟啉原Ⅰ生成。尿卟啉原Ⅰ不能被用来合成血红素,只能从尿中排出。

尿卟啉原Ⅲ在尿卟啉原Ⅲ脱羧酶催化下,4个乙酰基(A)侧链脱羧,转变为甲基,生成粪卟啉原Ⅲ(图13-4)。

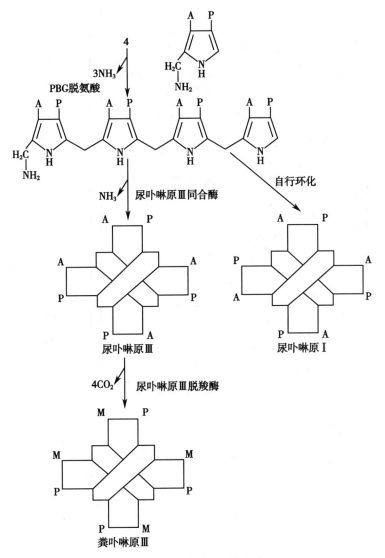

图 13-4 粪卟啉原Ⅲ的生成

4. 血红素的生成 细胞液中生成的粪卟啉原Ⅲ,返回线粒体。在线粒体中,由粪卟啉原Ⅲ氧化脱羧酶催化,第2、4位上的两个丙酸基,氧化脱羧为乙烯基,变为原卟啉原Ⅸ。原卟啉原Ⅸ在原卟啉原氧化酶的作用下,其连接4个吡咯的亚甲基桥氧化为次甲基桥,转变为原卟啉Ⅸ。

原卟啉Ⅸ是血红素的直接前体。由亚铁整合酶催化与Fe^{2+}螯合，生成血红素。接着，血红素从线粒体转运到细胞液，在骨髓的幼红细胞和网织红细胞中，与珠蛋白结合，合成血红蛋白。在肝脏或其他组织细胞的细胞液中，血红素与相应蛋白质结合，生成各种含血红素蛋白（图13-5）。

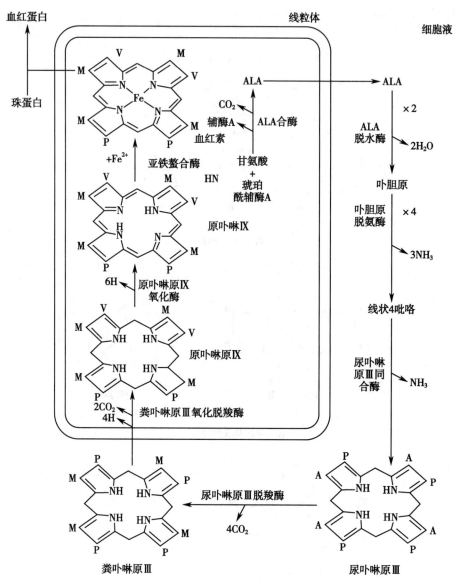

图 13-5　血红素合成的全过程

（二）血红素合成的特点

1. 体内大多数组织均具有合成血红素的能力，但合成的主要部位是骨髓和肝，成熟红细胞不含线粒体，故不能合成血红素。

2. 血红素合成的原料是琥珀酰辅酶 A、甘氨酸、Fe^{2+} 等简单小分子物质。其中间产物的转变主要是吡咯环侧链的脱羧和脱氢反应。各种卟啉原化合物的吡咯环之间无共轭结构,均无色,性质不稳定,易被氧化,对光尤为敏感。

3．血红素的合成起始和终末过程均在线粒体中进行,而其他中间步骤则在细胞液中进行。这种定位对终产物血红素的反馈调节作用具有重要意义。

（三）血红素合成的调节

血红素的合成受多种因素的调节,其中最主要的调节步骤是 ALA 合酶。

1．ALA 合酶　是血红素合成体系的限速酶,受血红素的反馈抑制。血红素与该酶的底物和产物均不类似,因此可能属于别构抑制。此外,血红素还可以阻抑 ALA 合酶的合成。由于磷酸吡哆醛是该酶的辅基,维生素 B_6 缺乏将影响血红素的合成。ALA 合酶本身的代谢较快,半衰期约为 1h。正常情况下,血红素合成后迅速与珠蛋白结合成血红蛋白,不致有过多的血红素堆积;血红素结合成血红蛋白后,对 ALA 合酶不再有反馈抑制作用。如果血红素的合成速度大于珠蛋白的合成速度,过多的血红素可以氧化成高铁血红素,后者对 ALA 合酶也具有强烈抑制作用。某些固醇类激素,如睾酮在体内的 5-β 还原物,能诱导 ALA 合酶,从而促进血红素的生成。许多在肝中进行生物转化的物质,如致癌剂、药剂、杀虫剂等,均可导致肝 ALA 合酶显著增加,因为这些物质的生物转化作用需要细胞色素 P450,后者的辅基正是铁卟啉化合物。由此,通过肝 ALA 合酶的增加,适应生物转化的要求。

2．ALA 脱水酶与亚铁整合酶　ALA 脱水酶虽然也可被血红素抑制,但并不引起明显的生理效应,因为此酶的活性较 ALA 合酶强 80 倍,故血红素的抑制基本上是通过 ALA 合酶而起作用的。ALA 脱水酶和亚铁整合酶对重金属的抑制均非常敏感,因此抑制血红素合成是铅中毒的重要特征。此外,亚铁整合酶还需要还原剂(如谷胱甘肽),任何还原条件的中断也会抑制血红素的合成。

3．促红细胞生成素(erythropoietin,EPO)　主要在肾合成,缺氧时即释放入血,运送至骨髓,借助一种含 2 个不同亚基和一些结构域的特异性跨膜载体,EPO 可与原始红细胞 [如爆式红系集落形成单位(burst forming unit erythroid,BFU-E)、红系集落形成单位(erythroid colony forming unit,CFU-E)] 相互作用,促使它们繁殖和分化,加速有核红细胞的成熟以及血红素和 Hb 的合成。因此,EPO 是红细胞生成的主要调节剂。

知识窗

卟啉症

血红素合成代谢异常而引起卟啉化合物或其前体的堆积,称为卟啉症。先天性红细胞生成性血卟啉症的病因是先天性缺乏尿卟啉原Ⅲ同合酶,而使线状四吡咯不能转化为尿卟啉原Ⅲ,使尿卟啉原Ⅰ生成大量增多,患者尿中有大量尿卟啉Ⅰ和粪卟啉Ⅰ出现。人们已经认识到,先天性红细胞生成性血卟啉症患者除不可在白天冒险涉足户外,也要尽量避免食用大蒜,因为大蒜中的某些化学物质被认为会加重血卟啉症的症状,使轻微的发病变得痛苦不堪。

（四）珠蛋白及血红蛋白的合成

血红蛋白中珠蛋白的合成与一般蛋白质相同。珠蛋白的合成受血红素的调控。血红素的氧化产物高铁血红素能促进血红蛋白的合成,其机制见图 13-6。cAMP 激活蛋白激酶 A 后,蛋白激酶 A 能使无活性的 eIF-2 激酶磷酸化,后者再催化 eIF-2 磷酸化而使之失活。高铁血红素有抑制 cAMP 激活蛋白激酶 A 的作用,从而使 eIF-2 保持去磷酸化的活性状态,有利于珠蛋白,即血红蛋白的合成。

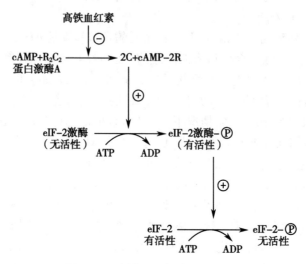

图 13-6　高铁血红素对 IF2 的调节

三、血红蛋白的生理功能

Hb 的生理功能和它的结构密切相关。与只有一条多肽链的肌红蛋白相比,含有两种亚基的四聚体的 Hb 具有一些新的特性,这些特性赋予 Hb 以重要的生物学功能。Hb 的功能除了运输 O_2 以外,还参与 CO_2 运输和体内 H^+ 代谢的调节。此外,Hb 对 O_2 的结合受到 H^+、CO_2 和 2,3-BPG 等的调节,这些调节物通过改变 Hb 分子的构象来调节 Hb 结合 O_2 的能力,这就是 Hb 的别构效应。

知识窗

血红蛋白病

血红蛋白病是由于血红蛋白分子结构异常或珠蛋白肽链合成异常所引起的一组遗传性血液病。临床可表现溶血性贫血、高铁血红蛋白升高或因血红蛋白与氧亲和力改变而引起组织缺氧或代偿性红细胞增多。该病种类较多,可分为两大类:一类为异常血红蛋白病,包括镰形细胞贫血、不稳定血红蛋白病、血红蛋白 M 病、氧亲和力改变的血红蛋白病;另一类为珠蛋白生成障碍性贫血,是由于珠蛋白基因缺失或突变引起某种珠蛋白链合成障碍导致的溶血性贫血。

积少成多

1. 糖酵解是成熟红细胞获得能量的唯一途径。

2. 血红素合成的起始和终末阶段在线粒体内,中间阶段在细胞液中进行;合成原料为甘氨酸、琥珀酰 CoA、Fe^{2+} 等;限速酶为 ALA 合酶。

理一理

血液生物化学

- 血浆蛋白质
  - 血浆蛋白质的分类
    - 盐析法：清蛋白、球蛋白、纤维蛋白
    - 电泳法：清蛋白、α_1-球蛋白、α_2-球蛋白、β-球蛋白、γ-球蛋白
    - 生理功能：载体蛋白、免疫防御系统蛋白、凝血和纤溶蛋白、酶等
  - 血浆蛋白质的特点
    - 大多数蛋白质在肝合成
    - 除清蛋白，几乎所有的蛋白质是糖蛋白
    - 多种蛋白质呈现遗传多态性
    - 每种血浆蛋白质均有特异的半衰期
    - 血浆蛋白质水平改变往往与疾病相关，如APP
  - 血浆蛋白质的功能
    - 维持血浆胶体渗透压、调节血液pH、营养作用、运输作用、免疫作用等

- 非蛋白含氮化合物
  - 尿素　蛋白质的终末代谢产物，含量约占NPN总量的一半
  - 尿酸　嘌呤核苷酸代谢的终产物，代谢异常可引起痛风
  - 肌酐　肌酸在体内代谢的终产物，全部由肾排出

- 红细胞代谢
  - 红细胞的代谢特点
    - 糖酵解
      - 维持红细胞膜上"钠泵"的运转
      - 维持红细胞膜上的钙泵的生理功能
      - 维持红细胞脂质的不断更新
      - 启动糖酵解通路，活化葡萄糖
      - 用于谷胱甘肽和NAD$^+$等的生物合成
    - 2, 3-BPG支路
      - 红细胞特有的代谢通路
      - 主要与Hb作用，调节氧运输
    - 磷酸戊糖通路
      - NADPH和谷胱甘肽代谢
      - 高铁血红蛋白的还原
  - 血红蛋白的合成与调节
    - 血红素的合成
      - δ-氨基-γ-酮戊酸的合成
      - 胆色素原（卟胆原）的生成
      - 尿卟啉原和粪卟啉原的合成
      - 血红素的生成
    - 血红素合成的特点
      - 主要部位是骨髓和肝
      - 合成的原料是简单小分子
      - 在线粒体中合成
    - 血红素合成的调节
      - ALA合酶
      - ALA脱水酶与亚铁整合酶
      - 促红细胞生成素EPO
    - 珠蛋白及血红蛋白的合成
  - 血红蛋白的生理功能　运输氧气和二氧化碳，参与体内氢离子的调节

理一理

练一练

一、名词解释

1. 非蛋白氮

2. 卟啉症

3. EPO

二、填空

1. 血红素合成需要维生素_____；防止血红蛋白被氧化需要维生素_____；血液凝固需要维生素_____。

2. 调节红细胞生成的是_____；血红素合成关键酶的辅基是_____。

3. 血浆中主要的非蛋白氮的来源是_____。

三、简答

1. 简述血浆蛋白质的功能。

2. 简述成熟红细胞代谢的特点和生理意义。

思路解析

测一测

拓展阅读

（李红丽）

第十四章 水和无机盐代谢

课件

科学发现

脱水机制
——一位抗疫英雄脱水经历

机体水分摄入不足或者水分丢失过多会引起脱水。体液中水丢失、电解质浓度增加导致细胞外液高渗，水分子通过被动转运从细胞内液运输到细胞外液。临床症状表现为口渴、尿少、皮肤弹性差，严重时可出现循环衰竭、狂躁、幻觉等意识障碍。

2020 年伊始，新型冠状病毒肺炎肆虐，一位抗疫英雄连续工作 8h 后，在日记中写道：完成交接班后，我脱去一层层早已被汗水浸湿的防护服，瞬间感到了丝丝凉意，然此时我丝毫不敢松懈，穿过一个个缓冲间，进行一次次洗手、消毒。脱去 N95 口罩后，我的牙齿已经干得只剩麻木，由于长时间脱水，此时我只想冲进休息室大口大口地饮水……

这位抗疫英雄的战疫经历，让我们对她无限敬仰！作为一名医务工作者，我们都要急病人之所急，想病人之所想，像抗疫英雄那样不顾脱水时的一系列难以忍受的症状，不管多么辛苦，多么劳累，也无论环境多么恶劣，都要为患者的健康尽一切努力，展现出一名优秀医务工作者的医德和风采。

学前导语

水是生命之源，机体内所有的生化反应都是在水中进行的，体液中的水和无机盐在机体中发挥重要的生理功能。机体内体液处于相对的动态平衡，如果平衡被打破，将会出现代谢紊乱。

无机元素对维持机体内生理功能有着非常重要的作用，按照机体每天需要量的多少可以分为常量元素和微量元素。无机元素的缺乏可引起机内相应的缺乏症。

学习目标

辨析：细胞内液和细胞外液的成分区别；甲状旁腺激素、降钙素、活性维生素 D 对钙、磷、镁的调节。

概述：电解质的概念；微量元素的概念；水和无机盐的生理功能。

说出：体液的分布特点；电解质代谢特点；钙、磷、镁对骨的调节作用；水和无机盐的代谢调节。

学会：应用水和无机盐的相关知识分析电解质紊乱的生化机制；分析钙、磷、镁对骨代谢紊乱的生化机制。

培养：应用水和无机盐代谢知识对患者提供针对性护理、用药及检测、膳食指导。

第一节　体　液

体液是由机体内水及溶解在其中的无机盐、有机物和蛋白质构成的。人类的生命活动都依赖体液。当内外环境改变或发生疾病时，常会影响体液的平衡，从而导致水、无机盐代谢的紊乱，如果不及时纠正，可能会引起严重后果，甚至危及生命。

一、体液的含量与分布

（一）体液的含量

正常成年人的体液约占体重的60%，其中细胞内液约占40%，细胞外液约占20%。细胞外液是细胞生存的内环境，包括血浆和细胞间液，血浆占体重的5%，细胞间液占体重的15%。

体液含量的变化与年龄、性别和疾病有密切关系。婴儿时期体液约占体重的70%，成年人体液约占体重的60%，而老年人则约占50%甚至更低。而不同组织含水量亦不同：脂肪组织含水量15%～30%，肌肉组织含水量75%～80%。故肥胖者和女性在同等体重下，对水的耐受较其他人群差。

（二）体液的分布

体液以细胞膜为界，分为细胞内液和细胞外液（组织间液）。细胞外液又分为血浆和细胞间液，其中细胞间液包括淋巴液、脑脊液、关节腔液以及渗出液和漏出液。机体各组织的体液之间保持相对的动态平衡，这也是机体正常生命活动得以进行的必要条件，当这种平衡受到外界或者机体内部环境的破坏，就会出现体液代谢的紊乱。

二、体液的电解质分布

体液中的无机盐一般以离子形式存在，称为电解质。主要的阳离子有 Na^+、K^+、Ca^{2+}、Mg^{2+} 等，主要的阴离子有 Cl^-、HCO_3^-、HPO_4^{2-}、SO_4^{2-}、蛋白质等。体液中电解质在正常人细胞内液、细胞外液的分布及含量有明显的差异（表14-1）。

表14-1　体液中各种电解质的含量

电解质	血浆/(mmol·L⁻¹ 血浆)	细胞间液/(mmol·L⁻¹ 水)	细胞内液/(mmol·L⁻¹ 水)
阳离子			
Na^+	142	147	15
K^+	5	4	150
Ca^{2+}	5	2.5	2
Mg^{2+}	2	2	27
总量	154	155.5	194

310

电解质	血浆/(mmol·L⁻¹ 血浆)	细胞间液/(mmol·L⁻¹ 水)	细胞内液/(mmol·L⁻¹ 水)
阴离子			
Cl^-	27	30	1
HCO_3^-	103	114	10
HPO_4^{2-}	2	2	100
SO_4^{2-}	1	1	20
有机酸	5	7.5	—
蛋白质	16	1	63
总量	154	155.5	194

由表 14-1 可见,体液的阳离子与阴离子摩尔电荷总量相等,呈电中性。主要的电解质在细胞内外分布差异很大,细胞外液主要的阳离子为 Na^+,主要阴离子为 Cl^-、HCO_3^-;细胞内液主要的阳离子为 K^+,主要阴离子为有机磷酸离子和蛋白质离子。血浆中的主要电解质为 Na^+、Cl^-、HCO_3^-。血浆与细胞间液的大部分电解质含量基本接近,但蛋白质含量不同,血浆的明显高于细胞间液,这一差异对于维持血浆胶体渗透压及血浆与细胞间液之间水的交换具有重要意义。

三、体液的交换

正常情况下,机体内体液在各个组织之间不断地进行交换。体液交换包括细胞间液与细胞内液、细胞间液与血浆的交换。通过体液交换将营养物质运至细胞内,代谢产物运出细胞,并通过肺、肾及肠排出体外,保证生命活动的正常进行。

(一)细胞间液与细胞内液之间的交换

细胞间液与细胞内液之间的交换是通过细胞膜进行的。细胞膜是半透膜,对物质的通过具有一定的选择性。水和一些小分子物质可以自由通过,而电解质和蛋白质则不能自由通过。如细胞内高 K^+ 和低 Na^+ 则是通过细胞膜上的钠钾泵(Na^+,K^+-ATP 酶)的主动转运来维持交换。细胞间液和细胞内液的交换主要取决于细胞内外液的晶体渗透压。通常水从渗透压低的一侧往渗透压高的一侧移动,当细胞外液晶体渗透压过高时,水从细胞内转移到细胞外,造成细胞皱缩;反之,水从细胞外转移到细胞内,则造成细胞水肿。

(二)细胞间液与血浆之间的交换

细胞间液与血浆之间的交换通过毛细血管壁进行的。毛细血管壁是半透膜,和细胞膜的半透膜不同,细胞间液与血浆之间的水分和小分子溶质如电解质、葡萄糖、尿素等可以自由通过,而大分子如蛋白质则不能自由通过。细胞间液和血浆的交换主要取决于胶体渗透压与静水压(血压)之差,以胶体渗透压为主。

积少成多

1. 体液以细胞膜为界,分为细胞内液和细胞外液。

2. 电解质在细胞内外分布差异很大,细胞外液主要的阳离子为 Na^+,主要阴离子为 Cl^-、HCO_3^-;细胞内液主要的阳离子为 K^+,主要阴离子为有机磷酸离子和蛋白质离子。

3. 细胞间液和细胞内液的交换主要取决于细胞内外液的晶体渗透压,细胞间液和血浆的交换主要以胶体渗透压为主。

第二节 水 平 衡

水是机体的主要成分之一，主要以结合水的形式存在，和体内蛋白质、多糖等结合，还有一部分为自由水。水平衡是水的来源与去路相互作用的一种动态平衡，水平衡失调往往伴随体液中渗透压和电解质的改变。

一、水的来源与去路

（一）水的来源

1．饮水 人体所需的饮水量会随着天气、活动、生活习惯以及疾病状态而有所不同。例如，夏季炎热，出汗多，饮水量就会增加。

2．代谢水 指蛋白质、糖、脂肪等营养物质在体内进行生物氧化时所生成的水。

3．食物水 指食物中所含的水。

（二）水的去路

1．肾脏排出 是机体排水的最主要通路。机体通过肾脏排出体内多余的水分以及代谢终产物。

微课：水平衡及调节

2．呼吸蒸发 呼吸时以蒸汽的形式排出。

3．皮肤蒸发 通过出汗的方式排出。体表水分的蒸发，称为隐形出汗；皮肤汗腺活动分泌的汗液，称为显性出汗。出汗量的多少和机体的活动强度、环境温度等有关。

4．肠道排出 通过肠道中粪便排出少量水。

机体每天不断通过肺、皮肤蒸发、肾脏及肠道排出水分。当没有水的摄入时，每天必然丢失的水分大约1 500mL，进而会引起水失衡。机体每天的水出入量见表14-2。

表14-2 正常成人每天水出入量

水的来源	水的摄入量/mL	水的去路	水的排出量/mL
饮水	1 300	肾脏排出	500～1 500
代谢水	300	呼吸蒸发	250～350
食物水	900	皮肤蒸发	350～750
		肠道排出	50～200
总量	2 500	总量	1 150～2 800

知识窗

锻炼后如何补充水分

锻炼时消耗体力，出汗增多，机体会感到十分口渴。锻炼后感到口渴，不完全是因为体内缺水，还有一个原因是运动时呼吸加强，水分蒸发快和唾液分泌减少变稠，致使口腔内的黏膜干燥。如果这时大量饮水，由于胃肠吸收能力减退，水分就会积聚在胃肠道，使人感到胃部胀满不适，并影响呼吸。

锻炼后补充水分应该是少量多次，先少喝一点，休息一会儿再少喝一点，慢慢补充。水里也可以适当加点盐，喝淡盐水，以补充体内损失的盐分。

二、水的生理功能

水是机体乃至细胞的主要成分，广泛分布于各种组织中，构成人体的内环境。水的功能主要有以下方面：

（一）维持组织形态和功能

和蛋白质、多糖等物质结合成结合水，构成细胞的组成成分，保持细胞的形状及弹性，维持体液正常渗透压及电解质平衡，维持血容量。

（二）促进和参与物质代谢

水是体内营养物质的载体，机体内发生的生化反应都是在水中进行的。水参与物质的代谢，在消化、吸收、排泄过程中，促进营养物质的吸收和运输，以及机体代谢产物的排出。

（三）润滑作用

水的黏度小，可以起到润滑的作用，如以水分为主要成分的唾液、关节囊液、眼泪等，易于吞咽或减少摩擦，对眼球、肌肉、关节起到缓冲和保护作用。同时，水还可以滋润肌肤、维持腺体器官正常分泌。

（四）调节体温

水的比热较大，热容量大，蒸发少量水就可以散发出较多的热量。当体内产能产热过多时，水分被吸收，通过体温交换和血液循环，经皮肤或呼气散发而使体温不升高。

> **积少成多**
>
> 1. 水的来源与去路保持动态平衡，水平衡失调往往伴随体液中渗透压和电解质的改变。
>
> 2. 水的生理功能主要有维持组织形态和功能、促进和参与物质代谢、润滑作用、调节体温等。

第三节　无机盐代谢

一、无机盐的生理功能

机体内无机盐的种类多，功能各异，综合起来有下述方面：

（一）维持体液渗透压平衡

正常情况下，细胞内、外液的渗透压处于平衡状态。当细胞内、外液中离子浓度发生变化时，渗透压随之发生改变，导致水的跨膜移动，从而影响体液在细胞内外的分布。细胞外液容量和渗透压主要依赖 Na^+、Cl^-，细胞内液的容量和渗透压主要依赖 K^+、HPO_4^{2-}。

（二）维持体液酸碱平衡

体液中的电解质可形成缓冲体系，如碳酸氢盐缓冲体系、磷酸氢盐缓冲体系等，对体液中的酸、碱起缓冲作用，在维持体液的酸碱平衡中起重要作用，如 HCO_3^-/H_2CO_3、$HPO_4^{2-}/H_2PO_4^-$、蛋白质盐/蛋白质。另外，K^+ 通过细胞膜上的钠钾泵（Na^+，K^+-ATP 酶）、氢钾泵

（K$^+$, H$^+$-ATP 酶）可与细胞外液的 Na$^+$、H$^+$ 进行交换,从而维持和调节体液的酸碱平衡。

（三）维持神经 - 肌肉的兴奋性

体液中的 Na$^+$、K$^+$、Ca^{2+}、Mg^{2+} 等均可影响神经肌肉的兴奋性。神经肌肉的兴奋性与各离子浓度的关系如下:

$$神经肌肉的兴奋性\propto\frac{[Na^+]+[K^+]}{[Ca^{2+}]+[Mg^{2+}]+[H^+]}$$

从公式可以看出,Na$^+$、K$^+$ 可以提高神经肌肉的兴奋性,而 Ca^{2+}、Mg^{2+} 则相反。

离子浓度对心肌兴奋性也有一定的影响,它们的关系是:

$$心肌兴奋性\propto\frac{[Na^+]+[Ca^{2+}]}{[K^+]+[Mg^{2+}]+[H^+]}$$

从公式中,可以看出,K$^+$、Mg^{2+} 对心肌细胞的兴奋性有抑制作用,而 Na$^+$、Ca^{2+} 则相反。

（四）维持细胞正常的物质代谢

视频:水、电解质的生理功能与平衡

许多无机盐在细胞正常的物质代谢中发挥重要的作用。例如,Ca^{2+} 作为凝血因子参与血液凝固,作为激素的"第二信使"对细胞内代谢具有重要的调节作用,是许多酶(脂肪酶、ATP 酶等)的激活剂等。磷参与体内核酸、核苷酸、磷脂、磷蛋白等重要生物分子的组成,参与高能磷酸化合物的合成与多种磷酸化的中间产物的生成等。

> **知识窗**
>
> ### 离子通道
>
> 细胞是通过细胞膜与外界隔离的,在细胞膜上有很多通道,细胞就是通过这些通道与外界进行物质交换的。这些通道由单个分子或多个分子组成,允许一些离子通过。通道的调节影响到细胞的生命和功能。
>
> 德国科学家 Bert Sakmann 与生理学家 Erwin Neher 合作发明了 patch clamp 技术,发现了细胞膜存在离子通道,两人共同获得 1991 年诺贝尔生理学或医学奖。离子通道具特征性,有的仅允许阳离子通过,有的仅允许阴离子通过。接着,他们研究了多种细胞功能,终于发现离子通道在糖尿病、癫痫、某些心血管病疾病中所引起的作用。

二、钠、钾、氯的代谢

（一）钠、氯的代谢

1. 钠、氯的分布和含量　正常成人体内钠的含量为 45～50mmol/kg,主要分布于细胞外液 50%,骨骼 40%～45%,其余 10% 在细胞内液。血清钠浓度为 135～145mmol/L。氯是细胞外液的主要阴离子。血清氯浓度为 98～106mmol/L。

2. 钠、氯的吸收与排泄　人体每天摄入的钠、氯主要来自食盐(NaCl),随食物摄入 NaCl 的几乎以离子形式在消化道内全部被吸收。通常成人每天 NaCl 的需要量为 4.5～9g。Na$^+$、Cl$^-$ 主要由肾通过尿液排出,少量通过汗液及粪便排出。肾调节血钠浓度的能力很强,当摄入过量的 NaCl,可由肾脏很快排出体外。当细胞外液容量减少,血钠浓度降低时,可促使肾素释放,促进肾小管重吸收,Na^+ 排泄减少。机体完全停止摄入钠时,肾排钠趋向于零。因此,肾对钠排泄的特点为"多吃多排、少吃少排、不吃不排"。

氯在体内的变化和钠一致。

(二)钾代谢

1. 钾的分布和含量　正常成人体内钾的含量为 45mmol/kg,主要分布于细胞内液 98% 和细胞外液 2%。血清钾的浓度为 3.5～5.5mmol/L,红细胞中 K^+ 浓度为约为 150mmol/L,远远高于血清中的浓度,因此测定血清钾时一定要防止溶血。K^+ 进入细胞依赖细胞膜上钠钾泵的主动转运,因此在进行补钾时,为了避免高血钾的发生,补钾的浓度不宜过高、量不宜过多、速度不宜过快、首选口服补钾等,禁止静脉推注。

此外,物质代谢对钾在细胞内外的分布有一定影响。实验证明,蛋白质代谢时需要钾,合成时钾进入细胞内,分解时转出到细胞外。因此,当蛋白质合成增强如组织生长或创伤修复,可使血钾浓度下降。糖原合成时,钾进入细胞内;糖原分解时,钾释放到细胞外,因此临床上糖尿病治疗时,注射葡萄糖和胰岛素可以纠正高血钾。

2. 钾的吸收与排泄　正常成年人每天需钾 3～4g,主要来自食物。肉类、水果、蔬菜都含有丰富的 K^+,日常膳食提供的钾能满足机体维持生理功能。从食物摄入的钾中约 90% 在消化道以离子形式被吸收。严重腹泻时,在粪便中丢失的钾可达正常时的 10～20 倍。

80%～90% 的钾经肾排出,10% 左右通过粪便排出,也可通过皮肤排出少量。肾对钾的排泄能力也很强,但是肾保钾的能力远低于钠,一般情况下,K^+ 的摄入与排出在量上保持一致,但在无 K^+ 或大量丢失 K^+ 时,仍有部分 K^+ 从尿排出。长期禁食者或者 K^+ 摄入不足时,应注意钾的补充。因此肾对钾的排泄特点是"多吃多排、少吃少排、不吃也排"。

三、水和无机盐代谢的调节

水和无机盐通过中枢神经系统和激素的调节,达到代谢的平衡。

(一)中枢神经系统的调节

水的摄入与排出由下丘脑口渴机制控制。当机体水摄入不足或失水过多,细胞外液渗透压升高,刺激下丘脑视前区的渗透压感受器,产生兴奋并传至大脑皮质下丘脑引起口渴的感觉。同时,由于细胞外液渗透压升高,水从细胞内液向细胞外液转移,导致细胞脱水,也会引起口渴。补充水分后,细胞外液渗透压下降,水从细胞外液向细胞内液转移,重新恢复平衡。

视频:水、电解质的调节

(二)激素的调节

1. 抗利尿激素(antidiuretic hormone,ADH)　即血管升压素,一种神经垂体激素,是调节水平衡最重要的因素,其主要作用是提高肾小管对水的通透性,促进重吸收,使尿液浓缩,尿量减少(抗利尿)。血浆晶体渗透压升高、循环血量减少或血压下降时,可促进 ADH 分泌释放,使肾小管增加对水的重吸收,使尿液浓缩和尿量减少,使血浆渗透压、血容量及血压趋于正常。反之,ADH 分泌减少,肾小管减少对水的重吸收,使尿液稀释和尿量增多(图 14-1)。

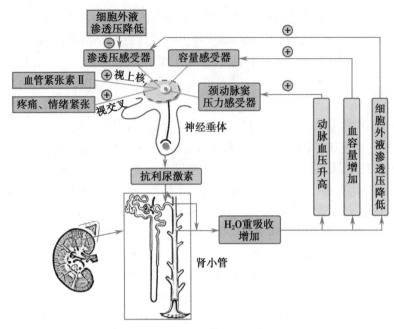

图 14-1 ADH调节作用示意图

2. 醛固酮 是由肾上腺皮质球状带分泌的类固醇激素，是调节钾钠代谢的主要因素。其可促进肾远曲小管和集合管的主细胞重吸收 Na^+，促进 K^+ 的排出。在醛固酮的作用下，Na^+ 的重吸收增强，同时 Cl^- 和水的重吸收也在增加，K^+ 的分泌量增加，所以醛固酮有保 Na^+ 排 K^+ 的作用。醛固酮分泌除了通过肾素 - 血管紧张素系统来实现其调节外，血 Na^+ 浓度降低和血 K^+ 浓度的升高会直接刺激醛固酮的分泌促进 Na^+ 的重吸收和 K^+ 的排出；反之，血 Na^+ 浓度升高或血 K^+ 浓度的降低，刺激醛固酮的分泌会减少（图 14-2）。

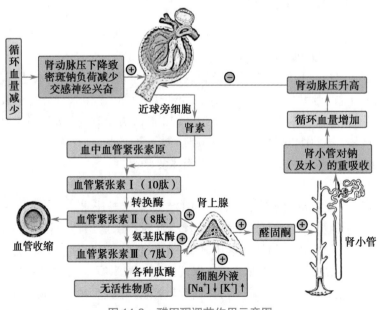

图 14-2 醛固酮调节作用示意图

案例分析

患儿，男性，2岁。2d前出现腹泻（蛋花样大便），5次/d，量多少不等，无黏液血丝，伴流涕、发热（体温最高达39.4℃），无呕吐，尿量减少，烦躁不安。

体格检查：体温36.8℃，脉搏134次/min，呼吸30次/min，血压82/55mmHg，神志清晰，精神欠佳，皮肤干燥，弹性差。肠鸣音减弱，肢端微凉，无花纹，肝大，脾未触及。

实验室检查：大便常规，黏液(-)，白细胞0～2个/HP，红细胞0个/HP。血常规，白细胞$12.4×10^9$/L，中性粒细胞32%，淋巴细胞67%。经大便轮状病毒检测(+)。生化检测，pH 7.31，血清钠129mmol/L，血清钾3.05mmol/L。

问题：

试用生物化学知识分析出现水、电解质紊乱的机制。

案例解析

积少成多

1. 钠是细胞外的主要阳离子，钾是细胞内主要的阳离子。

2. 无机盐具有维持体液的渗透压和酸碱平衡、维持神经肌肉和心肌的兴奋性、参与物质代谢和构成人体组成成分等作用。

3. 肾排钠的特点："多吃多排，少吃少排，不吃不排"；肾排钾的特点："多吃多排，少吃少排，不吃也排"。

4. 水和无机盐通过中枢神经系统和激素（主要是抗利尿激素和醛固酮）的调节，达到代谢的平衡。

第四节 钙、磷、镁与微量元素代谢

一、钙、磷、镁在体内的含量、分布和生理功能

钙、磷、镁是体内含量较多的无机盐，主要以羟基磷灰石的形式存在于骨骼和牙齿中，在骨的生成中发挥重要的作用。

(一)钙、磷、镁在体内的含量和分布

机体内钙、磷和镁主要分布于骨骼和牙齿中，在组织及体液中分布较少；在血浆中以游离、与蛋白结合或与其他阴离子形成复合物等形式存在。钙是人体内含量最多的无机元素之一，占体重的1.5%～2%，总量达到1 200～1 400g。体内99%以上的钙以羟基磷灰石的形式存在于骨骼中，其余不足1%存在体液及其他组织。磷占体重的0.08%～1.2%，总量为600～900g。80%的磷存在于骨骼和牙齿中，其余分布在全身其他组织及体液中。镁在人

体内含量为 20～28g，50% 以 $Mg_3(PO_4)_2$ 和 $MgCO_3$ 的形式存在于骨中，其余在细胞内，细胞内镁有 80%～90% 是结合形式。镁是细胞内重要的阳离子之一，仅次于钾，细胞外液的镁不超过总量的 1%。

（二）钙、磷、镁的生理功能

钙被称为"生命金属"，以羟基磷灰石形式对骨骼和牙齿起着支持和保护作用。分布于体液和其他组织中不足总钙量的 1% 的钙，在维持骨骼内骨盐的含量，参与血液凝固，调节酶的活性，参与细胞代谢，维持细胞膜和毛细血管的完整性和通透性以及神经肌肉的兴奋性等方面发挥重要的作用。血浆游离钙浓度降低会增加神经肌肉的应激性，发生手足搐搦，游离钙浓度增高将降低其应激性。细胞内钙浓度极低，且 90% 以上储存于内质网和线粒体内，10% 存在于细胞质中，启动心肌细胞和骨骼肌的收缩、作为第二信使广泛参与胞内多种信号转导、参与一系列的生理反应。

知识窗

低钙血症

血钙浓度低于 2.25mmol/L 称为低钙血症。临床表现是神经肌肉痉挛性抽搐。其原因是细胞膜电位障碍，症状主要是神经肌肉兴奋性增加导致。严重低钙血症可以引起搐搦，喉咙或全身痉挛。搐搦以感觉症状为特征，有唇、舌、手指、足麻木；腕足阵挛；全身肌痛和面肌痉挛。常发生在严重碱中毒时，血浆总钙无明显降低，而离子钙降低所致。

磷与钙一起构成骨盐成分、参与成骨作用，还是核酸、核苷酸、磷脂、辅酶等重要生物分子的组成成分，在生物遗传、基因表达等方面发挥重要的生理功能。糖类、脂类、蛋白质等物质代谢中需要磷酸基的参与，ATP 和磷酸肌酸等高能磷酸化合物作为能量的载体，参与能量的生成、储存和利用，作为能源维持着细胞的各种生理功能，如肌肉的收缩、生物膜上的主动转运系统，在生命活动中起着十分重要的作用。磷脂在构成生物膜结构、维持膜功能以及代谢调控上发挥重要作用。无机磷酸盐组成血液中重要的缓冲体系，维持血液的酸碱平衡。

镁在细胞外的含量很少，但在物质代谢、生物遗传、基因表达等方面发挥重要的生理功能。在遗传信息的复制、传递及表达的每一个过程都有镁的参与，糖类、脂类、蛋白质等物质代谢中离不开镁的参与，如糖酵解酶反应中 15 种酶中有 7 种酶需要镁的参与。作为酶的辅助因子，体内约 300 多种酶的辅助因子是 Mg^{2+}，也是许多酶系统的变构效应激活因子。镁还在参与物质主动运输，维持电解质的平衡、维持神经肌肉的兴奋性等方面发挥重要的作用。血清 Mg^{2+} 浓度减少会降低神经兴奋阈值，增加神经传导速度。

二、钙、磷、镁的吸收与排泄

（一）钙的吸收与排泄

正常成人每天需要的钙为 0.5～1.0g，生长发育期儿童、妊娠和哺乳期女性需要量增加。食物钙主要存在于乳制品、豆类和叶类蔬菜中。钙在十二指肠和空肠被主动吸收，尤其以十二指肠上端吸收能力最强。食物中钙的吸收与很多因素有关：①活性维生素 D[1, 25-$(OH)_2$-D_3]，能促进钙和磷的吸收；②肠道 pH 明显影响钙的吸收，在酸性溶液中钙盐易溶解，有利于钙的吸收；③食物中磷酸盐、草酸盐和植酸盐可与钙形成不溶解的钙盐，不利于钙的吸收；④食物中的钙磷比，钙：磷=2：1时吸收最佳。钙的吸收随着年龄增加而下降，老年人容易缺钙。

钙通过肠道及肾排泄，其中80%由肠道排出，消化道排泄未被吸收的食物钙，当严重腹泻时排钙过多可导致缺钙。经过肾排泄的钙占体内总排钙量的20%，尿钙的排出量受血钙浓度直接影响，当血液中的钙浓度降低时，肾小管对钙的重吸收增加，尿中钙浓度几乎为零，当血液中钙浓度升高时，尿中钙排出量明显增多，肾小管的重吸收受甲状旁腺激素的严格控制。

（二）磷的吸收与排泄

正常成人每天需磷量为1.0～1.5g，食物中普遍含磷，人体内以有机磷酸酯和磷脂为主，其在肠管内磷酸酶的作用下分解为无机磷酸盐，在小肠吸收。磷易吸收，在空肠吸收率达70%。因此，临床上由于磷吸收不良引起磷缺乏较为少见。钙、镁、铁可与磷酸根生成不溶性化合物而影响磷的吸收。

磷也是通过肠道和肾排泄，与钙相反，70%由肾排出，30%由肠道粪便排出。磷的吸收与排泄也取决于血液中磷浓度，磷浓度降低，肾小管对磷的重吸收增加。血液中钙增加可降低磷的重吸收。

机体内钙、磷代谢与动态平衡见图14-3。

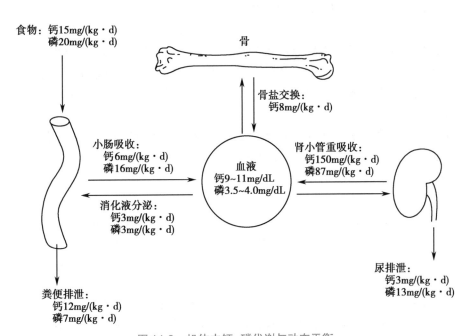

图14-3　机体内钙、磷代谢与动态平衡

（三）镁的吸收与排泄

正常成人每天需要镁量为250mg，主要存在于除脂肪以外的所有动物组织及植物性食品中，其中2/3来自谷物和蔬菜。小肠对镁的吸收是主动转运过程，吸收部位主要在回肠。

肾是体内镁的主要排泄器官，也是血浆镁水平调节的主要器官。当血清镁增加，肾小球滤过镁会增加，肾小管重吸收减少，镁的排泄增加，从而保持镁的平衡，反之亦然。每天经肾小球滤过镁总量为2～2.4g，大部分由肾小管重吸收入血，只有5%～10%随尿排出。

三、血钙、血磷及血镁

(一)血钙

绝大部分钙存在于血浆内，红细胞中钙含量甚微，故血浆（或血清）中的钙称为血钙。正常成人血钙波动甚小，保持在 2.25～2.75mmol/L。血钙可分为可扩散钙和非扩散钙两大类。离子钙和结合钙两种形式各占约 50%。大部分结合钙与血浆白蛋白结合，为非扩散钙；小部分结合钙与柠檬酸、重碳酸盐等结合，其和离子钙总称为可扩散钙。非扩散钙与离子钙可以互相转化。血钙中只有离子钙直接发挥生理作用。血浆中离子钙与结合钙之间可相互转变，其间存在着动态平衡关系：

$$蛋白质结合钙 \underset{[HCO_3^-]}{\overset{[H^+]}{\rightleftharpoons}} Ca^{2+} \underset{[HCO_3^-]}{\overset{[H^+]}{\rightleftharpoons}} 柠檬酸钙等$$
$$45\% \qquad 50\% \qquad 5\%$$

血清 pH 对血浆蛋白与钙的结合有影响，pH 每改变 0.1，血清游离钙浓度就改变 0.05mmol/L，因此测定钙同时要测 pH。酸中毒时，血浆蛋白带负电荷，蛋白减少，结合钙向离子钙转化，钙的浓度升高；碱中毒时，血浆与血浆蛋白结合增多，离子钙浓度降低，此时虽然总钙含量无改变，但亦可出现抽搐现象。

(二)血磷

血磷是指血浆中的无机磷酸盐所含的磷。80%～85% 以 HPO_4^{2-} 的形式存在，其余为 $H_2PO_4^-$，而 PO_4^{3-} 仅含微量。正常人血磷浓度在 0.97～1.62mmol/L，不如血钙稳定。儿童时期因骨骼生长旺盛，血磷与碱性磷酸酶较高，随着年龄的增长，会逐渐降至成人水平。

(三)血镁

血液中的镁以游离镁、络合镁和蛋白结合镁为主。正常人血清镁的浓度在 0.67～1.04mmol/L。红细胞内的镁含量大约是血清镁的 3 倍。

四、钙、磷、镁代谢的调节

钙、磷、镁的代谢的主要是在甲状旁腺激素（parathyroid hormone，PTH）、降钙素（calcitonin，CT）以及 1,25-$(OH)_2$-D_3 的作用下进行调节，控制血浆中钙、磷、镁维持在正常范围内。

(一)甲状旁腺激素

PTH 是甲状旁腺主细胞合成与分泌的一种含有 84 个氨基酸的单链多肽，是维持血钙在正常水平最重要的调节激素，其主要靶器官是骨、肾小管。PTH 的合成与分泌受细胞外液 Ca^{2+} 浓度的负反馈调节，血钙浓度降低可促进 PTH 合成与分泌，血钙浓度高则抑制 PTH 合成与分泌。当 Mg^{2+} 浓度不足时，PTH 分泌增加，促进骨吸收。PTH 有升高血钙、降低血磷的作用。

1. 对骨的作用　PTH 总的作用是促进溶骨，动员骨钙入血，升高血钙：①PTH 促使已形成的破骨细胞活性增强，在破骨细胞中，细胞质内钙离子增加，溶酶体释放水解酶，产生柠檬酸和乳酸等酸性物质，促进骨溶解，血钙升高；②促使未分化的间质细胞向破骨细胞转化，同时抑制成骨细胞的活动，抑制破骨细胞向成骨细胞的转化。

2. 对肾的作用　PTH 对肾的作用出现较早，主要是促进磷的排出及钙的重吸收，进而降低血磷，升高血钙。PTH 于肾远曲小管和髓袢上升段以促进钙的重吸收；抑制肾小管对磷的重吸收。即通过肾脏"保钙排磷"，最终使血钙升高、血磷降低。

3. 对小肠的作用　激活肾脏 1α- 羟化酶，促进活性维生素 D 的生成，后者作用于小肠，促进小肠对钙和磷的吸收，不过此作用出现得慢。

（二）降钙素

降钙素（CT）是由甲状腺滤泡旁细胞（parafollicular cell，C 细胞）合成分泌的一种含有 32 个氨基酸残基的单链多肽激素。血钙是影响 CT 分泌的主要因素，血钙增高时，可刺激 CT 及降钙蛋白等分子分泌，降钙蛋白能增强降低血钙的作用；血钙降低时，CT 分泌减少。但 CT 合成速度不受血钙的影响。

CT 的作用与 PTH 相反，抑制钙、磷的重吸收，降低血钙和血磷，作用的靶器官主要为骨和肾。与 PTH 共同参与体内钙的调节，维持钙代谢的稳定。

1. 对骨的作用　主要是抑制破骨细胞的活性和数量，从而抑制骨基质的分解和骨盐溶解；同时，可促进间质细胞转变为成骨细胞，促进骨盐沉积，降低血钙、血磷的浓度。

2. 对肾的作用　生理浓度的 CT 对肾的作用不大。直接抑制肾小管对钙、磷的重吸收，以增加尿钙、尿磷排泄，降低血钙、血磷；间接抑制肠道对钙、磷的吸收，从而使血钙、血磷水平下降。

3. 对小肠的作用　目前认为，CT 对胃肠道钙、磷的直接吸收影响较小，通过抑制 $1,25-(OH)_2D_3$ 生成而间接抑制钙的吸收。

（三）$1,25-(OH)_2-D_3$

$1,25-(OH)_2-D_3$ 是维生素 D 在体内的主要形式。$1,25-(OH)_2-D_3$ 的生成对钙、磷代谢总的作用为升高血钙和血磷，作用的靶器官主要是小肠、骨和肾脏。血清钙降低时，PTH 升高，刺激肾 1α- 羟化酶活性，$1,25-(OH)_2-D_3$ 生成增多；血清钙升高时，抑制 1α- 羟化酶活性、$1,25-(OH)_2-D_3$ 生成减少；血磷降低时，1α- 羟化酶活性增加，$1,25-(OH)_2-D_3$ 生成增多；血磷增高时，1α- 羟化酶系的活性降低，$1,25-(OH)_2-D_3$ 生成减少。镁可以激活活性维生素 D，促进钙的吸收。甲状旁腺素也可促进 $1,25-(OH)_2-D_3$ 的生成；而降钙素则抑制此过程。$1,25-(OH)_2-D_3$、PTH 与 CT 相互反馈调节，维持人体正常钙磷代谢。

1. 对骨的作用　$1,25-(OH)_2-D_3$ 对骨的作用是双重的，既可以溶骨，亦可以成骨，与 PTH 协同作用，增强破骨细胞活性，加速破骨细胞的形成，促进溶骨；还通过促进肠管钙、磷的吸收，使血钙、血磷水平增高，为类骨质的钙化提供原料。所以，在钙、磷供应充足时，$1,25-(OH)_2-D_3$ 主要促进成骨作用；当肠道钙吸收不足，血钙降低时，主要促进溶骨，使血钙升高。

2. 对小肠的作用　$1,25-(OH)_2-D_3$ 具有促进小肠对钙、磷的吸收和转运的双重作用，这是其最主要的生理功能。

3. 对肾的作用　$1,25-(OH)_2-D_3$ 可促进肾小管对钙、磷的重吸收，但此作用较弱，处于次要地位。

综上所述，PTH、CT 以及 $1,25-(OH)_2-D_3$ 均可调节钙、磷、镁代谢，三者相互协调、相互制约，以维持血液中钙、磷、镁的动态平衡（图 14-4）。PTH 促进骨吸收，CT 抑制骨吸收，$1,25-(OH)_2-D_3$ 具有双向调节作用。三者对钙、磷代谢的调节见表 14-3。

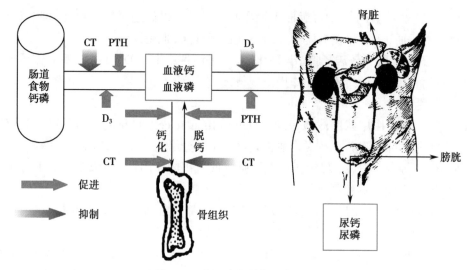

图 14-4 钙、磷代谢的激素调节

表 14-3 PTH、CT、活性维生素 D 对钙、磷代谢的调节

激素	小肠		骨骼		肾脏		血钙	血磷	尿钙	尿磷
	钙	磷	成骨	溶骨	钙重吸收	磷重吸收				
PTH	↑		↓	↑↑	↑	↓	↑	↓	↓	↑
CT	↓			↓			↓	↓	↑	↑
活性维生素 D	↑↑	↑	↑	↑	↑		↑	↑	↓	↓

注：↑升高；↑↑明显升高；↓降低。

知识窗

我国研究代谢性骨病的先驱者

20 世纪 30 年代,朱宪彝以代谢性骨病钙磷代谢系统的研究闻名于世,成为国际代谢性骨病钙磷代谢研究的先驱。20 世纪 50 年代后他主持地方性甲状腺肿和克汀病的研究,使中国在这一领域跻身于国际先进行列。他预言维生素 D 的活化要在肾脏进行,这在约 20 年后才被美国学者证实。他提出"肾性骨营养不良"的命名,迄今仍被使用,被国际上尊称为"代谢性骨病的现代知识之父"。

五、微量元素的代谢

微量元素是指人体每天需要量在 100mg 以下,在人体含量低于人体体重的 0.01% 的元素,主要来自动物性食物。大多数微量元素为金属元素,主要有碘、铁、锌、铜、硒、锰、氟、钴、铬、矾等。微量元素广泛分布于体内各组织中,通过形成络合物或结合成化合物,在机体内发挥重要的生理功能,但是其含量过高或过低以及分布不平衡都会引起功能紊乱。

（一）微量元素的分类

微量元素虽含量甚微却种类繁多。根据机体对微量元素的需求,微量元素可分为必需微量元素、可能必需微量元素、非必需微量元素及有害微量元素 4 种（表 14-4）。必需微量元素是指对于维持机体生命，保持正常生理功能所必需。其他微量元素对机体没有明显的生理功能，有些作用不明，有些则对机体有害。

表 14-4　微量元素的分类

类别	微量元素
必需微量元素	铁（Fe）、锌（Zn）、铜（Cu）、锰（Mn）、钴（Co）、铬（Cr）、钼（Mo）、镍（Ni）、硒（Se）、碘（I）、钒（V）锡（Sn）、氟（F）、锶（Sr）
可能必需微量元素	铋（Bi）、硼（B）、硅（Si）、砷（As）
非必需微量元素	钡（Ba）、锆（Zr）、钛（Ti）、铌（Nb）
有害微量元素	铝（Al）、铍（Be）、镉（Cd）、汞（Hg）、铅（Pb）

需要注意的是，微量元素不论是必需还是非必需，摄入过量都会对机体造成伤害。某些微量元素在适当的浓度范围内，才能发挥生理功能，浓度过高或过低，都会影响机体的生理功能。

（二）微量元素的功能

微量元素的生理功能主要有以下方面：

1. 参与构成酶活性中心或辅酶　机体内一半以上酶的活性部位含有微量元素，作为酶的组成成分或激活剂参与酶促反应，构成机体内重要的载体和电子传递系统。有些酶需要微量元素才能发挥最大活性，有些金属离子构成酶的辅基，如细胞色素氧化酶中有 Fe^{2+}，谷胱甘肽过氧化物酶含硒。

2. 参与体内物质运输　如 Hb 含铁参与 O_2 的输送，碳酸酐酶含锌参与 CO_2 的输送。

3. 参与激素和维生素的合成，影响机体免疫系统的功能和生长发育　如锌可促进机体生长发育和组织再生，碘是甲状腺素合成的必需成分，铜参与铁代谢和红细胞的生成等。

主要微量元素的功能和代谢异常见表 14-5。

表 14-5　主要微量元素的代谢及生物学作用

元素	生理功能	缺乏症表现	过多症表现
铁	合成血红蛋白、肌红蛋白；构成机体必需的酶；参与能量代谢和免疫作用	缺铁性贫血是常见营养缺乏病	铁中毒
锌	促进机体生长发育，促进核酸及蛋白质的生物合成；多种酶的功能成分或激活剂；促进维生素 A 的正常代谢和生理功能；参与免疫功能	营养性侏儒症、原发性男性不育症	
铜	维护正常的造血功能及参与铁的代谢；构成超氧化物歧化酶、赖氨酰氧化酶等多种酶类	贫血、骨骼发育障碍、Wilson 病	铜中毒
碘	通过甲状腺素促进蛋白质合成，活化多种酶，调节能量代谢	地方性甲状腺肿、地方性克汀病	高碘性甲状腺肿、高碘性甲状腺功能亢进
硒	与维生素、酶关系密切；刺激免疫球蛋白和抗体的产生，增强机体免疫力；保护心血管和心肌；保护视器官的功能健全，和视力及神经传导有密切关系；抗肿瘤	克山病骨节病	硒中毒

除上述主要微量元素外，还有许多其他微量元素的研究也有新的发现，其他微量元素的生理功能、缺乏及过多症见表14-6。

表14-6　其他微量元素的生理功能及异常

元素	生理功能	缺乏症表现	过多症表现
氟	参与钙磷代谢、防龋齿	龋齿、骨质疏松	氟斑牙、骨质增生
锶	骨骼和牙齿的组成成分；维持血管的功能和通透性	龋齿、骨质疏松	关节痛、肌肉萎缩
锰	参与糖代谢，促进蛋白质代谢，合成维生素	营养不良、软骨病等	乏力、心肌梗死、帕金森病
钒	促进生长，刺激骨髓造血，参与胆固醇和脂肪的代谢	高胆固醇、冠心病、贫血等	鼻咽炎，心、肾受损，结膜炎
锡	促进核酸和蛋白质的合成，肠胃炎促进生长	抑制生长	贫血
镍	参与细胞色素和激素的代谢，刺激骨髓造血	生长抑制，脂质和磷脂代谢异常	白血病、鼻咽癌等
钴	刺激造血，维生素 B_{12} 的成分，促进蛋白质和核酸的代谢	贫血、心血管疾病等	心力衰竭、心肌病变、高血脂
铬	调节胆固醇和脂肪代谢，增加胰岛素的作用	高血脂、心血管疾病、糖尿病、胰岛素作用异常	损伤肝、肾，致癌
钼	氧化还原酶的成分，维持血管弹性	克山病、龋齿	贫血、侏儒症、软骨病

> **知识窗**
>
> ### 硒缺乏与克山病
>
> 克山病亦称地方性心肌病，于1935年在我国黑龙江省克山县发现，由此得名。患者主要表现为急性和慢性心功能不全，心脏扩大，心律失常以及脑、肺和肾等脏器的栓塞。1980年，中国预防医学学院杨光圻教授在第二届关于硒的国际会议上宣布，克山病的发生与硒的缺乏有关，引起了国际学者的关注与兴趣。给克山地区的患者补硒可使病情得以控制，也进一步证明了硒与克山病的关系。

积少成多

1. 钙、磷、镁是体内含量较多的无机盐，除了在骨的生成中发挥重要的作用，在调节酶的活性，参与细胞代谢、维持神经肌肉的兴奋性、提供能量等方面也发挥作用。

2. 钙、磷、镁的调节主要通过PTH、CT以及1, 25-$(OH)_2$-D_3进行调节，PTH促进骨吸收，CT抑制骨吸收，1, 25-$(OH)_2$-D_3具有双向调节作用。三者相互协调、相互制约，以维持血液中钙、磷、镁的动态平衡。主要调节的靶器官有小肠、肾和骨。

理一理

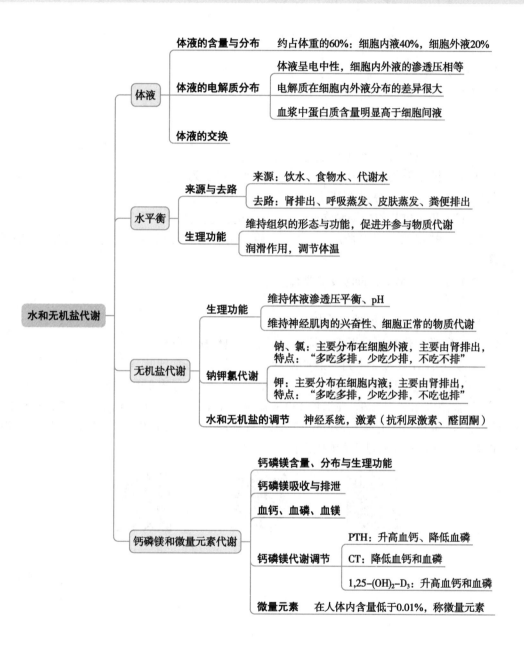

理一理

练一练

一、名词解释

1. 体液
2. 电解质
3. 血钙
4. 微量元素

二、填空

1. 体液以细胞膜为界分为_____和_____。

2. 细胞外液主要的阳离子为_____，主要阴离子为_____、_____；细胞内液主要的阳离子为_____，主要阴离子为_____、_____。

3. 调节水和无机盐的主要激素有_____和_____。

4. 人体钙排泄的主要途径是_____，磷排泄的主要途径是_____，镁排泄的主要途径是_____。

5. 调节血清钙、磷、镁的物质主要有_____、_____和_____。

三、简答

1. 钠、钾在体液中是如何分布的？

2. 请用所学生化知识分析溶血标本对于测定电解质有何影响。

3. 患者，女性，妊娠 2 个月。恶心呕吐，无法进食，进食即吐，呕吐近 10 次，伴胃部不适，畏寒发热，无明显胸闷、心悸，无咳嗽、咳痰等不适，食欲和睡眠欠佳，大小便偏少。实验室检查：血清钾 3.86mmol/L，血清钠 132.3mmol/L，血清氯 85.6mmol/L，血清钙 2.58mmol/L，血清磷 1.15mmol/L，血清镁 0.72mmol/L，以"妊娠剧吐"收入院治疗。利用本章所学知识，试分析患者出现电解质紊乱可能的原因。

思路解析　　　　　测一测　　　　　知识拓展

（黄爱丽）

第十五章　酸　碱　平　衡

课件

科学发现

内环境稳定

——酸碱缓冲系统的作用

法国生理学家 Claude Bernard 经过深入探索,认为动物有两种环境:一种是外环境,另一种是内环境。人体的内环境指的是细胞外液,是细胞生存和活动的液体环境,包括血浆和组织间液。内环境的稳态是维持生理功能的必要条件,其重要因素之一是体液 pH 维持在 7.35~7.45,pH 在较小范围内波动依赖血液中的酸碱缓冲系统,以 $H_2CO_3/NaHCO_3$ 缓冲对最为重要。内环境稳态一旦失衡可导致酸碱平衡紊乱,从而引起相关疾病。

美国著名生理学家 Walter Bradford Cannon 发展了 Bernard 的理念。他认为,陆地上的生物不断受到外环境干扰,影响着内环境。内环境的稳态不是固定不变的,而是处于动态平衡状态。因此,我们不仅要维持内环境的稳定,也要维护外界环境的稳定,担当促进生态环境稳定的责任,为促进人类的健康做出应有的贡献。

学前导语

机体的代谢必须有适宜的酸碱度,这是维持正常生理活动的必要条件之一。在代谢过程中不断产生一定量的酸性和碱性物质并进入血液,通过一系列的调节机制,将多余的酸性或碱性物质排出体外,以达到酸碱平衡。酸碱平衡失调可引起酸中毒或碱中毒。

学习目标

辨析:挥发酸和固定酸的区别;肺和肾对酸碱平衡调节的区别。

概述:酸碱平衡的概念;体内酸碱物质的来源;酸碱平衡紊乱的基本类型;判断酸碱平衡的生化指标。

说出:酸碱平衡的主要调节机制。

学会:通过酸碱平衡的主要生化指标来判断酸碱平衡紊乱的基本类型;在治疗和护理酸碱平衡紊乱患者的过程中注意观察病情的细微变化。

培养:运用酸、碱物质的来源指导患者在生活中的健康饮食观念。

机体的内环境必须具有适宜的酸碱度才能维持正常代谢和生理功能。正常情况下,机体会不断地产生大量的酸性和碱性代谢产物,也不断地排出酸性和碱性物质;摄取的食物中也含有一定量的酸性和碱性物质。但是,人体体液的酸碱度总是相对稳定的。正常动脉血 pH 为 7.35~7.45,平均值为 7.40,呈弱碱性,波动范围很窄。pH 这种稳定性的维持主要依靠体内各种缓冲系统以及肺、肾的调节功能来实现的。这种机体自动处理酸碱物质的含量和比例,维持体液酸碱度相对稳定的过程,即维持 pH 在恒定范围内的过程称为酸碱平衡(acid-base balance)。

病理情况下,因酸碱平衡调节机制障碍,酸、碱超量负荷或严重不足,而导致机体内环境酸碱度的稳定性被破坏的过程,称为酸碱平衡紊乱(acid-base disturbance)。在临床上,一旦发生酸碱平衡紊乱,就会使病情更为复杂和严重,甚至危及患者的生命。因此,及时发现和正确处理酸碱平衡紊乱,常是许多疾病治疗成败的关键。随着对酸碱平衡理论认识的不断深入,自动化血气分析仪的广泛使用,酸碱平衡的判断已成为临床日常诊疗的基本手段。

第一节　体内酸碱物质的来源

在化学反应中,凡能释放出 H^+ 的物质是酸,如 HCl、H_2SO_4、H_2CO_3 及 CH_3COOH 等;凡能接受 H^+ 的物质则是碱,如 OH^-、SO_4^{2-}、HCO_3^-、NH_3 及 CH_3COO^- 等。

人体内的酸性或碱性物质,主要来源于物质代谢过程。机体从食物或药物中也可摄取少量的酸或碱。在普通膳食条件下,体内产生的酸性物质量远远超过碱性物质。

一、酸的来源

体内的酸主要有两类,即挥发酸和固定酸。

(一)挥发酸

H_2CO_3 在碳酸酐酶作用下生成 CO_2,经肺排出体外,故 H_2CO_3 称为挥发酸。它是机体在分解代谢过程中产生最多的酸性物质。糖、脂肪和蛋白质在其分解代谢中,氧化的最终产物都是 CO_2,CO_2 和 H_2O 可结合形成 H_2CO_3。代谢产生的 CO_2 是体内酸性物质的主要来源,任何能导致机体代谢加快的情况都可使 CO_2 产生增多,导致血液中动脉血二氧化碳分压(arterial partial pressure of carbon dioxide,$PaCO_2$)升高,如运动、发热及基础代谢率升高等。通常,我们把肺对 H_2CO_3 的调节,即对 CO_2 排出量的调节,称为酸碱平衡的呼吸性调节。

$$H^+ + HCO_3^- \rightleftharpoons H_2CO_3 \rightleftharpoons H_2O + CO_2$$

H_2CO_3 解离为水和 CO_2 的可逆反应可自发进行,但速度很慢,在碳酸酐酶的作用下,反应速度大大加快。碳酸酐酶主要存在于红细胞、肺泡上皮细胞、肾小管上皮细胞以及胃黏膜细胞内,对 HCO_3^- 的生成调节发挥重要作用。

(二)固定酸

固定酸指体内除 H_2CO_3 以外的酸性物质。它们不能直接转变成气体由肺呼出,而只能经肾随尿排出,故称为固定酸(或非挥发酸)。机体产生的固定酸主要包括由蛋白质分解产生的 H_2SO_4、H_3PO_4 和尿酸,由糖酵解产生的甘油酸、丙酮酸和乳酸,由脂肪代谢产生的β-羟基丁酸和乙酰乙酸等。此外,固定酸也可来源于食物或服用的酸性药物,但量相对较少。正常成人每天由固定酸释放的 H^+ 仅 50~100mmol,比挥发酸少得多。固定酸主要通过肾进行调节,称为酸碱平衡的肾性调节。

二、碱的来源

体内的碱性物质主要来源于食物，特别是蔬菜和水果中所含的有机酸盐，如柠檬酸盐、苹果酸盐和草酸盐等，均可与 H^+ 起反应，分别转化为柠檬酸、苹果酸和草酸，在体内可经三羧酸循环代谢为 CO_2 和 H_2O；而其所含的 K^+ 或 Na^+ 则可与 HCO_3^- 结合生成碱性盐。此外，体内代谢过程中也可产生少量的碱性物质，如氨基酸脱氨基产生的 NH_3，可经肝代谢后生成尿素；酸中毒时，肾小管上皮细胞分泌的 NH_3 可中和原尿中的 H^+。正常情况下，机体产生的碱性物质与酸性物质相比要少得多（图 15-1）。

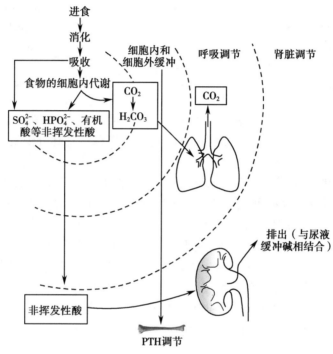

图 15-1　酸碱的生成及缓冲

积少成多

1. 体内的酸性和碱性物质主要来自物质代谢。正常情况下，机体产生的酸性物质量远大于碱性物质量。

2. 酸性物质分为挥发酸和固定酸。H_2CO_3 是机体在代谢过程中产生最多的酸性物质，是体内唯一的挥发酸，主要通过肺进行调节。除 H_2CO_3 外的酸性物质是固定酸，主要来自蛋白质的分解，通过肾脏进行调节。

第二节　机体酸碱平衡的调节

正常人体虽然在不断地摄取和产生酸或碱性物质，但血液的 pH 始终是相对恒定的，并不会发生显著变化。这是因为机体对酸碱有强大的缓冲能力和有效的调节作用，保持了酸碱的稳定。机体对体液酸碱平衡的调节主要包括以下方面：

一、血液的缓冲作用

血液的缓冲系统包括血浆缓冲系统和红细胞缓冲系统，都是由弱酸（缓冲酸）及其共轭碱（缓冲碱）组成。这种组成既有利于缓冲体内增多的酸性物质，也有利于缓冲体内增多的碱性物质。全血共有 5 种缓冲系统（表 15-1）。

表 15-1 全血的五种缓冲系统

缓冲酸		缓冲碱
H_2CO_3	$\Longleftrightarrow$	$H^+ + HCO_3^-$
$H_2PO_4^-$	$\Longleftrightarrow$	$H^+ + HPO_4^{2-}$
HPr	$\Longleftrightarrow$	$H^+ + Pr^-$
HHb	$\Longleftrightarrow$	$H^+ + Hb^-$
$HHbO_2$	$\Longleftrightarrow$	$H^+ + HbO_2^-$

当血液中 H^+ 过多时，反应向左移动，使 H^+ 浓度不至于发生大幅度增高，同时共轭碱的浓度也会降低；当 H^+ 减少时，反应则向右移动，使 H^+ 浓度得到部分恢复，同时共轭碱的浓度也会增加。

血液中这 5 种缓冲系统的含量与分布是不同的（表 15-2），以碳酸氢盐缓冲系统最为重要。与其他缓冲系统相比，碳酸氢盐缓冲系统具有明显的特点：①含量最高，占全血缓冲系统的 53%，主要分布在细胞外液；②为开放性缓冲系统，缓冲能力最强。碳酸氢盐缓冲系统在缓冲过程中所产生的 CO_2 可通过肺的呼吸活动排出体外，而 HCO_3^- 则可通过肾进行调节。碳酸氢盐缓冲系统通过肺和肾对 CO_2 或 HCO_3^- 浓度的调节，使其缓冲能力大大增加，远远超出了其化学反应本身所能达到的程度。但是，HCO_3^-/H_2CO_3 却不能缓冲体内挥发酸。挥发酸的缓冲作用主要靠体内非碳酸氢盐缓冲系统，特别是还原血红蛋白（HHb/Hb^-）及氧合血红蛋白（$HHbO_2/HbO_2^-$）缓冲系统进行缓冲。

表 15-2 全血中各缓冲系统的含量占比

缓冲系统	占全血缓冲系统的比例 /%
血浆 HCO_3^-	35
细胞内 HCO_3^-	18
Hb^- 及 HbO_2^-	35
Pr^-	7
HPO_4^{2-}	5

二、肺的调节作用

肺主要通过呼出 CO_2 的方式来调节血浆中 H_2CO_3 的浓度。一般情况下，机体可改变呼吸运动的深度和频率来调节动脉血 CO_2 分压，从而调节血 H_2CO_3 浓度。呼吸运动受延髓呼吸中枢的控制。延髓呼吸中枢接受来自中枢化学感受器和外周化学感受器的调节。

中枢化学感受器接受脑脊液及脑间质液中 H^+ 的刺激而兴奋。血液中的 H^+ 不易透过血脑屏障，因而对中枢化学感受器的直接兴奋作用很弱。延髓中枢化学感受器对 $PaCO_2$ 的变化非常敏感,当血液中 CO_2 浓度升高时,CO_2 作为脂溶性物质容易透过血脑屏障,使脑脊液及脑间质液 pH 降低,H^+ 浓度增高,刺激中枢化学感受器,引起呼吸加深、加快,增加肺泡通气量,CO_2 排出增多,从而降低 $PaCO_2$ 和血浆中 H_2CO_3 浓度;反之,当 $PaCO_2$ 降低时,中枢化学感受器的兴奋性降低,呼吸浅、慢,甚至出现呼吸暂停,CO_2 排出减少,使 $PaCO_2$ 和血浆中 H_2CO_3 浓度有一定程度提高。

外周化学感受器主要有主动脉体和颈动脉体感受器,尤其是颈动脉体能感受动脉血氧分压(arterial partial pressure of oxygen,PaO_2)、pH 和 $PaCO_2$ 变化的刺激。当 PaO_2 降低、pH 降低或 $PaCO_2$ 升高时,可以刺激外周化学感受器,反射性引起呼吸中枢兴奋,使呼吸加深、加快,CO_2 排出增多,血浆 H_2CO_3 浓度降低;而当 PaO_2 升高、pH 升高或 $PaCO_2$ 降低时,呼吸中枢兴奋性下降,呼吸变浅变慢,CO_2 排出减少,血浆 H_2CO_3 浓度增加。外周化学感受器与中枢化学感受器相比,反应较迟钝,主要感受低氧,但氧分压过低对呼吸中枢的直接作用是抑制效应。

三、肾的调节作用

肾主要调节固定酸,通过其排酸保碱的功能来调节血浆中 HCO_3^- 的含量,维持血液 pH 的相对稳定。血液中 $NaHCO_3$ 可自由通过肾小球,肾小球滤液中 $NaHCO_3$ 的含量与血浆相等,每天由肾小球滤过的 $NaHCO_3$ 约有 5 000mmol,其中 85%~90% 在近曲小管被重吸收,剩余的则在远曲小管和集合管被重吸收。正常情况下,随尿液排出体外的 $NaHCO_3$ 仅为滤出量的 0.1%,几乎无 $NaHCO_3$ 的丢失。所以,尿液常呈酸性,pH 一般在 6.0 左右。但在酸碱失衡时,pH 可降至 4.4 或升至 8.0,波动范围很大(H^+ 浓度相差有 1 000 倍)。由此可见,肾对酸碱的调节能力非常强大。其主要作用机制如下:

(一)近曲小管泌 H^+ 和对 $NaHCO_3$ 的重吸收

近曲小管调节酸碱的功能是通过小管上皮细胞泌 H^+、重吸收 HCO_3^- 的方式完成的(图 15-2)。其机制是:①近曲小管上皮细胞内含有大量的碳酸酐酶(carbonic anhydrase,CA),能催化 CO_2 与 H_2O 结合生成 H_2CO_3,而碳酸可解离出 H^+ 和 HCO_3^-。②近曲小管管腔中肾小球滤过的 $NaHCO_3$ 被解离为 Na^+ 和 HCO_3^-。Na^+ 可顺电化学梯度被重吸收进入肾小管上皮细胞内,而小管上皮细胞内碳酸解离产生的 H^+ 则通过其管腔面的 H^+-Na^+ 交换体被分泌到肾小管管腔中,即发生 H^+-Na^+ 交换。③H^+ 分泌入肾小管管腔后,则与管腔内 $NaHCO_3$ 解离后留下的 HCO_3^- 结合生成 H_2CO_3。近曲小管上皮细胞管腔面的刷状缘富含 CA,H_2CO_3 在其作用下被分解为 CO_2 和 H_2O。H_2O 随尿液排出体外,而 CO_2 由于其脂溶性,则可迅速弥散进入肾小管上皮细胞内,在细胞内 CA 的作用下再与 H_2O 结合生成 H_2CO_3,从而完成一次近曲小管上皮细胞的泌 H^+ 和重吸收 HCO_3^- 的循环。④进入近曲小管上皮细胞内的 Na^+ 可通过肾小管上皮细胞基侧膜的 Na^+-HCO_3^- 载体,与细胞内重吸收的 HCO_3^- 同向转运进入血液循环,实现 $NaHCO_3$ 的重吸收。

(二)远曲小管及集合管泌 H^+ 和对 $NaHCO_3$ 的重吸收

远曲小管及集合管泌 H^+ 的同时也伴有 HCO_3^- 的重吸收,原尿流经远曲小管及集合管时,尿液 pH 显著下降,尿液被酸化。尿液的远端酸化作用(distal acidification)(图 15-2)是由远曲小管及集合管上皮细胞之间的闰细胞(又称泌 H^+ 细胞)承担的。闰细胞中的 CA 催化 CO_2 与 H_2O 结合生成 H_2CO_3,而碳酸可部分解离出 H^+ 和 HCO_3^-。H^+ 被主动分泌到远曲小管腔后,与管腔中的碱性 HPO_4^{2-} 结合,生成酸性 $H_2PO_4^-$,从而使尿液酸化。

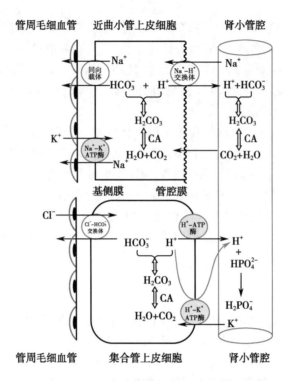

◯ 表示主动转运 ◯ 表示继发性主动转运 CA: 碳酸酐酶

图 15-2 近曲小管和集合管泌 H^+、重吸收 HCO_3^- 过程示意图

(三) NH_4^+ 的排出

肾脏中胺（NH_4^+）的产生和排出具有 pH 依赖性，即酸中毒越严重，尿中排 NH_4^+ 量越多。近曲小管上皮细胞是产 NH_3 的主要场所，产 NH_3 的机制与谷氨酰胺（glutamine, Gln）代谢有关。谷氨酰胺在谷氨酰胺酶（glutaminase, GT）的作用下水解产生氨（NH_3）和谷氨酸，谷氨酸又脱 NH_3 生成 α- 酮戊二酸。酸中毒时，谷氨酰胺酶的活性增强，产生的 NH_3 和 α- 酮戊二酸越多。α- 酮戊二酸经代谢可产生 2 分子 HCO_3^-。HCO_3^- 由基侧膜 Na^+-HCO_3^- 载体同向转运入血，而 NH_3 与细胞内碳酸解离的 H^+ 结合生成 NH_4^+，通过 NH_4^+-Na^+ 交换体将 NH_4^+ 排入肾小管腔中。

在严重酸中毒时，当远曲小管和集合管分泌的 H^+ 与磷酸盐缓冲后使尿液酸化，pH 下降至 4.8 左右时，不仅近曲小管泌 NH_4^+ 增多，远曲小管和集合管泌 NH_3 也增多，与管腔中 H^+ 结合，生成大量的 NH_4^+，最后以 NH_4Cl 形式排出体外。实际上，肾排泌 NH_4^+ 的过程就是排泌 H^+ 的补充（图 15-3）。

(四) K^+-Na^+ 交换与 H^+-Na^+ 交换的竞争性抑制

在远曲小管的上皮细胞与管腔之间，既有 K^+-Na^+ 交换，又有 H^+-Na^+ 交换，主要调节 K^+ 的排泄。但在一些特殊的病理情况下，对调节血液的酸碱平衡有一定作用。原尿中的 K^+ 在近曲小管几乎全部被重吸收，而尿液（终尿）中的 K^+ 是由远曲小管分泌出来的。远曲小管分泌的 K^+ 可与管腔中的 Na^+ 交换，排出 K^+，回收 Na^+，称为 K^+-Na^+ 交换；而 H^+-Na^+ 交换则是分泌 H^+，回收 Na^+。远曲小管上皮细胞的 K^+-Na^+ 交换与 H^+-Na^+ 交换之间有竞争性抑制作用。酸中毒时，H^+ 分泌增多，K^+ 分泌受竞争性抑制而减少，即在 H^+-Na^+ 交换占优势时，K^+-Na^+ 交换会受抑制。这是高血钾引起酸中毒时出现反常性碱性尿，低血钾引起碱中毒时出现反常性酸性尿的原因之一。

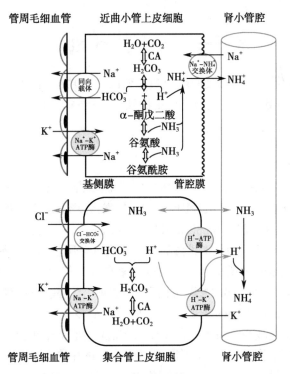

图 15-3　尿胺形成示意图

○ 表示主动转运　○ 表示继发性主动转运　CA：碳酸酐酶

综上所述，肾对酸碱平衡的调节主要是通过肾小管细胞的活动来完成的。H^+-Na^+ 交换是主要方式，肾小管上皮细胞在不断分泌 H^+ 的同时，将肾小球滤过的 $NaHCO_3$ 重吸收入血，防止细胞外液 $NaHCO_3$ 的丢失。如果体内 HCO_3^- 含量过高，肾则可减少 $NaHCO_3$ 的生成和重吸收，甚至增加碱的排出，使血浆 $NaHCO_3$ 的浓度降低。

四、离子的调节作用

机体细胞内液含量很大（约占体重的40%），是一个巨大的缓冲池，对酸碱平衡的调节也发挥了重要作用。细胞的缓冲作用主要是通过细胞内外的离子交换来实现的，如 H^+-K^+、H^+-Na^+、Na^+-K^+ 交换等。当细胞外液 H^+ 增加时，H^+ 弥散入细胞内，而细胞内 K^+ 则移出至细胞外以维持中性，所以酸中毒时往往会伴有高血钾。反之，当细胞外液 H^+ 减少时，H^+ 由细胞内移出，而 K^+ 从细胞外移入，因而碱中毒时往往会伴有低血钾。通过 Cl^--HCO_3^- 进行的交换也很重要，因为 Cl^- 是可以自由交换的阴离子，当 HCO_3^- 升高时，可通过 Cl^--HCO_3^- 交换使其从肾排出。

积少成多

1. 血液的缓冲系统主要有5种，其中碳酸氢盐缓冲系统最为重要。

2. 肺主要以呼出 CO_2 的方式来调节血浆中 H_2CO_3（挥发酸）的浓度。

3. 肾主要调节固定酸，主要机制有：①近曲小管泌 H^+ 和对 $NaHCO_3$ 的重吸收；②远曲小管及集合管泌 H^+ 和对 $NaHCO_3$ 的重吸收；③肾铵（NH_4^+）的排出；④特殊情况下远曲小管的上皮细胞与管腔之间调节 K^+ 的排泄作用。

4. 细胞对酸碱平衡的调节作用主要是通过细胞内外的离子交换进行的。

第三节　酸碱平衡紊乱

尽管机体对酸碱负荷有很大的缓冲能力和有效的调节功能，但许多因素可以引起酸碱负荷过度或调节机制障碍导致体液酸碱度稳定性破坏，这种稳定性破坏称为酸碱平衡紊乱。

一、酸碱平衡紊乱的基本类型

（一）单纯型酸碱平衡紊乱

根据 pH 的变化，可将酸碱平衡紊乱分为酸中毒和碱中毒。HCO_3^- 是反映酸碱平衡的代谢性因素，$PaCO_2$ 是反映酸碱平衡的呼吸性因素，如果原发改变只是其中的一个因素，并导致酸碱失衡，称为单纯型酸碱平衡紊乱（simple acid-base disturbance）。根据这两个因素的原发性变化，可将单纯型酸碱平衡紊乱分为代谢性酸碱平衡紊乱和呼吸性酸碱平衡紊乱，共有 4 种类型：由 HCO_3^- 原发性降低或升高所引起的酸碱平衡紊乱称为代谢性酸中毒或代谢性碱中毒；由 $PaCO_2$ 原发性升高或降低所引起的酸碱平衡紊乱称为呼吸性酸中毒或呼吸性碱中毒。

1. 代谢性酸中毒（metabolic acidosis）　是指固定酸增多和 / 或 HCO_3^- 丢失引起的 pH 下降，以血浆中 HCO_3^- 原发性减少为特征，是临床上最常见的酸碱平衡紊乱类型。

引起代谢性酸中毒的原因有很多，不同的病因导致酸中毒的机制也不尽相同，概括起来表现为酸负荷增多而消耗了 HCO_3^-，或者血浆 HCO_3^- 减少两方面。

（1）酸负荷增多：主要见于缺氧和其他代谢性疾病时体内固定酸产生过多，或肾功能障碍时酸性物质排出减少以及外源性固定酸摄入过多，如乳酸酸中毒、酮症酸中毒、酸性物质排出减少、外源性固定酸摄入过多。

（2）血浆 HCO_3^- 减少：主要见于碱性物质经消化道丢失和肾回收 HCO_3^- 减少，如消化道大量丢失 HCO_3^-。肾回收 HCO_3^- 减少。大量应用碳酸酐酶抑制剂。

2. 代谢性碱中毒（metabolic alkalosis）　是指细胞外液碱增多和 / 或 H^+ 丢失引起的 pH 升高，以血浆中 HCO_3^- 原发性增高为特征。常见原因有：

（1）H^+ 丢失过多：细胞内 H_2CO_3 可解离生成 H^+ 和 HCO_3^-。因此，每丢失 1nmol 的 H^+，必然同时有 1nmol 的 HCO_3^- 生成，使血液中 HCO_3^- 原发性增多，导致代谢性碱中毒。H^+ 丢失主要通过以下两个途径：①经胃液丢失 H^+ 过多，见于剧烈呕吐、胃液引流等，HCl 随胃液大量丢失；②经肾丢失过多。

（2）HCO_3^- 负荷过量：常为医源性，见于 HCO_3^- 摄入过多或临床补碱过多，如消化道溃疡患者服用过多的 $NaHCO_3$，纠正代谢性酸中毒时补碱过多，输入大量库存血其中抗凝的柠檬酸盐可转化为 HCO_3^- 等，均可引起代谢性碱中毒。此外，脱水时，仅丢失 H_2O 和 NaCl 可造成浓缩性碱中毒，血液中 HCO_3^- 增多，pH 升高。

（3）低 K^+ 血症：低 K^+ 血症时，由于细胞外液 K^+ 浓度降低，细胞内液的 K^+ 向外移，通过 H^+-K^+ 交换，细胞外液的 H^+ 向细胞内转移，造成细胞内酸中毒而细胞外碱中毒。

3. 呼吸性酸中毒（respiratory acidosis）　是指 CO_2 排出障碍或吸入过多引起的 pH 下降，以血浆 H_2CO_3 浓度原发性升高为特征，而导致 pH 降低的酸碱平衡紊乱。它也是临床上较为常见的酸碱失衡。

引起呼吸性酸中毒的原因较多，但不外乎 CO_2 排出障碍或 CO_2 吸入过多两个方面，其结局都是导致体内 CO_2 潴留。临床上多以肺通气功能障碍所引起的 CO_2 排出受阻为主，少

数患者可见 CO_2 吸入过多。

4. 呼吸性碱中毒(respiratory alkalosis)　是指肺通气过度引起的 $PaCO_2$ 降低、pH 增高，以血浆 H_2CO_3 浓度原发性减少为特征。

肺通气过度，是引起呼吸性碱中毒的基本机制。其原因很多，主要包括：①低氧血症；②肺疾病；③呼吸中枢受到直接刺激；④精神性障碍；⑤代谢亢进；⑥人工呼吸机使用不当。

> **案例分析**
>
> 　　1. 某患者血气分析与电解质测定结果为 HCO_3^- 28mmol/L，$PaCO_2$ 30mmHg(4kPa)，pH 7.60。该患者可能为何种酸碱平衡紊乱？
>
> 　　2. 肺心病患者，血气及电解质分析结果：pH=7.04，PCO_2=54mmHg，PO_2=32mmHg，AB=SB=20.1mmol/L。该患者出现了何种酸碱平衡紊乱？判断依据是什么？
>
>
>
> 案例解析

(二)混合型酸碱平衡紊乱

两种或两种以上单纯型酸碱平衡紊乱同时存在，称为混合型酸碱平衡紊乱。4 种单纯型酸碱平衡紊乱，可以分别组成多种混合型酸碱平衡紊乱类型，通常将两种酸中毒或两种碱中毒合并存在，使 pH 向相同方向改变的情况称为酸碱一致性或酸碱相加性的混合型酸碱平衡紊乱，即代谢性酸中毒合并呼吸性酸中毒、代谢性碱中毒合并呼吸性碱中毒；当患者既有酸中毒又有碱中毒，使 pH 向相反方向改变时，则称为酸碱混合性或酸碱相消性的混合型酸碱平衡紊乱，如代谢性酸中毒合并呼吸性碱中毒、代谢性碱中毒合并呼吸性酸中毒、代谢性酸中毒合并代谢性碱中毒。以上又称为双重酸碱平衡紊乱(double acid-base disorders)。但应注意，呼吸性酸中毒和呼吸性碱中毒是不能并存的。这是因为，在同一个患者身上，不可能同时存在既有 CO_2 过多又有 CO_2 过少的情况。三重酸碱平衡紊乱(triple acid-base disorders)是在代谢性酸中毒合并代谢性碱中毒的基础上，受到呼吸因素的影响而引起的，包括呼吸性酸中毒合并代谢性酸中毒和代谢性碱中毒，或呼吸性碱中毒合并代谢性酸中毒和代谢性碱中毒两类(表 15-3)。

表 15-3　混合型酸碱平衡紊乱的主要类型

分类	具体分类
双重酸碱平衡紊乱	代谢性酸中毒合并呼吸性酸中毒
	代谢性碱中毒合并呼吸性碱中毒
	代谢性酸中毒合并呼吸性碱中毒
	代谢性碱中毒合并呼吸性酸中毒
	高 AG 性代酸合并代谢性碱中毒
三重酸碱平衡紊乱	呼吸性酸中毒合并高 AG 性代酸和代谢性碱中毒
	呼吸性碱中毒合并高 AG 性代酸和代谢性碱中毒

AG：阴离子间隙(anion gap)。

二、判断酸碱平衡紊乱的生化指标

(一)血液 pH 和 H⁺ 浓度

血液 pH 是指动脉血中 H^+ 浓度的负对数。正常人动脉血 pH 保持在 7.35～7.45,平均值为 7.40。若 pH>7.45 为失代偿性碱中毒;若 pH<7.35 为失代偿性酸中毒。动脉血 pH 不能区分酸碱平衡紊乱的类型,也不能判定是代谢性的还是呼吸性的。若 pH 在正常范围内,则有 3 种可能性:①酸碱平衡正常;②处于代偿性酸、碱中毒阶段,此时经机体代偿调节,使血浆 pH 维持正常;③存在程度相近的混合型酸、碱中毒,使 pH 相互抵消,暂时正常。

(二)动脉血二氧化碳分压

动脉血二氧化碳分压($PaCO_2$)是指血浆中呈物理溶解状态的 CO_2 分子产生的张力,正常值为 35～45mmHg,平均值为 40mmHg。测定 $PaCO_2$ 可了解肺泡通气量的情况。$PaCO_2$ 与肺泡通气量成反比,通气过度,$PaCO_2$ 降低;通气不足,$PaCO_2$ 升高。因此,$PaCO_2$ 是反映呼吸性酸碱平衡紊乱的重要指标。$PaCO_2$<35mmHg 时,表示肺通气过度,CO_2 排出过多,为呼吸性碱中毒;$PaCO_2$>45mmHg 时,表示肺通气不足,CO_2 潴留,为呼吸性酸中毒。

(三)标准碳酸氢盐与实际碳酸氢盐

标准碳酸氢盐(standard bicarbonate,SB)是指全血在标准条件下,即在 37℃、$PaCO_2$ 为 40mmHg、血红蛋白的氧饱和度为 100% 时,所测得的血浆 HCO_3^- 的含量,正常值为 22～27mmol/L,平均为 24mmol/L。标准化条件下的 HCO_3^- 不受呼吸因素的影响,是判断代谢性因素的指标。故 SB 降低,为代谢性酸中毒;SB 增高,为代谢性碱中毒。

实际碳酸氢盐(actual bicarbonate,AB)是指隔绝空气的血液标本在实际条件下所测得的血浆 HCO_3^- 含量,受呼吸和代谢双重因素的影响。正常人 AB=SB,均为 22～27mmol/L,平均为 24mmol/L。若 AB>SB,表明体内有 CO_2 潴留,见于呼吸性酸中毒;若 AB<SB,表明 CO_2 排出过多,见于呼吸性碱中毒。若两者相等且均小于正常值,为代谢性酸中毒;若两者相等且均大于正常值,为代谢性碱中毒。

(四)缓冲碱

缓冲碱(buffer base,BB)是指血液中一切具有缓冲作用的负离子碱的总和,包括血液中的 HCO_3^-、Hb^-、HbO_2^-、HPO_4^{2-}、Pr^- 等,正常值为 45～52mmol/L,平均值为 48mmol/L。缓冲碱也是反映代谢性因素的指标。代谢性酸中毒时 BB 降低,代谢性碱中毒时 BB 增高。

(五)剩余碱

碱剩余(base excess,BE)指在标准条件下用酸或碱滴定全血标本到 pH 为 7.40 时所需酸或碱的量(mmol/L)。若需用酸滴定才能达到 7.40,说明被测血液碱过多,BE 用正值表示;若需用碱滴定,说明被测血液碱缺失,BE 用负值表示。全血 BE 正常值为 −3.0～+3.0mmol/L。BE 不受呼吸因素的影响,也是一个反映代谢因素的指标。当 BE>+3.0mmol/L 时,为代谢性碱中毒;当 BE<−3.0mmol/L 时,为代谢性酸中毒。

(六)阴离子间隙

阴离子间隙(AG)是一个计算值,指血浆中未测定阴离子(unmeasured anions,UA)

与未测定阳离子(unmeasured caions,UC)的差值,即 AG=UA-UC(图 15-4)。它是一项近年来受到广泛重视的酸碱指标,由于细胞外液阴、阳离子总当量数完全相等,故有:已测定阳离子($Na^+ + K^+$)+ 未测定阳离子(UC)= 已测定阴离子($Cl^- + HCO_3^-$)+ 未测定阴离子(UA),移项后成为($Na^+ + K^+$)-($Cl^- + HCO_3^-$)=UA-UC。所以 AG=UA-UC=($Na^+ + K^+$)-($Cl^- + HCO_3^-$)。

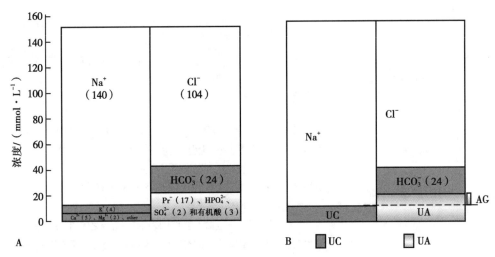

图 15-4 血浆阴离子间隙图解
A. 血浆各阴、阳离子成分浓度;B. 阴离子间隙。

AG 的正常范围为 8～16mmol/L。AG 作为衡量血浆中固定酸含量的指标,其增高对区分不同类型的代谢性酸中毒和诊断某些混合型酸碱平衡紊乱有重要价值。当 AG>16mmol/L 时,常见于固定酸增多形成 AG 增高型代谢性酸中毒,如乳酸堆积、磷酸盐潴留、酮体过多、水杨酸中毒等情况;但 AG 降低在酸碱失衡诊断方面价值不大,仅见于未测定阴离子减少或未测定阳离子在增多,如低蛋白血症、高钙和高镁血症等。

积少成多

1. 单纯型酸碱平衡紊乱可分为 4 类,即代谢性酸中毒、代谢性碱中毒、呼吸性酸中毒和呼吸性碱中毒。

2. 混合型酸碱平衡紊乱类型包括双重酸碱平衡紊乱和三重酸碱平衡紊乱。

3. 判断酸碱平衡紊乱常用的生化指标有动脉血 pH、动脉血二氧化碳分压($PaCO_2$)、标准碳酸氢盐(SB)、实际碳酸氢盐(AB)、缓冲碱(BB)、碱剩余(BE)、阴离子间隙(AG)。

微课:"三高"与酸碱平衡

理一理

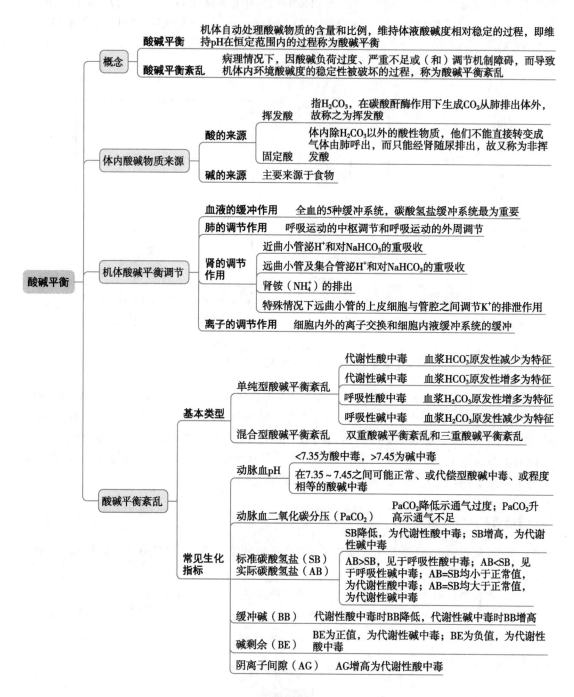

酸碱平衡

概念
- 酸碱平衡：机体自动处理酸碱物质的含量和比例，维持体液酸碱度相对稳定的过程，即维持pH在恒定范围内的过程称为酸碱平衡
- 酸碱平衡紊乱：病理情况下，因酸碱负荷过度、严重不足或（和）调节机制障碍，而导致机体内环境酸碱度的稳定性被破坏的过程，称为酸碱平衡紊乱

体内酸碱物质来源
- 酸的来源
  - 挥发酸：指H_2CO_3，在碳酸酐酶作用下生成CO_2从肺排出体外，故称之为挥发酸
  - 固定酸：体内除H_2CO_3以外的酸性物质，他们不能直接转变成气体由肺呼出，而只能经肾随尿排出，故又称为非挥发酸
- 碱的来源：主要来源于食物

机体酸碱平衡调节
- 血液的缓冲作用：全血的5种缓冲系统，碳酸氢盐缓冲系统最为重要
- 肺的调节作用：呼吸运动的中枢调节和呼吸运动的外周调节
- 肾的调节作用
  - 近曲小管泌H^+和对$NaHCO_3$的重吸收
  - 远曲小管及集合管泌H^+和对$NaHCO_3$的重吸收
  - 肾铵（NH_4^+）的排出
  - 特殊情况下远曲小管的上皮细胞与管腔之间调节K^+的排泄作用
- 离子的调节作用：细胞内外的离子交换和细胞内液缓冲系统的缓冲

酸碱平衡紊乱
- 基本类型
  - 单纯型酸碱平衡紊乱
    - 代谢性酸中毒：血浆HCO_3^-原发性减少为特征
    - 代谢性碱中毒：血浆HCO_3^-原发性增多为特征
    - 呼吸性酸中毒：血浆H_2CO_3原发性增多为特征
    - 呼吸性碱中毒：血浆H_2CO_3原发性减少为特征
  - 混合型酸碱平衡紊乱：双重酸碱平衡紊乱和三重酸碱平衡紊乱
- 常见生化指标
  - 动脉血pH：<7.35为酸中毒，>7.45为碱中毒；在7.35~7.45之间可能正常、或代偿型酸碱中毒、或程度相等的酸碱中毒
  - 动脉血二氧化碳分压（$PaCO_2$）：$PaCO_2$降低示通气过度；$PaCO_2$升高示通气不足
  - 标准碳酸氢盐（SB）实际碳酸氢盐（AB）：SB降低，为代谢性酸中毒；SB增高，为代谢性碱中毒；AB>SB，见于呼吸性酸中毒；AB<SB，见于呼吸性碱中毒；AB=SB均小于正常值，为代谢性酸中毒；AB=SB均大于正常值，为代谢性碱中毒
  - 缓冲碱（BB）：代谢性酸中毒时BB降低，代谢性碱中毒时BB增高
  - 碱剩余（BE）：BE为正值，为代谢性碱中毒；BE为负值，为代谢性酸中毒
  - 阴离子间隙（AG）：AG增高为代谢性酸中毒

理一理

练一练

一、名词解释

1. 酸碱平衡

2. 标准碳酸氢盐

3. 挥发酸

4. 固定酸

5. AG

二、填空

1. 机体对体液酸碱平衡调节主要包括_____、_____、_____、_____。

2. 酸碱平衡紊乱的类型，根据其产生原因分可分为_____、_____；根据其产生的结果分，可分为_____、_____、_____、_____。

3. 判断酸碱平衡的主要生化指标有_____、_____、_____、_____、_____。

三、简答

1. 动脉血 pH 为 7.40 时，是否存在酸碱平衡紊乱？为什么？

2. 血液中的缓冲对有哪些？HCO_3^-/H_2CO_3 与其他缓冲对相比有何特点？

四、案例分析

1. 患者，男性，58 岁。患肺心病 17 余年，曾反复住院。经治疗病情稳定后，查血气：pH 7.34，$PaCO_2$ 58mmHg，PaO_2 60mmHg，AB 33mmol/L，BE 8.6mmol/L。

问题：

（1）该患者是否发生了酸碱平衡紊乱？原因是什么？

（2）各血气指标的变化说明什么？

2. 患者，女性，62 岁，因进食即呕吐 10 余天入院。近 15d 尿少色深，明显消瘦，卧床不起。精神恍惚，嗜睡，皮肤干燥松弛，眼窝深陷，呈重度脱水征。呼吸 16 次/min，血压 120/70mmHg。诊断为幽门梗阻。血液生化检验：K^+ 3.4mmol/L，Na^+ 158mmol/L，Cl^- 90mmol/L；血气：pH 7.50，$PaCO_2$ 49mmHg，PaO_2 62mmHg，HCO_3^- 45mmol/L，BE 8.0mmol/L。

问题：

（1）该患者发生了何种酸碱平衡紊乱？原因和机制是什么？

（2）该患者的血气变化如何分析？

（3）该患者有无水电解质紊乱？原因和机制是什么？

思路解析　　　　测一测　　　　拓展阅读

（刘高丽）

第十六章 肝脏生物化学

课件

科学发现

肝细胞内质网
——生物转化的重要场所

Albert Claude 生于比利时,是一位著名的细胞学家、生物化学家。他原本是一名铁匠,之后申请进入医学院学习,毕业后从事分离劳斯肉瘤病毒(RSV)的研究。5 年后,他研制出了破碎细胞的方法和分离细胞成分的离心法,并利用自己发明的方法分离出各种细胞器。他于 1938 年从小鼠肉瘤中分离出含有 RNA 的小颗粒,后来发现正常小鼠肝脏内也有这种颗粒,1943 年将其命名为微粒体。接着,与同事协作,他证明了微粒体为细胞内膜系统的膜结构,称为内质网。内质网是肝脏进行生物转化的重要部位。

Albert Claude 把作为铁匠时学到的鉴别矿物的离心法用于细胞生物学研究,发现了细胞内的各种微粒子,为认识肝细胞内的生化机制奠定了基础。1974 年,他和 George Emil Palade、Christian de Duve 共享了诺贝尔生理学或医学奖。Claude 干一行,钻一行,活学活用,值得我们学习。我们在学习知识过程中,要融会贯通,综合运用各学科知识。

学前导语

肝脏是人体最大的腺体,正常成人肝重约 1 500g,约占体重的 2.5%。同时,肝也是体内具有多种代谢功能的重要器官。它不仅在糖类、脂类、蛋白质、维生素以及激素等物质代谢中发挥作用,而且具有分泌、排泄和生物转化等重要功能。因此,人们把肝脏比喻为人体的"中心实验室"或"人体化工厂"。

学习目标

辨析:结合胆红素与未结合胆红素的区别;3 种类型黄疸的临床生化指标变化特征。

概述:肝在糖、脂类、蛋白质代谢中的作用;生物转化的概念、特点和意义;胆汁酸肠肝循环的概念和意义;胆色素代谢的基本过程。

说出:肝在维生素、激素代谢中的作用;生物转化反应的类型;胆汁酸的种类、功能;高胆红素血症与黄疸的概念。

学会:运用肝胆生化的知识解释一些生理和病理现象,如脂肪肝、酒精中毒、药物副作用、耐药性、新生儿黄疸等。

培养:理论联系实际,活学活用,实现知识的迁移和应用。

第一节　肝脏在物质代谢中的作用

肝脏有多种多样复杂的代谢功能，是由其独特的形态组织结构和化学组成特点决定的：①肝脏接受来自门静脉和肝动脉的双重血液供应。肝动脉血量约占肝脏总血流量的25%，含有从肺部和其他组织运输来充足的氧气和代谢产物。门静脉血液约占肝脏总血流量的75%，肝脏可从门静脉获取大量由消化道吸收而来的丰富的营养物质，为肝脏进行各种代谢奠定了物质基础。②肝脏亦有肝静脉和胆道两条输出通道。肝静脉与体循环相通，可以将由消化道吸收来的营养物质及经肝脏处理的代谢产物，随血液循环运到肝外组织，营养全身或经肾脏由尿排出体外；胆道系统与肠道相连，使肝内的代谢产物（如胆色素、胆固醇、胆汁酸盐等）以及毒物或生物转化的产物随胆汁分泌入肠经粪便排出。③肝脏有丰富的血窦和精巧的肝小叶结构。血流速度缓慢，增加了肝细胞和血液接触面积，有利于物质交换。④肝细胞含有大量细胞器和多种酶类。肝细胞含丰富的线粒体、内质网、高尔基复合体、溶酶体等亚细胞结构；肝中的酶类有数百种以上，其中许多酶是肝脏所独有的。肝细胞除了存在一般细胞所具有的代谢途径外，还具有一些特殊的代谢途径，如合成尿素及酮体。上述组织结构和化学组成特点是肝脏具有多种代谢功能的物质基础。

一、肝脏在糖、脂类、蛋白质代谢中的特点

（一）肝脏在糖类代谢中的作用

肝脏在糖代谢中的主要作用是通过调节糖原的合成与分解、糖异生途径来维持血糖的相对恒定，以确保全身各组织，尤其是大脑和红细胞的能量需要。

1. 肝糖原合成　当进食或输入葡萄糖后，血糖浓度升高，肝脏合成糖原增强。正常成人肝内储存的糖原占肝重的6%~8%，总量可达100g。由于葡萄糖合成糖原而储存，血糖很快恢复到正常水平。

2. 肝糖原分解　当空腹血糖浓度降低时，肝糖原分解作用增强，此时，在肝内特有的葡糖-6-磷酸酶的作用下，肝糖原分解为葡糖-6-磷酸，可直接转化为葡萄糖以补充血糖，从而防止血糖过低，维持血糖浓度恒定。

3. 糖异生作用　长期饥饿时，肝糖原几乎被耗竭，此时肝通过糖异生作用把乳酸、甘油、氨基酸等非糖物质转变成葡萄糖，这成为机体在长期饥饿状况下维持血糖浓度相对恒定的主要途径。空腹24~48h后，糖异生可达最大速度。

由此可见，肝脏通过肝糖原的合成、分解及糖异生作用，从器官水平上来调节血糖浓度的相对恒定。故当肝功能严重受损时，血糖难以维持稳定，极易造成糖代谢紊乱，如进食后容易出现高血糖；空腹或饥饿时又易发生低血糖。

（二）肝脏在脂类代谢中的作用

肝脏在脂类的消化、吸收、分解、合成及运输等代谢过程中均起重要作用。

1. 促进脂类的消化吸收　肝脏将胆固醇转变为胆汁酸后随胆汁排入肠腔，胆汁酸盐能乳化脂类，有利于脂类物质和脂溶性维生素的消化、吸收。故肝胆疾病的患者，肝脏合成、分泌、排泄胆汁酸盐的能力下降；胆管阻塞时，胆汁排出障碍，患者常出现脂类食物消化不良、厌油腻、脂肪泻和脂溶性维生素缺乏症等临床症状。

2. 肝脏是脂肪酸合成、分解、改造和脂肪合成的主要器官　肝脏可利用葡萄糖、乙酰

CoA 等原料合成脂肪，以极低密度脂蛋白（VLDL）的形式运往肝外。肝脏是氧化分解脂肪酸和合成酮体的重要器官。肝细胞富含脂肪酸 β 氧化和酮体合成酶系，故肝脏中脂肪酸 β 氧化非常活跃，合成酮体的能力较强。此外，肝脏对吸收来的脂肪酸可进行饱和度及碳链长度的改造，以适应机体的需要。

进入肝细胞的游离脂肪酸主要有两条去路：一是在细胞液中酯化合成甘油三酯和磷脂；二是进入线粒体内进行 β 氧化，生成乙酰 CoA 及酮体。饱食及糖的供应充足时，进入肝细胞的脂肪酸主要酯化生成甘油三酯及磷脂，并以 VLDL 的形式分泌入血，供肝外组织器官摄取与利用。若肝合成甘油三酯的量超过其合成与分泌 VLDL 的能力，甘油三酯会积存于肝内。另外，肝脏可以合成甘油三酯，但不能储存甘油三酯，当 VLDL 的合成与分泌受到影响时，甘油三酯便在肝中过量积存，如肝功能障碍和磷脂合成障碍时均可影响 VLDL 的合成和分泌，导致脂肪运输障碍而在肝中堆积形成脂肪肝。饥饿或糖的供应不足时，脂肪酸进入线粒体进行 β 氧化，并在肝内合成酮体，生成酮体是肝特有功能，肝不能氧化酮体，却可将酮体运输到肝外组织尤其是脑和肌肉内被氧化利用。

3. 肝脏是胆固醇代谢的主要场所　体内胆固醇 70%～80% 由肝合成，10% 由小肠合成。初生态的 HDL 也主要在肝合成，它可将肝外的胆固醇转移到肝内处理。而肝脏合成的胆固醇则由 LDL 转运至肝外。正常人每天合成的胆固醇有 2/5 在肝中转化为胆汁酸，随胆汁排入肠道，这是胆固醇在体内代谢转化的主要去路。同时，肝也是体内胆固醇的重要排泄器官，粪便中的胆固醇除来自肠黏膜脱落细胞外，均来自肝。

4. 肝脏是磷脂和脂蛋白合成的主要场所　胆固醇、甘油三酯、磷脂以 VLDL 的形式分泌入血液中，供其他组织器官摄取与利用。HDL 及所含的载脂蛋白也由肝脏合成。此外，肝脏还是降解 LDL 的主要器官。当肝功能受损、磷脂合成障碍、脂蛋白合成减少，使肝内脂肪输出障碍，可导致脂肪肝。

（三）肝脏在蛋白质代谢中的作用

肝脏在蛋白质的合成、分解和氨基酸代谢中均起重要作用。

1. 肝脏是合成蛋白质的重要器官　肝脏除了合成其本身所需的结构蛋白质外，全部白蛋白、部分球蛋白、凝血酶原、纤维蛋白原、α_1- 抗凝血酶、凝血因子、部分载脂蛋白、某些激素等都在肝脏合成。血浆白蛋白除了作为许多脂溶性物质（如游离脂肪酸、胆红素等）的非特异性运输载体外，在维持血浆胶体渗透压方面起着重要作用。每克白蛋白可使 18mL 水保持在血液循环中。若血浆白蛋白低于 30g/L，约有半数患者出现水肿或腹水。正常人血浆白蛋白（A）与球蛋白（G）的比值（A/G）为 1.5～2.5。肝功能严重受损时，血浆白蛋白可因合成减少而浓度降低，可致 A/G 比值下降，甚至倒置。此种变化临床上可作为严重慢性肝细胞损伤的辅助诊断指标。另外，大部分凝血因子、凝血酶原等与凝血有关的物质也由肝合成，因此严重肝细胞损伤时可出现凝血时间延长及出血倾向。

> **知识窗**
>
> #### 甲胎蛋白
>
> 甲胎蛋白，也称 α- 胎蛋白，由肝合成，是胚胎期肝合成的一种结构与白蛋白相近的蛋白质，由于胎儿出生后其合成受到抑制，正常人血浆中很难检出。原发性肝癌细胞中甲胎蛋白基因的表达失去阻遏，血浆中可能再次检出此种蛋白质。因此，它是原发性肝癌的重要肿瘤标志物，对肝癌诊断有一定价值。

2．肝脏是氨基酸代谢的重要场所　肝脏是体内除支链氨基酸以外的所有氨基酸分解和转变的重要场所。

肝脏中氨基酸代谢非常活跃，氨基酸的转氨基、脱氨基、脱羧基、脱硫基、转甲基等反应都主要在肝脏进行。肝细胞中含有丰富的参与氨基酸代谢的酶类，如丙氨酸转氨酶（ALT）在肝细胞活性最高，当肝细胞受损或任何原因引起肝细胞膜通透性发生改变或细胞坏死时，肝细胞内的酶大量进入血液，从而引起血液中 ALT 的活性异常升高。临床上测定血清 ALT 的活性有助于急性肝病的诊断。

3．肝脏是清除血氨、合成尿素的主要器官　肝脏含有合成尿素的全套酶系，无论是氨基酸分解代谢产生的氨，还是肠道细菌作用产生并吸收的氨，均可在肝脏经鸟氨酸循环将有毒的氨合成无毒的尿素，这是体内处理氨的主要方式。其次，肝脏还可将氨转变成谷氨酰胺来解除氨毒。严重肝病患者，肝合成尿素能力下降，导致血氨升高和氨中毒，这是肝性脑病发生的重要生化机制之一。

二、肝脏在维生素、激素代谢中的特点

（一）肝脏在维生素代谢中的作用

肝脏在维生素的吸收、储存、转化、改造、活化和利用等代谢中均起着主要作用。

1．促进脂溶性维生素的消化吸收　肝细胞合成的胆汁可促进脂溶性维生素的吸收，所以，慢性肝胆疾病可伴有脂溶性维生素吸收障碍，导致相应维生素缺乏症。

2．储存多种维生素　肝脏是机体含维生素 A、维生素 K、维生素 B_1、维生素 B_2、维生素 B_6、维生素 B_{12} 以及泛酸和叶酸较多的器官。人体内维生素 A、维生素 E、维生素 K 及维生素 B_{12} 主要储存于肝，肝中维生素 A 的含量占体内总量的 95%。肝几乎不储存维生素 D，但具有合成维生素 D 结合蛋白的能力。血浆中 85% 的维生素 D 代谢物与维生素 D 结合蛋白结合而运输。严重肝病时，该结合蛋白合成减少，可造成血浆总维生素 D 代谢物水平降低。因此，夜盲症和眼干燥症患者，多食动物肝脏常可获得满意的疗效。

3．是维生素转化、改造、活化和利用的重要场所　肝脏还参与多种维生素的转化，可将胡萝卜素转化为维生素 A，将维生素 PP 转变为 NAD^+ 和 $NADP^+$，将泛酸转变为 HS-CoA，将维生素 B_1 转变为 TPP，将维生素 D_3 转化为 25-(OH)-D_3 等。另外，维生素 K 在肝内可促进凝血酶原及凝血因子 Ⅶ、Ⅸ、Ⅹ 等的合成。

（二）肝脏在激素代谢中的作用

肝脏是激素灭活的重要器官。许多激素在体内发挥其调节作用后，主要在肝内被分解转化，从而降低或失去其活性。这个过程称为激素的灭活。此过程也是机体调节激素作用时间长短和强度的重要方式之一。

肝脏是激素灭活的主要场所，水溶性激素与肝细胞膜上的特异受体结合发挥其信息传递作用，并可通过肝细胞的内吞作用进入肝细胞。在肝脏灭活的激素主要有肾上腺皮质激素、性激素和类固醇激素。许多蛋白质、多肽和氨基酸衍生物类激素也在肝脏灭活，如胰岛素、甲状腺激素、抗利尿激素等。当肝功能严重受损时，对激素的灭活功能降低，血液中雌激素、醛固酮、抗利尿激素等水平升高，导致局部小动脉扩张，可出现男性乳房女性化、蜘蛛痣、肝掌以及水、钠潴留引起水肿等现象。

积少成多

1. 肝脏通过调节糖原的合成与分解、糖异生途径来维持血糖的相对恒定。

2. 胆汁酸盐能乳化脂类，有利于脂类物质和脂溶性维生素的消化、吸收。

3. 肝细胞富含脂肪酸 β 氧化和酮体合成酶系，故肝脏中脂肪酸 β 氧化非常活跃，合成酮体的能力较强。

4. 肝也是体内胆固醇的重要排泄器官，粪便中的胆固醇除来自肠黏膜脱落细胞外，均来自肝。

5. 胆固醇、甘油三酯、磷脂以 VLDL 的形式分泌入血液中。

6. 肝脏是合成蛋白质的重要器官，肝功能严重受损时，血浆白蛋白可因合成减少而浓度降低，可致 A/G 比值下降，甚至倒置。

7. 肝脏中氨基酸代谢非常活跃，肝细胞中含有丰富的参与氨基酸代谢的酶类，如丙氨酸转氨酶（ALT）在肝细胞活性最高。

8. 氨可在肝脏经鸟氨酸循环将有毒的氨合成无毒的尿素。

9. 肝脏在维生素的吸收、储存、转化、改造、活化和利用等代谢中均起着主要作用。

10. 肝脏在许多激素发挥作用后，对其进行分解转化、降解或灭活。

第二节 肝脏的生物转化作用

一、生物转化的概念和意义

机体在物质代谢过程中产生或由外界摄入的某些物质，它们既不参与机体的组成，又不能氧化供能，其中一些还对人体有一定的生物学效应或潜在的毒性作用，长期蓄积则对人体有害。这些物质常称为非营养物质。一般而言，非营养物质具有脂溶性强、水溶性低或有毒等化学性质，机体需要及时清除才能保证各种生理活动的正常进行。

1. 生物转化的概念 生物转化作用（biotransformation）是指各种非营养物质在体内经过代谢转变，增加其极性或改变活性，利于随胆汁或尿液排出体外的过程。

2. 生物转化的部位 肝脏是生物转化的主要器官，在肝细胞微粒体、细胞液、线粒体等部位均存在有关生物转化的酶类。其他组织，如肾、胃肠道、肺、皮肤及胎盘等，也可进行一定的生物转化，但以肝脏最为重要，其生物转化功能最强。

3. 非营养物质的来源与种类 非营养物质种类很多，按其来源可分为两大类：①内源性物质是指体内代谢中产生的各种生物活性物质（如激素、神经递质等）及有毒的代谢产物（如氨、胆红素等）；②外源性物质是指由外界进入体内的各种异物（如药物、毒物、环境化学污染物、食品添加剂、色素）和从肠道吸收来的腐败产物（如胺、酚、吲哚和硫化氢等），多为有毒物质。

4. 生物转化的生物学意义 生物转化作用主要使大部分非营养物质极性增强，溶解度增大，易随胆汁或尿液排出；或使某些物质生物活性降低或消除，或对有毒物质进行解毒，或使药物发挥药效等，对机体具有保护作用。应指出的是，有些非营养物质经过生物转化作用后，虽然溶解性增加，但其毒性反而增强；有的还可能溶解性下降，不易排出体外。如多环芳烃类化合物 - 苯丙芘，其本身没有直接致癌作用，但经过生物转化后反而成为直接致癌物。因此，不能将肝的生物转化作用笼统地称为"解毒作用"（detoxification）。

二、生物转化的反应类型

体内非营养物质的种类繁多，生物转化的途径各异。按其化学反应的性质归纳为两相反应：氧化（oxidation）、还原（reduction）、水解（hydrolysis）反应称为生物转化的第一相反应；结合反应（conjugation）称为生物转化的第二相反应。许多物质通过第一相反应，极性增强，水溶性增加，即可排出体外。但有些物质经过第一相反应后水溶性和极性改变不明显，还须进一步与葡糖醛酸、硫酸等极性更强的物质相结合，再进行第二相反应，使其溶解度增加，才能排出体外。

（一）第一相反应——氧化、还原、水解反应

1. 氧化反应　是最多见的生物转化反应，肝细胞微粒体、线粒体及细胞液中含有参与生物转化作用的不同氧化酶类，催化不同类型的氧化反应。

（1）加单氧酶系：肝细胞氧化酶类中，最重要的是肝细胞微粒体依赖细胞色素 P450 的加单氧酶系，又称为羟化酶或混合功能氧化酶。它由 NADPH、NADPH- 细胞色素 P450 还原酶及细胞色素 b5 组成。NADPH- 细胞色素 P450 还原酶以 FAD 和 FMN 为辅基，二者比例为 1：1。细胞色素 P450 是以铁卟啉原 IX 为辅基的 b 族细胞色素，含有与氧和作用物结合的部位，反应中作用物氧化生成羟化物。细胞色素 P450 含单个血红素辅基，只能接受 1 个电子，而 NADPH 是 2 个电子供体，NADPH- 细胞色素 P450 还原酶则既是 2 个电子受体又是 1 个电子的供体，正好沟通此电子传递链。这一酶系反应的基本特点是能直接激活氧分子，使一个氧原子加到底物分子（故称加单氧酶），另一个氧原子被 NADPH 还原成水分子，即一个氧分子发挥了两种功能（故又称混合功能氧化酶）。催化反应式如下：

$$RH + NADPH + H^+ + O_2 \xrightarrow{\text{加单氧酶}} ROH + NADP^+ + H_2O$$

加单氧酶系的羟化作用不仅增加药物或毒物的水溶性，有利于排泄，而且参与体内许多重要物质的羟化过程。例如，维生素 D_3 羟化成为具有生物学活性的 $1,25-(OH)_2-D_3$，胆汁酸和类固醇激素的合成过程中也需进行羟化作用。加单氧酶系可被诱导生成，如苯巴比妥类药物可诱导加单氧酶的合成，长期服用此类药物的患者，对异戊巴比妥、氨基比林等多种药物的转化及耐受能力亦同时增强。

知识窗

喝酒致脸红的原因

体内丰富的乙醇脱氢酶能迅速把乙醇氧化为乙醛，而乙醛具有让毛细血管扩张的功能，会引起脸色泛红甚至身上皮肤潮红等现象，也就是我们通常所说的"上脸"。而乙醛脱氢酶在体内的含量具有较大个体差异，乙醛脱氢酶含量较少的人，乙醛代谢缓慢，就只能积累在体内靠细胞色素 P450 慢慢氧化排出体外。乙醛对人体危害很大，所以说"脸红的人能喝"是错误的。劝酒要适度，劝酒多观察，尽兴就好，切莫伤身。

（2）单胺氧化酶系：单胺氧化酶（monoamine oxidase）存在于肝细胞线粒体内，属于黄素酶类，可催化胺类氧化脱氨基生成相应的醛，后者进一步在细胞液中醛脱氢酶催化下氧化成酸。蛋白质腐败作用产生的组胺、尸胺、腐胺等胺类，以及一些肾上腺素能药物如 5- 羟色胺、儿茶酚胺等均可在此酶的催化下氧化为醛和酸，这一过程降低了胺对机体的毒害作用。

$$RH + NADPH + H^+ + O_2 \xrightarrow{\text{加单氧酶}} ROH + NADP^+ + H_2O$$

（3）脱氢酶系：醇脱氢酶（alcohol dehydrogenase）与醛脱氢酶（aldehyde dehydrogenase）存在于细胞微粒体及细胞液中，两者均以 NAD^+ 为辅酶，醇脱氢酶可催化醇类氧化成醛，后者再由线粒体或细胞液醛脱氢酶催化生成相应的酸类。例如，乙醇进入人体后，主要在肝的醇脱氢酶催化下氧化成乙醛，乙醛再经过醛脱氢酶催化生成乙酸。

醇　　　　醛　　　　酸

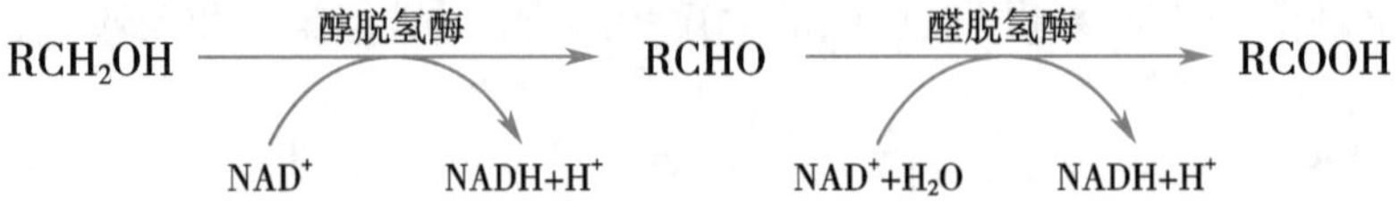

2. 还原反应　肝微粒体中存在着由NADPH及还原型细胞色素P450供氢的还原酶系，主要有硝基还原酶和偶氮还原酶，均为黄素蛋白酶类，分别催化硝基化合物和偶氮化合物生成相应的胺类。例如，硝基苯和偶氮苯经还原反应均可生成苯胺，后者再在单胺氧化酶的作用下，生成相应的酸。此外，催眠药三氯乙醛也可在肝脏被还原生成三氯乙醇而失去催眠作用。

硝基苯　　　　亚硝基苯　　　　苯胲　　　　苯胺

偶氮苯　　　　苯胺

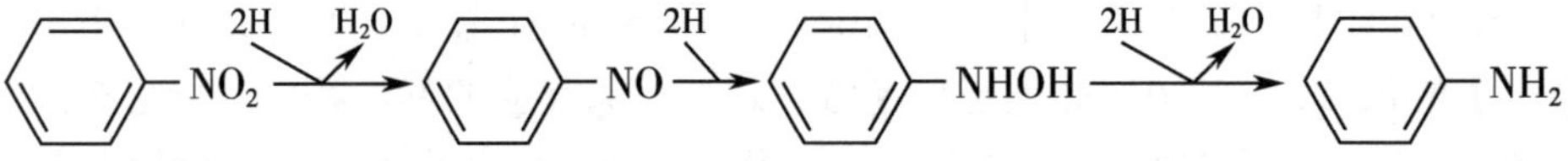

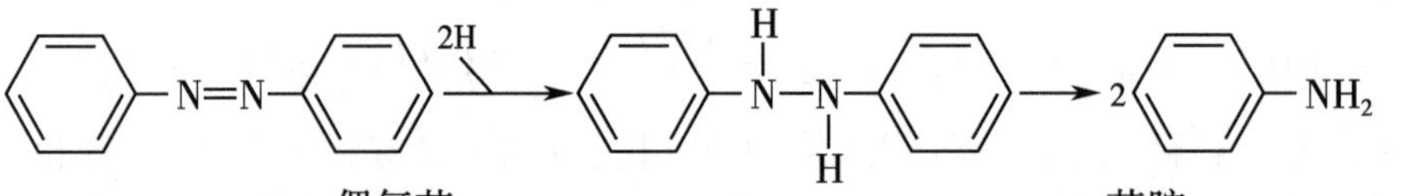

3. 水解反应　肝细胞中含有各种水解酶，如酯酶、酰胺酶及糖苷酶等，分别水解各种酯键、酰胺键及糖苷键，以减少或消除其生物活性，这些水解产物通常还需要进一步经其他反应才能排出体外。例如阿司匹林的生物转化过程就是首先水解生成水杨酸，然后与葡糖醛酸结合。

乙酰水杨酸（阿司匹林）　　　　水杨酸　　　　羟基水杨酸

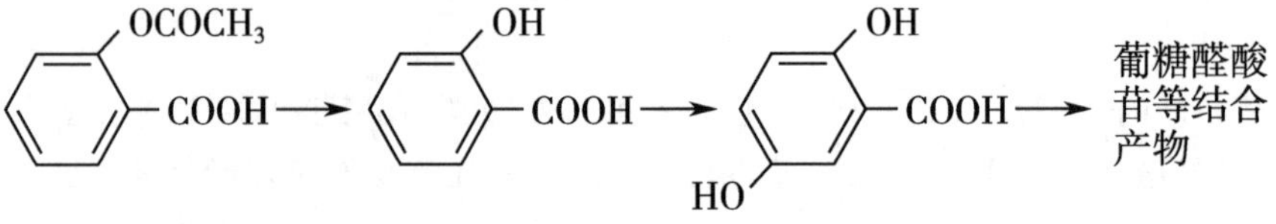

（二）第二相反应——结合反应

结合反应是体内最重要的生物转化方式。凡含有羟基、羧基或氨基的非营养物质均可与葡糖醛酸、硫酸、谷胱甘肽、甘氨酸等发生结合反应或进行酰基化和甲基化等反应。其中，以与葡糖醛酸、硫酸和乙酰基的结合反应最为重要。某些非营养物质可直接进行结合反应，有些则先经氧化、还原、水解反应后再进行结合反应。结合反应可在肝细胞的微粒体、细胞液和线粒体内进行。

1. 葡糖醛酸结合反应　葡糖醛酸结合是最为重要、最普遍的结合反应。尿苷二磷酸葡糖（UDPG）可由 UDPG 脱氢酶催化生成尿苷二磷酸葡糖醛酸（UDPGA）。

$$\text{尿苷二磷酸葡糖(UDPG)} + NAD^+ \xrightarrow{\text{UDPG脱氢酶}} \text{尿苷二磷酸葡糖醛酸(UDPGA)} + NADH + H^+$$

UDPGA 作为葡糖醛酸的活性供体，将葡糖醛酸基转移到含羟基、巯基、氨基及羧基的化合物上，形成相应的葡糖醛酸苷，使其极性增加，易排出体外。例如，胆红素、类固醇激素、吗啡和苯巴比妥类药物等均可在肝与葡糖醛酸结合进行转化，进而排出体外。临床上用葡糖醛酸类制剂治疗肝病，其原理便是增强肝脏的生物转化能力。

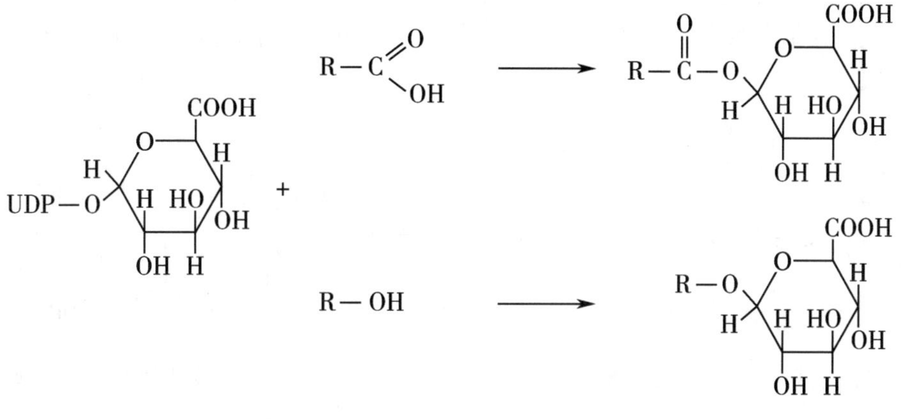

α-D-UDP-葡糖醛酸　　异源物　　　　　　β-D-葡糖醛酸苷

2. 硫酸结合反应　也是一种较常见的结合反应，以 3′磷酸腺苷 -5′磷酸硫酸（PAPS）为活性硫酸供体，在肝细胞液硫酸基转移酶的催化下，将硫酸基转移到醇、酚或芳香胺类等含有羟基的非营养物质上，生成硫酸酯，使其水溶性增强，易排出体外。例如，雌酮就是通过形成硫酸酯进行灭活的。

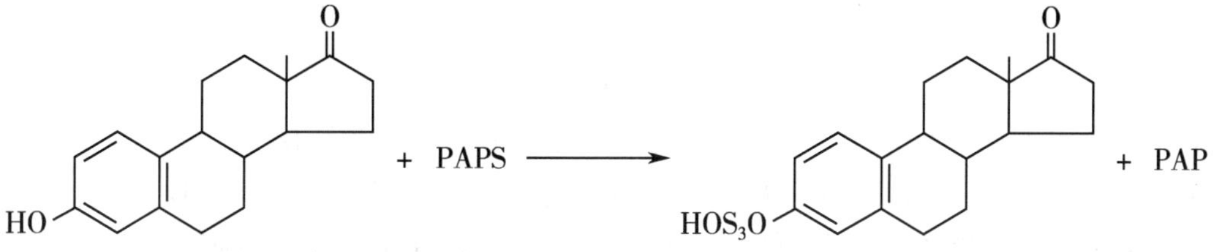

雌酮　　　　　　　　　　　　　　　　雌酮硫酸酯

3. 乙酰基结合反应　在肝细胞液中，由乙酰基转移酶催化，乙酰 CoA 作为乙酰基的直接供体，催化乙酰基转移到含氨基或肼的非营养物质（如磺胺、异烟肼、苯胺等）分子上，形成乙酰化衍生物。例如，抗结核病药物异烟肼就是在肝内经酰基化反应而失去活性的。

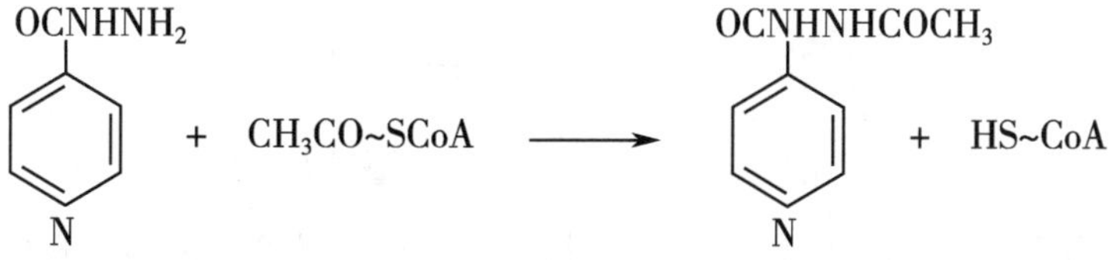

异烟肼　　　　乙酰辅酶A　　　　　乙酰异烟肼

　　此外，大部分磺胺类药物在肝内也通过此种形式灭活。但是磺胺类药物经乙酰化后，其溶解度反而降低，在酸性尿中易于析出。所以，在服用磺胺类药物时应服用适量的碳酸氢钠（小苏打），以提高其溶解度，还可通过增加饮水的方式增加尿量使其易于随尿排出体外。

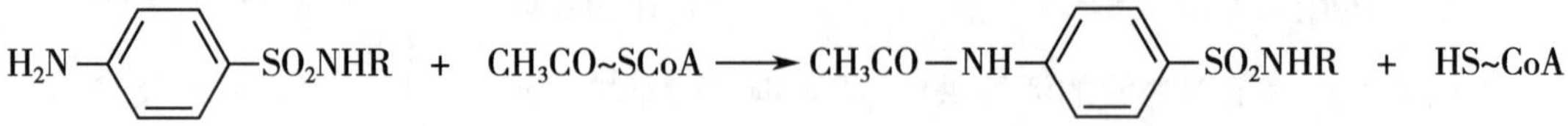

$$H_2N-\text{〈苯环〉}-SO_2NHR + CH_3CO\sim SCoA \longrightarrow CH_3CO-NH-\text{〈苯环〉}-SO_2NHR + HS\sim CoA$$

磺胺　　　　　　　　　乙酰辅酶A　　　　　　　　　　乙酰磺胺

　　4. 谷胱甘肽结合反应　是细胞应对亲电子性异源物的重要防御反应，肝细胞液的谷胱甘肽 S- 转移酶，可催化谷胱甘肽（GSH）与含有亲电子中心的环氧化物和卤代化合物等异源物结合，生成谷胱甘肽结合产物，主要参与致癌物、环境污染物、抗肿瘤药物以及内源性活性物质的生物转化。

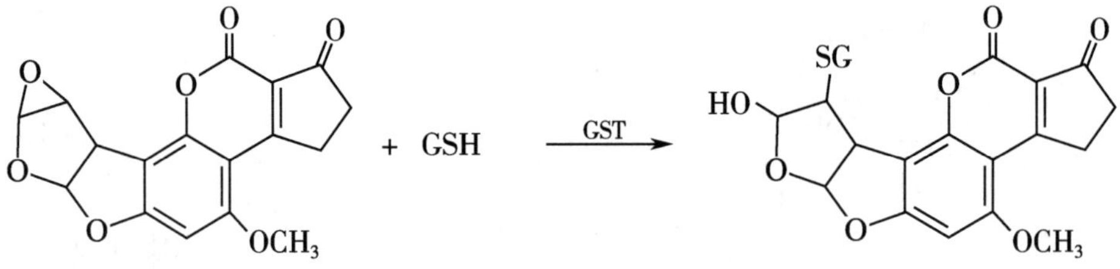

黄曲霉素B_1–8,9–环氧化物　　　　　　　　　　谷胱甘肽结合产物

　　5. 甘氨酸结合反应　甘氨酸主要参与含羧基异源物的结合转化。首先含羧基的物质在酰基 CoA 连接酶催化下生成活泼的酰基 CoA。后者在酰基转移酶的催化下，其酰基转移到甘氨酸的氨基上，如马尿酸的生成。另外，胆酸和鹅脱氧胆酸与甘氨酸结合，生成结合胆汁酸均属此类反应。

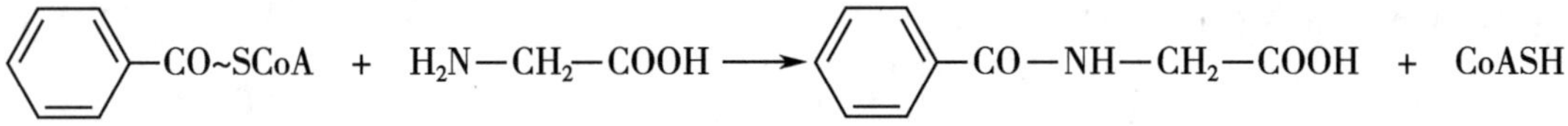

$$\text{〈苯环〉}-CO\sim SCoA + H_2N-CH_2-COOH \longrightarrow \text{〈苯环〉}-CO-NH-CH_2-COOH + CoASH$$

苯甲酸　　　　　　　　苯甲酰辅酶A　　　　　　　　　　　　马尿酸

　　6. 甲基化反应　肝细胞的细胞液及微粒体中含有多种甲基转移酶，其以 S- 腺苷甲硫氨酸（SAM）为甲基供体，催化含有羟基、巯基或氨基的化合物进行甲基化反应。其中，细胞液中可溶性儿茶酚 -O- 甲基转移酶（catechol-O-methyl transferase，COMT）具有重要的生理意义。COMT 催化儿茶酚和儿茶酚胺的羟基甲基化，生成有活性的儿茶酚化合物。同时，COMT 也参与生物活性胺，如多巴胺类的灭活等。又如，尼克酰胺可甲基化生成 N- 甲基尼克酰胺。

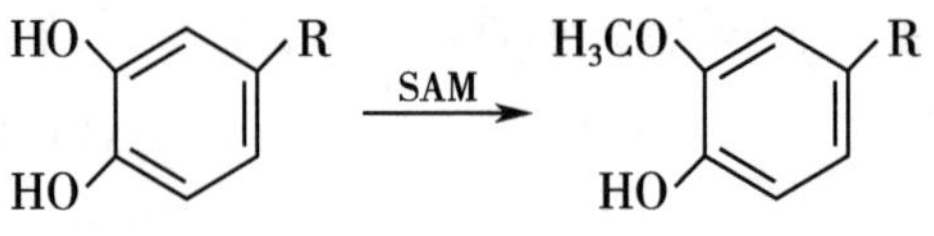

儿茶酚　　　　　　　　O–甲基儿茶酚

　　由此可见，肝脏的生物转化作用范围是很广泛的。一方面，很多有毒的物质进入人体后迅速集中在肝脏进行解毒；另一方面，正是由于这些有害物质容易在肝脏聚集，如果毒

物的量过多，也容易使肝脏本身中毒。因此，对肝病患者，要限制服用主要在肝内解毒的药物、以免发生中毒。

知识窗

黄曲霉毒素 B_1

黄曲霉毒素 B_1（aflatoxin B_1，AFB_1）是二氢呋喃氧杂萘邻酮的衍生物。没有经过代谢活化的母体化合物是无致癌性的，因此被称为前致癌物，它必须通过体内的生物转化即"代谢激活或生物激活"形成活性中间体才具有致癌性。黄曲霉毒素除非连续摄入，一般不在体内积蓄，一次摄入后约 1 周即经呼吸、尿液、粪便等将大部分排出。AFB_1 的代谢主要发生在肝脏，肾脏、脾脏和肾上腺也会有所分布，一般不会存在于肌肉中。它在动物体内经细胞内质网中的细胞色素 P450 混合功能氧化酶的作用下转化发生脱甲基、羟化及环氧化反应成黄曲霉毒素 M_1，黄曲霉毒素 M_1 是一种强致癌物。以谷物和花生作为原料进行加工的食品企业，一定要严格把控原材料的采购、储存和检验，因为温暖潮湿的气候下，谷物和花生易发生霉变产生 AFB_1。

三、生物转化的特点

1. 生物转化反应的连续性　许多物质的生物转化反应非常复杂，有些非营养物质只需经过一种转化反应即可顺利排出，但大多数非营养物质需连续进行数种反应才能实现生物转化目的，这反映了生物转化反应的连续性特点。一般先进行氧化、还原、水解反应，再进行结合反应，如阿司匹林常先水解成水杨酸后再经结合反应才能排出体外。

2. 生物转化反应类型的多样性　一种非营养物质可因结构上的差异，在体内进行多种生物转化途径，生成不同的代谢产物，体现了生物转化反应类型的多样性特点。例如，阿司匹林水解生成水杨酸，少量直接排出，大部分水杨酸既可与甘氨酸结合，又可与葡糖醛酸结合，生成多种结合产物而排泄。因此，服用阿司匹林者的尿中可出现多种转化产物。

3. 解毒与致毒的双重性　某些非营养性物质经过一定形式的生物转化后，其毒性减弱（解毒），如肾上腺素和去甲肾上腺素的生物转化作用、胆红素的代谢。但有一些非营养物质经过一定的生物转化后其毒性增强（致毒），如多环芳烃类化合物 - 苯丙芘，其本身没有直接致癌作用，但经过生物转化后反而成为直接致癌物。但当这类环氧化物继续进行结构重排、水化、结合等转化过程之后，致癌作用丧失且易随尿排出。

四、影响生物转化作用的因素

1. 生理（年龄、性别、营养及遗传等）因素　年龄对生物转化作用的影响很明显。新生儿肝生物转化酶系发育尚不完善，对非营养物质的转化能力较弱，对药物及毒物的耐受性较差。老年人随着组织器官结构的变化，生理和生化功能逐渐衰退，尤其是肝脏的重量和肝细胞数量明显减少，肝微粒体药物酶活性降低或诱导反应减弱，致药物代谢转化能力下降，导致老年人血浆药物的清除率降低，药物在体内的半衰期延长。因此，临床上对新生儿及老年人的药物用量应较成人为低，许多药物使用时都要求儿童和老人慎用或禁用。

某些生物转化反应还有明显的性别差异。例如，女性体内醇脱氢酶活性高于男性，女性对乙醇的代谢处理能力比男性强。另外，生物转化还会受到营养、遗传等因素的影响。

2. 疾病因素　肝实质性病变时会直接影响肝生物转化酶类的合成，各种转化酶的活性降低，致肝脏处理药物、毒物、防腐剂等非营养物质的能力下降。例如，严重肝病时微粒体单加氧酶系活性可降低 50%。肝细胞损害导致 NADPH 合成减少，亦影响肝对血浆药物的清除率。加上肝血流的减少，患者对许多药物及毒物的摄取及灭活速度下降，药物的治疗剂量与毒性剂量之间的差距减小，又很容易造成肝损害，故对肝病患者用药应特别慎重。

3. 诱导物　某些药物或毒物可诱导转化酶的合成，使肝脏的生物转化能力增强，称为药物代谢酶的诱导。

临床应用

苯巴比妥的诱导作用

苯巴比妥，别名为鲁米那，是临床上常用的一种药物，具有镇静、催眠、抗癫痫等功效。长期服用苯巴比妥，可诱导肝微粒体加单氧酶系的合成，从而使机体对苯巴比妥类催眠药产生耐药性。同时，由于加单氧酶特异性较差，可利用诱导作用增强药物代谢和解毒，如用苯巴比妥缓解地高辛中毒。苯巴比妥还可诱导肝微粒体 UDP- 葡糖醛酸转移酶的合成，故临床上用来治疗新生儿黄疸。

积少成多

1. 生物转化作用主要是使大部分非营养物质极性增强，溶解度增大，易随胆汁或尿液排出。

2. 生物转化的特点：连续性、多样性、解毒与致毒的双重性。

3. 生物转化的第一相反应：氧化、还原、水解；第二相反应：结合反应。

第三节　胆汁酸代谢

肝脏除了在物质代谢中发挥重要作用和对非营养物质进行生物转化作用外，还具有分泌和排泄胆汁的功能。胆汁具有双重作用：一是作为消化液，促进脂类物质的消化吸收；二是作为排泄液，将体内某些代谢产物（如胆红素、胆固醇及经肝生物转化的非营养物排入肠腔，随粪便排出体外。胆汁酸是胆汁的主要成分，贮存于胆囊，具有重要生理功能。

一、胆汁酸的生成与分类

（一）胆汁酸生成

1. 初级胆汁酸的生成　初级胆汁酸以胆固醇为原料在肝细胞内合成。正常人每天合成 1～1.5g 胆固醇，其中约 40% 在肝转变为胆汁酸后随胆汁排入肠道。这是肝清除胆固醇的主要方式。在肝细胞内由胆固醇转变为初级胆汁酸的过程很复杂，需经过羟化、加氢及侧链氧化断裂等许多酶促反应才能完成。

胆固醇在胆固醇 7α- 羟化酶（cholesterol 7α-hydroxylase）的催化下生成 7α- 羟胆固醇。经过还原、羟化、侧链的缩短和加辅酶 A 等多步反应，生成具有 24 个碳原子的初级游离胆汁酸，即胆酸、鹅脱氧胆酸，它们分别与甘氨酸或牛磺酸结合生成初级结合胆汁酸，以胆汁酸钠盐或钾盐的形式随胆汁入肠。催化胆汁酸合成的酶类主要分布于微粒体和细胞液。

　　胆固醇 7α- 羟化酶是胆汁酸合成的限速酶。它受产物（胆汁酸）的反馈抑制，糖皮质激素、生长激素可提高该酶的活性。同时，7α- 羟化酶也是一种加单氧酶，维生素 C 对此种羟化反应有促进作用。此外，甲状腺素能通过激活侧链氧化的酶系，促进肝细胞的胆汁酸合成。所以，甲状腺功能亢进的患者血清胆固醇浓度偏低，而甲状腺功能低下的患者血清胆固醇含量偏高。

　　2. 次级胆汁酸的生成　随胆汁排入肠道的初级胆汁酸在协助脂类物质消化吸收的同时，在小肠下段及大肠受肠道细菌作用，生成次级游离胆汁酸。即胆汁酸经过去结合反应和脱 7α- 羟基作用，胆酸转变为脱氧胆酸，鹅脱氧胆酸转变为石胆酸。次级游离胆汁酸亦可在肝与甘氨酸或牛磺酸结合形成次级结合胆汁酸。合成次级胆汁酸的过程中可产生少量具有重要的临床意义的熊去氧胆酸，它和鹅脱氧胆酸均具有溶解胆结石的作用。近年来，有人用熊去氧胆酸进行胆汁酸负荷试验，来检测肝脏对胆汁酸处理的能力。

　　肠道中的各种胆汁酸平均有 95% 被肠壁重吸收，其余的随粪便排出。胆汁酸的重吸收方式分为以下两种：①结合型胆汁酸在回肠部位主动重吸收；②游离型胆汁酸在小肠各部及大肠被动重吸收。石胆酸主要以游离型存在，故大部分不被吸收而排出。正常人每天从粪便排出的胆汁酸为 0.4～0.6g。

　　（二）胆汁酸的分类

　　1. 游离胆汁酸和结合胆汁酸　正常人胆汁中的胆汁酸按结构可分为两大类：一类为游离胆汁酸，包括胆酸、鹅脱氧胆酸、脱氧胆酸和石胆酸 4 种；另一类是上述游离胆汁酸的 24 位羧基分别与甘氨酸或牛磺酸结合生成的相应产物，称结合胆汁酸，主要包括甘氨胆酸、牛磺胆酸、甘氨鹅脱氧胆酸和牛磺鹅脱氧胆酸等（图 16-1）。人胆汁中的胆汁酸以结合型为主，其中甘氨胆酸与牛磺胆酸的比例为 3∶1。无论游离胆汁酸还是结合胆汁酸，其分子内部都既含亲水基团（羟基、羧基），又含疏水基团（甲基及烃核），故胆汁酸的立体构型具有亲水和疏水两个侧面。

　　2. 初级胆汁酸和次级胆汁酸　胆汁酸按其来源可分为初级胆汁酸和次级胆汁酸两类。在肝细胞内，以胆固醇为原料直接合成的胆汁酸称为初级胆汁酸，包括胆酸、鹅脱氧胆酸及其与甘氨酸或牛磺酸的结合产物。初级胆汁酸随胆汁排入肠道，受肠道细菌作用，脱去 7α 羟基生成的胆汁酸称为次级胆汁酸，主要包括脱氧胆酸、石胆酸及这两种胆汁酸在肝中分别与甘氨酸或牛磺酸结合生成的结合产物。

　　（三）胆汁酸的肠肝循环

　　由肠道重吸收的各种胆汁酸，经门静脉进入肝脏，肝细胞迅速摄取，将游离胆汁酸重新转变为结合胆汁酸，并同新合成的结合型胆汁酸一起，再随胆汁排入肠腔，这种不断循环的过程称为胆汁酸的肠肝循环（图 16-2）。

　　胆汁酸肠肝循环的生理意义在于使有限的胆汁酸重复利用，促进脂类物质的消化与吸收。正常人体肝脏每天合成胆汁酸的量为 0.4～0.6g，胆汁酸储备的总量共 3～5g，而维持脂类物质消化吸收，每天需要 16～32g，依靠胆汁酸的肠肝循环可弥补胆汁酸的合成不足。每次饭后可以进行 2～4 次肠肝循环，使有限的胆汁酸也能够发挥最大限度的乳化作用，以满足人体对胆汁酸的生理需要。若肠肝循环被破坏，如腹泻或因大部分肠道切除，则胆汁酸不能重复利用。此时，一方面影响脂类的消化吸收，另一方面胆汁中胆固醇含量相对增高，处于饱和状态，极易形成胆固醇结石。

胆酸

鹅脱氧胆酸

脱氧胆酸

石胆酸

甘氨胆酸

牛磺胆酸

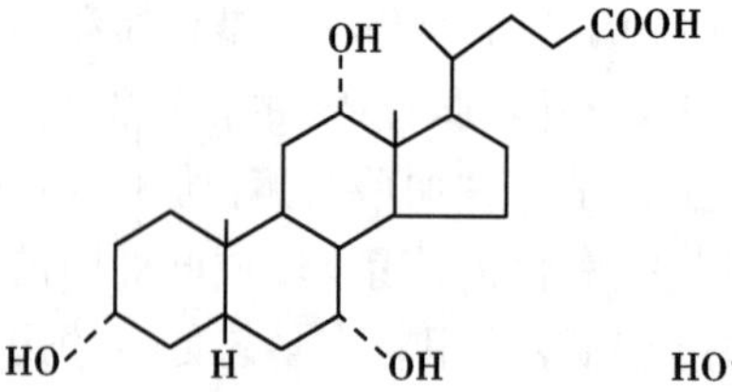

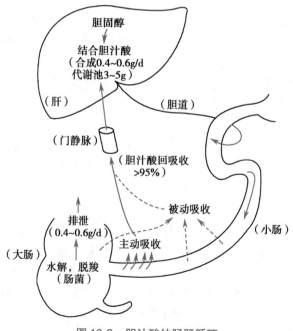

图 16-1　几种胆汁酸的结构

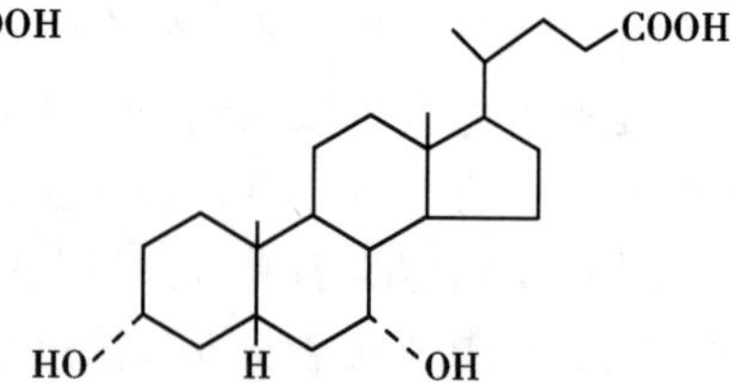

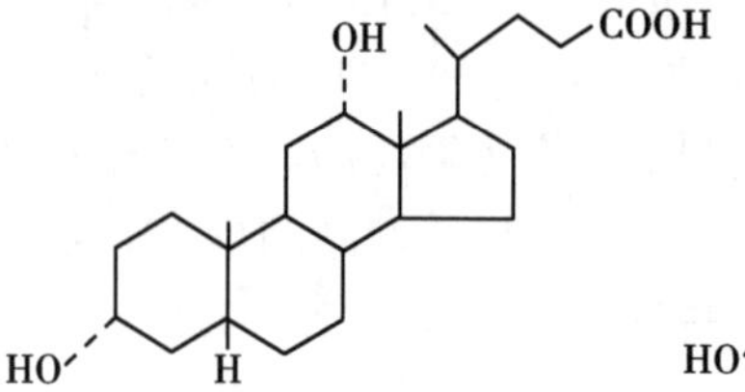

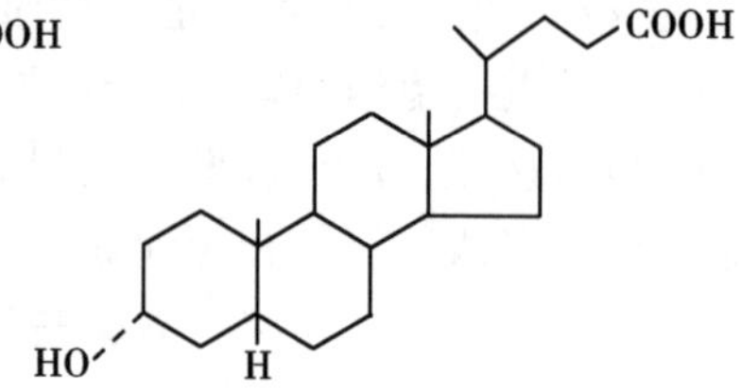

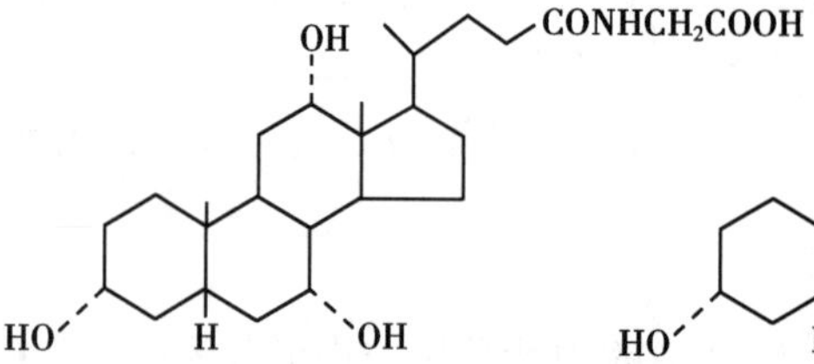

胆汁酸在结构上是 24 碳的胆烷酸衍生物。初级胆汁酸中的胆酸含有 3 个羟基（3α、7α、12α），鹅脱氧胆酸含有 2 个羟基（3α、7α）。属于次级胆汁酸的脱氧胆酸和石胆酸 C_7 位均无羟基存在。

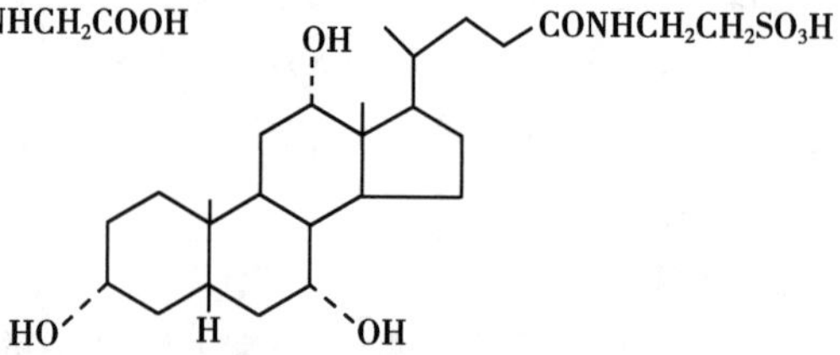

图 16-2　胆汁酸的肠肝循环

二、胆汁酸的功能

（一）促进脂类的消化与吸收

胆汁酸分子内既含有亲水性的羟基及羧基或磺酸基，又含有疏水性烃核和甲基。亲水基团均为 α 型，而甲基为 β 型，两类不同性质的基团恰位于环戊烷多氢菲核的两侧，使胆汁酸构型上具有亲水性和疏水性。胆汁酸具有较强的界面活性，能降低油水两相间的表面张力，从而促进脂类乳化，同时扩大脂肪和脂肪酶的接触面，加速脂类的消化与吸收。

（二）抑制胆结石生成

胆汁酸还具有防止胆结石生成的作用，胆固醇难溶于水，胆汁中的胆汁酸盐与卵磷脂协同作用，使胆汁中难溶于水的胆固醇分散形成可溶性微团，使之不易结晶沉淀而随胆汁排泄。胆汁中胆固醇的溶解度与胆汁酸盐和卵磷脂与胆固醇的相对比例有关，如胆汁酸和卵磷脂与胆固醇比值降低（小于 10:1），极易发生胆固醇沉淀析出，形成胆结石。不同胆汁酸对结石形成的作用不同，鹅脱氧胆酸和熊去氧胆酸可使胆固醇结石溶解，而胆酸和脱氧胆酸则无此作用，故临床上常用鹅脱氧胆酸和熊去氧胆酸治疗胆固醇结石。

> **知识窗**
>
> 预防胆石症
>
> 胆石症是指胆道系统（包括胆囊或胆管）内发生结石的疾病，按发病部位分为胆囊结石和胆管结石。胆结石的形成与很多因素有关，是环境因素、遗传因素以及个人生活方式共同作用的结果。正常情况下，人体肝脏会分泌胆汁促进脂肪等物质消化。不健康的饮食及生活方式可能引起胆汁分泌紊乱、胆汁成分改变等情况，胆汁内有结晶吸出，结晶逐渐钙化、形成结石。故生活有规律，注意劳逸结合，经常参加体育活动，按时吃早餐、避免发胖、维持理想体重能有效预防胆石症。

> **积少成多**
>
> 1. 胆汁酸按结构可分为游离胆汁酸和结合胆汁酸两类。胆汁酸按其来源可分为初级胆汁酸（肝脏合成，包括胆酸和鹅脱氧胆酸）和次级胆汁酸（肠道合成，包括脱氧胆酸和石胆酸）两类。
>
> 2. 胆汁酸的功能为促进脂类的消化与吸收，抑制胆结石生成。

第四节　胆色素代谢

胆色素（bile pigment）是体内铁卟啉类化合物的主要分解代谢产物，包括胆绿素（biliverdin）、胆红素（bilirubin）、胆素原（bilinogen）和胆素（bilin）。其中，除胆素原族化合物无色外，其余均有一定颜色，故统称胆色素。这些化合物主要随胆汁排泄，胆红素是胆汁中的主要色素，呈橙黄色，胆色素代谢以胆红素代谢为中心。肝是胆红素代谢的主要器官。

动画：胆红素代谢全过程

一、胆红素的生成与转运

1. 胆红素的来源　体内含铁卟啉的化合物有血红蛋白、肌红蛋白、过氧化物酶、过氧化氢酶及细胞色素等。正常成人每天产生 250～350mg 胆红素，其中 80% 以上由衰老红细胞破坏、降解而来，小部分来自造血过程中红细胞的过早破坏，还有少量来自含铁卟啉的酶类。肌红蛋白由于更新率低，所占比例很小。

2. 胆红素的生成　正常人红细胞的平均寿命约为 120d，衰老的红细胞被肝、脾、骨髓等单核吞噬细胞系统细胞识别并吞噬，释放出血红蛋白，血红蛋白随后分解为珠蛋白和血红素。珠蛋白可降解为氨基酸，供体内再利用。血红素由单核吞噬细胞系统的微粒体血红素加氧酶催化，消耗分子氧和 NADPH，使血红素 α 次甲基桥断裂，从而生成一氧化碳、铁和胆绿素，这一反应是胆红素生成的限速步骤。生成的铁可被机体再利用，部分一氧化碳随呼吸排出，胆绿素则进一步在胆绿素还原酶的催化下，接受 NADPH 提供的氢还原为胆红素（图 16-3），此种胆红素具有亲脂疏水的性质，有毒，易自由透过细胞膜进入血液。

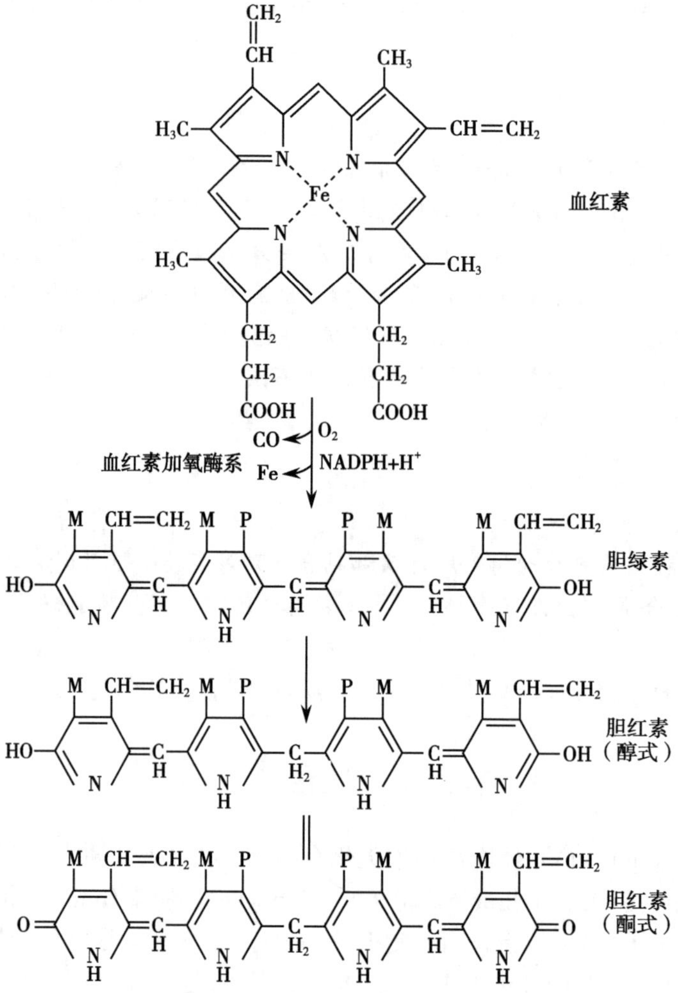

图 16-3　胆红素的生成

M：—CH_3；P：—CH_3CH_2COOH。

3. 胆红素在血液中的运输 在单核吞噬细胞系统中生成的胆红素能自由透过细胞膜进入血液，在血液中主要与血浆白蛋白结合，以胆红素-白蛋白复合体形式存在和运输。这种结合既增加了胆红素在血浆中的溶解度，便于运输，又限制了胆红素自由透过各种生物膜，避免了其对组织细胞造成毒性作用，由于它不能通过肾小球滤过膜，所以血液中含量升高，尿液中也不会出现这种胆红素。血浆中这种与白蛋白结合而运输的胆红素称为未结合胆红素（unconjugated bilirubin）或血胆红素或游离胆红素。研究证明，每个白蛋白分子都有一个高亲和力结合部位和一个低亲和力结合部位，可结合两分子胆红素。正常人血清胆红素的含量为 3.4～17.1μmol/L（2～10mg/L），而每 100mL 血浆中白蛋白能结合 25mg 胆红素，故正常人血浆白蛋白足以结合血浆中几乎全部的胆红素，但胆红素与白蛋白的结合是非特异性、非共价可逆性的。某些有机阴离子如磺胺类药物、脂肪酸、胆汁酸、水杨酸等可与胆红素竞争性地结合白蛋白，使胆红素游离。过多的游离胆红素则可与脑部基底核的脂类结合，干扰脑的正常功能，称为胆红素脑病（核黄疸）。尤其是新生儿血脑屏障发育不全，过多的游离胆红素很容易进入脑组织形成核黄疸，故有黄疸倾向的患者或在生理性黄疸期新生儿，要慎用磺胺类和水杨酸类药物。血浆白蛋白与胆红素的结合仅起到暂时性解毒作用。

临床应用

胆红素脑病

胆红素脑病又称核黄疸，是由于血液中胆红素增高，主要是未结合胆红素增高，后者进入中枢神经系统，在大脑基底核、视丘下核、苍白球等部位引起病变。血清胆红素>34.2μmol/L 就有发生核黄疸的危险，主要表现为重度黄疸肌张力过低或过高、嗜睡、拒奶、强直、角弓反张、惊厥等。本病多由新生儿溶血病所致，黄疸、贫血程度严重者易并发核黄疸，如已出现核黄疸，则治疗效果欠佳，后果严重，容易遗留智力低下、手足徐动、听觉障碍、抽搐等后遗症，所以本病预防是关键。发现新生儿黄疸，应及早到医院诊治，预防本病发生。

二、胆红素在肝脏中的代谢

胆红素在肝中的代谢包括肝细胞对胆红素的摄取、转化和排泄 3 个过程。

1. 肝细胞对胆红素的摄取 当胆红素-白蛋白复合体随血液运输至肝脏时，胆红素从白蛋白分子上脱落下来，然后迅速被肝细胞摄取。肝细胞摄取血液中胆红素的能力很强。实验证明，注射具有放射性的胆红素后，只需大约 18min 就可从血浆中清除 50%。胆红素进入肝细胞后，在细胞质中主要与细胞质 Y 蛋白和 Z 蛋白两种载体蛋白相结合，形成胆红素-载体蛋白复合物，此复合物运至滑面内质网进一步代谢转化。这是一个耗能的过程，而且是可逆的。如果肝细胞处理胆红素的能力下降，或者生成胆红素过多，超过肝细胞处理胆红素的能力，则已进入肝细胞的胆红素还可返流入血液，使血液中胆红素水平增高。Y 蛋白是肝细胞内转运胆红素的主要载体蛋白，苯巴比妥可诱导新生儿 Y 蛋白的合成，故临床上用其减轻新生儿生理性黄疸。

2. 肝细胞对胆红素的转化 当胆红素-载体复合物运至滑面内质网后，在尿苷二磷酸葡糖醛酸基转移酶（UDP-glucuronosyltransferase，UGT）的催化下，由 UDP-葡糖醛酸提供葡糖醛酸，生成葡糖醛酸胆红素二酯（占70%～80%）和少量胆红素葡糖醛酸一酯（20%～30%）（图16-4）。也有小部分胆红素与硫酸根、甲基、乙酰基、甘氨酸等结合。通常把在肝脏与葡糖醛酸结合转化的胆红素称为结合胆红素（conjugated bilirubin）。结合胆红素水溶性强，易从胆汁排出，也易透过肾小球滤过膜从尿中排出，但不易通过细胞膜和血脑屏障，因此不易造成中毒。所以，结合胆红素的生成是肝脏对胆红素解毒的重要方式。UGT是诱导酶，可被许多药物如苯巴比妥等诱导，从而加强胆红素代谢。这是苯巴比妥用于治疗新生儿黄疸的又一理论依据。

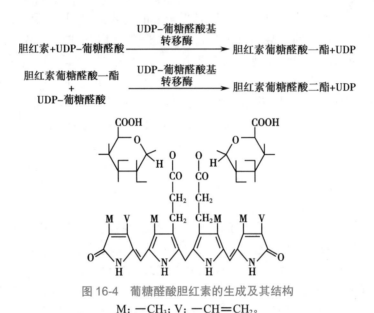

图 16-4　葡糖醛酸胆红素的生成及其结构

M：—CH$_3$；V：—CH═CH$_2$。

3. 肝脏对胆红素的排泄　在肝细胞内合成的结合胆红素又经高尔基复合体、溶酶体等作用，运输并排入毛细胆管随胆汁排出。结合胆红素在毛细胆管内的浓度远高于细胞内，故胆红素由肝内排出是一个逆浓度梯度的耗能过程，也是肝脏处理胆红素的薄弱环节，很容易受损。排泄过程一旦发生障碍，结合胆红素便可返流入血液，使血液中结合胆红素水平增高。糖皮质激素、苯巴比妥等不仅能促进胆红素与葡糖醛酸结合，而且对结合胆红素的排出也有促进作用。

三、胆红素在肠道中的变化与胆素原的肠肝循环

1. 胆红素在肠道中的变化　结合胆红素随胆汁排入肠道后，在肠道细菌的作用下，脱去葡糖醛酸基，游离出胆红素。肠道细菌对胆红素逐步还原生成无色的胆素原族化合物，即中胆素原、粪胆素原及尿胆素原。粪胆素原在肠道下段或随粪便排出后经空气氧化成棕黄色的粪胆素，正常成人每天排出的粪胆素为40～280mg，是粪便的颜色来源（图16-5）。肠道完全梗阻时，因胆红素不能排入肠道形成胆素原进而形成胆素，粪便可呈灰白色或白陶土色。新生儿肠道细菌稀少，未被细菌作用的胆红素也可随粪便直接排出，粪便可呈橘黄色。

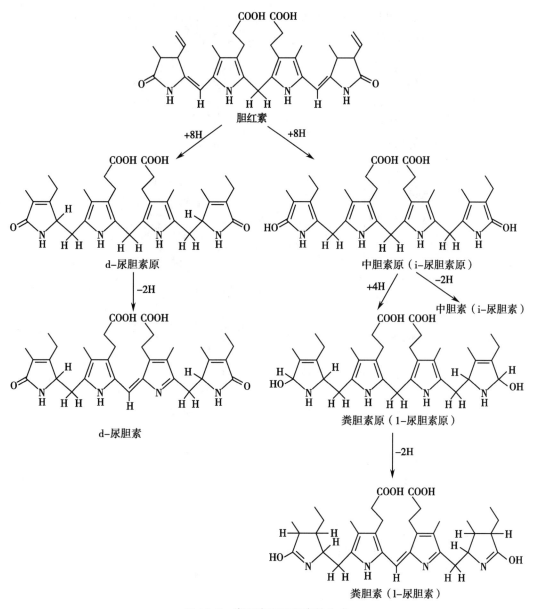

图 16-5 粪胆素和尿胆素的生成

2. 胆素原的肠肝循环　肠道中生成的胆素原有 10%～20% 可被肠黏膜细胞重吸收，经门静脉入肝，其中大部分（约 90%）再次随胆汁排入肠腔，形成胆素原的肠肝循环（bilinogen enterohepatic circulation）。少量（约 10%）胆素原可进入体循环，通过肾小球过滤随尿排出，称为尿胆素原。正常成人每天从尿排出尿胆素原 0.5～4.0mg，尿胆素原被空气氧化后生成尿胆素，是尿液的主要色素（图 16-6）。临床上将尿胆素原、尿胆素及尿胆红素合称为尿三胆，是黄疸类型鉴别诊断的常用指标。正常人尿中检测不到尿胆红素。

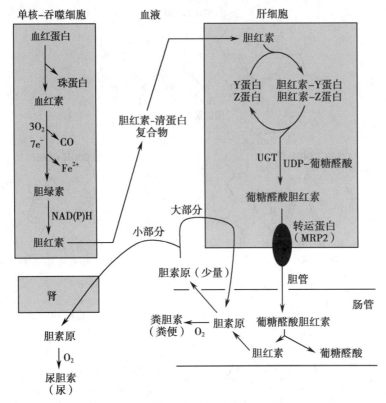

图 16-6 胆红素的生成与胆素原的肠肝循环

四、血清胆红素与黄疸

（一）血清胆红素

胆红素是有毒的脂溶性物质，易透过细胞膜进入细胞，尤其对富含脂类的神经细胞可造成不可逆性损伤。正常人血清胆红素主要有未结合胆红素与结合胆红素两种形式，凡未经肝细胞结合转化的胆红素，即其侧链上的丙酸基的羧基为自由羧基者，为未结合胆红素，约占总量的 80%；凡经过肝细胞转化，与葡糖醛酸结合者，称为结合胆红素，约占总量的 20%。未结合胆红素在血浆中与白蛋白结合，只是暂时性地限制了有毒的胆红素透过细胞膜，而经肝脏转化生成的结合胆红素是水溶性强易排泄物质，这才是对有毒胆红素的根本性解毒方式。这两种胆红素由于结构和性质不同，对重氮试剂的反应也不同，未结合胆红素分子内有氢键形成，不能与重氮试剂直接反应，必须先加入乙醇或尿素破坏氢键后才能与重氮试剂反应生成紫红色偶氮化合物，所以未结合胆红素又称间接胆红素。而结合胆红素不存在分子内氢键，能迅速地直接与重氮试剂反应形成紫红色偶氮化合物，所以结合胆红素又称直接胆红素。两种胆红素的区别见表 16-1。

表 16-1 两种胆红素的区别

名称	未结合胆红素	结合胆红素
其他别称	间接胆红素、游离胆红素、血胆红素、肝前胆红素	直接胆红素、肝胆红素
与葡糖醛酸结合	未结合	结合
溶解性	脂溶性	水溶性

续表

名称	未结合胆红素	结合胆红素
与重氮试剂反应	慢或间接反应	迅速、直接反应
对脑细胞在的毒性	大	无
经肾随尿液排出	不能	能

知识窗

δ胆红素

血清胆红素除未结合与结合胆红素外，现发现还存在着"第三种胆红素"，称为δ称胆红素。它的实质是与血清白蛋白紧密结合的胆红素。它的出现可能与肝脏功能成熟有关。现在认为，其来源是当结合胆红素升高，超过肾阈值时，返流回血液的结合胆红素在非酶促条件下生成。胆汁淤积会加快δ-胆红素的形成。肝胆阻塞患者的胆红素成分主要是δ-胆红素，且在康复过程中伴随总胆红素的下降，δ-胆红素在总胆红素中的比例上升，则说明预后较好。δ-胆红素又称胆蛋白，不能通过肾脏排泄，能直接与重氮试剂反应。

（二）黄疸

正常人血浆中胆红素的总量不超过 17.1μmol/L（10mg/L），胆红素生成过多或肝细胞对胆红素处理能力下降，均可使血液中胆红素浓度增高，称高胆红素血症。当血清胆红素浓度超过 34.2μmol/L（20mg/L）时，可出现巩膜、黏膜及皮肤等部位肉眼可见组织被染黄，临床上称为黄疸（jaundice）。血清胆红素浓度在 17.1~34.2μmol/L（10~20mg/L）时，肉眼尚不能观察到皮肤与巩膜等黄染现象，则称之为隐性黄疸。凡能引起胆红素代谢障碍的各种因素均可形成黄疸。黄疸根据其成因大致可分为3类。

1. **溶血性黄疸** 属于高未结合型胆红素血症。由于各种原因导致红细胞大量破坏，单核吞噬细胞系统产生的胆红素过多，超过肝细胞的处理能力，引起血浆总胆红素、未结合胆红素浓度增高，称为溶血性黄疸（hemolytic jaundice）或肝前性黄疸（prehepatic jaundice）。其主要特征是：血液中未结合胆红素增高；肝最大限度地发挥处理胆红素的能力，因此肠道生成的胆素原增多，粪便颜色加深；同时，肠肝循环增多，尿中排出的胆素原增多；由于未结合胆红素不能通过肾小球滤过膜，故尿胆红素阴性。某些药物、某些疾病（如恶性疟疾、过敏等）、输血不当、镰刀形红细胞贫血、葡糖-6-磷酸脱氢酶缺乏（蚕豆病）等多种因素均有可能引起大量红细胞破坏，导致溶血性黄疸。

2. **肝细胞性黄疸** 因肝细胞功能受损，造成其摄取、转化及排泄胆红素的能力下降所引起的黄疸，称为肝细胞性黄疸（hepatocellular jaundice）或肝原性黄疸（hepatic jaundice）。其主要特征是：由于肝细胞摄取胆红素障碍，造成血液中未结合胆红素浓度升高，还由于肝细胞肿胀，毛细胆管阻塞，使部分结合胆红素返流入血液，造成血清结合胆红素浓度亦增高；由于肝功能障碍，结合胆红素在肝内生成减少，粪便颜色可变浅（若肠肝循环受阻，肠道胆素原不能正常进入肝脏，粪便颜色也可正常）；由于结合胆红素能通过小球滤过膜，故尿胆红素阳性。肝细胞性黄疸常见于肝实质性疾病，如各种肝炎、肝肿瘤和肝硬化等。

3. **阻塞性黄疸** 由于各种原因引起的胆管系统阻塞，胆汁排泄障碍所致，称阻塞性黄疸（obstructive jaundice）或肝后性黄疸（posthepatic jaundice）。其主要特征是：胆汁排泄障碍可使胆小管或毛细胆管内压力增高而破裂，导致结合胆红素返流入血液，使得血清结合胆红素明显升高；由于胆管阻塞排入肠道的胆红素减少，生成的胆素原也减少，胆管完全阻塞的患者粪便因无胆色素而变成灰白色或白陶土色；因胆素原生成减少，尿中排出的胆素原可减少或无；但因结合胆红素能通过肾小球滤过膜，故尿胆红素阳性，尿的颜色变深，可呈茶水色。阻塞性黄疸常见于胆管炎、肿瘤（尤其是胰腺癌）、胆石症或先天性胆管闭锁等疾病。

微课：黄疸

3 种类型黄疸血、尿、粪胆色素的实验室检查变化见表 16-2。

表 16-2　3 种类型黄疸血、尿、粪胆色素的实验室检查变化

指标	正常	溶血性黄疸	肝细胞性黄疸	阻塞性黄疸
血清胆红素总量	< 17.1μmol/L	> 17.1μmol/L	> 17.1μmol/L	>17.1μmol/L
结合胆红素	0～3μmol/L	不变 / 微增	↑	↑ ↑
未结合胆红素	0～14μmol/L	↑ ↑	↑	不变 / 微增
尿三胆				
尿胆红素	—	—	++	++
尿胆素原	少量	↑	不一定	↓
尿胆素	少量	↑	不一定	↓
粪便颜色	正常	加深	变浅 / 正常	变浅 / 陶土色

注："—"代表阴性，"++"代表强阳性。

案例分析

　　患儿，女性，出生后第 4 天。因"皮肤进行性黄染 2 天"入院。入院诊断：西医诊断为新生儿病理性黄疸；中医诊断为胎黄（湿热熏蒸）。患儿大小便正常排出，胎便已排尽，未排白陶土样粪便，生后予人工喂养，吃奶可，无呕吐。母亲血型为 O 型，父亲血型为 B 型。

　　入院体查：体温 36.5℃，脉搏 120 次 /min，呼吸 40 次 /min，血压 70/43mmHg，体重 2.93g。身黄，目黄，其黄鲜明，无皮疹及出血点，腹平软。入院后遵医嘱处理，给予蓝光照射，碱化尿液，小儿捏脊治疗，手指点穴及音乐（宫音）疗法等综合退黄治疗。实验室检查示：C 反应蛋白 12.04mg/L，血型为"B"型，RH 血型阳性；总胆红素为 355.47μmol/L、间接胆红素为 348.04μmol/L。即告病重，给予特级护理，建议换血治疗，因家人不同意，予静脉滴注人血白蛋白及静脉用免疫球蛋白治疗，并用抗生素抗感染治疗。

　　问题：

　　该患儿得的是哪一种黄疸？说明原因。

案例解析

积少成多

1. 胆色素包括胆红素、胆绿素、胆素原和胆素。
2. 胆红素在血液中以白蛋白胆红素形式运输；血液中胆红素为未结合胆红素（间接

胆红素）；经肝脏生物转化与葡糖醛酸结合的胆红素为结合胆红素（直接胆红素）。

3．临床上，按照病因可将黄疸分为溶血性黄疸、肝细胞性黄疸、阻塞性黄疸。溶血性黄疸患者血液中以未结合胆红素升高为主，阻塞性黄疸患者血液中以结合胆红素升高为主，肝细胞性黄疸患者血液中结合胆红素和未结合胆红素均升高。

做一做：血清胆红素测定（改良 J-G 法）

知识窗

胆红素测定方法介绍

目前测定血清胆红素的方法主要有重氮试剂法（包括改良 J-G 法、二甲亚砜法、二氯苯重氮盐法和 2,5- 二氯苯重氮四氟硼酸盐法等）、胆红素氧化酶法、钒酸盐氧化法、高效液相色谱法、液相色谱 - 质谱联用法、导数分光光度法及经皮胆红素测定法等。1883 年 Ehrlich 发明偶氮反应，1913 年 Vanden Bergh 把重氮试剂用于测定血清胆红素，生成偶氮胆红素，建立了重氮试剂法。近 1 个世纪以来，国内外学者先后摸索并成功地推出了许多胆红素的重氮试剂测定方法，但重氮法灵敏度较低，受溶血、脂血的干扰，使检测结果出现偏差。液相色谱 - 质谱联用（LC-MS）的分析方法简便、灵敏，专属性强，不受血浆中内源性物质的干扰，适用于生物样品中胆红素的定量分析，但实验要求高。

【目的】

1．说出改良 J-G 法测定血清胆红素的原理。

2．能根据说明书进行操作，正确记录、判断和解释检测结果。

3．体会加样对结果的影响，实事求是报告结果。

【原理】

血清中结合胆红素可直接与重氮试剂反应，生成偶氮胆红素；未结合胆红素需要在加速剂（咖啡因 - 苯甲酸钠）作用下，破坏分子内氢键，才能与重氮试剂反应生成偶氮胆红素。醋酸钠缓冲液保持反应的 pH，反应完成后加入终止试剂（叠氮钠或维生素 C）以破坏重氮试剂，最后加入碱性酒石酸钠溶液，使颜色不稳定的紫红色偶氮胆红素在咖啡因存在情况下转化为稳定的蓝色偶氮胆红素，在 600nm 波长比色，从标准曲线查找总胆红素和结合胆红素含量。

【试剂与器材】

1．试剂　咖啡因试剂、碱性酒石酸钠溶液、5g/L 亚硝酸钠溶液、5g/L 对氨基苯磺酸溶液、重氮试剂、5g/L 叠氮钠溶液、胆红素标准液、稀释血清。

2．器材　试管及试管架、吸量管、恒温水浴箱、分光光度计、记号笔。

【操作】

1．绘制标准曲线

（1）取试管 6 个，编号，按表 16-3 配制 5 种不同浓度的胆红素标准液，将各管液体充分混匀（不产生气泡）。

（2）不同浓度的胆红素标准液按表 16-4 操作。

将各管液体混匀，每一浓度做 3 个平行管，取平均值。用对照管调零，在 600nm 波长处读取各管吸光度，以各浓度吸光度均值为纵坐标，以相应的胆红素浓度为横坐标，绘制标准曲线。

表 16-3　不同浓度胆红素标准液配制 1

加入物	对照管	1	2	3	4	5
胆红素标准液 /mL	—	0.4	0.8	1.2	1.6	2.0
稀释血清 /mL	2.0	1.6	1.2	0.8	0.4	—
相当于胆红素浓度 /(μmol·L⁻¹)	0	34.2	68.4	103	137	171

表 16-4　不同浓度胆红素标准液配制 2

加入物	剂量 /mL
不同浓度的胆红素标准液	0.2
咖啡因苯甲酸钠试剂	1.6
重氮试剂	0.4
（混匀，总胆红素管置室温 15min）	
碱性酒石酸钠	1.2

2. 测定样本

（1）取试管 3 支，标记总胆红素管、结合胆红素管和空白管，按表 16-5 操作。

表 16-5　改良 J-G 法测定血清胆红素

加入物	剂量 /mL		
	总胆红素管	结合胆红素管	空白管
血清	0.2	0.2	0.2
咖啡因苯甲酸钠试剂	1.6	—	1.6
对氨基苯磺酸	—	—	0.4
重氮试剂	0.4	0.4	—
（混匀，准确水浴 1min）			
叠氮钠	—	0.05	—
咖啡因苯甲酸钠试剂	—	1.55	—
（室温，10min）			
碱性酒石酸钠	1.2	1.2	1.2

（2）将各管液体混匀，在 600nm 波长处比色，以空白管调零，读取总胆红素管和结合胆红素管的吸光度。

3. 查找并记录结果　从标准曲线上查出相应的胆红素浓度。

胆红素测定结果

	总胆红素管	结合胆红素管
吸光度（A）		
从标准曲线查找对应的浓度 /(μmol·L⁻¹)		
结果分析		

【注意事项】

1. 胆红素对光敏感，标准液及标本均应尽量避光保存。

2. 胆红素大于 342μmol/L 的标本，可减少标本用量，或用 0.154mmol/L NaCl 溶液稀释后重测。

【操作流程及考核评价】

改良 J-G 法测定血清胆红素操作流程及考核评价见表 16-6。

表 16-6　改良 J-G 法测定血清胆红素操作流程及考核评价

项目		评价内容	分值	扣分	得分
职业素养 （20分）	1. GMP 意识	按要求着装（着装整洁，洗手，戴口罩，佩戴一次性乳胶手套）	4		
		实验过程台面整齐，实验后仪器归位，清洁试管	4		
		医疗废物放入医疗利器盒	4		
	2. 物品准备	检查分光光度计是否开启，比色皿是否干净、清洁	4		
		准备用物齐全，少 1 项扣 1 分（试剂、试管架、试管、吸量管、恒温水浴箱、记号笔）	4		
操作流程 质量标准 （60分）	1. 绘制标准曲线	（1）标准曲线制作所需各种浓度胆红素溶液配制正确	6		
		（2）每个浓度做 3 个平行检测管	6		
		（3）正确使用分光光度计	6		
		（4）正确绘制标准曲线	6		
		（5）相关系数 $R^2>0.99$ 得 10 分，$0.99>R^2≥0.9$ 得 8 分，$0.9>R^2≥0.8$ 得 6 分	6		
	2. 测定血清总胆红素、直接胆红素吸光度，在标准曲线上查找浓度	（1）试管编号	6		
		（2）移液操作正确	6		
		（3）制作总胆红素管、结合胆红素管和空白管时分段加液，中间停 1min，再加液	6		
		（4）各管室温放置 10min 后，再加碱性酒石酸钠，最后比色	6		
		（5）用标准曲线查出总胆红素管和结合胆红素管相应的胆红素浓度	6		
报告标准 （20分）	1. 记录结果	准确填写测定结果	10		
	2. 结果分析	判断结果是否异常，提出措施建议（饮食、运动、药物、仪器等方面）	10		
总分					

【参考值范围】

血清总胆红素：3.4～17.1μmol/L。

血清结合胆红素：0～3.4μmol/L。

【临床意义】

血清总胆红素测定可判断有无黄疸及反映黄疸的程度。总胆红素在 17.1～34.2μmol/L 时为隐性黄疸；超过 34.2μmol/L 时，肉眼可见皮肤、黏膜、巩膜黄染，称显性黄疸。

血清总胆红素和结合胆红素同时测定，其百分比可用于鉴别黄疸类型。溶血性黄疸时，血清总胆红素升高，以未结合胆红素升高为主，结合胆红素占总胆红素的 20% 以下；肝细胞黄疸时，结合胆红素占总胆红素的 35% 以上；阻塞性黄疸时，结合胆红素升高更明显，占总胆红素的 50% 以上。

再生障碍性贫血及数种继发性贫血（主要由癌或慢性肾炎引起），血清总胆红素减少。

理一理

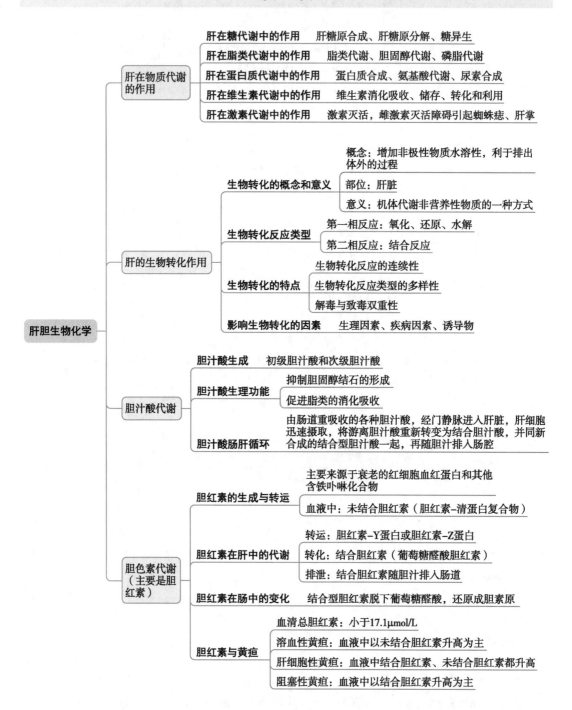

理一理

练一练

一、名词解释

1. 生物转化

2. 非营养物质

3. 胆汁酸的肠肝循环

4. 高胆红素血症

5. 黄疸

二、填空

1. 肝脏有_____和_____双重血液供应,肝有丰富的_____,有利于物质交换。肝有_____和_____两条输出通路,肝脏含有种类很多的_____,这是肝具有多种代谢功能的基础。

2. 肝脏生物转化作用特点是_____和_____,同时还具有_____双重性。

3. 生物转化反应类型有以下 4 种_____、_____、_____和_____,供结合的物质主要有_____、_____、_____等,其中以_____结合最常见。

4. 次级游离胆汁酸在_____生成,包括_____和_____;胆汁酸通过_____循环可被反复使用,最大限度地发挥其乳化功能。

5. 摄入肝细胞内的胆红素,进一步与肝细胞内两种载体蛋白_____蛋白和_____蛋白结合。然后被运送到滑面内质网上与_____结合成为_____胆红素,由粪便或尿液排出。

三、简答

1. 试述肝脏在物质代谢中的作用。

2. 某宝宝出生后第 3 天,发现巩膜黄染,颜面、躯干也逐渐出现黄染。家长带其就诊。据家长陈述,母孕期健康,未服任何药物,家庭成员健康,无家族遗传病;足月会阴侧切阴道分娩,母乳量少,以鲜牛乳喂养为主;未服用过任何药物。体检:体温 36℃,发育良好,营养中等,哭声响亮,神志清楚;巩膜、颜面明显黄染,躯干及四肢可见黄染,颜色鲜亮,皮肤无水肿,无出血点及瘀斑;顶枕部有一隆起包块,5cm×7cm 大小,边界清楚,未跨越颅缝,有弹性;前囟 1.5cm×1.5cm,张力不高。实验室检查:血清总胆红素 205μmol/L;结合胆红素 22μmol/L。肝功能检查无异常,肝、脾、胆囊 B 超无异常。尿胆素原阳性,尿胆红素阴性。血常规:白细胞总数 2.0×10⁹/L,中性粒细胞 55%,淋巴细胞 45%,血红蛋白质 150g/L,网织红细胞 1%。医生诊断为:新生儿生理性黄疸,头颅血肿。

问题:

(1)为什么血浆胆红素增高会使巩膜、皮肤黄染?

(2)为什么血清未结合胆红素明显增高而结合胆红素变化不大?

（3）为什么会出现尿胆素原阳性，尿胆红素阴性？

思路解析　　　　　测一测　　　　　拓展阅读

（林燕燕）

参 考 文 献

[1] 周春燕,药立波. 生物化学与分子生物学 [M]. 9 版. 北京：人民卫生出版社,2018.

[2] 吕士杰,王志刚. 生物化学 [M]. 8 版. 北京：人民卫生出版社,2019.

[3] 何旭辉,陈志超. 生物化学 [M]. 2 版. 北京：人民卫生出版社,2019.

[4] 李清秀. 生物化学 [M]. 3 版. 北京：人民卫生出版社,2019.

[5] 马文丽,德伟,王杰. 生物化学与分子生物学 [M]. 2 版. 北京：科学出版社,2018.

[6] 王健枝,钱睿哲. 病理学检验 [M]. 北京：人民卫生出版社,2018.

[7] 施红. 生物化学 [M]. 9 版. 北京：中国中医药出版社,2017.

[8] 朱圣庚,徐长法. 生物化学 [M]. 4 版. 北京：高等教育出版社,2017.

[9] 姚红兵. 生物化学 [M]. 8 版. 北京：人民卫生出版社,2017.

[10] 晁相蓉,余少培,赵佳. 生物化学 [M]. 北京：中国科学技术出版社,2017.

[11] 蔡太生,张申. 生物化学 [M]. 2 版. 北京：人民卫生出版社,2017.

[12] 仲其军,陈志超. 生物化学 [M]. 北京：人民卫生出版社,2017.

[13] 张又良,郭桂平. 生物化学 [M]. 北京：人民卫生出版社,2016.

[14] 童红梅. 生物化学 [M]. 北京：中国协和医科大学出版社,2016.

[15] 杜江. 生物化学 [M]. 南京：东南大学出版社,2016.

[16] 刘观昌,马少宁. 生物化学检验 [M]. 4 版. 北京：人民卫生出版社,2015.

[17] 刘家秀. 生物化学 [M]. 科学出版社,2015.

[18] 黄纯. 生物化学 [M]. 3 版. 科学出版社,2015.

[19] 周剑涛,杨胜萍,谭洪军. 生物化学 [M]. 北京：高等教育出版社,2015.

[20] 冯作化,药立波. 生物化学与分子生物学 [M]. 3 版. 北京：人民卫生出版社,2015.

[21] 德伟,王杰,李存保. 生物化学与分子生物学 [M]. 北京：北京大学医学出版社,2015.

[22] 周春燕,药立波. 医学分子生物化学 [M]. 2 版. 北京：人民卫生出版社,2014.

[23] 查锡良. 生物化学 [M]. 北京：人民卫生出版社,2012.

附录 生物化学与分子生物学教学目标及教学建议

一、课程性质和任务

生物化学与分子生物学是医学各专业必修的一门基础课程,是整个生物学科中处于前沿和中心位置的学科,其理论和技术对医学有着重要的作用。生物化学与分子生物学的主要任务是使学生在具有一定科学文化素质的基础上,掌握本学科的基本理论知识和常用操作技能,为后续课程的学习、全面素质的提高奠定基础。

二、课程教学目标

(一)总体目标

本课程的总体教学目标是:使学生掌握生物大分子的化学结构、性质及功能,在生命活动中的代谢变化及调控,遗传信息的传递与表达;掌握生物化学与分子生物学实验的基本技能。培养学生自主分析问题、解决问题及开拓创新的能力,严谨求实的操作意识和培养团结协作的精神。

(二)具体目标

1. 知识与技能

(1)知道生物化学与分子生物学的基础理论和基本知识,能概述人体内生物大分子的分子组成和结构,了解其功能以及结构与功能的关系。

(2)能叙述蛋白质、糖、脂肪三大物质的代谢过程和生理意义,熟悉相关指标检测,了解其对疾病诊断的意义。

(3)理解中心法则、核酸代谢过程、肝胆生化中生物转化及胆红素代谢。

(4)了解生物化学与分子生物学的发展动态。

2. 过程与方法

(1)能利用生物化学与分子生物学理论解释日常生活中常见现象和临床常见疾病。

(2)能进行血糖快速测定、酶的专一性测定等实验的操作,了解生物化学与分子生物学技术在临床检验中的应用。

(3)能用所获得的基本技能正确进行一些基本实践及技能操作。

3. 情感态度与价值观

(1)通过了解物质代谢与疾病的关系,培养辩证唯物主义世界观。

(2)通过对生命现象的认识,培养注重健康,珍爱生命,关爱患者等良好的职业意识,树立热爱生命的态度。

（3）具有诚实守信、尊重生命、严谨认真、实事求是的职业道德，遵守生物化学与分子生物学研究的伦理道德。

（4）树立严谨务实的工作态度，建立质疑、求实、创新的科学精神，具有团结协作、沟通交流和合作的能力。

三、教学学时分配建议

《生物化学与分子生物学》教学学时建议 72 课时，具体见附表 1。

附表 1 《生物化学与分子生物学》学时分配建议

序号	教学内容	学时数		
		理论	实践	合计
0	绪论	1		1
1	蛋白质的结构与功能	5		5
2	酶	4	2	6
3	维生素	4		4
4	生物氧化	2		2
5	糖代谢	5	2	7
6	脂类代谢	5	2	7
7	氨基酸代谢	5	2	7
8	核酸的结构与功能	4		4
9	核苷酸代谢	4		4
10	核酸的生物合成	5		5
11	蛋白质的生物合成	4		4
12	组学与系统生物医学	2		2
13	血液生物化学	2		2
14	水和无机盐代谢	2	2	4
15	酸碱平衡	2		2
16	肝脏生物化学	4	2	6
	合计	60	12	72